中国城市科学研究系列报告

中国城市规划发展报告 2008—2009

中国城市科学研究会
中国城市规划协会
中国城市规划学会
中国城市规划设计研究院
编

中国建筑工业出版社

图书在版编目（CIP）数据

中国城市规划发展报告 2008—2009 / 中国城市科学研究会等编．—北京：中国建筑工业出版社，2009
（中国城市科学研究系列报告）
ISBN 978-7-112-11053-7

Ⅰ.中… Ⅱ.中… Ⅲ.城市规划—研究报告—中国—2008—2009 Ⅳ.TU984.2

中国版本图书馆 CIP 数据核字（2009）第 098883 号

本书由中国城市科学研究会、中国城市规划协会、中国城市规划学会、中国城市规划设计研究院共同组成编委会，延续《中国城市规划行业发展报告 2007—2008》的体例和框架，定期对城乡规划的发展进行总结。

本书梳理了 2008 年城乡规划领域重点话题，从改革开放 30 年我国城镇化和城市发展的回顾与前瞻、汶川地震灾后重建规划、住房政策与住房建设规划等三个方面以综述方式进行了总结；并对城镇化、低碳生态城市的理念与方法探索、生态城市规划实践、大城市连绵区的规划研究、城乡规划督察员制度进展、城乡规划标准规范研究、城市总体规划、控制性详细规划、历史文化名城保护规划、风景名胜区规划、旅游规划的进展、城市交通规划等内容从现状、问题、展望等方面进行了年度盘点；结合住房“保障新政”、城乡土地利用统筹、“多规”协调探索、“两型社会”和社区规划撰写了评论性文章；最后对 2008 年度城乡规划重要事件、行业发展概况、学术动态进行了梳理。

本书适合城市规划师、城市规划管理工作者、高等院校师生及相关专业从业者参考使用。

责任编辑：黄　翊
责任设计：董建平
责任校对：陈晶晶　王雪竹

中国城市科学研究系列报告
中国城市规划发展报告
2008—2009
中国城市科学研究会
中国城市规划协会
中国城市规划学会　编
中国城市规划设计研究院
*
中国建筑工业出版社出版、发行（北京西郊百万庄）
各地新华书店、建筑书店经销
北京嘉泰利德公司制版
北京二二〇七工厂印刷
*
开本：787×1092 毫米　1/16　印张：26　字数：560 千字
2009 年 7 月第一版　　2009 年 7 月第一次印刷
定价：**78.00** 元
ISBN 978-7-112-11053-7
(18300)

序

2008年是极不平凡的一年。年初的南方冰雪灾害、5月的汶川大地震、8月的北京奥运会、年底的国际金融危机，每一件大事无不影响着我国社会经济生活的方方面面。2008年城乡规划工作作为社会经济活动的具体反映和对社会经济发展产生重大影响的公共政策，在过去的一年中紧扣时代脉搏，在规划实践、学术研究和行业建设等方面都取得了积极的进展，对促进社会经济的协调发展发挥了重要作用。

积极应对汶川大地震，城乡规划工作及时有效。“5·12”汶川大地震发生后，城乡规划行业见事早，行动快，在党中央、国务院的统一部署下，积极组织过渡安置房，编制灾后重建规划，指导灾后重建城镇的具体建设，成功地完成了党中央、国务院部署的灾区城镇体系、农村建设和城镇住房建设等多个规划，在指导灾后重建工作的方方面面发挥了综合作用。应该说，2008年全面开展的灾后重建规划工作既是对我国城乡规划行业应对突发事件能力的一次考验，也是对现行的城乡规划理论和实践水平的一次全面测试。上百个规划院，近千名规划工作者在同一时间、同一个地区集中开展规划编制工作，这在新中国成立以来尚属首次。大家激情参与，迎难而上，积极投身到恢复重建规划工作中来，充分体现出我国规划行业的凝聚力和战斗力。事实证明，我们的工作是积极的、有效的和成功的，既受到各级政府的高度肯定，也获得了全社会的广泛认同。

城乡规划法颁布实施，规划编制与管理上新台阶。2008年1月1号实施的《城乡规划法》是新时期城乡规划工作的重要法律依据，也是全行业共同努力的结果。它既继承了《城市规划法》的优点，又在新形势下对原法进行了进一步拓展和完善。《城乡规划法》实施一年来，全国城乡规划编制工作卓有成效，城乡统筹的思想得到具体落实，区域协调观念更加深入人心。重庆市的城乡总体规划，海南省的城乡一体化规划，浙江省城镇体系规划，湖南长株潭两型社会示范地区、福建省的海峡西岸地区、成渝地区、辽宁沿海地区的城镇群规划编制都在区域协调和城乡统筹方面进行了大量有意义而深入的探索。与此同时，城乡规划的管理力度得到了加强，特别是规划督察员的派驻范围进一步扩大。2008年由住房和城乡建设部派驻的规划督察员已经覆盖到全国34个大城市，为贯彻落实《城乡规划法》，维护城乡规划的权威性和严肃性发挥了积极作用。

保障性住房建设全面推进，住房建设规划保障实施。按照中央的要求，2008年新组建的住房和城乡建设部着力在保障性住房的建设方面开展了大量工作。在部的统一部署下，新一轮的住房建设规划已全面完成。与上一轮规划相比，此次住房建设规划统筹兼顾到城市发展、土地供应、建设标准、市场变化、实施策略等因素，更加重视住房问题的综合性与复杂性，特别是在廉租房建设、各类棚户区改造方面进行了具体规划建设部署。同时，住房和城乡建设部还配合国务院相关部门研究制定了城市低收入家庭认定办法及保障性住房的税收、信贷政策，为保障性住房的建设奠定了基础。

绿色理念深入人心，生态城规划建设方兴未艾。随着可持续发展理念的深入人心和低碳生态技术的推进，2008年中国生态城建设取得积极进展。由中国和新加坡政府联合规划建设的天津生态城已由两国总理奠基开工，建设取得实质性进展。中新天津生态城规划在生态城指标体系、总体规划、详细规划等诸多具体技术方面作了积极探索。唐山曹妃甸、深圳光明新城、株洲云龙新城等地区也都在积极探索生态城建设。有关低碳生态城的规划建设技术已成为城乡规划界“十一五”科技研究的重点，低碳生态城规划的标准、规范和体制机制保障正在申请作为国家“十二五”科技研究的重点支持领域。

2008年恰逢我国改革开放30年。回顾过去的30年，我国城乡规划理论和实践发生了巨大的变化。从20世纪50年代到开放之初沿用的以前苏联为范本的规划理论与方法，发展到现在适应时代的变化发展，积极探索社会主义市场经济条件下的具有中国特色的城乡规划理论与方法，全国规划界付出了辛勤的努力。尽管面对复杂多变的国际形势和我们自身发展中的诸多问题，我们还有大量的工作要做，但不容置疑的是中国的城乡规划事业正在按照科学发展观的要求勇于探索，其方向是正确的，精神是可贵的。随着时间的推移，具有中国特色的城乡规划理论、方法与实践必将对世界城市规划事业的发展产生重要的影响。

回首过去，我们为城乡规划事业取得的蓬勃发展欢欣鼓舞；展望未来，城乡规划事业发展前途似锦，意义深远。希望广大的城乡规划工作者团结奋斗，开拓进取，为实现我国经济社会平稳健康可持续的发展做出更大的贡献。

是为序。

仇保兴

2009年6月

目 录

CONTENTS

Summary

Review

Focus

动态篇

附　录

Trends

Appendix

重点篇

Summary

改革开放30年我国城镇化和城市发展的回顾与前瞻[1]

自1978年实行改革开放以来，我国国民经济和社会发展取得了举世瞩目的成就。城镇化作为我国改革和经济社会发展的重要过程，结束了新中国成立以来长期徘徊和大起大落的局面，实现了平稳快速的推进。城镇化率由1978年的17.9%提高到2007年的44.9%，年均增长0.93个百分点。30年来，国家城镇化战略作为我国改革开放总路线的重要组成部分，从一个侧面反映出我国转型时期的发展战略、体制和相关政策；城镇化作为改革开放以来我国现代化进程中一个重要的、具有广泛社会关联度的过程，在国家经济社会发展中产生了重要作用和影响，全方位地折射出我国经济、社会、政治、文化等各方面的发展状况，同时也集中反映了我国经济社会发展中的深层次矛盾。在纪念改革开放30年之际，认真回顾、梳理和总结30年来的城镇化历程，对于更加自觉地求索中国特色的城镇化道路，科学认识和把握城镇化的未来走向，引导城镇化的健康发展，具有重要意义。

一、改革开放以来我国城镇化进程回顾

自1978年以来，随着改革的推进和深化、改革重点的变化、发展战略和政策的演变，我国经济社会发展表现出明显的阶段性特征，从而使我国的城镇化进程也呈现出阶段性发展的特点。我国城镇化进程按其各个时期的主要动力划分，大体可以分为四个阶段。

（一）1978～1984年，城镇化以农村体制改革的“推力”为主要动力

1978年党的十一届三中全会召开以后，拉开了农村经济体制改革的序幕。以家庭联产承包责任制为核心的改革措施的推广，有力地调动了8亿农民的生产积极性，促进了农业生产的发展和农村经济的繁荣。粮食问题的初步缓解使农村

[1] 本文是在受中国城市规划协会委托，作为“中国城市规划协会第三届会员代表大会暨改革开放30周年纪念活动”专题报告之一而起草的《改革开放三十年城镇化和城市发展的历史回顾与展望》的基础上，经进一步研究和修改而成的。

富余劳动力问题逐步显现，部分劳动力通过实行多种经营在农业内部转化后，仍有部分劳动力需要寻求出路。在城乡二元制度和城市体制改革尚未展开的背景下，城镇化主要表现为恢复性的先集中后城建的模式。随着农村承包制的实行，约2 000万上山下乡知青和干部返城，在原有城市实现了恢复性的城市化；城乡集贸市场的开禁，使大量农村商贩进入城市，形成了为数不少的城市暂住人口，同时带动了相关基础设施的建设；乡镇企业的发展带动了小城镇的发展。乡镇企业数量从1978年的152万个增加到1984年的606万个，带动非农就业人数从2 827万增加到5 208万，占全国非农产业就业比重的30.1%，成为我国农民继联产承包制后，为解决富余劳动力出路的新的重大探索和创举。在乡镇企业快速发展的同时，在国家当时几个1号文件和放松对农民跨界流动和户籍管理制度的管制等政策的鼓舞下，农民自发建设小城镇的积极性空前高涨，诞生了以浙江龙港镇（图1）等为代表的一大批明星小城镇，开启了我国农村就地城镇化的模式，打破了计划经济条件下我国城市主要由国家建设的传统模式。

图1　中国第一个民间自建的城镇——浙江龙港镇

在农业大发展、乡镇企业兴起和相关政策的作用下，这一时期我国城镇化取得了迅速发展。城市化率由1978年的17.92%上升到1984年的23.01%，年均增长0.85个百分点。

（二）1984～1992年，城镇化以城市体制改革的“拉力”为主要动力

1984年10月，党的十二届三中全会通过了《中共中央关于经济体制改革的决定》，标志着经济体制改革的重点由农村转向城市。自1985年起，国家对国有企业全面推行了“拨改贷”、“承包制”、“利改税”改革，扩大了国有企业经营自主权，开启了全面改革我国城市经济体制的进程，增强了我国城市经济的活力。这一时期，经过改革开放初期国民经济的调整和恢复，紧密联系人民群众消费需

求的新一轮工业化的展开，促进了以劳动密集型轻工业为主的城市工业迅速发展，以福建晋江（图2）、湖北沙市、广东顺德等为代表的一大批以轻纺工业为主的中小城市脱颖而出成为“明星城市”。

图2　20世纪80～90年代的明星城市——福建晋江

这一时期，国家推行的流通体制、价格管理体制改革等一系列改革措施，促进了市场机制作用的发挥和以公有制为主体的多种经济成分的发展，有力地推动了以第三产业为代表的城市经济的迅猛发展。以“分灶吃饭”为核心的财政税收体制改革和中心城市经济体制改革综合试点工作，调动了地方政府的积极性，增强了城市经济实力。随着城市经济活力的增强，城市功能不断增强和完善，逐步提高了城市就业吸纳能力，有力地带动了我国城镇化的发展。

这一时期，国家制定了一系列有利于吸引农村人口和设立新城镇的政策和标准，如允许符合条件的到集镇务工、经商、办服务业的农民和家属落常住户口，降低建制镇设立标准和设市标准等，大大推动了新城市和小城镇的快速发展。新城市数目从1984年的300座增加到1992年的517座，年均增加27.1个；建制镇由6 211个增加到11 985个，年均增加721.8个，明显快于前一阶段。同期城市化率由23.01%提高到27.63%，年均增长0.58个百分点。

（三）1992～2003年，城镇化以建立社会主义市场经济体制和市场化改革的深化为主要动力

改革开放以来，党和国家对经济体制改革目标模式的选择和市场化改革的推进经历了一个反复探索，不断深入的过程，到1992年党的十四大上明确提出了“我国经济体制改革的目标是建立社会主义市场经济体制”。随着市场经济体制改革目标的确立，体制转轨和市场化改革力度明显加大，促进了我国经济发展新一轮的高速增长，有力地推动和深刻影响了我国城镇化进程。新一轮的经济增长是

在温饱问题基本解决以后，以实现小康为目标，以住房、汽车及其他升级产品和有关配套设施作为发展动力的。开发区成为这一时期经济发展的主要形式和推动城镇化的主要载体，在全国普遍设立和迅速发展（图 3）。仅 1992～1993 一年时间，全国县级以上的开发区就达 6 000 多个，占地 1.5 万 km^2，比中国当时城市建设用地总面积 1.34 万 km^2 还多出 0.16 万 km^2。土地有偿使用制度的建立，以住房商品化为核心的住房制度的改革，有力地推动了城市房地产市场的繁荣，优化了城市的用地结构，改善了市民的居住条件。房地产开发成为这一时期城市建设的主要动力，增加了地方政府积累，促进了城市的快速发展和城市面貌的改变；同时也为地方城市政府“以地生财”、获得巨额土地批租收益奠定了制度基础，城市政府的住房保障职能相应弱化，城市中低收入阶层解决住房问题的困难明显加大。以 1994 年实行“分税制”为代表的分税财政体制改革，促进了中央财政收入的迅速增长，强化了国家财政的分配协调功能，同时也导致地方政府尤其是经济欠发达地区的地方政府普遍陷入“入不敷出”的窘境。在支出责任大体不变的情况下，地方政府财权和事权的不对称，成为各级地方政府热衷于建设开发区、大搞招商引资、片面追求 GDP 增长、减少政府公共支出责任等行为的重要制度因素之一。

图 3　开发区大发展

这一时期，也是经济波动加剧、城乡差距显著扩大的时期。工业产能的迅速扩张导致许多产品陷入结构性过剩；乡镇企业和大量城市工业效益滑坡，农产品阶段性和结构性过剩，农副产品价格下降，农村家庭人均实际纯收入的增长率在 1996 年达到 9%之后，从 1997 年起逐年递减，分别为 4.6%、4.3%、3.8%、2.1%，跌至改革开放以来的最低点。在这些因素的共同影响下，我国农村富余劳动力的流向由最初的本县或邻县逐步跨出省界，由中西部地区向沿海城市和经济发达地区转移。为了应对1997年爆发的亚洲金融危机带来的外部需求变化对我国经济发展的冲击，国家推行扩大内需、实施积极的财政政策的宏观政策。1998年实施新的城镇化战略，亦被作为扩大内需的政策之一。新的城镇化战略进一步导致经济要素迅速流入城市，促进了城市基础设施与景观的建设和完善，增强了城市特别是大城市的活力；同时我国的城乡差距、区域差距以及社会各阶层的分化显著扩大，对我国经济社会和谐稳定发展构成了消极影响。事实表明，在生产无限扩张与有效需求不断降低的基本矛盾缺乏根本性解决措施，政府的再分配和公共服务职能缺失、劳动参与分配的比重越来越低，特别是农民收入提高缺乏制度保证的情况下，城镇化不可能有效解决内需不足的问题。

这一时期城镇化发展是改革开放以来最快的时期，城市化率由1992年的27.63%增加到2002年的39.09%，年均增长1.15个百分点。

（四）2003年至目前，城镇化以国家发展阶段的转变和发展战略的调整为主要动力

这一时期是国家经济社会发展的转折时期，也标志着中国特色城镇化道路的思想初步形成。2003年党的十六届三中全会明确提出了“科学发展观”，强调坚持以人为本，树立全面、协调、可持续的发展观，促进经济社会和人的全面发展，并提出了“统筹城乡发展、统筹区域发展、统筹经济社会发展、统筹人与自然和谐发展、统筹国内发展和对外开放”的“五统筹”思想。其后中央又提出“构建社会主义和谐社会”、“工业反哺农业、城市支持农村”、“建设社会主义新农村”等重要思想和一系列政策措施；对区域发展总体战略进行了重大调整和全面实施，继“西部大开发战略”之后，又分别实施了“振兴东北老工业基地”和“中部崛起”战略，着力推进城乡和区域的协调发展。

图4　我国农民工发生的三大转变

同时，继20世纪90年代后期提出“加快推进城镇化”、“积极推进城镇化”之后，中央明确提出了推进健康城镇化的思想。针对作为人口城镇化主体的大量农村转移人口不能稳定地转化为市民，在就业、

医疗、社会保障、子女教育等方面难以获得与市民同等的公平待遇的状况，中央出台了若干政策措施，要求地方政府认真解决农民工的养老、住房、子女教育、医疗等问题，逐步解决农民工的“市民化”问题（图4）。另外，针对一些城市住房价格涨幅过高、保障性住房发展滞后、群众改善居住条件面临困难的局面，中央及其有关部门及时出台了《国务院关于解决城市低收入家庭住房困难的若干意见》、《廉租住房保障办法》及《经济适用房管理办法》等重要政策文件，加大保障性住房的供给力度，以切实解决群众的居住困难。此外，政府对公共交通、节能环保型住宅、城市公共基础设施、城市传统和历史文化风貌的保护、建设宜居城市等方面的工作都空前重视，并取得了许多进展，优化了推进健康城镇化的制度环境。

这一时期城镇化率从2002年的39.09％发展为2008年的45.7％，年均增长1.1个百分点。

回顾改革开放以来我国的城镇化进程，可以清晰地看到，30年来的城镇化进程，是作为我国改革开放和经济社会发展的一个重要过程展开的，是在国家在这一历史时期及不同阶段的发展战略、政策和体制的直接作用和影响下展开的，它不可能脱离国家特定的体制机制背景和环境独立推进，因而国家发展战略和经济社会政策的效果及利弊得失，都会在城镇化进程中得到显现。改革开放以来，在以“经济建设为中心”、“效率优先”的指导思想下，城镇化主要被作为经济发展的重要战略加以推行，有力地支撑了工业化和经济的发展，为我国取得经济增长的“中国奇迹”作出了重要贡献。但由于我国的基本国情，新中国成立后长期实行的“非城镇化的工业化”战略的遗留影响，城乡二元结构和一系列城市偏向政策的作用，改革开放以来国家发展战略突出效率而忽视公平的倾向，国家公共服务和经济调控职能的缺失，使得城镇化进程中城乡差距、区域差距扩大，社会各阶层的分化及其利益摩擦冲突，资源环境等问题和矛盾，都有了突出的表现和反映。这些问题是我们在继续推进和引导城镇化进程时，需要充分给予关注的。

二、我国城镇化发展的绩效、经验和问题

（一）城镇化发展的绩效

1. 有效发挥了现代化进程中与工业化的互动作用，促进了工业化和经济的持续快速发展

正如国内一些学者所总结的“城市化与经济发展双向互促共进规律”所揭示的那样，30年来我国的工业化促进了城市的发展和城镇化水平的提高，城镇化又反过来促进了工业化和经济的进一步发展。改革开放以来我国城镇化的推进，

充分发挥了城市在劳动力、资本、技术、人才、信息等方面的聚集作用，极大地提高了城市的比较优势，有力地推动了城市专业化分工，提高了工业经济的经济效益和市场规模，促进了城市二、三产业的迅速发展，促进了产业结构的调整升级和资源的优化配置。从1978年到2007年，我国的工业增加值从1 606亿元增加到121 381亿元，年均增长达到12.2%（图5）；第三产业增加值由1978年的860.5亿元增加到96 328亿元，年均增长率也达到12%以上。城市基础设施和房地产业的快速发展，带动了钢铁、石化、建材、装修装饰、家电等一系列上下游产业的发展；城镇建设成为全社会固定资产投资最重要的领域之一，以道路、交通、城市绿化、市政公用基础设施、开发区、房地产项目等为代表的城镇固定资产投资规模迅速扩大，为经济持续稳定快速增长发挥了不可替代的积极作用。

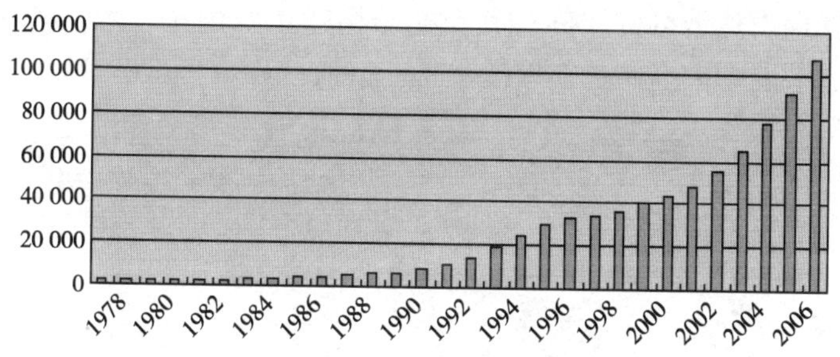

图5　1978～2007年我国工业增加值（亿元）

2. 促进了城市的快速发展，不断增强城市的辐射、扩散和带动作用

从1978年到2007年，我国城市总数由193个增加到655个，建制镇数量由2 173个增加到18 000多个。城镇规模等级结构逐步发展和完善，其中人口在50万以上的大城市从40个增加到140个，中等城市从60个增加到230个，小城市从93个发展到285个。目前，全国大约60%的工业增加值、85%的第三产业增加值、70%的国内生产总值、80%的税收都来自城市；90%以上的高等教育和科研力量集中在城市，城市在国民经济中的主体作用日益突出。城市功能的不断增强和完善，辐射和扩散作用的不断加强和发挥，有效地带动了区域和乡村的发展。城镇发展中形成的城市密集地区，成为带动国家和不同区域发展的核心地区。以上海、京津、穗港深为中心城市的长三角、京津冀和珠三角三大城镇密集地区，成为加速国家现代化进程、提升综合国力、参与全球分工与竞争的重要载体。三大城镇密集地区以不足3%的国土面积，聚集了全国14%的人口，创造的国内生产总值占全国的42%，实际利用外资占全国的79%。

随着城镇化的推进，作为城市功能重要载体的市政公用设施供给和服务能力显著增强。城市供水、排水、燃气、供热、公共交通、园林绿化、市容环卫、市政道路桥梁等各行业投资均大幅增长。2007年底，全国用水普及率93.83%，燃气普及率87.45%，污水处理率62.82%，生活垃圾无害化处理率61.89%，城市建成区绿化覆盖率35.29%，人均公园绿地8.98m^2，每万人拥有公共交通车辆10.23标台，人均道路面积达到11.43m^2，比改革开放初期均有大幅度的提高。

3. 实现了农村人口的大量转移，缓解了城镇化滞后的状况

改革开放之初的1978年，我国工业化率达到47.9%，但城镇化率只有17.9%，城镇化严重滞后于工业化的发展。随着我国城镇化战略的实施，到2007年时，我国的城镇化率已经达到了44.9%，滞后工业化率只有4.3个百分点，城镇化严重滞后于工业化的状况已经得到有效扭转，城镇化水平与经济发展水平在总体上已经基本适应（图6）。东部长三角、珠三角等承载能力强的地区集中了跨省外来人口总和的75%以上，有效地推动了劳动力从农村向城市、由生态脆弱地区向发达地区的空间转移，初步构建了我国东、中、西部由高到低，与生态资源承载能力和经济社会发展水平相适应的梯度推进的城镇化格局。

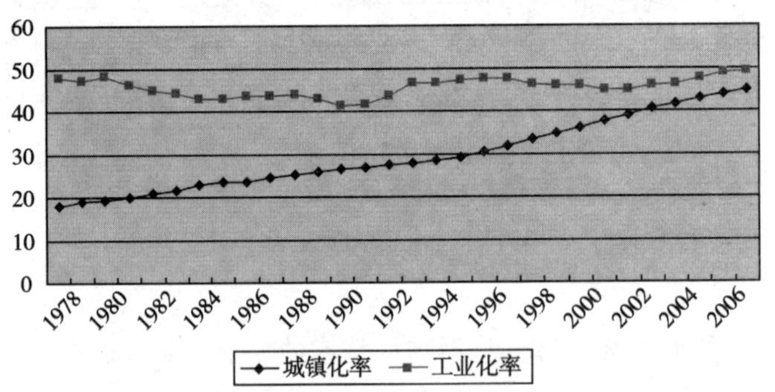

图6　我国工业化率与城镇化率对比（1978～2007）

4. 促进了社会结构的演变，推动了社会进步和文化发展

城镇化在推动我国全面的社会转型，实现从传统社会向现代社会、从封闭性社会向开放性社会、从农业社会向工业社会、从乡村型社会向城市型社会的转变中发挥着重要作用，推动了社会、文化发展和进步。

城镇化是一个城市文明不断发展并向广大农村渗透和传播的过程。改革开放30年，我国的城镇人口从1.72亿增加到5.94亿，使多达1.5亿的农业人口实现了就业的非农化。大量从农村转移到城镇的人口，其建立在传统小农经济基础上的思想意识、思维方式、生活方式、行为方式、价值观念和文化素养逐步向城市型文明转变，社会逐步建立起区别于农业社会的城乡社会新秩序，社会化、商品化、规范化、法制化日益成为社会秩序的基本特征。

城镇化推动了我国社会结构、社会组织和制度的变迁，带来了经济组织和经济活动方式的多样化。城市人口来源和构成的多元化，中产阶层人群不断扩大，各种正式和非正式社会团体的不断涌现，以及利益主体的不断多元化，推动了国

家的民主与法治建设，完善了城市和乡村的治理结构，促进了文化的发展和文明进步。

城镇化有力地推动了我国社会、文化的发展和进步。以城市为主要载体，我国的科技、教育、文化等事业取得历史性的进展。经济、社会、文化等各类要素在城市的充分聚集，博物馆、图书馆、科技馆、影剧院等公共文化设施在城市的大量建设，文化市场的空前繁荣，丰富了城乡居民的精神文化生活，有力地促进了先进文化、教育、科技等知识的广泛传播。

（二）城镇化发展的经验

1. 坚持推进市场化改革，促进了城镇化动力机制的多元化

改革开放以来，通过各个领域逐步深化的市场化改革，计划经济下政府主导经济发展的模式开始转变，市场机制的调节作用不断得到强化，极大地激发了市场活力和民间的创造力。多种所有制经济结构的共同发展，乡镇企业、民营经济、“三资企业”等新型经济组织的发展和愈益活跃，促使城镇化动力机制从计划经济条件下国家投资的一元化转变为多元化、从“自上而下”转变为“自上而下”与“自下而上”的结合。到2006年底，非公经济已占据国内生产总值的65%，企业总数的95.7%，从业人员的84.0%，固定资产投资的62.3%，进出口总额的73.5%。同时，城市基础设施和公共服务经营和管理体制的改革，市场机制的逐步引入，使企业以自筹资金、银行贷款、引进外资、发行债券等多种方式取代了单一的财政投入方式，扩大了城市建设资金的来源。我国城市基础设施的投资规模由1978年的8亿元增加到2006年的5 765亿元，30年间增长了720倍。同时，财政拨款所占比重，由1978年的100%下降到24.6%。城市基础设施和公共服务投资渠道的多元化，有效地改变了我国城市基础设施和公共服务的落后局面。

2. 国家集中调控与经济分权相结合，成为工业化和城镇化快速发展的基本体制因素

国内一些学者将30年来我国大规模持续高速发展的“中国之谜”的基本体制因素概称为“政治集权下的地方经济分权制”。改革开放以来，通过“分权让利”改革的逐步深化，计划经济条件下中央政府掌握的绝大部分资源，逐步向地方转移和倾斜，地方政府掌握了很大的自主权和大部分经济资源，成为推进工业化和城镇化的主体。这一体制和利益格局的变化，极大地激励和调动了地方政府推动经济和城市发展的积极性。地方政府充分利用所获得的“剩余索取权”，努力追求经济增长，不断进行改革尝试，通过多种途径积极吸引经济资源，增强自身在区域的竞争能力，大力促进城市建设和发展，有力地推动了地方经济发展和城镇化进程。为有效控制“经济分权”条件下的地方经济运行，中央政府通过财

政税收、金融、货币、投资等宏观调控工具和产业、土地等相关政策，实施对地方的引导和调控；并通过牢牢掌握对地方政府官员的考核任命和升迁的权力，激励地方政府遵循中央政策，从而保持了国家对地方的控制能力，基本保证了国家政治经济和城镇化的稳定发展。

3. 坚持以农业和农村稳定为前提，基本避免了“超前”、“过度”城镇化

改革开放以来，国家坚持将农业和农村的稳定作为推行经济发展和城镇化战略的前提，在不同的历史时期，实行了农村家庭联产承包责任制、农产品流通体制改革、粮食保护价格政策、扶贫开发等重要的改革和政策措施，有效地发挥了稳定农业生产和农村的作用。进入新时期以来，随着国家经济社会发展的阶段性变化，国家提出了建设社会主义新农村这一对稳定农村具有综合性、全局性和长远性的指导思想，探索“工业反哺农业、城市支持农村”的长效机制，着力破解城乡二元结构，加大了解决“三农”问题的力度，推出了一系列加强农村基础设施建设、推动城乡公共产品和公共服务均等化、提高农民收入的政策措施。尤其是进城务工农民继续保留农村承包经营土地和宅基地的政策措施，更是一种具有中国特色的“社会稳定器”，在保持社会稳定方面发挥了极其重要的作用。农业和农村的稳定，使我国在持续快速的城镇化进程中，基本保证了城镇化转移人口规模、速度与城镇承载能力的平衡，基本避免了许多发展中国家在快速城镇化时期出现的“超前”、“过度”城镇化问题，特别是拉美、非洲等国出现的大量失地和破产农民涌入城市、加剧城市贫困的严峻局面。

（三）城镇化进程中的问题

1. 单一的经济发展导向，影响了城镇化的全面、协调和稳定发展

在改革开放以来“以经济为中心”、“效率优先”的指导思想背景下，我国的城镇化战略被作为国家发展战略的重要组成部分，突出了经济增长和效率优先，而忽视了城镇化作为一个社会的综合发展过程，忽视了社会公平，从而在取得促进经济增长的巨大绩效的同时，也导致城镇化进程中城乡和区域差异扩大、贫富严重分化、资源环境问题恶化、社会摩擦和利益冲突加剧等一系列问题的产生，影响了城镇化进程的稳定和谐发展。

改革开放以来，汲取农业剩余仍然是工业化和城镇化的主要动力来源。城市征用农民土地价格与土地出让价格之间的“剪刀差”，逐步取代计划经济时期工农业产品和城乡劳动力的“剪刀差”，成为汲取农业剩余以支撑工业化和城镇化发展的主要形式。据有关专家估算，改革开放以来，城市通过土地“剪刀差”获取的农业剩余累计达 20 000 亿元以上。20 世纪 90 年代以来，由于国家推行的非均衡发展战略的作用，城乡二元结构体制和重城轻乡政策的影响，市场机制自发

作用等多重因素，造成土地、劳动、资本等生产要素大量从农村向城市、从经济欠发达地区向经济发达地区流动，导致随着我国城镇化的推进，城乡差异和区域差异不但没有得到缓解，反而进一步扩大。2007年，城市居民可支配收入和农民人均纯收入之比已达3.33∶1，城乡居民收入实际差距则在6∶1以上，是世界上城乡收入差距最大的国家之一（图7）。我国东、中、西部的经济和社会发展差距，也随着改革开放的进程不断扩大。

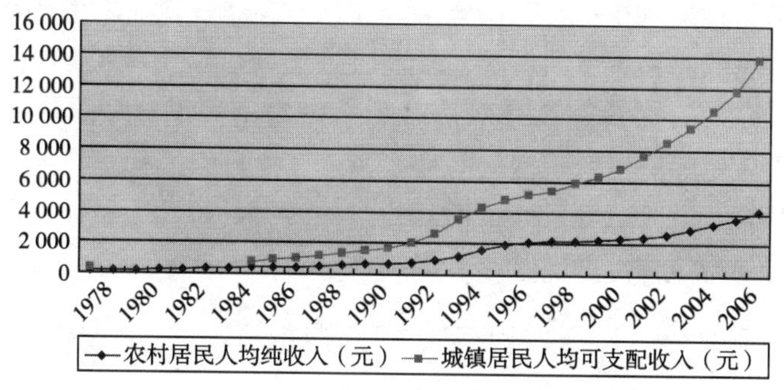

图7　城乡收入差距对比（1978～2007）

在效率优先的思想指导下，城镇化的政策导向明显向经济和人口倾斜，在现实中被演绎成一场自上而下的经济性运动，甚至被等同为城市的扩展、改造和开发。政府的政绩需要和房地产商的利润最大化成为城市改造和开发的主要动力。而在这一背景下，农民一方面继续被户籍等城乡分割制度束缚在土地上，另一方面仅仅被视为城市的廉价劳动力；进城农民如何转化为市民、融入城市社会的问题，其居住、就业、子女教育、社会保障等方面的权利问题得不到应有的关注；城市强制征用农民土地和城市改造运动，使大量被征地农民和动迁户利益受损，其生活结构遭受破坏。城镇化以低廉的经济成本换取了快速的发展，同时也付出了高昂的社会成本，使社会和人的城市化严重滞后，导致城市经济、社会、文化等系统相互关系的失衡。在全球化背景下以国家退出、私有化、效率至上为主要特征的新自由主义思想影响下，政府对市场自发机制缺乏必要的干预和有效的调节，公共服务职能严重缺失，使许多城市在体制改革过程中就业问题愈益突出，加剧了弱势群体和弱质企业的生活和生产困难。许多人士将加快城镇化作为解决“三农”问题的法宝，然而在长期以来形成的不利于农村、农业和农民的制度设计和安排没有根本转变的情况下，城镇化不但难以有效解决“三农”问题，反而进一步加剧了“三农”问题。

2. 巨大的农村转移人口与城市承载能力不足成为我国城镇化将长期面临的基本矛盾

根据国家劳动部门估计，我国目前仍有1.5亿以上的农村富余劳动力需要转移，其人口转移规模之巨世界各国无出其右。由于我国基本国情和历史形成的城镇化滞后局面等因素，在相当长一个历史时期，我们都将面临大量农村富余劳动力需要向城镇转移的巨大压力。

新中国成立以来以至改革开放以来，我国农村劳动力转移与产业发展演变阶段的相互关系，总体上偏离了一般规律和逻辑。在新中国成立后我国大规模推进工业化、发展劳动力密集型产业阶段，由于实行“非城镇化的工业化”道路、城乡隔绝的体制和政策，在工业化最能带动农民实现非农就业的发展阶段，人为地限制农民向非农产业和城市的转移，从而失去了推进城镇化的历史机遇（图 8）。而在改革开放以后，在我国产业经济开始从劳动密集型向资金、技术密集型转变，发展方式从粗放向集约转变的时期，由于产业升级换代和资本、技术的迅速加密，使我国的城市面对农村改革后释放出来的大量劳动力，缺乏足够的就业吸纳能力。城镇化与经济发展的阶段性矛盾十分突出。

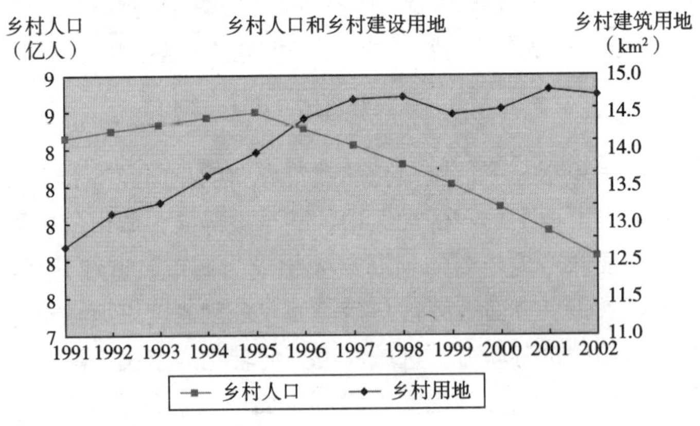

图 8　乡村人口和乡村建设用地变化

城市公用设施支撑能力显著不足是影响城市吸纳能力的重要因素。近年来，市政公用行业的发展虽然取得很大进展，但总体上仍难以完全满足城市发展和迅速增长的城镇化人口的需求，各地城市普遍存在供水、供电能力不足，交通拥堵，住房短缺，污染和垃圾处理能力低等问题。近年来，许多地方政府在单纯追求 GDP 的目标引导下，在资源投入上向重化工业领域和种种“形象工程”倾斜，而忽视城市功能的健全和完善，忽视市政公用基础设施和公共物品的生产和供给，加剧了城市综合承载能力不足与大量的城镇化转移人口之间的矛盾。

3. 城市和乡村开发建设的盲目扩张和发展，对资源、环境的压力日益加大

在城镇化快速推进过程中，粗放的资源利用和急功近利的开发建设模式，给我国相对短缺的资源和脆弱的环境造成了巨大压力。大多数城市都偏重用地规模的外延扩展，土地低效利用现象大量存在。根据 2005 年中国国土资源公报，全

国城镇规划范围内还有闲置土地7.20万hm^2，空闲土地5.48万hm^2，批而未供土地13.56万hm^2，三类土地总量为26.24万hm^2。乡村建设用地水平不断攀升。1996年以来，我国乡村人口开始净减少，但乡村居民点建设用地不仅没有随着人口的减少而减少，反而增加了5 049km^2。我国目前有300多个城市属于缺水型城市，但水资源浪费严重，不少城市供水管网漏失率超过20%；能源资源消耗高，利用效率低，单位建筑能耗比同等气候条件下先进国家高出2～3倍；城市建设中相当普遍地存在建设标准过高、盲目大拆大建的问题，带来了土地资源、财力物力的大量浪费。城镇化、工业化过程中的环境污染严重，发展过程中的环境矛盾冲突不断加剧。目前我国多数城市"三废"（废气、废物、废水）污染问题突出，大部分城市河流受到不同程度的污染（图9），城市垃圾无害化、减量化、资源化步伐缓慢，城市生态环境质量仍然没有得到根本改善。

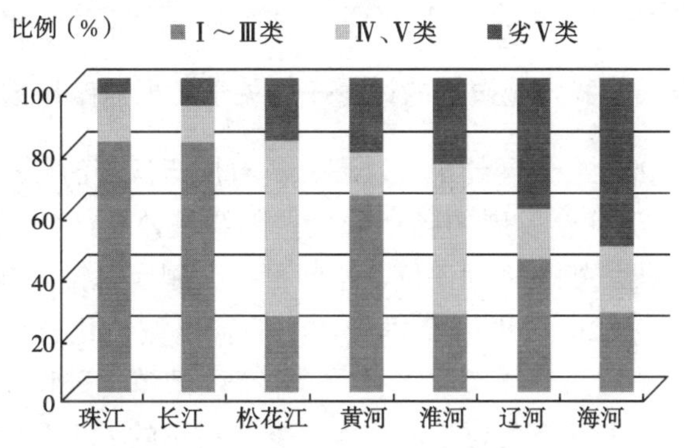

图9　2007年我国七大水系水质类别比例

4. 宏观调控体系和市场经济体制不完善，影响了政府对城镇化进程的引导和调控

在体制转轨和渐进式改革的推进过程中，原有的以行政手段为主的调控模式已失去效力，而新的与市场经济体制相适应的调控模式尚未建立和完善。国家空间规划体系与金融、财政、货币等宏观调控工具缺乏衔接和协调；国家规划体系（目前主要由城乡规划、土地利用总体规划和经济社会发展规划等规划构成）处于部门分割状态，在空间上缺少综合协调，使规划体系难以发挥整体作用；交通、环境、铁路、电力、通信、水利等各部门的专项规划在空间上衔接不充分，无法形成合力，使城市规划综合协调的作用难以得到有效发挥，影响了政府对城镇化进程的有效引导和调控。在政府主导的城镇化模式下，一方面许多领域市场化改革不到位，政府仍然控制了大量的社会经济资源，对微观经济活动和市场主体进行干预，制约着市场机制基础性调节作用的发挥；另一方面，在就业、医疗卫生、教育、住房、社会保障等事关民生的重要领域，政府的公共服务职能和责任缺失，片面推进市场化和产业化，导致基本公共物品和公共服务供给不足，严重影响了城镇化的质量。

三、中国特色城镇化道路的探索和开拓

我国的基本国情和发展中面临的深层次矛盾，决定了我国城镇化道路的独特性。我国人口众多，资源相对短缺，环境脆弱；长期的以农业为主导的经济结构，经济社会发展水平和现代城镇化起点的低下；新中国成立后为实行“赶超战略”而相应实行的“非城镇化的工业化”战略和相关制度安排的影响；全球化的背景，改革开放以来多重转型和急剧的社会变革，使30年来我国城镇化的推进，面临着独特的、十分复杂的环境和条件，探索中国特色的城镇化道路，成为中国寻求发展的必然选择。

（一）30年来围绕我国城镇化的讨论——关于发展道路和模式的求索

城镇化作为经济社会发展的重要过程，具有广泛深刻的社会影响。改革开放30年来，在我国经济社会发展的各个阶段，围绕城镇化的定义、内涵、一般规律、动力机制、我国城镇化进程评价、空间形态、制度安排等问题，在思想理论和社会各界进行了持续的讨论以至争论，中国特色城镇化道路成为主线贯穿其中。其中，一度被称之为“城市化方针”（即我国城镇化进程中不同等级规模城镇的作用和政策）的问题成为讨论的焦点。参与讨论的人士分别提出了“大城市优先论”、“小城镇优先论”、“中等城市优先论”等最为典型的三种观点，分别突出了大、中城市和小城镇在城镇化进程中的地位和作用。除此之外，还有“大中小城市并举论”、“县城为主论”、“中心集镇为主论”、“二元城镇化论”、“城乡一体化论”、“集中型（或聚集型）城镇化论”等，不一而足。城市规划界的许多人士抱着“城镇化是社会发展和现代化的必由之路”的进步主义信念，主张积极推进城镇化，侧重于从空间、地理、人口的视角研究城镇化；而人文社会科学界对城镇化的研究则主要集中于经济、社会、政治、文化以至价值等层面，表现出更多的反思色彩。而20世纪90年代中期以来，随着我国改革和经济社会发展进程中一些深层次问题和矛盾的日益显露，对城镇化的讨论越来越与对我国改革和发展进程的反思、对中国发展未来走向的思索和论辩结合在一起。进入21世纪以来，城镇化的状况受到种种质疑和批评，其锋芒所指包括城镇化被作为发展主义的意识形态，导致对我国城镇化进程中种种问题和矛盾的忽略和遮蔽；重经济增长而轻社会综合发展，重经济效益而轻社会公正的“片面城镇化”；盲目追求城镇化速度的“冒进式”城镇化；大量圈占农村土地、掠取农村资源而忽视农民向市民的转化，无视和损害农民权益；城市改造和开发建设侵害市民合法利益，等

等。讨论中还有结合中国的发展道路和模式对城镇化发展状况予以尖锐批判以至否定的声音。有的学者剖析和批判了“以经济增长和城市化为中心的发展主义”；有的“三农”问题专家结合国际上发展中大国的城镇化“不过是以空间平移了农村贫困人口进入城市，变成城市贫民窟人口”的经验，指出城镇化未必是解决“三农”问题的出路；一些生态学家认为，城镇化未必是中国发展的唯一路径，中国的乡村完全可以挖掘传统，走出一条东方发展之路。由于对城镇化认知视角的差异，以及城镇化问题与中国改革与发展路径和模式的选择密切关联，目前我国思想理论界对城镇化的认识尚无法“定于一尊”，但社会各界通过围绕中国特色城镇化道路的讨论、总结以至反思，至少在一些基本问题上初步形成了共识，例如我国的特殊国情与背景，决定了我国的城镇化不能照搬国外的城镇化模式；我国的城镇化要区别我国不同地区的情况和发展条件，实行多元化的发展战略，多渠道、多元化、多模式地推进；要更加注重城镇化进程中城乡之间、区域之间、大中小城市和小城镇之间的协调发展；在推进方式上，要实行政府、市场与民众的结合，等等。

（二）从“规模政策”到综合政策——关于中国特色城镇化道路方针政策的历史演变和发展

思想理论和社会各界对城镇化认识的逐步发展和深化，集中表现在各个历史时期国家对中国特色城镇化道路表述和政策的演变。20世纪80年代，国家对城镇化道路的表述采取了“城市发展方针”的形式。1980年国务院批转的《全国城市规划工作会议纪要》中强调“控制大城市规模，合理发展中等城市，积极发展小城市”，这个自新中国成立以来首次正式提出的城市发展方针，基本沿袭了“一五”以来国家控制大城市规模的政策；并且在1984年的《中共中央关于1984年农村工作的通知》和《国务院关于农民进集镇落户的通知》、1984年1月国务院发布的《城市规划条例》、1985年的“七五”计划、1990年的国家“八五”计划和1990年4月1日开始实施的《中华人民共和国城市规划法》等一系列文件和法规中都得到了确认。这种主要强调“中国城市发展的战略重点应该放在什么规模级的城市”的政策表述，被有的学者称之为“规模政策”。随着经济社会和城镇化的发展，规模政策的局限性正在被越来越多的人所认识，因此在2000年国家“十五计划”以后，不再被中央正式文件对城市发展指导原则的表述所采用。

1998年10月，党的十五届三中全会通过的《中共中央关于农业和农村工作若干重大问题的决定》提出“发展小城镇，是带动农村经济和社会发展的一个大战略”，进一步提升了发展小城镇的重要地位，同时将“农村产业结构进一步优化，城镇化水平有较大提高”作为发展目标，这是新中国成立以来党的决定中第一次明确将提高城镇化水平作为发展目标。在2000年召开的十五届五中全会上，中央在关于“十五”计划的建议中，认为“我国推进城镇化条件已渐成熟，要不失时机地实施城镇化战略，积极稳妥地推进城镇化”。2000 年的“十五”计划中，明确提出“推进城镇化要遵循客观规律，与经济发展水平和市场发育程度相适应，循序渐进，走符合我国国情、大中小城市和小城镇协调发展的多样化城镇化道路，逐步形成合理的城镇体系”。2002 年，党的十六大又提出“全面繁荣农村经济，坚持大中小城市和小城镇协调发展，走中国特色的城镇化道路”，进一步明确了我国城镇化的重要发展方针。2003 年的十六届三中全会上，中央进一步提出要“加快城镇化进程”。

2005 年 9 月 29 日胡锦涛在中央政治局集体学习时的讲话，集中、全面地反映了对中国特色城镇化道路的最新认识成果，指出：由于我国人口多、底子薄，发展很不平衡，推进城镇化的同时面对着实现经济增长、社会发展和解决人口众多、资源紧缺、环境脆弱、地区差异大等许多问题和矛盾。这就决定了我们必须贯彻落实科学发展观，坚持走中国特色的城镇化道路。一是要坚持保护环境和保护资源的基本国策，坚持城镇化发展与人口、资源、环境相协调，合理、集约利用土地、水等资源，切实保护好生态环境和历史文化环境，走可持续发展、集约式的城镇化道路。二是要全面考虑经济社会发展水平、市场条件和社会的可承受程度，发挥市场对推进城镇化的重要作用，通过市场实现城镇化过程中各种资源的有效配置，吸引各类必需的生产要素向城镇集聚，同时发挥政府的宏观调控作用，加强和改善政府对城镇化的管理、引导、规范。三是要坚持走多样化的城镇化道路，推进各级各类城镇协调发展，形成合理的城镇体系，提高城镇综合承载能力，发挥各级各类城市和小城镇在一定区域范围内的职能作用。四是要根据各地经济社会发展水平、区位特点、资源禀赋和环境基础，合理确定各地城镇化发展的目标，因地制宜地制定城镇化战略及相关政策措施，加强城市之间的经济联系和分工协作，实现城市以及地区优势互补和共同发展。五是要通过深化改革，研究制定适合我国国情、符合社会主义市场经济规律的政策措施和体制机制，营造城镇化发展的良好环境。

2006 年，国家“十一五”规划再一次强调了城镇化对于统筹城乡发展的重大意义，提出要“坚持大中小城市和小城镇协调发展，提高城镇综合承载能力，按照循序渐进、节约土地、集约发展、合理布局的原则，积极稳妥地推进城镇化，逐步改变城乡二元结构”。在 2007 年召开的党的“十七大”上，再次明确了要坚持“走中国特色城镇化道路，按照统筹城乡、布局合理、节约土地、功能完善、以大带小的原则，促进大中小城市和小城镇协调发展”。

国家关于中国特色城镇化道路表述的演变和发展，集中反映了随着改革的推进和经济社会的发展，国家和社会对我国城镇化道路视野的不断拓展和认识的逐步深化，城镇化方针政策从偏重规模控制的单一的“规模政策”向引导城镇化全面协调发展的综合政策发展和逐步完善。

（三）着力发挥城乡规划对城镇化进程的引导和调控作用

改革开放以来，国家和政府十分重视发挥城市规划在引导和调控城镇化发展中的作用。城市规划在伴随着城镇化的启动和发展而恢复、建设和发展的同时，根据引导城镇化发展的需求，进行了不懈的探索和努力，为我国城镇化的基本有序和协调发展作出了积极的贡献。

1. 紧密结合社会经济和城镇化发展的需求，开展城市规划编制工作

在20世纪80年代、90年代和进入21世纪以来，全国先后开展的三轮城市总体规划编制工作，分别适应了改革开放初期城市规划工作全面恢复和步入正轨、确立社会主义市场经济体制目标背景下引导经济社会和城镇化快速发展以及落实科学发展观、推进经济社会全面协调发展的需要，有效发挥了调控和指导城市建设和发展的作用。为了适应城市有偿使用制度的建立和控制城市土地利用和开发建设的需要，1983年在部分城市应运而生的控制性详细规划，逐步在全国推广；1998年深圳建立和实行法定图则制度（图10），促进了控制性详细规划的法制化，强化了城市规划对土地利用和开发建设的控制能力，在实践中日益发展为依法实施规划管理的有效工具。为了适应区域城镇化、城镇区域化的发展态势，促进区域城镇统筹和协调发展，以城镇体系规划为主要形式的国家和区域规划逐步开展并不断深化。20世纪80年代中期省域城镇体系规划编制工作即在全国开展，于90年代中后期更加受到重视。至1999年底，全国27个省、自治区中已有26个进行了省域城镇体系规划编制工作（图11）。全国城镇体系规划于

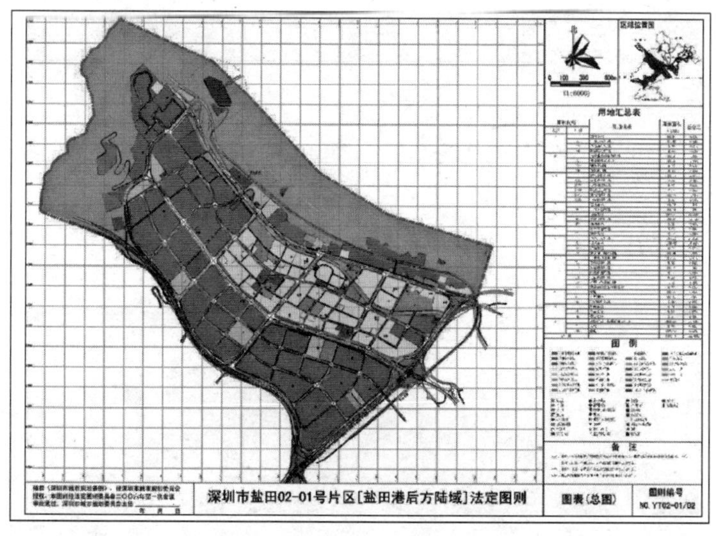

图10　深圳市的某法定图则

2006年编制完成，成为指导我国当前城镇化发展的纲领性文件。近年来，建设部先后组织和指导编制了珠江三角洲（图12）、长江三角洲、京津冀、海峡西岸、辽宁沿海、成渝等地区的城镇群规划。适应引导城镇化进程的需要，规划编制工作在实践中不断拓展和创新。20世纪80年代以来先后出现或受到特别重视的分区规划、城镇群规划、都市圈规划、战略规划（概念规划）、近期建设规划、城乡统筹规划、城乡总体规划等规划类型，及时应对了城镇化和城市发展中遇到的新情况、新需求，在实践中逐步完善，成为法定或非法定的重要规划类型。

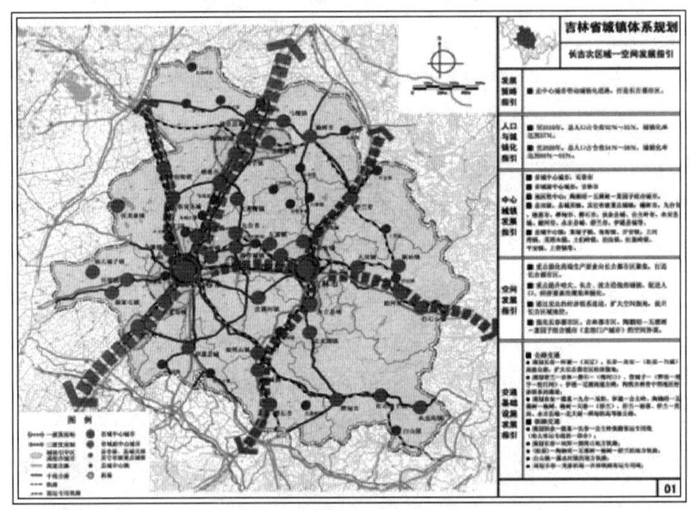

图11　吉林省域城镇体系规划

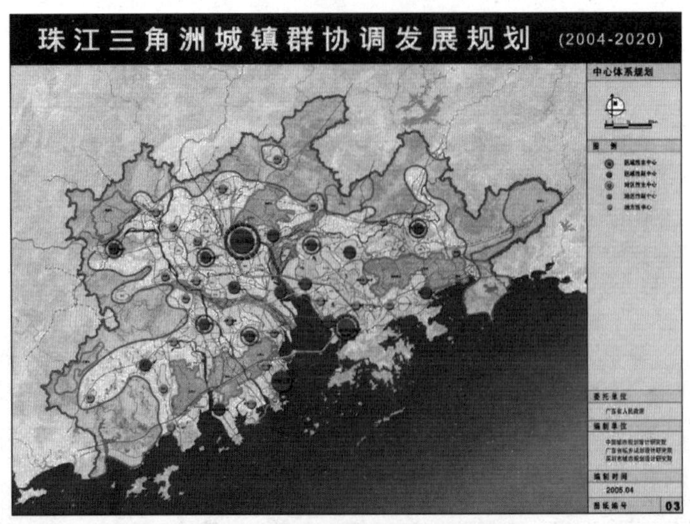

图12　珠三角城镇群协调发展规划

2. 健全城乡规划体系，强化城乡规划的调控作用

20世纪90年代以来，为更加有效地发挥城市规划对于引导和调控城镇化和城市发展、促进经济社会可持续发展的作用，强化城市规划的公共政策的属性，建设部积极推进包括规划编制体系、法规体系、政策体系、行政体系在内的规划体系的不断完善。以《城乡规划法》和《城市规划编制办法》为标志，包括城镇体系规划、城市规划、镇规划、乡规划和村庄规划在内的城乡规划编制体系初步形成并不断完善。在法制建设方面，随着《城乡规划法》的颁布，一系列配套法规、规章和标准规范的制定和出台，城乡规划法规体系框架初步建立。城市规划的政策体系不断健全。城市规划编制强制性内容、“四线”管理办法的先后出台，城市规划督察员制度的建立和实施，强化了城市规划的权威性，有力地增强了对城市规划实施的监督；随着行政体制改革的推进，行政审批制度的清理，促进了城市规划行政管理的规范化，强化了城市规划的依法行政；注册规划师执业资格制度等相关制度的建立和实施，促进了城市规划行业管理和规划队伍的建设。城市规划体系的逐步健全和完善，极大地增强了规划的调控能力。

四、我国城镇化发展的未来展望

（一）我国城镇化进程的未来展望

未来10～20年，我国工业化处于中期及中期向后期的转化阶段，城镇化仍将保持适当速度。在合理的引导和控制下，城镇化人口的规模、结构、流动和分布将更趋合理。预计2010年，全国总人口约为13.6亿，城镇化水平约达到47%，城镇人口约达到6.4亿人；2020年全国总人口约为14.5亿，城镇化水平56%～58%，城镇人口达到8.1亿～8.4亿人。预计2030年前后，全国总人口约为15亿[1]，城镇化水平约达到65%，城镇人口约达到10亿人。

从城镇化的空间形态来看，不同地区由于发展的外部条件、城镇化发展阶段和发育水平的差异而表现在空间形态上的差异，将在相当长时期内存在。东部相对发达地区的城市网络化格局将进一步发展；点轴式发展仍将是中部地区城镇化空间发展的主要特点；西部地区中心城市的集聚能力将进一步增强。随着国家推进经济社会全面协调发展的一系列政策的实施，城乡之间、区域之间、大中小城市和小城镇之间将会呈现出更加协调的发展态势；大城市总体上将会比中小城市发展得更快。城镇群作为城镇化的主体形态，将会在完善城镇化空间格局和城镇体系、推进城镇化进程中发挥更为突出的作用。

---

[1] 资料来源：《全国城镇体系规划（2005—2020）》（内部资料）。

国家发展战略的转变将为城镇化提供更加有利的政策和制度环境。但从经济发展趋势来看，我国城镇化在未来将面临更大的不确定性。伴随着我国经济快速崛起，我国发展的国际环境趋紧，长期经济快速增长所带来的结构失衡越来越显著，传统经济增长方式越来越难以持续，人口红利和制度变革所带来的增长效应越来越趋于平稳，快速城镇化也面临着拐点提前到来的威胁等因素，将使我国经济发展面临着诸多不确定性，需要我们从战略层面上积极应对。解决经济社会发展中的深层次问题，实现城镇化进程中的城乡统筹、区域协调、社会和谐、资源节约、环境友好的目标，由于涉及一系列体制机制改革的深化，关系到众多利益集团关系的调整和相关配套措施的整体落实，具有很大的难度，还需我们进行长期艰苦的探索和努力。

（二）总结历史经验，推进城镇化健康发展

在展望城镇化的未来走向时，认真总结改革开放30年来我国城镇化进程积累的经验，不断深化对于我国城镇化形成的社会共识，拓展和完善中国特色城镇化道路，积极推进健康城镇化，是我们面临的重要任务。

1. 坚持城镇化与新农村建设整体推进，促进城镇化的协调发展

城镇化和新农村建设是优化城镇化动力机制、统筹城乡发展、促进健康城镇化相关政策体系的两个重要方面。要切实贯彻“工业反哺农业、城市支持农村”的方针，落实社会主义新农村建设的一系列政策。积极稳妥地推进村庄整治工作。科学合理地编制和实施村庄规划，引导农村集约建设，集约节约使用土地；逐步完善农村道路、供水、排水、垃圾处理等最基本的生产生活设施；重视保护农村自然和历史文化资源；改善农民生产生活环境，促进农村经济社会协调发展。

引导农村富余劳动力向城镇有序稳定转移，妥善处理城镇化进程中城乡利益关系，切实保障农民合法权益。积极探索将农民土地转化为进城资源的合理途径，切实保护城镇发展过程中被征用土地农民的现实利益和长远生计，逐步解决城市快速发展过程中形成的“城中村”问题，落实中央关于改善农民进城务工就业、创业环境的有关政策，积极创造条件逐步解决农民工在就业、医疗、住房、子女教育、社会保障等方面的福利待遇，促进其向市民转化。

小城镇是城镇化与新农村建设的结合点。发展小城镇是实施城镇化战略、统筹城乡发展的重要一环。要进一步研究制定促进小城镇发展的政策措施，加快全国重点镇的建设和发展，充分发挥政府引导下市场机制的作用，加大小城镇建设的投入力度，完善基础设施和公共服务设施，强化小城镇对农业、农村和农民提供服务，实现公共服务均等化的功能，带动当地农业和农村经济的发展。完善小城镇政府的经济和社会管理职能，加强小城镇发展的规划引导。

2. 深化体制改革，转变政府职能，健全城镇化调控机制

完善政府调控与市场调节相结合的城镇化调控机制。切实实现政府职能从单一经济增长向经济调节、市场监管、社会管理和公共服务的转变，减小政府对微观经济主体和行为的过度干预，充分发挥市场机制的调节作用。推进政治体制改革和政治民主建设，加强城市规划建设的公共参与，强化城市规划行政权力行使的监督机制，规范公共权力运行；建立和完善城市规划决策、执行和监督既相对独立又相互制约的体制机制。深化分权财政体制改革，明确政府间的事权和支出责任，明确中央政府对全国性基本公共服务应负有主要的支付责任；针对各地财力上的差异，完善政府间纵向转移支付制度，增强地方政府履行地区社会性服务职能的财政支付能力，改变欠发达地区基层政府财权和事权不匹配的现状；加强土地批租的立法和管理，规范土地批租行为；加强对各级地方政府预算过程的管理和监控，严格预算外收入的审计。改革以GDP为导向的地方政府绩效考核评估体系，建立包括社会发展、公共服务、环境保护等目标在内的综合考核指标体系。强化政府的社会管理和公共服务责任，调整和完善政府财政支出结构，增加对保障性住房、基础教育、公共医疗、社会保障等领域的支出，完善推动城镇化协调健康发展的制度环境。

3. 突出就业问题的战略性地位，完善城镇化人口转移和吸纳机制

把就业作为国家的基本国策之一，采取多种措施建立促进就业的长效机制，完善城镇化人口转移和吸纳机制。

坚持走充分考虑我国人力资源丰富因素的新型工业化道路，实行有利于促进就业的产业政策。在我国总体上进入发展装备制造业的工业化中期阶段，积极发展主导产业的配套产业，拓展和完善产业链条，最大限度发挥制造业提供就业岗位的能力。重视对促进就业有更大带动作用的劳动密集型产业、中小企业、乡镇企业、涉农服务企业和非公有制企业的发展，大力发展生产生活服务业，处理好传统产业和新兴产业的发展关系；合理把握城镇化与第三产业发展的互动关系，针对城镇要素聚集能力不足制约我国第三产业发展的问题，积极促进人口、产业等要素在城镇集聚，降低第三产业发展门槛，积极促进就业带动能力强的第三产业的发展；控制片面追求“城市美化”、“景观城镇化”而盲目提高城市建设标准的倾向，降低中小企业发展成本，为中小企业起步和创业创造适宜环境和平台。要善待非正规经济，发挥非正规经济对解决就业问题的功能。

4. 坚持走中国特色城镇化道路，健全城镇化载体建设，促进可持续发展

坚持大中小城市和小城镇协调发展，根据不同地区的发展条件，完善城镇体系，完善城镇化空间结构。充分发挥城镇群作为城镇化主体形态的作用。以增强综合承载能力为重点，以特大城市和大城市为龙头，发挥中心城市作用，在国家层面形成若干用地少、就业多、要素聚集能力强、人口分布合理的城镇群。积极

推进城市功能的健全和完善，增强城市在不同区域的辐射和带动作用，优化人居环境。加强和完善道路、供水、排水、供热、绿化、环境卫生等市政公用设施建设，大力发展公共交通；完善教育、卫生、体育、文化等社会服务设施建设；注重环境整治和保护，搞好城市各类生态设施的建设（如公共绿地、生态绿地等）；推动城镇集约紧凑健康发展，集约和节约利用土地、水等资源，抓好节能减排。完善住房供给和保障体系。积极引导住房合理消费，调整和完善住房供应结构；重点关注和解决中低收入家庭的住房问题，保证经济适用住房和廉租住房的用地需求和合理布局；改善外来人口的居住条件。

5. 加强和改进城乡规划工作，进一步完善规划体系，发挥规划引导和调控作用

要健全城市规划体系，加强和改进城市规划工作。完善包括全国和省域城镇体系规划、城市（镇）总体规划、村庄规划和集镇规划、风景名胜区规划在内的城乡规划体系。坚持“政府组织、部门协调、专家领衔、公众参与、科学决策”的规划编制组织方式，改进城乡规划编制方法，加强规划的战略性、前瞻性、可操作性，加强城乡统筹、区域协调、社会发展、资源、环境以及人口等问题的研究，更加有效落实经济和社会发展目标，实现规划编制科学属性与公共政策属性的有机结合。

加强规划实施情况的监督检查。继续深入开展城乡规划效能监察工作，研究建立提高城乡规划工作效能的长效机制；推进派驻城乡规划督察员制度，加强城乡规划实施的动态监测，建立健全城乡规划实施效果的评估体系，推进城乡规划有效实施。

建立统一、协调、效能的国家空间规划体系，推进土地利用规划、国土规划、社会经济发展规划和城乡规划的协调和整合，加强各部门专项规划的衔接和协调，综合调整完善财政、投资、产业、土地、生态环境等配套政策，健全规划实施的保障机制，形成调控合力，充分发挥规划的引导和调控作用。

参考文献

[1] 胡鞍钢. 中国现代经济发展的初始条件 [J]. 开发研究，2006 (3).

[2] 唐子来，周一星. 国外城市化发展模式和中国特色的城镇化道路. 政治局讲课内部讨论稿.

[3] 王永钦，张晏等. 中国的大国发展之道——来自经济学的声音 [M]. 上海：上海人民出版社，2006.

[4] 何念如，吴煜. 中国当代城市化理论研究 [M]. 上海：上海人民出版社，2007.

[5] 中国城市科学研究会等编. 中国城市规划行业2007～2008发展报告 [M]. 北京：中国建筑工业出版社，2008.

[6] 叶裕民. 中国城市化之路 [M]. 北京：商务印书馆，2001.

[7] 陈锋. 关于我国城镇化的非主流视角 [J]. 城市规划，2005 (12).

[8] 赵星平，周一星. 改革开放以来中国城市化道路及城市化理论研究述评 [J]. 中国社

会科学，2002 (2).

[9] 温铁军. 三农问题与世纪反思 [M]. 北京：三联书店，2005.

[10] 张维迎主编. 中国改革30年——10位经济学家的思考 [M]. 上海：上海人民出版社，2008.

[11] 林毅夫. 发展战略与经济改革 [M]. 北京：北京大学出版社，2006.

[12] 刘国光主编. 中国十个五年计划研究报告 [M]. 北京：人民出版社，2006.

[13] 马凯主编. “十一五”规划战略研究（下） [M]. 北京：北京科学技术出版社，2005.

[14] 建设部. 建设事业“十一五”规划纲要（讨论稿).

[15] 王凯，陈明. 关于走集约紧凑城镇化道路的初步设想（讨论稿).

[16] 靳东晓. 改革开放30年我国城镇化战略的反思与展望（内部讨论稿).

[17] 杨龙主编. 中国区域经济发展的政治分析 [M]. 哈尔滨：黑龙江人民出版社，2004.

[18] 住房和城乡建设部新闻办公室2008年8月29日“关于城镇化现状、问题与对策”的新闻稿.

[19] 王梦奎主编. 中国经济发展的回顾与前瞻. 北京：中国财政经济出版社，1999.

[20] 陈映芳. “城市化”质疑. 读书，2004 (2)

[21] 周一星. 城市地理学. 北京：商务印书馆，1995.

[22] 温铁军. 城市化未必是三农问题出路 (2008/05/06). 引自 business. sohu. com.

[23] 汪晖. 环保是未来的“大政治”——打破发展主义共识，寻找新出路. 绿叶，2008 (2).

（撰稿人：陈锋，中国城市规划设计研究院，党委书记，教授级高级城市规划师；王凯，中国城市规划设计研究院，副总规划师，教授级高级城市规划师；陈明，中国城市规划设计研究院，高级城市规划师）

汶川地震灾后重建规划

一、规划过程

(一) 地震概况

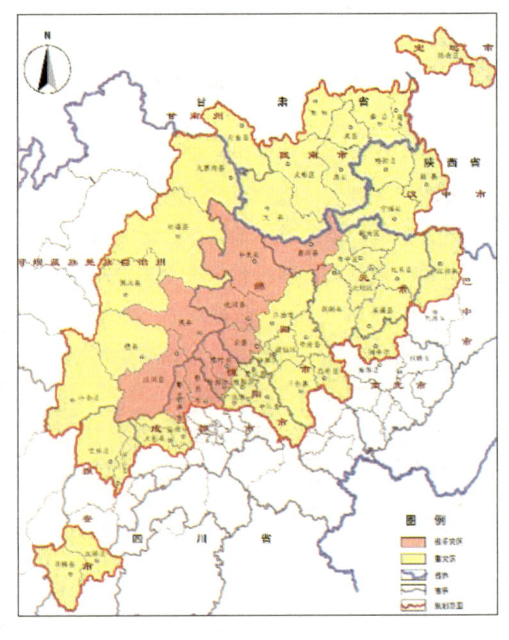

图1 汶川地震灾后重建规划范围图

2008年5月12日14时28分，四川省汶川县（北纬31°、东经103.4°）发生8.0级特大地震。灾区沿龙门山断裂带呈椭圆形分布，范围包括四川、甘肃、陕西、重庆、云南、河南、湖北、贵州、湖南、山西等10个省市的417个县（市、区）、1 271个乡（镇）、14 565个村庄。重灾区主要分布在四川省的成都市、德阳市、绵阳市、广元市、雅安市、阿坝州、南充市、巴中市；甘肃省的陇南市、甘南藏族自治州；陕西省的宝鸡市、汉中市，涉及四川省、甘肃省和陕西省的51个县（市、区）（图1）。重灾区内有1个大城市（绵阳），5个中等城市（都江堰、德阳、江油、广元、阆中），10个小城市（彭州、崇州、大邑、绵竹、什邡、广汉、中江、三台、宝鸡陈仓、勉县），以及数百个小城镇。总面积132 596km^2，2007年末总人口1 986.7万。

(二) 总体部署与规划行动

汶川特大地震是新中国成立以来破坏性最强、波及范围最广的一次地震。汶川地震灾后恢复重建是一项十分艰巨的工作。面对受灾面积广大、受灾人口众多、自然条件复杂、基础设施损毁严重的困难局面，灾后恢复重建任务异常繁重，工作充满挑战。地震发生后，国家、地方各级政府和规划建设主管部门在做好抗震救灾工作的同时，紧急启动了灾后恢复重建规划工作。

2008年5月14日，住房和城乡建设部迅速组织，由中国城市规划设计研究院、清华大学、同济大学、四川省城乡规划设计研究院、重庆市规划设计研究院等单位权威专家带队的规划技术力量，成立援建四川地震灾区规划工作队。5月18日，规划工作队立即奔赴灾区现场，协助地震灾区进行建筑物损失情况统计、编制临时安置区建设规划方案、研究灾后建设与长远建设思路等工作。

5月20日，四川省人民政府办公厅发布《关于编制“5·12”特大地震灾后恢复重建规划的紧急通知》，要求编制四川省地震灾后恢复重建总体规划和城镇、乡村灾后恢复重建规划等七个专项规划。住房和城乡建设部援建规划工作队承担《“5·12”特大地震城镇和乡村灾后恢复重建规划》编制工作。

5月23日，国务院抗震救灾总指挥部成立灾后重建规划组。灾后重建规划组由国家发改委、四川省政府、住房和城乡建设部以及其他有关部门负责人组成。6月6日，国家灾后重建规划组公布《国家汶川地震灾后重建规划工作方案》，明确重建规划包括1个灾后重建总体规划和城镇体系规划、农村建设规划、城乡住房建设规划、基础设施建设规划、公共服务设施建设规划、生产力布局和产业调整规划、市场服务体系规划、防灾减灾和生态修复规划、土地利用规划等9个专项规划。6月8日，国务院颁布《汶川地震灾后恢复重建条例》，对重建规划的组织、编制及实施进行了明确规定。除国家1+9规划外，还要求地震灾区的市、县人民政府应当在省级人民政府的指导下，组织编制本行政区域的地震灾后恢复重建实施规划。

根据灾后重建规划总体部署，住房和城乡建设部立即会同四川、陕西、甘肃省建设厅，全面开展灾后恢复重建城镇体系规划编制工作。中国城市规划设计研究院、北京清华城市规划设计研究院、同济大学城市规划设计院、四川省城乡规划设计研究院、重庆市规划设计研究院、重庆大学城市规划与设计研究院等单位进一步补充技术人员，成立了由总体组、市（州）组、县（市）组构成的三级工作组，承担了国家及四川省城镇体系规划，住房建设规划和农村建设规划，成都、德阳、绵阳、阿坝、雅安、广元6市州城镇体系规划，北川、绵竹、什邡、安县、汶川、江油、都江堰等24个县（市）的村镇体系规划工作（图2）。深入灾区前线的援建规划工作队还协助地方进行了灾区过渡安置房选址及规划设计、北川新县城选址论证研究、都江堰中心城区灾后重建规划、绵竹市灾后恢复重建总体规划、什邡市北部山区重灾乡镇灾后恢复重建总体规划、北川“5·12”大地震国家遗址博物馆及震灾纪念地规划研究、北川禹里—唐家山国家级风景名胜区申报报告、青川县城选址论证研究等规划工作（表1）。2008年9月19日，国务院批准印发《汶川地震灾后恢复重建总体规划》，10月中下旬，国家发改委会同住房和城乡建设部等多个部门联合发布《汶川地震灾后恢复重建城镇体系专项规划》、《汶川地震灾后恢复重建农村建设专项规划》和《汶川地震灾后恢复重建城乡住房建设专项规划》，住房和城乡建设部组织的援建规划工作顺利结束。

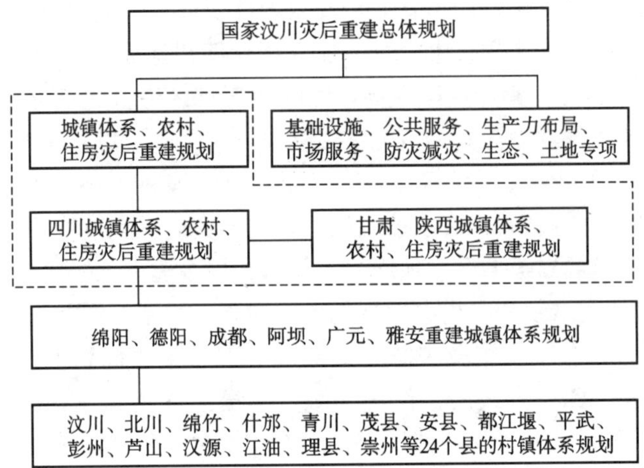

图2　汶川灾后重建规划体系框图

住房和城乡建设部援建规划工作队前期承担项目一览表（不完全统计）　表1

项目类型	项目名称	编制单位
国家1+9规划系列	汶川地震灾后重建城镇体系规划	住房和城乡建设部、四川省人民政府、甘肃省人民政府、陕西省人民政府、中国城市规划设计研究院、四川省城乡规划设计研究院、陕西省城乡规划设计研究院、甘肃省城乡规划设计研究院
	汶川地震四川省灾区灾后恢复重建城镇体系规划	四川省人民政府 中国城市规划设计研究院 四川省城乡规划设计研究院
	德阳市灾后恢复重建城镇体系规划	中国城市规划设计研究院
	绵阳市灾后恢复重建城镇体系规划、农村建设规划	中国城市规划设计研究院
	成都市灾后恢复重建城镇体系规划	同济大学城市规划设计院
	阿坝州灾后恢复重建城镇体系规划	北京清华城市规划设计研究院
	雅安市灾后恢复重建城镇体系规划	重庆市规划设计研究院
	广元市灾后恢复重建城镇体系规划	四川省城乡规划设计研究院
	广元市青川县农村建设规划	四川省城乡规划设计研究院
	什邡市灾后恢复重建村镇体系规划、农村建设规划	中国城市规划设计研究院
	绵竹市灾后恢复重建总体规划、村镇体系规划、村镇住房建设规划、农村建设规划	中国城市规划设计研究院
	安县灾后重建城镇体系规划、农村建设规划	中国城市规划设计研究院

续表

项目类型	项目名称	编制单位
国家 1＋9 规划系列	北川县灾后重建村镇体系规划、农村建设规划	中国城市规划设计研究院
	雅安市汉源县灾后重建农村建设规划	重庆市规划设计研究院
	雅安市芦山县灾后重建农村建设规划	重庆市规划设计研究院
	平武县灾后重建村镇体系规划	重庆大学城市规划与设计研究院
	江油市灾后重建村镇体系规划	重庆大学城市规划与设计研究院
	汶川地震灾后恢复重建农村建设规划	住房和城乡建设部、农业部、交通运输部、国务院扶贫办、四川省人民政府、甘肃省人民政府、陕西省人民政府
	汶川地震灾后恢复重建住房建设规划	住房和城乡建设部、民政部、四川省人民政府、甘肃省人民政府、陕西省人民政府、中国城市规划设计研究院、住房和城乡建设部产业化促进中心、中国建筑设计研究院、四川省城乡规划编制研究中心、甘肃省城乡规划设计研究院、陕西省住房制度改革办公室
地方政府要求援助的规划项目	北川县城重建选址论证研究	中国城市规划设计研究院
	什邡市红白、蓥华、八角、洛水镇灾后恢复重建总体规划	中国城市规划设计研究院
	绵竹市灾后恢复重建中心城区空间布局规划、汉旺镇空间布局规划	中国城市规划设计研究院
	青川县城灾后重建选址论证研究	中国城市规划设计研究院
	都江堰—青城山国家级风景名胜区灾后重建规划	中国城市规划设计研究院
	都江堰中心城区灾后重建规划	同济大学城市规划设计院
	汶川、理县、茂县中心城区灾后重建规划	北京清华城市规划设计研究院
	雅安市汉源县灾后重建安置房修建性详细规划	重庆市规划设计研究院
	都江堰市龙池镇灾后重建规划	重庆市规划设计研究院
	什邡市南泉镇、马祖镇、马井镇、隐丰镇、双盛镇、禾丰镇灾后重建总体规划	重庆市规划设计研究院
	四川省“5·12”地震灾区城市重建规划内容深度要求、四川省地震灾区农村房屋重建选址技术导则、四川省汶川地震灾后重建农村建设规划编制技术要求	四川省城乡规划设计研究院
	5·12 地震灾区临时安置房设计导则	四川省城乡规划设计研究院
	5·12 地震灾后农村自建过渡房加强保暖措施技术导则	四川省城乡规划设计研究院
	四川地震灾区农房重建设计方案图集	四川省城乡规划设计院

2008年6月11日，国务院出台《汶川地震灾后恢复重建对口支援方案》，全国19个省市对口支援四川省18个重灾县市和陕西省、甘肃省的重灾地区，提供规划编制是重要的对口支援内容（表2）。6月下旬，对口支援省市组织规划力量全面开展了地震灾后城乡恢复重建规划编制工作。各地市州和其他重灾县市根据灾损情况，也积极开展了各种类型的灾后恢复重建规划编制工作。根据四川省建设厅统计，至2008年11月四川省39个重灾县（市、区）中有10个极重灾区县市正在组织编制县（市）总体规划，其余29个重灾县（市、区）主要采取制定近期建设规划或编制恢复重建项目地段详细规划等方式重建，另外有271个镇、262个乡和411个村庄正在编制规划。2008年11月，四川省建设厅召开全省地震灾区灾后恢复重建规划工作会，要求重灾区加快灾后恢复重建城乡规划的编制工作，主要包括对近三年城乡恢复重建任务作出具体部署的城镇近期建设规划、乡和村庄建设规划，也包括因城乡恢复重建需要而修编或编制的城镇总体规划、详细规划等。四川省重灾区县市区城镇、乡和村庄规划全面展开。

灾后重建规划对口援助情况表 **表2**

序号	规划援助省市	被援助县市
1	山东省规划援助	四川省北川县
2	广东省规划援助	四川省汶川县
3	浙江省规划援助	四川省青川县
4	江苏省规划援助	四川省绵竹市
5	北京市规划援助	四川省什邡市
6	上海市规划援助	四川省都江堰市
7	河北省规划援助	四川省平武县
8	辽宁省规划援助	四川省安县
9	河南省规划援助	四川省江油市
10	福建省规划援助	四川省彭州市
11	山西省规划援助	四川省茂县
12	湖南省规划援助	四川省理县
13	吉林省规划援助	四川省黑水县
14	安徽省规划援助	四川省松潘县
15	江西省规划援助	四川省小金县
16	湖北省规划援助	四川省汉源县
17	重庆市规划援助	四川省崇州市
18	黑龙江省规划援助	四川省剑阁县
19	广东省（主要由深圳市）规划援助	甘肃省受灾严重地区
20	天津市规划援助	陕西省受灾严重地区

二、重建规划案例选摘

（一）汶川地震灾后重建城镇体系规划

汶川地震灾后重建城镇体系规划的编制工作以住房和城乡建设部援建规划工作队成都总体工作组为核心，由绵阳、德阳、成都、阿坝、广元、雅安各地规划工作组积极配合完成。经过近两个月的现场工作，工作组在2008年7月21日完成了汶川地震灾后重建城镇体系规划的送审成果。2008年10月28日，《汶川地震灾后恢复重建城镇体系专项规划》正式公布。

图3　汶川地震灾后重建城镇体系空间结构规划图

《汶川地震灾后恢复重建城镇体系专项规划》明确了用三年左右时间完成城镇恢复重建的主要任务，城镇布局得到优化，功能得到恢复或提高，防灾减灾能力得到加强，人居环境得到改善，主要公共服务设施和基础设施达到或超过灾前水平的城镇恢复重建目标（图3）。

规划提出城镇重建要以就地恢复重建为主，确需异地新建的城镇，要在充分论证的基础上提出合理的迁建方案，体现群众意愿。对于地质情况不明、有待进一步观察的城镇，应立即展开深入的专项调查。城镇恢复重建分为重点扩大规模重建城镇、适度扩大规模重建城镇、原地调整功能重建城镇、原地缩减规模重建城镇和异地新建城镇五种类型。其中，异地新建县城为北川县和汉源县（后者属水库移民搬迁范围，又属重灾区，按移民搬迁规划异地新建），青川县城和武都区的陇南市行政中心的重建类型在深入研究后由灾区省级人民政府提出建议，报国务院审定。其他建制镇的重建类型由灾区省级人民政府决定。规划估算了规划期末灾区城镇人口规模和建设用地规模，明确了城镇恢复重建用地标准。提出城镇住房、公共服务设施、市政公用基础设施、历史文化名城名镇名村、风景名胜区、城镇地质灾害治理与综合防灾体系的恢复重建要求和标准，并对市政道路、市政基础设施、城镇绿地、风景名胜区和历史文化名城的恢复重建规模进行投资估算。最后提出了规划实施的政策建议。

在汶川地震灾区紧急开展的灾后重建工作中，《汶川地震灾后恢复重建城镇体系专项规划》正发挥着重要的作用，指导着各级城镇、风景名胜区、历史文化名城灾后恢复重建工作的顺利进行。

（二）汶川地震灾后恢复重建农村建设规划

汶川地震给农村造成重大损失，大量村庄几乎被夷为平地，农村基础设施和农业生产设施受到巨大破坏，农村公共服务能力与农业综合能力下降，不少农村居民丧失宅基地、耕地和生产资料，农民生活生产受到严重影响，灾后返贫人口大量增加，贫困程度进一步加深。

《汶川地震灾后恢复重建农村建设专项规划》由住房和城乡建设部、农业部、交通运输部、国务院扶贫办及四川、甘肃、陕西省人民政府共同合作编制。针对农村受灾情况，规划提出用三年左右时间，农业生产设施和农村基础设施明显改善，农业综合生产能力、农业公共服务能力基本达到或超过灾前水平，贫困村生活生产条件改善，完成农村恢复重建主要任务的重建目标。

规划提出农村居民点恢复重建应坚持因地制宜、分类指导，以就地重建为主，异地新建为辅，具体分为原址恢复重建村庄、村组内相对集中重建村庄、异地新建村庄三类，并提出各类村庄的重建要求。规划还包括提出农村基础设施恢复重建规模与标准、农业生产设施恢复重建规模、贫困村恢复重建规模、资金需求与筹措、组织实施等内容。

（三）汶川地震灾后恢复重建住房建设规划

汶川地震给灾区城乡住房造成重大损失，重灾区范围内城乡住房共受损 513 万户，其中倒塌和严重破坏 291 万户。

《汶川地震灾后恢复重建城乡住房建设专项规划》由住房和城乡建设部、民政部和四川、甘肃、陕西省人民政府编制，中国城市规划设计研究院、住房和城乡建设部住宅产业化促进中心、中国建筑设计研究院等参与编制。规划提出两年内基本完成汶川地震灾区农村住房恢复重建工作，三年内基本完成城镇住房恢复重建工作，让灾区群众早日住上安全、经济、适用、省地的住房，家家有房住，住房安全性能明显加强、配套设施明显提高、居住环境明显改善的重建目标。

灾区住房恢复重建中，对鉴定为“倒塌”和严重破坏的住房，在原址或异址新建；对鉴定为“中等破坏”的住房进行加固；对中等破坏以下的住房，由房屋所有权人或使用人自行维修。三年重建期内，城乡共新建住房 290.9 万套，城镇住房加固 4 712.99 万 m^2，农村住房加固 168.4 万户。规划提出新建住房、加固住房、城镇住区设施配套和农村设施配套的建设要求和标准，估算住房重建资金需求与筹措方式，提出住房恢复重建的政策措施。

（四）北川灾后重建规划

“5·12”汶川大地震中，北川县城遭到毁灭性破坏，原址资源环境承载能力极低，受地震及次生灾害的长期严重威胁，通过工程措施难以原地恢复重建，汶川地震灾后重建城镇体系规划中确定为异地新建城镇。温家宝总理在北川县城视察时要求灾后要建设一个新北川。

2008 年 5 月 18 日，住房和城乡建设部组织中国城市规划设计研究院、武汉市勘察设计院灾后重建规划项目组进入灾区现场工作。项目组于 8 月初完成北川新县城选址研究。11 月初，受绵阳市、北川县委托，中国城市规划设计研究院正式启动了北川新县城建设规划，包括总体规划、城市设计、市政工程专项规划等。12 月 27 日，胡锦涛总书记在考察途中听取北川新县城重建规划的情况，并作出重要指示，新县城所在地命名为“永昌镇”。2009 年 2 月中旬，北川县行政区划调整方案得到正式批复。北川总体规划成果已经通过四川省人民政府正式批准实施，中国城市规划设计研究院将作为技术总负责一直参与新县城的规划建设。

北川新县城总体规划确定的城市性质为北川县域政治、经济、文化中心，川西旅游服务基地和绵阳西部产业基地，现代化的羌族文化城和生态园林城。北川新县城要建成“汶川特大地震灾后城建的标志、抗震救灾伟大精神的标志和羌族文化遗产保护和传承的标志”，要体现“安全、宜居、繁荣、特色、文明、和谐”的发展目标。新县城建设划分成以下三个阶段：2008～2010 年重点在于安置人口、恢复功能、启动园区；2011～2015 年重点在于

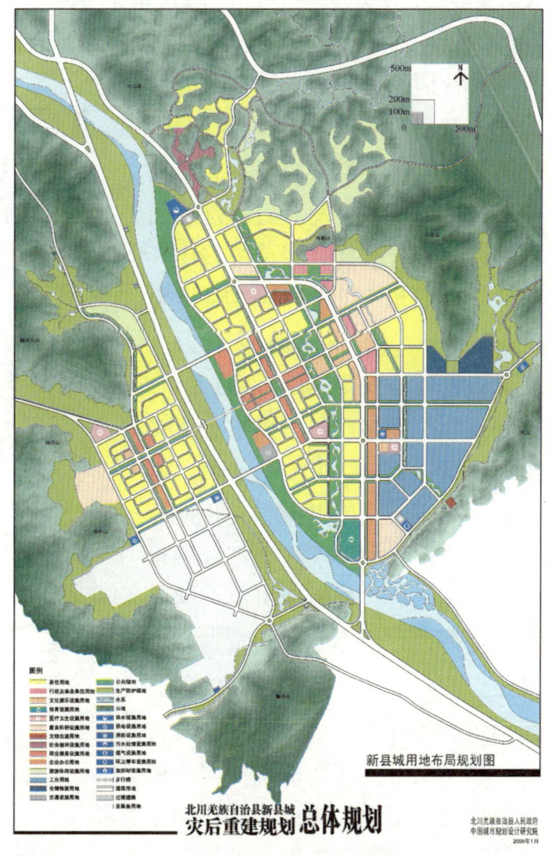

图 4　北川新县城总体规划用地布局规划图

集聚人口、完善功能、彰显特色；2016～2020 年重点在于提升地位、拓展功能、服务周边。到 2020 年新县城总人口 7 万，用地 7.13km²。总体规划重点落实以下几方面内容：紧凑布局功能，集约开发土地；保护山水环境，绿廊贯穿城市；落实安置政策，建设保障住房；发展地方经济，开发旅游休闲产业；强调绿色交通，减少机动车出行；采取先进技术，促进循环经济；建立完善的综合防灾体系，确保城市安全；体现民族特色，塑造宜人空间（图 4）。

（五）都江堰中心城区灾后重建规划

都江堰是世界自然与文化双遗产城市，在“5·12”汶川特大地震中，不仅居民住房、公共服务设施和基础设施遭到重大的损失，二王庙古建筑群、青城山等文化遗产也受到严重损害。为了高标准编制都江堰灾后重建规划，2008 年 5 月底，成都市规划局面向海内外广泛征集“都江堰市灾后重建规划概念”，有 10 家国内外知名的规划设计单位作为编制规划设计单位。在概念规划基础上，上海同济城市规划设计研究院负责编制《都江堰市灾后重建总体规划 2008—2020》。2008 年 9 月，《都江堰市灾后重建总体规划 2008—2020》通过市政府审查，并通过社会公示。

都江堰的重建规划采取“老城重建＋新区建设”相结合的模式，旧城的主体功能为旅游服务和居住生活，聚源新城的发展目标是吸引新型产业和营造富有特色的城市环境，实现旧城与新城协调同步发展。2020 年，旧城拟安置 30 万左右人口，新城安置 20 万左右人口。规划强调建设多通道、多水源、多电源，增强城市防灾安全能力。都江堰未来城市发展以世界文化遗产都江堰为核心，以岷江和都江堰水系为脉络，依托青城山世界自然与文化遗产，以中心城区为重点，青城山度假旅游区、蒲阳工业发展区为示范，若干风情旅游小镇为特色，新型旅游村落为基础的“一体两翼、北山南田、四级布局、网格生长”的可持续合作发展的城乡一体化城镇空间体系（图 5）。

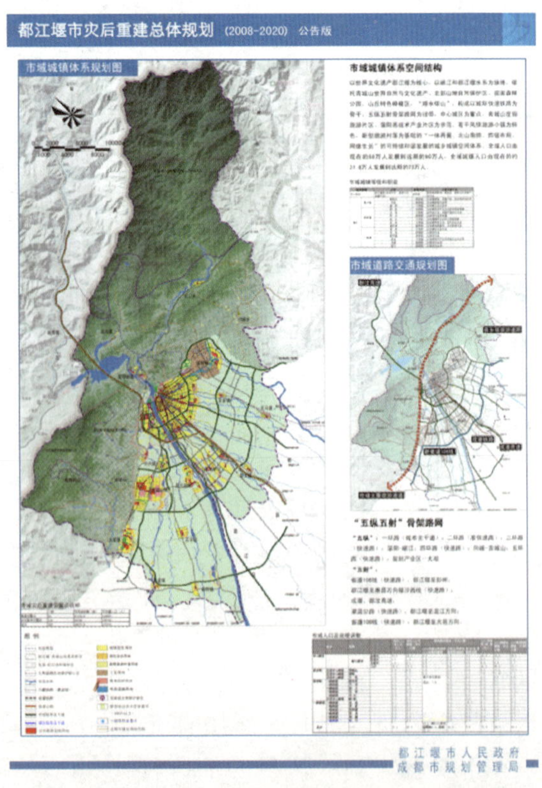

图 5　都江堰市灾后重建总体规划城镇体系规划图

（六）阿坝州灾后重建城镇体系规划

阿坝藏族羌族自治州是“5·12”特大地震的震中所在地，汶川、理县、茂县、黑水、松潘、小金、九寨沟等7区县为地震重灾区，在地震中生命与财产损失严重。阿坝自治州地处青藏高原东南缘，横断山脉北端与川西北高川峡谷的结合部，区内地貌以高原和高山峡谷为主，自然环境敏感，次生灾害多发，对外联系不便。以北京清华城市规划设计研究院为主体的阿坝规划工作队克服余震和次生灾害威胁、交通不便等重重困难，深入汶川、理县等重灾区进行实地调研，在顺利完成住房和城乡建设部交办的阿坝州灾后重建城镇体系规划编制任务的同时，还协助地方政府进行了汶川县城选址论证、受灾群众紧急疏散转移安置等工作，得到阿坝州委州政府的高度肯定。

阿坝州灾后重建城镇体系规划包括指导思想与重建目标、城镇体系优化与提升、城镇重建策略与规划、城镇住房重建、公共服务设施重建、基础设施重建、城镇市政基础设施重建、历史文化遗产抢救与保护、风景区恢复重建、防灾体系构建等内容，重点完成了以下规划任务：①优化调整城镇布局，提出严重受灾地区需要搬迁的县城、镇的选址方案；②确定城镇人口和建设用地规模；③提出城镇基础设施建设标准和方案；④提出城镇公共服务设施的建设标准和要求；⑤提出城镇建设住房规划的总体规划与布局思路；⑥提出历史文化名城、名镇、名村和风景名胜资源保护和修复的原则与措施；⑦为城乡住房建设、农村建设、区域交通和基础设施等专项规划提供依据，指导受灾地市州城镇恢复重建规划的编制（图6）。

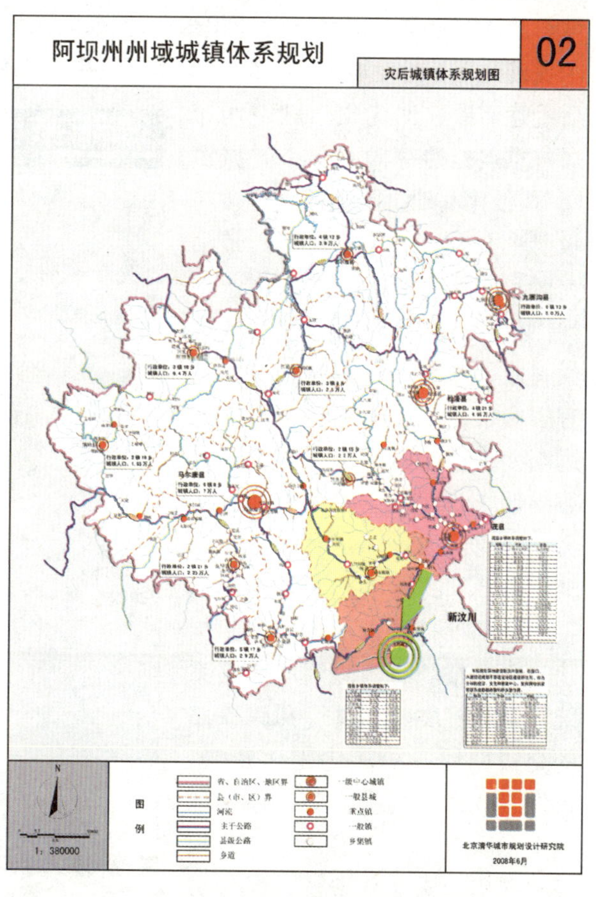

图6　阿坝州灾后重建城镇体系规划图

（七）德阳市城市总体规划

德阳是四川省第二大工业城市，全国重要的装备制造业基地。在“5·12”汶川特大地震中德阳市工矿企业和人民生命财产受到重大损失，东方汽轮机厂等重点企业面临搬迁。德阳市城市总体规划修编工作由中国城市规划设计研究院承担，在2008年3月份即开始现状调研。8月初灾后重建规划工作刚刚告一段落，德阳总体规划修编工作再次启动。2008年12月份通过四川省建设厅纲要审查，目前正在编制总体规划成果。

德阳中心城市既是“5·12”特大地震的重灾区，也是灾后重建中的重点发展地区，是受灾人口和企业转移的主要承接地。根据《汶川地震灾后恢复重建总体规划》和《汶川地震灾后恢复重建城镇体系专项规划》，德阳中心城市是灾后重建的适宜重建区和重点扩大规模重建城镇。该项目从成德绵关系、市县关系和厂城关系入手，坚持灾后重建与发展规划相结合、区域发展与城市发展相结合、城市总体规划与总体城市设计相结合的技术路线，重点解决了以下突出的问题：①妥善处理长远发展与灾后应急重建的关系，落实及策划近期建设项目，满足灾后重建需要；②优化市域空间布局，重点打造德阳“半小时城镇圈”，强化基础设施支撑，承接与吸引受灾人口、产业转移，带动灾区和丘区发展；③推动产业结构优化升级，明确德阳市打造现代制造业基地、区域性中心城市、宜居城市的多元发展目标，形成远期大城市的发展框架；④从成德绵地区、远景空间发展和城市山水资源出发，确定“一心、两轴、三带”的城市空间结构，远景联合广汉打造带形城市；⑤构建与空间布局结构协调的道路系统，重点解决南北过境和跨铁路的交通问题；⑥优化用地布局，扩大工业、公共设施与居住用地规模，承载产业发展；⑦充分挖掘与利用山水文化资源，提升城市特色，打造宜居城市；⑧解决

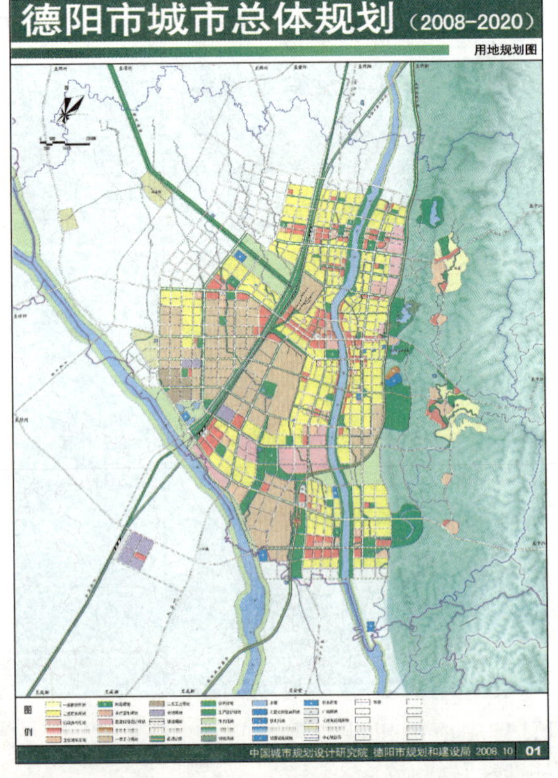

图7 德阳市中心城区用地规划图

水源地、污水处理厂、高压走廊等重大基础设施问题，提高城市综合承载能力；⑨划定规划区及规划协调区，控制城市远景发展的战略空间（图 7）。

（八）什邡市四镇规划

什邡市是“5·12”汶川特大地震的极重灾区之一，地处北部龙门山区的城镇和乡村受损尤其严重。红白、蓥华、八角、洛水等北部四镇房屋倒塌率超过60%，中度破坏以上房屋所占比例达 80%，山区水、电、气、油、路、通信等基础设施遭到严重损毁，社会服务设施遭到重创，区内工矿企业受损严重。应什邡市的求援，2008 年 6 月～8 月，中国城市规划设计研究院援建规划工作队德阳组承担了红白、蓥华、八角、洛水四镇灾后重建规划编制工作，具体包括四个镇区的总体规划、31 个行政村的建设规划。

根据灾后重建的实际需要，北部四镇重建总体规划采用“五图一书”的简化成果形式，重点完成建设适宜性评价、用地布局、用地控制指标、基础设施规划、道路竖向设计等内容。农村居民点选址充分考虑安全、方便生产生活、尊重村民意愿和传统社会结构、未来就业等因素，因地制宜，以村民小组为基本单位适当集中布局。基础设施重建规划坚持因地制宜、提高标准、保障安全的原则，修复并改善山区通往平坝的主要道路，确定山区村镇以山泉水作为主要水源，以沼气池作为主要的污水处理方式和能源来源，快速修复受损的电力和通信设施。重建规划中注重对历史遗存的保护和挖掘，为区域未来旅游产业的恢复和发展奠定基础。在规划过程中，规划组充分开展公共参与活动，集思广益，充分体现民意，使规划方案具有可操作性。小组回到北京后，仍与后续编制单位多次沟通，协助地方政府审查把关，将前期工作成果贯穿在后续规划和实施中（图 8）。

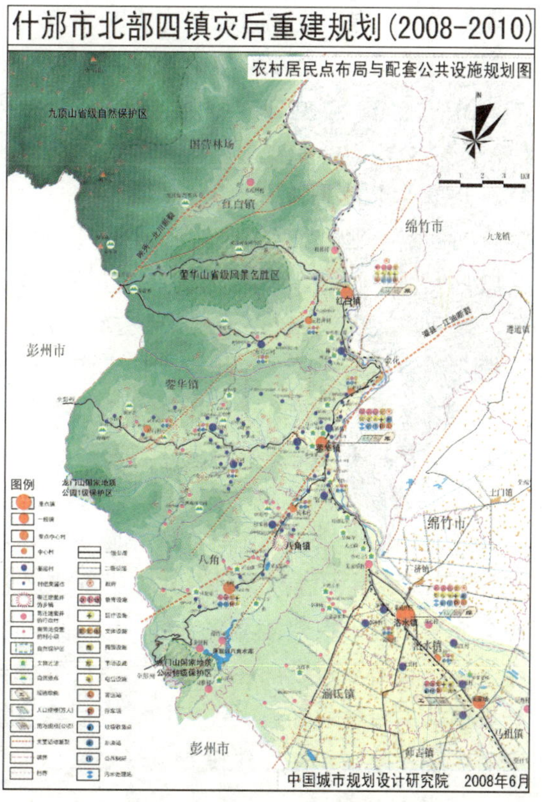

图 8　什邡市北部四镇农村居民点规划图

三、规划特点

（一）组织特点

1. 中央领导直接关注

在抗震救灾中，党中央高度重视重建规划工作，坚持规划先行，这在以往救灾中是非常罕见的。在 2008 年 10 月 8 日的全国抗震救灾总结表彰大会上，胡锦涛总书记指出，我们要科学开展评估和规划工作，及时制定有关条例、指导意见和规划。他还指出，灾后恢复重建任务十分繁重，要坚持科学规划、分步实施、尊重规律，贯彻统筹兼顾、分类指导、立足当前、着眼长远的原则。2009 年 5 月 11 日，在北川新县城规划建设展示厅，胡锦涛总书记听取了中国城市规划设计研究院北川新县城总体规划汇报，要求北川新县城的重建首先要做到精心规划，第二要创造城市特色，第三要做好建筑工程设计，第四要保证工程质量。

国务院抗震救灾总指挥部在紧张繁忙工作当中，专门对地震灾后恢复重建总体规划和 9 个专项规划进行研究。2008 年 8 月 5 日，国务院讨论汶川地震灾后恢复重建总体规划，会议对重建规划目标与原则提出了具体要求，即要坚持以人为本，民生优先；尊重自然，科学布局；统筹兼顾，协调发展；创新机制，协作共建；安全第一，保证质量；厉行节约，保护耕地；传承文化，保护生态；因地制宜，分步实施的原则。

国务院总理温家宝 2008 年 11 月 16 日视察北川县城新址，专门听取北川新县城总体规划汇报。温总理提出北川新县城规划建设要坚持“安全、宜居、特色、繁荣、文明、和谐”的 12 字方针。温总理指出：北川新县城建设世界瞩目，要把北川新县城建成“汶川特大地震灾后重建的标志、抗震救灾伟大精神的标志和羌族文化遗产保护和传承的标志”。温总理还指出，汶川特大地震灾后重建工作十分重要，不仅是灾区恢复的需要，也是我国应对国际金融危机的需要。

2. 住房和城乡建设部领导直接部署

住房和城乡建设部领导多次亲临灾区，现场办公。在重建规划刚刚全面铺开之际，7 月 3 日，成都紧急召开灾后重建规划对口支援工作会议，仇保兴副部长在会上明确提出重建规划的方针和策略，同时也指出在规划中要避免的主要问题。住房和城乡建设部在北京多次召开常务会听取并研究《汶川地震灾后恢复重建城镇体系专项规划》、《汶川地震灾后恢复重建农村建设专项规划》、《汶川地震灾后恢复重建城乡住房建设专项规划》。

3. 快速反应

汶川灾后重建规划的一个主要特点是应急反应快，在紧急抢救废墟下的幸存者进入尾声阶段，2008 年 5 月 18 日，住房和城乡建设部规划司组织了灾后重建规划工作组，由全国知名的六个甲级规划院和若干个地质勘察院组成，第一时间奔赴灾区现场，开展灾后临时安置房规划选点和重建规划工作。随后 20 个对口支援省市组织的几十个规划院也相继派出了规划队伍，深入到乡镇村，执行对口支援规划任务，在 13 万 km^2 灾区范围内集中了上万名规划师，同一时间进行抗震救灾规划工作，形成了城市规划史上罕见的现象，规划师们凭着高昂的斗志、无私的奉献精神、忘我的投入，为这次重建规划工作增添了感人的篇章。

4. 后方全力技术支持

重建规划工作充分体现了一方有难、八方支援的精神。在规划人员奔赴灾区前线进行技术援助的同时，后方人员积极组织了大量的规划支援行动，为前线同志提供了全方位的技术支持。住房和城乡建设部牵头主编了《灾区重建规划指导手册》，介绍了国内外几次重大地震的对策及震后应急措施，以及灾后重建的一些经验教训，列举了日本、印度、巴基斯坦和中国唐山、丽江、新疆、台湾等地的地震灾后重建案例。手册还重点提出了过渡安置房规划指导、原址重建规划指导、异地新建规划指导等内容，指导前线规划技术与管理人员进行灾后重建。北京大学特别为汶川地震灾区恢复重建编写了《和谐生态家园重建工作手册》，适用于震后特殊而复杂的自然、社会环境，读者对象包括参加震区恢复重建的领导干部、专业技术人员、当地民众和志愿者，具有较高的时效性、实用性和操作性。

5. 开放讨论与科学民主决策

重建工作如何保持信息透明，如何体现科学民主决策是国内各大媒体报道的焦点。焦点主要集中在震后次生灾害对灾区群众到底有多大影响？损毁严重的乡镇是否异地搬迁？城镇对地震断裂带最小避让距离？潜在隐蔽的地质灾害点的判读等问题上。这些既涉及对工程地质条件和次生灾害的预测等技术难题，也涉及社会经济、民生保障、产业布局、城镇化、历史文化、行政管理等深层次的社会问题。不同领域的专家观点相差较大，专家与地方领导的意见也有不少出入。像北川新县城选址、汶川灾民安置、青川是否搬迁等敏感问题常常会引起社会公众的广泛关注。尽管有些争论还是很激烈的，但是大家平等研究讨论，观点直接碰撞，互相补充完善，这种开放研究讨论，在以往规划中较为少见。不同观点的率真表达，能够使灾区群众获得更多的信息，对自己家园的建设有了一个全方位的视角，同时也促进了灾区重建的科学民主决策，体现出尊重自然、尊重科学的重建原则。

（二）技术特点

1. 坚持科学的规划价值理念

回归城市规划的核心价值理念，以人为本、科学重建、城市安全成为汶川灾后各类重建规划的主题。在 2008 年 6 月 6 日发布的《国家汶川地震灾后重建规划工作方案》中，国务院明确提出重建规划的指导思想是全面贯彻落实科学发展观，坚持以人为本，优先恢复重建受灾群众基本生活和公共服务设施；坚持尊重科学、尊重自然，充分考虑资源环境承载能力，科学民主决策的灾后重建和发展目标。国务院要求必须及早规划、统一部署、抓紧实施，明确规划编制工作的主要任务、责任主体和时间要求，同时要求四川、甘肃、陕西省依照本方案组织编制本省灾后重建规划。

在广泛开展的灾后重建规划中，灾损现状、工程地质地震条件、生态环境承载能力等专项评估既是重建规划编制的必要前提，也为规划编制工作打下良好的科学基础。《灾害范围评估》（地震局、民政部牵头，地方政府配合完成），《灾害损失评估》（民政部、地震局与地方政府共同完成）和《资源环境承载能力评价》（中国科学院完成）是汶川地震灾后重建 1+9 规划体系的重要依据。在汶川灾后重建城镇体系规划、住房建设规划和农村建设规划中，住房和城乡建设部综合勘察院、武汉及西安工程地质勘察院等单位深入现场，直接参与乡镇规划选址和建设用地评估等前期工作，为相关规划院在规划选址、地震断裂带避让、用地条件选择、重建方式等方面提供了大力支持。

2. 现场野外调查破解重建规划技术难题

汶川地震后，大部分规划师冒着余震的危险，在工程地质资料缺乏的情况下，深入灾区现场，开展现状调查，努力掌握第一手灾损情况。灾后地质条件的评估是指导过渡安置房和永久性居民点选址工作的直接依据。由于震后大量的滑坡、崩塌和山体松动，灾区工程地质、地形地貌发生很大变化，再加上基础资料缺少，地震断裂带的分布图纸多是在 1∶50 000 或更大比例的图纸上完成，根据对部分地区地震断裂带地表破裂缝的现场观察，断裂带实际位置与图纸标注位置的误差可达 500m 乃至几公里以上，极大地影响了乡镇和村庄选址的判断。

面对困扰的基础性难题，许多规划师都是实地野外踏勘，他们不等不靠，打破常规，根据灾害发生初期产生的地表破裂缝现场寻找确认地震断裂带和地质灾害隐患点的位置，缩短了通常几个月才能完成的场地踏勘工作时间，大大加快了重建规划工作的进度。

3. 尊重自然与地域文化特色

在灾区损失巨大、百废待兴之时，规划师们并没有忘记灾区历史文化遗产与风景名胜区的保护工作，鉴于本地区历史文化遗产丰富，拥有 2 个国家级、12 个省级历史文化名城；同时，也是羌族、藏族等少数民族文化的集中分布区。风景名胜区分布集中，拥有 4 个世界自然和文化遗产，8 个国家级和 24 个省级风景名胜区。规划开始阶段，历史文化遗产与风景名胜区的保护就被列到灾后重建规划的总体框架之中。城市规划、名城保护、风景区规划等专家共同携手，提出许多具有建设性的抢救方案和保护措施。

汶川地震灾后重建城镇体系规划对历史文化名城、名镇、名村、历史文化街区、历史建筑及优秀近现代建筑和各类非物质文化遗产提出明确保护措施和要求，对具有科学研究价值的汶川县城、映秀地震中心、汉旺东汽厂等建立汶川地震遗址纪念地提前作出了规划考虑。提出风景名胜区三种恢复类型：重点恢复知名度高、具有较好的恢复开放条件的省域旅游主要风景区；重点保护具有较高知名度和风景价值，但受损程度严重、安全性差，暂不具备全面开放条件的风景名胜区；一般恢复受损程度较轻，但知名度较小，主要服务于周边游客的景区。

4. 学习借鉴国内外先进防灾重建经验

积极学习并借鉴国内外先进防灾重建经验是汶川地震灾后重建规划的一个亮点。震后不久，无论政府规划主管部门，还是有关高校，都纷纷与国外有关机构联合举办学术研讨会，目标瞄准国外灾害管理法制建设、城乡生命线工程、避震场所设置、地震预报系统、重建规划的制定等方面，献计献策。2008 年 6 月 17 日，中国城市规划学会和国家汶川地震专家委员会重建组在北京联合召开汶川大地震灾后重建规划专家研讨会。两院院士周干峙，工程院院士邹德慈，国家汶川地震专家委员会主任、科学院院士马宗晋，国家汶川地震专家委员会成员、工程院院士杨秀敏、谢礼立等有关灾害环境、规划、防灾、抗震等多学科、多领域的院士和专家参加了座谈会。围绕地震地质灾害评估、重建规划，如何借鉴唐山、丽江大地震的重建经验等展开热烈讨论，集思广益，献计献策，为抗震救灾和灾区恢复重建提供科学依据。2008 年 6 月 19 日，由住房和城乡建设部与河北省人民政府主办的“2008 城市发展与规划国际论坛暨首届河北城市规划建设博览会”在廊坊市举办，论坛就灾后重建、城市规划、生态城市、生态防火减灾等议题进行研讨。2008 年 7 月 1 日，由住房和城乡建设部村镇建设办公室、日本国际协力机构（JICA）主办的“四川汶川大地震中日恢复重建合作研讨会”在北京举行，中日双方专家学者互相交流了地震及灾后重建的教训和经验，为国内灾后恢复和重建活动、制定灾后重建规划方案提供参考。

5. 广泛深入的规划公众参与

灾后重建规划充分重视规划过程中的公众参与工作，保障了灾区群众对规划的知情权、参与权、表达权。国家级的重建总体规划在网上公示，广泛征求公众建议，乡镇农村搬迁选址等具体问题则直接面对面地征求灾区群众意见。规划师们将重建规划回归到城市规划本质，表现出良好的专业素养和规划职业道德精神，他们艰苦而富有成效的工作，在很大程度缓解了政府对决策的压力，在恢复生产生活上打消了群众的顾虑，激发起灾区群众重建家园的信心。在北川新县城选址、青川县城搬迁、汶川县城重建规划，以及绵竹、什邡、都江堰等许多乡镇的规划中，规划师都进行了大量的现场调查和广泛的群众问卷调查，能否异地搬迁，如何保障城镇安全，如何防灾减灾，如何解决就业、农房修建、村庄拆并等问题都成为重建规划的重点内容（图9）。

图9　北川县城总体规划公众参与（规划师与居民面对面交流）

四、规划反思

当前灾区重建工作正在按照各项规划如火如荼地展开，回顾近一年的重建规划，面对特大灾害，既是对规划师们灵魂上的一次洗礼，也是一种意志上的磨砺和考验。他们发挥出实事求是、脚踏实地、忘我的奉献精神和强烈的社会责任感，国家危难之时，挺身而出，担负起灾后重建家园的排头兵，再一次展示出城市规划在国家社会经济发展决策中的重要地位和综合协调作用。

灾后重建工作既锻炼了规划队伍，也加深了规划师对规划本质的深入认识。规划不是简单靠一两张图说话，而是要深入调查研究，要有大量的现场野外踏勘和民意调查。在纪念汶川大地震一周年之际，重建规划还有很多工作需要继续完成，如何有针对性地吸取这次地震的经验教训？如何提高城乡综合防灾减灾能力？如何把近期重建工作与长期发展目标相结合？这一系列问题，都值得我们在下一个阶段认真思考。

（一）充分重视灾区社会和谐与安定

灾后恢复重建过程中，应充分重视灾区社会和谐与安定，重视技术争论背后的社会利益问题。灾民是最不稳定的社会弱势群体，在灾后重建与后期发展中如何让灾区群众共同受益，既是经济问题，也是政治问题。应及时公开搬迁选址、拆迁补偿、物权确认、财产保护、历史遗留问题等涉及利益重新分配的民生问题的决策和规划。重大问题的决策绝不仅仅依赖于技术上的最优方案，应多征求、听取公众意见，扩大规划公众参与的范围和深度，坚持民主决策。否则，可能一个小的民事争端或执法事件，如果处理不当，就会引起大规模的聚众骚乱，产生极其严重的社会负面影响。灾区重建成败，从某种意义上说，取决于重建工作中的公众参与范围和深度，更取决于政府规划决策在多大程度上依赖于公众的意见。

（二）维护和继承地方文化与特色

如何维护和继承地方文化传统和特色，实现对自然和文化遗产的保护是灾后重建过程中一个很大的挑战。重建中如果过分强调由政府按照统一标准和规格，统一建设，盲目求新、求现代化，乡镇机械地套用城市规划建设配套标准，不仅会造成经济大量浪费，占用大量耕地，具有浓郁特色的建筑风格遭到破坏，还挫伤了灾区群众建设属于自己家园的积极性，也很容易形成变相的“形象工程和政绩工程”。

（三）近期建设与长远发展有机结合

重建规划的近期目标要与长远发展有机结合，应当根据自然环境的多样性和差异性，因地制宜，制定差别化的区域发展政策。但同时不应把当前的安置、重建与长期的异地城镇化、工业化过程混为一谈，城镇化、工业化和新农村建设是一个长期的渐进的过程。想利用重建机会一步到位的“高标准”或“一步脱贫”是不现实的。要避免地方政府和援建单位操之过急，急于求成，一味追求项目完成率和建设速度，而忽视当地资源、产业、环境、生态的承载力，忽视重建规划所确定的可持续发展策略，工业布局调整不彻底，人口超载没解决，人地关系仍紧张，只是建了一大片新房，又回到原来发展的老路上。

（四）做好村庄规划与农房修建工作

能否解决民生问题，很大程度体现在如何进行农房建设上。灾区农房重建工程浩大，计划用两年时间全面完成农房建设任务，难度很大。在快速推进的农房重建工作中，村庄规划不能过分强调农民住宅和村庄的异地集中安置，而忽视了农业、农村的产业特点，特别是在山区，大量并村会带来农民生产和生活上的不便利。应避免按照城市模式来进行新农村建设，充分尊重农民意愿和农村生活生产习惯，农户是重建主体，政府主要起着指导作用，不能越俎代庖。在规划实施过程中，还应加大农房质量监督，及时发现和解决问题。

（五）充分认识灾区地质灾害的长期性与隐蔽性

5·12地震后，地震重灾区的次生灾害将进入新一轮高发期。根据有关专家预测，震后2～3年，崩塌灾害将逐步减少；地震5年后，滑坡灾害将十分严重；震后10年内，滑坡—泥石流灾害链将进入高度活跃期。泥石流灾害将是恢复重建中的严重灾害，这些次生灾害将长期影响灾后重建和群众生产生活。由于交通不便以及地质环境复杂等多种因素的影响，很多山区乡镇的地质灾害情况，尤其是对一些地质条件恶劣的潜在崩塌、滑坡、泥石流发生区域以及由于矿产开发所形成的采空区和塌陷区，还难以作出准确判断，有些乡村地质灾害点的位置仅能通过卫星影像的识别或现场的大致观察作出粗略结论，如果想得到确切位置，往往需要较长时期的调查和现场踏勘方能作出准确判定。因此全面细致的地质勘察工作亟须加快跟进，以避免新建的乡镇和村庄又处于地震断裂带、滑坡、崩塌、泥石流等地质不安全区域。

目前有些城市对城市规划阶段工程地质勘察编制工作的重要性还缺乏足够的认识，工程地质勘察编制工作大大落后于城市规划和建设发展速度。灾后重建要及时修订和补充城乡规划区范围内的工程地质勘察资料，在城市和工程场区范围内实行地震小区划制度，加强对地震小区划工作的管理，为城市建设和工程建设的地震预防、救灾措施的制定提供基础资料。将地震安全性评价纳入灾区重大建设工程的基建程序，重大建设工程和易产生严重次生灾害的建设工程，需要针对具体场地进行地震危险性分析、活动断层鉴定、地震地质调查、地震灾害预测等方面工作。避免重建项目在没有规划指导和场地地质调查的情况下盲目动工，仓促上马，使重建规划应经得起历史的检验。

（六）灾区重建应尊重产权关系

尊重和处理产权是汶川灾后重建规划中的新课题。地震对受灾群众造成的直接财产损失包括土地产权、各类债权、股权及其他产权的损失，最大的财产损失就是住房毁损。当前住房重建面临着诸多难题：一是如何最大限度地发挥社会资源支持受灾群众进行住房重建？二是如何在住房重建中公平对待受灾群众？三是如何在最大限度的援建中不损害公共利益和社会其他主体利益？目前我国住房私有产权制度已建立，这与唐山大地震时已大有不同。因此，灾后住房重建当务之急的任务是永久性产权住房重建。尊重这些财产权利，保护产权人的利益，充分调动财产拥有者积极投身重建工作的积极性和创造性，不仅能迅速恢复灾区社会诚信和政府的公信力，还能让市场机制配置资源的作用得以发挥，重建工作才能高效率地开展，重建规划才能有效落实。

参考文献

[1] 规划编写组. 汶川地震灾后恢复重建城镇体系专项规划，2008.
[2] 规划编写组. 汶川地震灾后恢复重建农村建设专项规划，2008.

[3] 规划编写组. 汶川地震灾后恢复重建城乡住房建设专项规划，2008.

[4] 中国城市规划设计研究院. 北川新县城灾后重建总体规划，2009.

[5] 同济大学城市规划设计院. 都江堰灾后重建总体规划 2008—2020，2008

[6] 北京清华城市规划设计研究院. 阿坝州灾后恢复重建城镇体系规划，2008.

[7] 重庆市规划设计研究院. 雅安市灾后恢复重建城镇体系规划，2008.

[8] 四川省城乡规划设计研究院. 广元市灾后恢复重建城镇体系规划，2008.

[9] 中国城市规划设计研究院. 德阳市城市总体规划 2008—2020，2009.

[10] 中国城市规划设计研究院. 什邡市北部四镇灾后重建规划. 2008.

[11] 仇保兴，借鉴日本经验，求解四川灾后规划重建的若干难题. 2008 城市发展与规划国际论坛暨中国河北城市规划建设博览会上讲话.

[12] 李晓江. 5·12 特大地震灾后重建规划——实践与思考. 2008 城市发展与规划国际论坛暨中国河北城市规划建设博览会上讲话.

[13] 尹强. 汶川特大地震的反思与重建规划的思考. 城市规划，2008 (7).

（撰稿人：尹强，中国城市规划设计研究院规划所所长，教授级高级城市规划师；张莉，中国城市规划设计研究院，博士，高级城市规划师）

住房政策与住房建设规划

对于中国的住房问题来说，2008 年是极不平凡的一年，这一年发生在住房领域的重大事件如此密集，从中央政府的推进机构改革组建住房和城乡建设部，《住房保障法》列入十一届全国人大立法规划，新一轮的住房建设计划和住房建设规划开始编制，地方政府开展大规模的保障性住房建设，“5·12”汶川特大地震的灾后住房重建，到国际金融危机背景下国务院出台措施力保房地产市场稳定健康发展等，若是单独发生在其他任何一年内，都足以成为关注的焦点。住房问题所反映的矛盾之深、影响的层面之多、涉及的领域之广、引起的关注之高，都在 2008 年得到了更加充分的展示和体现。

一、住房工作成为新组成的住房和城乡建设部的首要职能

2007 年 10 月，党的十七大明确指出加快行政管理体制改革，建设服务型政府的方向，探索实行职能有机统一的大部门体制，健全部门间协调配合机制。2008 年 2 月，党的十七届二中全会审议通过《关于深化行政管理体制改革的意见》和《国务院机构改革方案（草案）》。随后，根据 2008 年 3 月第十一届全国人民代表大会第一次会议批准的国务院机构改革方案和《国务院关于机构设置的通知》（国发［2008］11 号），设立住房和城乡建设部，为国务院组成部门。2008 年 7 月 10 日，国务院办公厅下发了《住房和城乡建设部主要职责内设机构和人员编制规定》（国办发［2008］74 号）对住房和城乡建设部的主要职责、内设机构等进行重大调整。

（一）新“三定”方案强化了政府对解决住房问题的责任，彰显了中央政府解决住房问题的决心，是国家着力转变政府职能，建设服务型政府的意志体现

新一轮国务院机构改革方案中，组建住房和城乡建设部，突出了两个关键词“住房”与“城乡”，寓意深远。部名最前面明确冠以“住房”二字，顾名思义，强化了政府对解决住房问题的责任，彰显了中央政府解决住房问题的决心，是贯彻落实十七大提出的全体人民“住有所居”目标的具体体现。住房问题由中央一个部门出来统一协调，也是许多国家和地区的通行做法。部名冠“城乡”二字，凸显贯彻统筹城乡发展的大战略，有利于形成城乡经济社会发展一体化新格局，

是中国现阶段经济社会发展的客观要求。

同时，本次机构改革不仅是对住房和城乡建设部职能的明确界定，更是我国住房管理体制转轨、住房政策目标渐次清晰的过程，是以机构改革推进住房管理体制的完善。有专家认为，住房和城乡建设部正从监管我国城市重大工程建设、以发展经济为目标的建设型主体，转变为提供居民必需住房、保障居住和谐的服务型主体，机构改革是国家着力转变政府职能的意志体现。在住房和城乡建设部的职能表述中，保障、改革、规范与监管成为主旋律，保障城镇低收入家庭和推进住房制度改革这两项职责位居前列，而1998年时建设部的前两项主要职能是研究拟定各项方针政策以及指导全国城市规划工作等。

（二）新“三定”方案突出以人为本，关注基本民生，是构建社会主义和谐社会思想的集中体现

当前，我国住房问题十分突出，城乡之间发展不平衡的矛盾越来越严重，极大地妨碍了和谐社会的实现。促进和谐社会，关键是要坚持以人为本，更加重视基本民生问题，更加注重统筹城乡发展。改善民生，是政府的天职；而住房问题，则是最重要的民生。正如温家宝总理在新加坡国立大学发表演讲时表示的，“如果提起人民生活，我最为关注的是住房问题”。明确住房问题是一个中央部门的第一位职责，是民生的进步。这次国务院机构改革明确要求，深入推进住房制度改革，建立住房保障体系，完善廉租住房和经济适用房制度，着力解决低收入家庭住房困难，进一步加强城乡建设规划统筹，促进城镇化健康发展。组建住房和城乡建设部，是这次机构改革的亮点之一，对促进社会和谐将起到有力的推动和保障作用，也是构建社会主义和谐社会思想的集中体现。

（三）住房相关司局的组织架构从“一生二”到“二生四”，体现出住房和城乡建设部住房职能的更加系统化和专业化

自新中国成立以来，原建设部先后经历建筑工程部、城市建设部、国家建设委员会、城乡建设环境保护部等多次机构调整。1998年国务院机构改革，恰逢我国取消福利分房、推行住房体制改革，房地产管理成为原建设部最重要的职责之一。然而一直以来，与住房有关的各项事务均由住宅与房地产业司负责，人力资源保障上已捉襟见肘。房改、保障、市场、公积金是城镇居民住房的核心要素。党的十七大后，国家对住房保障日趋重视，2007年8月国务院发布了《关于解决城市低收入家庭住房困难的若干意见》（国发〔2007〕24号），随后对原建设部住宅与房地产业司进行调整，在保留房地产业司的基础上，新设住房保障与公积金监督管理司。在新“三定”方案中，该司的公积金监管与住房制度改革两大职能又被单独划出。从“一生二”到“二生四”，体现出住房和城乡建设部职能定位的变革，司局组织架构变化从某种程度上表达了中央政府对住房工作的决心，政府住房管理和服务的更加系统化和专业化。

"住房改革与发展司"名称中包含了"改革和发展"，与"发展与改革委员会"的两个关键词相同，而排列次序不同，这可能反映了目前的住房政策是需要改革的，而且"改革"在一段时期内比"发展"更重要。"住房保障司"和"房地产市场监管司"则强调了政府在市场经济中的两项重要职能，也就是对目标人群的"保障"责任和对市场的"监管"责任。土地、金融和税收政策是住房保障和市场调控中最为关键的资源，加强城乡规划与土地利用规划的衔接，严格依据城乡规划进行住房建设，设立"住房公积金监管司"，使住房和城乡建设部在土地、房地产金融和税收等政策制定中取得更大的话语权，加强国务院相关部门的协同，必要时进一步整合职能，是走出以往国家房地产业宏观调控中，因为部门分割、多龙治水导致调控效果大打折扣的重要途径。

此外，住房问题并不仅仅局限于城市，在村镇建设办公室基础上组建村镇建设司，其主要负责包括指导农村住房建设、农村住房安全和危房改造，提出进城定居农民的住房政策建议等。

（四）住房工作成为住房和城乡建设部最为首要的职能，住房职能强化对城乡规划事业发展提出新要求

无论从"三定"方案，还是履新的姜伟新部长的多次重要讲话，都可以清晰地发现，住房工作已经成为住房和城乡建设部最为首要的职能。但住房工作十分复杂，涉及面广，包括住房政策，规划、土地、金融、财政、税收政策等方方面面，需要多部门的协同支持。住房工作和城市规划的关系更是密不可分，住房职能的切实履行一方面离不开城市规划强有力的政策和技术支撑，另一方面对城乡规划事业提出了更高更新的要求。住房工作中需要加强规划政策的分析和研究，规划工作中需要加强住房政策分析和研究。

值得注意的还有，在现有的城乡规划之外，新提出了住房建设规划、廉租住房规划、住房保障发展规划、房地产业发展规划等规划类型，这些规划与既有的城乡规划体系是什么关系，两者之间如何衔接，这些都是值得规划界思考和亟待研究的新课题。

二、我国城镇住房保障制度的建立与不断完善

住房保障制度是政府寻求解决中低收入居民住房问题，满足基本的居住需要的一种努力，同时兼有调控住房市场、调节收入分配的作用。随着住房制度改革的深化，本着保障城镇中低收入居民尤其是低收入者基本住房需要的原则，我国

在 1994 年初步提出住房保障制度的思路和概念，1998 年以后逐步形成了住房保障制度的基本框架，2003 年以来不断调整深化，2007 年住房保障制度建设取得突破性进展，2008 年又有新的发展。

（一）1994 年初步提出住房保障制度的思路和概念

1994 年 7 月，国务院出台了《国务院关于深化城镇住房制度改革的决定》，首次提出了经济适用房的概念，明确要求“建立以中低收入家庭为对象、具有社会保障性质的经济适用住房供应体系和以高收入家庭为对象的商品房供应体系”。

（二）1998 年以后逐步形成了住房保障制度的基本框架

1998 年 7 月，国务院颁布《关于进一步深化城镇住房制度改革加快住房建设的通知》（国发［1998］23 号），规定从 1998 年下半年开始停止住房实物分配，逐步实行住房分配货币化。提出要“建立和完善以经济适用住房为主的多层次城镇住房供应体系”，“最低收入家庭租赁由政府或单位提供的廉租住房；中低收入家庭购买经济适用住房；其他收入高的家庭购买、租赁市场价商品住房”。

（三）2003 年以来我国宏观经济和房地产市场形势发展变化，相关政策不断调整深化

2003 年 8 月 12 日，国务院发布了《关于促进房地产市场持续健康发展的通知》（国发［2003］18 号）。首次在国务院文件中明确“房地产业已成为国民经济的支柱产业”，并要求“完善住房供应政策，调整住房供应结构，逐步实现多数家庭购买或承租普通商品住房”，同时强调“建立和完善廉租住房制度。要强化政府住房保障职能，切实保障城镇最低收入家庭基本住房需求”。但文件对经济适用房的定位和目标供应对象未进行明确界定，同时提出了面向多数家庭的普通商品住房的概念。在此文件的指导下，2004 年，新的《城镇最低收入家庭廉租住房管理办法》和《经济适用住房管理办法》开始实施。

由于过度强调住房的经济发展功能忽视了住房的保障功能，“房地产是国民经济的支柱产业”被地方政府推至极致并演变成畸形的增长模式，经营土地成为政府拉动投资增长和增加财政收入的重要法宝。2005 年和 2006 年，由于我国部分地区住房供应结构不合理、住房价格上涨过快等问题，国务院相继发布了《国务院办公厅关于切实稳定住房价格的通知》（国办发［2005］8 号）（国八条）、《国务院办公厅转发建设部等部门关于做好稳定住房价格工作意见的通知》（国办发［2005］26 号）（新国八条）、《国务院办公厅转发建设部等部门关于调整住房供应结构稳定住房价格意见的通知》（国办发［2006］37 号）（国六条），加大了对房地产市场的宏观调控力度，要求调整住房供应结构，着力增加普通商品住房、经济适用住房和廉租住房供给。

(四) 2007年住房保障制度建设取得突破性进展

2007年8月7日，国务院发布《关于解决城市低收入家庭住房困难的若干意见》(国发〔2007〕24号)，要求把解决城市低收入家庭住房困难作为维护群众利益的重要工作和住房制度改革的重要内容，作为政府公共服务的一项重要职责，加快建立健全以廉租住房制度为重点、多渠道解决城市低收入家庭住房困难的政策体系。8月24日，国务院召开了全国住房工作会议，就贯彻落实《若干意见》进行部署，曾培炎副总理出席会议并作了重要讲话。2007年10月，党的十七大报告提出“深入贯彻落实科学发展观”和“加快推进以改善民生为重点的社会建设”等战略决策，明确努力使全体人民“住有所居”发展目标。之后，依据国发〔2007〕24号，建设部等部委于2007年11月联合发布了《廉租住房保障办法》(部令第162号)、《经济适用住房管理办法》(建住房［2007］258号)，于2007年12月联合发布了《关于改善农民工居住条件的指导意见》(建住房［2007］276号)。

可以说，国发〔2007〕24号文件的出台是国务院关于解决住房民生问题的重大决策，标志着我国住房保障制度建设取得了突破性进展。住房供应从“重市场、轻保障”向“市场、保障并重”良性回归，住房消费模式从“重买房、轻租赁”向着“租赁、购买并举”良性回归，住房保障对象从宽泛的“中低收入家庭”更为务实地聚焦于“低收入家庭”。

(五) 2008年以来的住房政策和住房保障新动向

1. 住房和城乡建设部姜伟新部长指出完善我国住房政策体系的新方向

2008年3月23日住房和城乡建设部部长姜伟新在中国发展高层论坛2008年会上指出，从总体上看，我国住房政策体系和住房保障体系还不健全，中低收入家庭住房支付能力相对不足的问题比较突出；房地产市场机制还不完善，商品住房价格上涨过快，住房供应结构不合理；住宅建设还不适应人口资源环境状况，科技贡献率低，资源消耗高。为了从根本上解决这些问题，必须进一步深化改革，建立和完善符合中国国情的住房政策体系，并提出三个坚持：第一，坚持从我国人多地少的基本国情出发，建立科学合理的住房建设和消费模式；第二，坚持正确发挥政府和市场的作用，建立和完善市场调节和政府保障相结合的住房政策体系；第三，坚持城乡统筹原则，加强对农民住房的政策研究和引导。

2.《住房保障法》列入十一届全国人大立法规划，住房保障工作将上升到国家法律高度并得到法律监督保障，将更加常态化、规范化和制度化

住房和城乡建设部的“三定”方案出台后仅3月，2008年10月，十一届全

国人大常委会立法规划出台，确定立法项目共64件，其中任期内提请审议的法律草案49件，研究起草、条件成熟时安排审议的法律草案15件。经多年呼吁，住房保障立法终于进入全国人大的立法规划，并被归为后者。通过立法手段，加大对地方政府的硬约束和稳定资金来源，成为未来住房保障建设的关键。可以预见，在此背景下，未来国家的住房政策体系将更加健全完善和趋向稳定，住房保障工作将上升到国家法律高度并得到法律监督保障，不再是可有可无、可多可少的工作，将更加常态化、规范化和制度化。

3. 在宏观经济环境和国际经济金融危机的背景下，中国房地产业形势复杂变幻，国务院出台政策措施力保房地产市场稳定健康发展

2007年下半年开始，我国主要城市的住宅价格与成交量双双回落，二级城市的房价徘徊不前，几个主要大城市的价格甚至调头向下，管理层和民众所期望的房价“拐点”就这么不期而至了。但是纵观2008年，房价并没有如多数消费者期望的那样真正下降，70大中城市房价依然上涨6.5%，但是房价涨幅逐步回落。1月～11月房价同比上涨，但增幅回落，12月房价绝对价格出现明显下降趋势，房价在2008年结束了近三年的快速上涨周期。就在房价平抑的兴奋还没有过去之时，全球化把中国经济也深深卷入了一场罕见的国际金融风暴之中。2008年11月9日，为抵御国际经济金融危机对中国经济的不利影响，党中央、国务院作出了关于进一步扩大内需、促进经济平稳较快增长的决策部署。国务院常务会议提出了当前进一步扩大内需、促进经济增长的十项措施。第一条就是加快建设保障性安居工程：“加大对廉租住房建设支持力度，加快棚户区改造，实施游牧民定居工程，扩大农村危房改造试点”。温家宝总理在2009年两会的记者招待会上又更加明确了“三年要解决750万户困难群众的住房问题、240万户棚户区改造问题”。2008年中央用于廉租住房建设的资金达到143亿元，在年初计划投入68亿元的基础上又追加了75亿元。

就在2008年即将过去的最后几天，12月17日，温家宝总理主持召开国务院第40次常务会议，研究部署促进房地产市场健康发展的政策措施。12月20日，国务院办公厅正式印发了《关于促进房地产市场健康发展的若干意见》（国办发〔2008〕131号），被部分房地产开发商过度渲染并称为“新政”甚至“大红包”。131号文针对银行贷款利率优惠、交易环节税收的减免、二手房上市交易环节税收的调整等提出了一系列的促进措施，涉及保障性住房、普通商品住房和房地产开发企业等各个方面。中央政府的政策转变仍然是谨慎而节制的，鼓励普通商品房消费的条款也仅仅是暂定执行至2009年12月31日。虽然在各种媒体的误读中，几个“松绑”被刻意夸大了，但是强调保障、稳定和良好舆论氛围的内容却不能被我们视而不见。

三、住房建设规划与保障性住房建设

（一）新一轮住房建设计划和住房建设规划编制完成

2008年初，第一轮住房建设规划编制未及两年，又一轮次的住房建设规划被提上了日程。住房建设规划的编制最初开始于2006年5月发布的“国六条”，也就是国务院转发了九部门《关于调整住房供应结构稳定住房价格的意见》之后。“国六条”在第一条第一款中第一次明确提出了“制定和实施住房建设规划”，并要求各城市于2006年9月底向社会公布。

在2006年第一轮住房建设规划的工作部署中，曾要求“明确‘十一五’期间，特别是今明两年普通商品住房、经济适用住房和廉租住房的建设目标，并纳入当地‘十一五’发展规划和近期建设规划。”因此大多数城市住房建设规划的期限为2006～2010年，并且重点放在2006、2007年的住房建设项目上，因此，又一轮的规划编制势在必行。

2007年11月23日，原建设部下发了《关于请督促做好住房建设计划和住房建设规划制定和公布工作的函》，要求地级以上城市2008年住房建设计划要在2008年1月底前向社会公布，2009年住房建设计划要在2008年3月底前向社会公布，2008～2012年住房建设规划要在2008年6月底前向社会公布。

这一次的住房建设规划与2006年有以下几个不同之处。首先，编制住房建设规划的城市范围由“各级城市（包括县城）”缩小到“地级以上城市”，这一调整更加准确地反映了我国目前住房建设的实际情况，即特大城市和大城市的问题最为突出，中小城市的矛盾相对缓和，大多数县级市和县城的住房建设则比较符合其社会经济发展水平。其次，住房建设规划被进一步拆解为“住房建设计划”和“住房建设规划”两部分，前者更加强调按年度安排的项目和资金，强调政府各部门的工作与落实；后者兼顾统筹到城市发展、土地供应、建设标准、市场变化、实施策略等因素，更加重视一段时期内住房问题的综合性与复杂性。第三，这一次的时间要求比上一轮要宽松一些，从3个月延长到7个月，并且是根据需要逐步对社会公布，2个月内先公布当年的计划，4个月内拿出次年的计划，7个月内完成最终的规划。

为了更好地帮助各个城市编制好这次规划，住房和城乡建设部随后下发了一个指导性文件——《关于做好住房建设规划与住房建设年度计划制定工作的指导意见》，文件由“加强领导、深入调查、突出重点、加强监督”四个部分组成，其中第二、三部分对住房建设计划和住房建设规划的编制方法、成果内容都提出了实质性的要求。这些技术要求是对上一轮住房建设规划编制经验的总结与整理，也是下一步形成住房建设规划编制办法的雏形，在方法探索和技术发展上具有重要意义。

经过2006年的第一轮编制，在“指导意见”的帮助下，大多数城市应该可以比较顺利地开展这项工作，从住房和城乡建设部网站公布的完成进度情况通报上来看，截至2008年4月21日，全国各地级及以上城市中，仍未按要求时限完成2009年住房建设计划公布工作的城市只有三个：山西省大同市、临汾市、运城市。住房建设规划的完成进度虽然没有进一步的官方统计，但是从网络搜索的结果来看，向社会公布的城市数量大大超过了2006年，应该说住房建设计划和住房建设规划的工作已经从应急的手段逐渐走向成熟的措施。而两年一个轮次的住房建设规划编制工作是否会在新的住房改革与发展司的指导下迈上新的台阶，我们拭目以待。

（二）保障性住房的投资与建设

经过土地、财政、政策等方面的准备，2008年保障性住房的建设全面超过了过去任何一年。以北京为例，根据公布的住房建设计划，2008年，全市计划新建住房2 750万m^2，其中新建廉租住房50万m^2，经济适用房300万m^2，限价商品住房450万m^2，其他政策类住房350万m^2，商品住房（不包含限价房）1 600万m^2。此外，还将启动一定数量的政策性租赁房。保障性住房的比例达到了四成。而在年终的统计报表中，这些任务都超额完成，上海、重庆、广州、深圳、杭州等地保障性住房的开工量也都大幅度增长。

2008年7月，住房和城乡建设部、国家发改委和财政部联合发布了《2008年廉租住房工作计划》，计划提出，2008年年底前，所有县城及以上城市都要根据国务院规定，对低保家庭中的住房困难户做到应保尽保，有条件的地区要逐步扩大保障范围。2008年，新增廉租住房保障户数250万户（其中实物配租户数40万户），加上以前年度保障户数，累计廉租住房保障户数将达到350万户。可以看到，廉租住房的绝对数量和比例在2008年都取得了大幅度增长。

值得注意的是，中央政府在2008年对中西部地区的保障性住房建设加大了支持和倾斜力度。《2008年廉租住房工作计划》中指出，中西部地区要加大普通商品住房项目配建廉租住房的比例。今年，中央财政用于中西部财政困难地区的廉租住房保障补助资金68亿元，比去年有较大幅度的增加。为加快解决城市低收入住房困难家庭的住房问题，国家发改委、住房和城乡建设部下达了20亿元中央补助投资计划，用于支持中西部地区新建廉租住房建设。

有关部门在2007年年底发布的《中央预算内投资对中西部财政困难地区新建廉租住房项目的支持办法》中曾提出，中西部财政困难地区新建廉租住房项目中央预算内投资补助标准，将按西部地区每平方米300元、中部地区每平方米

200 元考虑。

除中西部地区外，本次计划还提出，通过棚户区改造加快解决其中符合规定条件的廉租住房对象住房困难。鼓励通过商业开发方式改造棚户区和危旧住房。对不具有商业开发价值的集中成片棚户区和危旧住房，实行政府主导、市场运作。

2008 年年底，为了进一步扩大内需、促进经济平稳较快增长，国务院又发布了促进房地产市场健康发展的一系列措施，重点就在于加大保障性住房的建设力度：一是通过加大廉租住房建设力度和实施城市棚户区（危旧房、筒子楼）改造等方式，解决城市低收入住房困难家庭的住房问题。二是加快实施国有林区、垦区、中西部地区中央下放地方煤矿的棚户区和采煤沉陷区民房搬迁维修改造工程，解决棚户区住房困难家庭的住房问题。三是加强经济适用住房建设，各地从实际情况出发，增加经济适用住房供给。随后，国家发改委迅即又下达了 100 亿元中央补助投资计划，用于加快廉租住房建设和国有林区、垦区、煤矿棚户区改造，以及扩大农村危房改造试点等。

展望 2009 年，将是加快保障性住房建设的关键一年。中央计划主要以实物方式，结合发放租赁补贴，解决 260 万户城市低收入住房困难家庭的住房问题；解决 80 万户林区、垦区、煤矿等棚户区居民住房的搬迁维修改造问题。

四、“5·12”汶川特大地震灾后城乡住房重建

2008 年 5 月 12 日下午 2 点 28 分，四川省发生里氏 8.0 级强烈地震，震中位于阿坝州汶川县，汶川地震波及四川、甘肃、陕西、重庆、云南、山西、贵州、湖北 8 省，地震造成的人员伤亡和财产损失惨重，据民政部统计，截至 6 月 24 日 12 时，汶川地震已造成各地 69 185 人遇难，受伤：374 643 人，失踪：17 923 人。直接经济损失 8 451.4 亿元人民币，其中四川的损失是最严重的，占到总损失的 91.3％。

在地震灾害中，建筑物和基础设施的损失很大，占到了总损失的 7 成，城乡住房损失严重，据统计，三省严重受灾地区城乡住房受损 5.98 亿 m^2，其中倒塌 1.62 亿 m^2、严重破坏 1.88 亿 m^2、一般破坏 2.48 亿 m^2；受影响人口 2 064 万，693 家庭户，住房直接经济损失 2 368 亿元。其中，城镇住房受损 1.35 亿平方米（倒塌 0.19 亿平方米、严重破坏 0.58 亿 m^2、一般破坏 0.58 亿 m^2），农村住房受损 4.63 亿 m^2（倒塌 1.43 亿 m^2、严重破坏 1.3 亿 m^2、一般破坏 1.9 亿 m^2）。

（一）临时安置房建设

在救援工作之后，最急迫的问题是临时过渡型安置问题。按照国务院的统一

部署和要求，住房和城乡建设部负责会同有关省（市）组织建造一批过渡安置房，以满足地震灾区学校、医院等公共设施和安置受灾群众的需要，所需建设资金由中央财政统筹安排并对有关省（市）实行定额包干办法。

自5月22日起，全国许多省市都在昼夜不停地生产着数量高达150万套的板房，并陆续不停地被紧急运向灾区，所有对口援建的省市，都要在一个月的限期内完成下达的任务。在四川震区，由各地派往的抗震板房工作队夜以继日地为受灾群众搭建整洁、舒适的活动板房。由于拆装、组合方便，一般几天之内就可有几百套活动板房交付使用，由济南市援建绵阳市北川县擂鼓镇的一期3 000套活动板房于6月28日安装完成。在到处是残垣断壁的废墟上，这些崭新的小屋成为受灾群众震后的温暖新家。

住房和城乡建设部和各省建设主管部门对板房建设提出了标准和技术指导，例如四川省建设厅制定了《过渡安置房质量安全验收标准》，主要对板房抗震性能、消防防火性能、结构性能等提出了明确的技术要求。板房每户20m^{2}左右，配备有液化气、供水、供电设施等，能基本满足灾民的生活需求。另外，还将根据居民的户数比例，进行学校、垃圾房、厕所等相关配套设施建设。这些活动板房可使用一到两年，能够解决灾民过渡期间的居住问题，可以说解决了燃眉之急，到7月份，基本完成了各地的临时安置房建设。

（二）灾后重建住房规划

2008年6月，根据《汶川地震灾后恢复重建条例》（国务院526号令）、《国家汶川地震灾后重建规划工作方案》、《国务院关于做好汶川地震灾后恢复重建工作的指导意见》（国发［2008］22号），由住房和城乡建设部、民政部、四川省人民政府、甘肃省人民政府、陕西省人民政府，启动编制《国家汶川地震灾后恢复重建城乡住房建设专项规划》，规划范围包括四川、甘肃、陕西三省严重受灾地区，共51个县（市、区），其中四川省39个，甘肃省8个，陕西省4个。

《规划》提出“全面落实科学发展观、以人为本、统筹规划、科学重建”的指导思想，要求坚持城镇住房恢复重建与城镇化发展相结合，坚持农村住房恢复重建与社会主义新农村建设相结合，坚持政府组织与市场化运作相结合，坚持新建与加固维修相结合，注重节能省地环保，注重防灾减灾和建设质量，注重保护传统文化，注重居民的恢复重建意愿等。

灾后城乡住房建设规划的总体目标是：严重受灾地区城镇住房恢复重建工作三年内基本完成；农村住房恢复重建工作两年内基本完成；共新建住房415万套，约4.5亿m^2（其中，四川、甘肃、陕西三省新建住房规模分别为42 310万m^2、2 439万m^2、265万m^2）；加固完成住房280万套，约2.48亿m^2（其中，四川、甘肃、陕西三省加固住房规模分别为22 446万m^2、1 632万m^2、717

万 m^2)；使 2 060 多万受灾居民的住房问题得到基本解决。城乡住房的安全性能明显加强，配套设施明显提高，居住环境明显改善。

规划提出，城镇住房重建按照政府主导、市场运作、政策支持、群众自助的原则，由政府统一规划组织，由县安排维修加固受损住房，抓紧廉租房、经济适用房和普通商品房的建设，满足受灾城镇居民多层次的住房需求。农村住房重建实行农户自建、政府补助、部门帮扶相结，以农民自建为主，国家给予资金补贴，各级政府在选址、规划设计、施工技术等方面进行指导。

三个省分别明确了三年的建设计划，以四川省为例，2008 年，城镇住房全部完成轻微破坏和一般性破坏住房的鉴定工作，完成加固总量的 80%；完成全部城镇住房的规划设计和施工准备，新开工并完成投资 30%以上。农村住房全部完成轻微破坏和一般性破坏住房的鉴定和维修加固工作；新建住房 1.5 亿 m^2，当年完成农房重建计划量的 40%，基本解决安全过冬问题。2009 年，基本完成城镇住房维修加固工作，完成新建住房投资计划的 70%以上；农村住房基本完成恢复重建工作。2010 年，基本完成城镇住房灾后恢复重建工作。

投资需求总量为 3 714 亿元，其中四川省占 94.63%。资金主要通过受灾群众自筹、政府投入、对口支援、社会捐赠、市场运作等方式筹集。

国家和地方政府对灾后住房恢复重建给予资金、税收、金融、土地、减免行政事业性收费等方面的优惠，并积极提供物资、技术和人力等方面的支持。

（三）住房重建的实施

住房和城乡建设部发布的《关于加强汶川地震灾后恢复重建村镇规划编制工作的通知》指出，汶川地震灾后恢复重建要坚持以原址重建为主、异地新建为辅，要在全面调研、科学评估、充分论证的基础上审慎确定重建方式。

地震受灾地区以农民自建为主要方式的农房重建规模日益扩大，但是多数农民缺乏农房建筑抗震知识和技能，当地指导监督农房重建的技术人员严重不足。为提高重建农房的抗震性能和质量，保护人民群众生命和财产安全，中央政府要求 17 个对口支援省（市）建设厅（委）组织派遣技术人员指导灾区农房重建的工作。包括现场指导检查农房重建、培训农村建筑工匠、开展针对农户的建筑抗震宣传教育等。

针对城镇住房重建，通过多种方式对地震导致无房可住的城镇受灾家庭给予补助和优惠。其一是现金补助，根据受灾家庭收入状况和人数，分若干档次给予金额不等的补助，补助标准为户均 2.5 万元。其二是政策性补助，政府通过税费减免、土地划拨等方式，对城镇住房重建给予补助。其三是政策性房价优惠，政府组织建设安居房和廉租房，限定成本和利润空间，让补助对象享有低于本地普通商品房市价的价差优惠。其中，安居房按照经济适用住房政策组织建设，每套建筑面积控制在40～80m^2，以60m^2左右户型为主，每户限购买或租赁一套。同时，政府要加大廉租房保障力度，廉租房每套建筑面积控制在40m^2左右，不得超过50m^2。

五、居住区规划与住宅设计新趋势

2008年是居住区建设特殊的一年，影响因素包括市场趋势的反转、国家节能省地的政策导向性加强、住房保障体系的不断完善等，居住区和住宅的规划设计总体上表现出品质化、多样化、节能环保、中小户型等发展趋势。

（一）居住区规划设计向高品质、精细化和多元化发展

随着住宅消费市场化进程的加快，无论是住宅楼的外观设计还是内部格局，都呈现出新的设计趋势。加之2008年住宅市场趋势发生改变，市场竞争更加激烈，也使得居住区规划和住宅设计更加注重品质和细节。具体表现在以下方面。

1. 住宅舒适度要求提高

住宅舒适度的提高，在住宅形态上表现为板状结构已成为住宅产品的主流，并且每单元标准层户数减少，通常为2～4户，有的采用连廊式设计，解决一梯多户的通透性问题，对住宅的日照、采光和通风等性能的改善作用明显。在套型设计方面，使用功能也更为齐全合理，普遍强调“明厨、明卫”，也开始出现客厅和餐厅均在南面的横厅设计，日照、通风、视觉感受更优越。并且注重楼板和管道井隔声、同层排水、新风系统等技术手段的应用，使居住地舒适感加强。

2. 实用性提高

在有效控制套型面积的同时，设计根据生活特点更加精细化，在各区域的面积控制上不再是大而无当，平面布局更加突出私密性，储藏室、步入式更衣室被普遍引进普通住宅，有的设计利用边角空间增加了多功能房，满足个性化需要，有的住宅已开始向立体分割方向发展，如LOFT设计，大大提高了空间的利用率。

3. 多样化趋势

更加强调户型多样化，改变了以往千楼一面的现象，买房人可根据各自的习惯和喜好，有较为充分的选择。屋顶、夹层等利用也让居住者有一个想象和发挥的空间。建筑楼体外观也呈多样化趋势，越来越多的项目采用塔、板结合的形式，丰富建筑形态，甚至有的项目强调多种立面风格的组合，塑造“自然生长”的城市景观。

4. 公共部位的品质提升

生活水平的提高是公共部位的品质提升的重要动力，共享空间逐渐增多，出

现了电梯大堂宾馆化、对空中庭院等共享空间的处理，电梯厅设计开始向酒店大堂靠拢，除了艺术挂画、吊灯、壁灯，还专设洽谈、休息区，让住户拥有酒店式的享受。

5. 环境设计更显人性化

在居住区规划中更加强调以人为本，采用小区人车分流、阳光车库、无障碍设计等提供更多的安全和便利；一些小区开始注重园区的树木栽培，并结合整体园林景观设计，主题景观代替普通园林，绿化区域更加具体，有的充分整合周边环境资源，环境质量明显提升。

6. 配套更加齐全

在规模较大的项目中，幼儿园、学校、医院、超市、停车场、老年活动中心等配套齐全，这些配套还向更高层次发展，名校名幼儿园引入社区，设计实用性的会所，使百姓生活在社区中更加舒适、便捷。

(二) 中小户型设计

根据国家统计局公布的数据，2008 年住宅开发投资完成额 22 081 亿元，比上年增长 22.6%，其中 90m^2 以下住宅开发投资完成额 6 416 亿元，比上年增长 50.7%，在各地住宅销售量下降的市场氛围下，不少城市出现小户型住宅热卖的现象。在住宅价格较高的条件下，中小户型住宅发展迅速，成为科研院所和设计机构普遍研究探讨的重点方向之一。

由中国建筑标准设计研究院牵头承担的《90 平方米以下住宅设计要点》完成，针对小户型住宅提出规划、建筑设计、设备设计等三方面要求，研究成果汇集了多方面的创新点，如住宅节地、套内空间配置如何节约使用面积、提高功能性及舒适度、提高空间可改性及全寿命适应性、住宅全装修、节能设计、设备设计等。研究成果也正在转化为《中小套型住宅设计图集》，提供了丰富的住宅设计案例和节点图样，作为设计人员的技术手册，有利于科研成果的转化。

在全国范围内也开展了各种中小户型住宅设计竞赛，例如天津市、杭州市、山东省、湖南省组织了省市设计竞赛，在住宅实用性、环境性、经济性、安全性和耐久性等方面都作了有益的探讨，总结了丰富的经验，出现了众多的设计创新，为中小户型住宅的建设实践提供了充分的技术支撑。2008 年 11 月，由湖南省建设厅主办的“嘉盛地产杯湖南省中小套型住宅设计方案竞赛”挑选出 66 件入围作品。参赛方案包括 50m^2 以下、50～70m^2、70～90m^2 三种套型，以创造“中小套型舒适度”为设计理念，积极倡导科学合理的住宅建设和消费模式，树立经济适用、理性适度的住房观念。从这次提交的中小套型设计方案来看，一个鲜明的事实是，中小户型的设计正在从过去重视空间的“够用”，趋于对功能空间的“创新”。

（三）节能减排与绿色建筑

党中央、国务院高度重视民用建筑节能工作，目前的主要难点在于：大量新建建筑未达到节能标准、既有建筑节能改造、公共建筑耗电量过大、供热采暖系统运行效率低（45%～70%）、缺乏有效的民用建筑节能激励措施等方面。为保证建筑节能工作的推进，《民用建筑节能条例》于 2008 年 10 月 1 日开始施行，确立了相应的法律制度和措施，加强了对民用建筑节能的管理，降低了民用建筑使用过程中的能源消耗，提高了能源利用效率。

2008 年 3 月 31 日，由中华人民共和国住房和城乡建设部、科学技术部、国家发展和改革委员会、环境保护部、财政部等共同主办的“第四届国际智能、绿色建筑与建筑节能大会暨新技术与产品博览会”在北京国际会议中心召开，大会主题为“推广绿色建筑，促进节能减排”，广泛宣传了建筑节能减排的重要性、紧迫性，宣传政府的政策措施，充分调动了政府组织、非政府组织、私营部门的积极性和创造性，推动了全社会的广泛参与，共同促进了建筑节能减排各项措施的落实。住房和城乡建设部副部长仇保兴表示，由于绿色建筑对于中国乃至世界人民都有至关重要的意义，因此中国政府今后在建筑节能减排方面的扶持力度将会越来越大。

为贯彻落实《民用建筑节能条例》和国务院其他有关减排工作的文件要求，住房和城乡建设部建筑节能与科技司组织了“低能耗建筑示范工程”，并于 2008 年 12 月组织开展建设领域节能减排专项监督检查。住房和城乡建设部科技发展促进中心推出《绿色建筑评价标识实施细则（试行修订）》、《绿色建筑设计评价标识申报指南》等，并对 2008 年度第一批“绿色建筑评价标识”申报项目和 2008 年度第二批“绿色建筑设计评价标识”申报项目进行评审。

部分城市开始对旧住宅进行节能改造。北京按照国家《节能中长期专项规划》和《北京市“十一五”时期建筑节能发展规划》，完成 10 万 m^2 城镇住宅节能改造。唐山市现有三层以上具有建筑节能改造价值的居住建筑约 2 200 万 m^2，其中市中心区约 1 200 万 m^2，其他县（市、区）约 1 000 万 m^2。唐山市将利用 3～5 年时间，全面完成既有居住建筑的节能改造任务。届时，每年可节省采暖燃煤 35 万 t，减少二氧化碳排放 84 万 t。

（四）旧住宅区更新研究

旧住宅区的更新改造一直是城市规划领域关注的一个重要问题，涉及“创建和谐社会”、提升城市品质、延长住宅使用寿命、建设节约型社会等方面。在 2008 年，旧住宅区更新研究成为研究领域新的亮点，众多机构开展了相关研究，其中包括国家重点科技支撑课题《城市旧住宅区宜居更新技术研究》，目的在于明确旧住宅（区）、更新改造、产业化等概念，提出旧住宅（区）更新改造产业化体系的基本思想，研究旧住宅（区）更新改造产业化要素和关键技术，以及相关对策和建议。

部分产权单位开始尝试对旧住宅区的综合整治，涉及建筑结构加固、设备更新、节能改造、环境与停车优化整治、智能化、建筑外观改善等方面。唐山市对既有居住建筑节能改造将坚持与小区整体改造相结合、与城市总体规划相结合的原则进行。同时，改造方案注重解决居住环境质量及交通问题。改造主要围绕“环境治理、管网修复、道路维护、亮化绿化、楼体保温、公建配套、物业管理”7 项工程展开。

六、我国住房政策的发展展望

我国城镇住房制度改革的不断深化和房地产市场的快速发展，对改善居民住房条件、促进经济发展发挥了重要作用。未来住房制度的改革，应按照构建社会主义和谐社会和建设资源节约、环境友好型社会的要求，统筹城乡住房发展，建立符合我国国情的住房政策体系，实现“人人享有适当的住房”的目标。展望未来住房改革，一是应坚持落实政府的住房保障责任，继续强化政府对困难群众的住房保障职责，建立住房保障体系，加强对房地产市场的调控；二是应坚持住房市场化的改革方向，通过市场机制较好地适应不同家庭的多样化住房需求，提高资源配置的效率；三是应坚持节约资源、保护环境，从我国人多地少的基本国情出发，建立科学合理的住房建设和消费模式，发展节能省地型住宅，引导居民树立经济适用、理性适度的住房消费理念；四是应坚持城乡统筹原则，加强对农民住房的政策研究，深入研究进城定居农民享受城市住房政策和农村宅基地政策的衔接；五是要坚持宏观政策统一、地方因地制宜，充分考虑地区之间发展程度差异，更多地发挥地方政府的积极性，中央政府确定大的原则、大的政策，具体做法允许各地区因地制宜。

同时，回顾 2008 年的住房问题，在世界范围内爆发的金融危机源于美国增长过快的房地产市场和监管不严的金融衍生工具，这也给快速发展中的中国房地产市场敲响了警钟。中国必须加强对房地产的信息监测以及市场监管，才能保障国家住房建设能够健康有序发展，避免宏观经济大起大落。还可以预见，随着未来国家《住房保障法》的出台，住房保障工作将上升到国家法律高度并得到法律监督保障，“人人享有适当的住房”的目标将由理想真正变为现实。

参考文献

[1] 国务院办公厅. 住房和城乡建设部主要职责内设机构和人员编制规定（国办发［2008］

74 号)，2008.

［2］国务院. 关于解决城市低收入家庭住房困难的若干意见（国发〔2007〕24 号)，2007.

［3］住房和城乡建设部等. 汶川地震灾后恢复重建城乡住房建设专项规划，2008.

［4］住房和城乡建设部部长姜伟新. 在中国发展高层论坛 2008 年会上讲话.

（撰稿人：卢华翔，中国城市规划设计研究院城市规划与住房研究所所长；赵文凯，中国城市规划设计研究院居住区规划设计研究中心副主任；张播，中国城市规划设计研究院居住区规划设计研究中心主任工程师）

盘点篇

Review

2008 年我国的城镇化

2008 年我国城镇人口规模达到 6.07 亿，城镇化率达到 45.7%，比 2007 年度的 44.9%提高了 0.8 个百分点，依然保持了较快速度的城镇化。目前全国已有设市城市 655 个，建制镇约 2 万个。在城镇化速度稳步提高的同时，城镇化质量也有所提高。截至 2007 年年底，全国用水普及率达到 93.83%，燃气普及率达到 87.45%，污水处理率达到 62.82%，生活垃圾无害化处理率达到 61.89%，城市建成区绿化覆盖率达到 35.29%，人均公园绿地为 8.98m^2，每万人拥有公共交通车辆 10.23 标台，人均道路面积达到 11.43m^2[❶]，比 2006 年均有了一定幅度的增长。

一、全国分省区的城镇化现状（表 1）

各省（市）城镇化率及增速情况 **表 1**

	2007 年城镇化率（%）	2008 年城镇化率（%）	2007 年增速（%）	2008 年增速（%）
全国	44.9	45.7	1.04	0.76
北京	84.50	84.9	0.17	0.4
天津	76.31	77.23	0.58	0.92
河北*	40.25	40.25	1.81	1.81
山西	44.03	45.11	1.02	1.08
内蒙古	50.15	51.7	1.51	1.55
辽宁	59.20	60.1	0.21	0.9
吉林	53.16	53.2	0.19	0.04
黑龙江	53.90	55.4	0.40	1.5
上海*	88.70	88.70	0.00	0.00
江苏	53.20	54.3	1.30	1.1
浙江	57.20	57.6	0.70	0.4
安徽	38.70	40.5	1.60	1.8

❶ 数据转引自住房和城乡建设部新闻办公室 2008 年 8 月 19 日通稿。

续表

	2007年城镇化率（%）	2008年城镇化率（%）	2007年增速（%）	2008年增速（%）
福建	48.70	49.9	0.70	1.2
江西	39.80	41.4	1.12	1.6
山东	46.75	47.6	0.65	0.85
河南	34.34	36	1.87	1.66
湖北	44.30	45.2	0.50	0.9
湖南	40.45	42.1	1.74	1.65
广东	63.14	63.4	0.14	0.26
广西	36.24	38.2	1.60	1.96
海南*	47.20	47.20	1.10	1.10
重庆	48.34	50	1.64	1.66
四川	35.60	37.4	1.30	1.8
贵州	28.24	29.1	0.78	0.86
云南	31.60	33	1.10	1.4
西藏*	28.30	28.30	0.09	0.09
陕西	40.62	42.1	1.50	1.48
甘肃	31.59	32.2	0.50	0.61
青海	40.07	40.9	0.81	0.83
宁夏	44.02	45.5	1.02	1.48
新疆	39.15	39.6	1.21	0.45

数据来源：依据各省公布的统计数据整理。

注：标注*的省份使用的是2007年度的数据。

综合审视各省2008年的城镇化水平以及城镇化发展速度，可以将全国省、市、自治区分为以下几种类型表2：

我国各省、市、自治区的城镇化发展情况 **表2**

城镇化水平 / 发展速度	30%以下	30%～45%	45%～60%	60%～75%	75%以上
0%～0.5%	西藏*	新疆	吉林、浙江	广东	北京、上海*
0.5%～1%	贵州	湖北、青海、甘肃	山东、福建、湖北	辽宁	天津
1%～1.5%		云南、陕西	江苏、山西、宁夏、海南*		
1.5%～2%		广西、河南、湖南、四川、河北*	重庆、内蒙古、安徽、江西、黑龙江		

注：标注*的省份使用的是2007年度的数据。

从城镇化率数据来看，我国天津、北京以及上海三大直辖市的城镇化水平均超过了 77%，其中上海的城镇化水平最高，在 2007 年就已达到 88.7%。从省区情况来看，据不完全统计，广东和辽宁的城镇化水平最高，其中广东已达 63.4%，辽宁也已达到 60.1%；贵州、云南、甘肃、四川、广西、新疆等西部经济欠发达省份，城镇化率均在 40%以下，普遍较低。

从 2008 年城镇化增速来看，广西最高，达到 1.96 个百分点；安徽次高，达到 1.8 个百分点；河南、湖南、四川、重庆、内蒙古、江西等其他中西部省份也在 1.5 个百分点以上。尤其引人注目的是，历年城镇化增速缓慢的黑龙江省也达到了 1.5 个百分点。吉林省城镇化增速最慢，2008 年只有 0.04 个百分点。广东省的城镇化增速也只有 0.26 个百分点，继续延续着近几年城镇化率处于高位后的低速增长特点。总体来看，中西部省份的城镇化率普遍快于东部经济发达地区，这与国家实施的西部大开发和中部崛起的发展战略直接相关。这些省份重大基础设施投资的增多，能源原材料工业的加速发展，显著增强了城镇化动力。

对比 2007、2008 两个年度的城镇化增速可以看到，直辖市中，天津城镇化同比增速最大，城镇化增速比 2007 年提高 0.34 个百分点，这与天津滨海新区的开发开放直接相关；省区中，黑龙江、辽宁、江西、湖北、四川、宁夏 2008 年度的城镇化增速也显著快于 2007 年度，这些省区在东北地区、中部地区、西北地区和西南地区均有分布，表明国家区域均衡发展战略已初见成效。与 2007 年度的城镇化增速相比，新疆、浙江和河南的城镇化速度明显放缓。浙江增速放缓的原因与外向型经济和中小企业在金融危机中受损严重、就业规模缩小直接相关；新疆增速放缓的原因可能与其能源原材料工业和大宗农作物（棉花）受下游行业需求减少，影响到工业化和城镇化动力因素相关；河南省增速放缓的原因，既有国际市场的影响，也有能源原材料工业需求不振的影响。

二、2008 年城镇化的新背景

（一）世界城镇化的最新进展

在 2007 年，世界城镇人口比重超过了 50%，人类进入了城市时代。自二战以来，发展中国家就是城镇化的主体，其城市人口已占全世界城市人口的四分之三（联合国世界城镇化展望，2005 年）。预计到 2020 年，发展中国家的城市人口比例将达到 50%，其中亚洲和太平洋地区城镇化率达到 46%，城市人口接近 20 亿。

（二）我国城镇化的新背景

1. 更加重视城乡统筹协调发展

在 2008 年初的中央 1 号文件中，中央明确指出，要“探索建立促进城乡一体化发展的体制机制，着眼于改变农村落后面貌，加快破除城乡二元体制，努力形成城乡发展规划、产业布局、基础设施、公共服务、劳动就业和社会管理一体化新格局……，逐步实现城乡社会统筹管理和基本公共服务均等化”。

在2008年10月召开的党的十七届三中全会上，中央要求“坚持走中国特色城镇化道路，发挥好大中城市对农村的辐射带动作用，依法赋予经济发展快、人口吸纳能力强的小城镇相应行政管理权限，促进大中小城市和小城镇协调发展，形成城镇化和新农村建设互促共进机制。积极推进统筹城乡综合配套改革试验”。

在2008年12月举行的中央工作经济会议上，中央进一步明确要求“以推进城镇化和促进城乡经济社会发展一体化为重点，改善城乡结构。促进大中小城市和小城镇协调发展，有重点地培育一批综合承载能力强、辐射作用大的城市群，使其成为拉动内需的重要增长极”。

可见，走中国特色的城镇化道路，形成城镇化和新农村建设互促共进机制，有效扩大内需，逐步实现城乡社会统筹管理和基本公共服务均等化，既是社会的共识，也是中央推进城乡统筹协调发展的主要着力点。

2. 对民生及城镇基础设施的投入空前加大

2008年，全国各项社会保险覆盖面继续扩大，城镇职工基本养老保险、基本医疗保险参保人数分别增加1 753万和2 028万，解决了4 800多万农村人口的饮水安全问题。全国参加新型农村合作医疗的人口8.14亿，参合率达到91.5%。2008年还新增了城市污水日处理能力1 149万吨，有效改善了城市污水处理不足的矛盾❶。

为积极应对席卷全球的金融危机，在中央提出的“保增长，扩内需，调结构”战略应对措施中，加快保障性安居工程建设，加大对廉租住房建设支持力度，加快棚户区改造，实施游牧民定居工程，扩大农村危房改造试点，加快城镇污水、垃圾处理设施建设等民生和城镇基础设施领域建设是国家和地方财政支持的重点。依据规划，自2008年底到2011年，全国将新建200万套廉租房和400万套经济适用房，同时完成约220万户林业、农垦和矿区的棚户区改造，总投资将超过9 000亿元，平均每年达到3 000亿元。同时还将扩大对污水处理设施的投入，36个大中城市在2009年底前要实现污水全收集和处理，“十一五”期末要在全国90%以上县城建设污水处理设施，加快城镇垃圾处理设施建设，在确保垃圾处理设施建设进度的同时，加快垃圾收运体系建设。

3. 城镇群规划和建设步伐加快

2008年是城镇群规划实施的关键年，城镇群在我国城镇化进程中的地位和作用得到实质性加强。2008年8月6日，国务院常务会议审议并原则通过了《进

---

❶ 相关数据转引自温家宝总理在十一届全国人大二次会议上所作的政府工作报告。

一步推进长江三角洲地区改革开放和经济社会发展的指导意见》；2008年12月31日，国务院正式批复了《珠江三角洲地区改革发展规划纲要》，使珠三角城镇群成为我国首个获得国家批准规划纲要的区域。

城镇群在推进一体化建设方面取得新进展。如广（州）佛（山）两市的融合发展在道路网建设、公共交通一体化、产业区联合建设等方面取得新突破；杭（州）嘉（兴）湖（州）绍（兴）四市建立起联席会议体制，分为协商、议事和执行三级机制，并组建了规划、产业、旅游、交通、环保、宣传等六个专业委员会，负责开展各项事业的一体化工作。此外，城镇群内的分工与协作开始显现，如河北省提出了以唐山、秦皇岛和承德三市为基础，建设"冀东经济区"，加快形成产业对接京津的发展格局。

中西部地区城镇群在国家级综合配套改革政策激励下进入加速发展时期。武汉都市圈、长株潭城市群在建设两型社会配套改革试验区方面进入实施阶段，实施规划方案已上报国务院。武汉都市圈在试验区总体规划指导下编制完成空间、产业、综合交通、社会事业、生态环境等五大专项规划，并制定完成引导项目建设的《武汉城市圈综合配套改革试验三年行动计划（2008—2010年）》。长株潭城市群积极推进重大功能区建设和湘江水环境治理，如长沙加快发展大河西先导区（图1），株洲积极开展清水塘工业区循环经济试点工作；同时湖南省委省政府为推动规划实施开始筹备副省级机构"长株潭一体化协调委员会"，并于2008年1月1号施行《湖南省长株潭城市群区域规划条例》。

成渝城镇群的规划和建设也有了新进展。重庆开始实施1小时交通圈规划（图2），推进城乡统筹发展，加快了城乡交通设施、商贸流通、旅游等方面的一体化步伐。成都在"5·12"汶川大地震后加快了灾后恢复重建的步伐，如已经开始投资建设成都——都江堰快速铁路等项目。

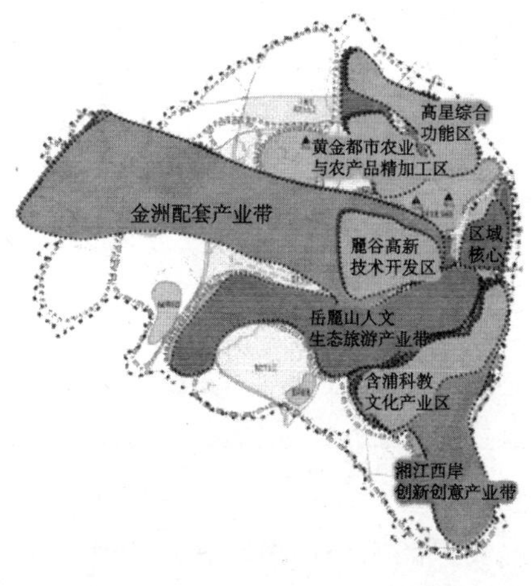

图1　长沙大河西先导区规划

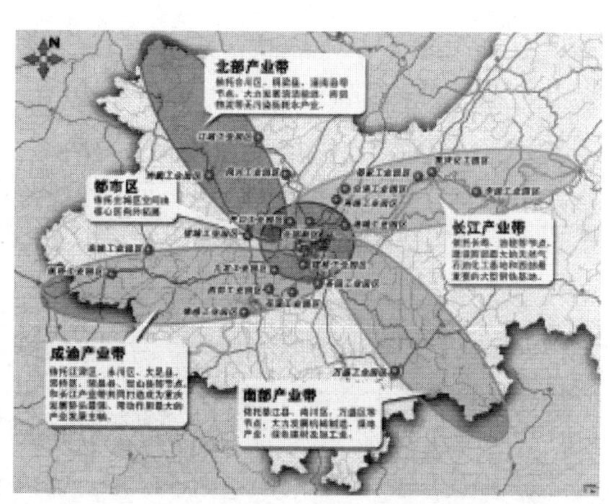

图2　重庆1小时交通圈规划

4. 高速铁路网加快实施

国家对中长期铁路网规划进行了重大修改，高速铁路网加速建设和实施，半小时交通通勤的核心区域加快形成。如目前北京、天津之间已依托高铁形成半小时通勤格局，上海、杭州、南京、宁波之间的城际轨道交通已开始建设。

未来几年，依托高速铁路网，城市间的时空距离大大缩短，城镇群内部会形成1小时生活圈和交通圈，许多区域中心城市间的距离也被纳入两小时交通圈内，推动各城市的功能整合。一方面，高速化的交通网络使大城市的极化作用进一步增强，区域服务职能加速向中心城市集中；另一方面，快速化的城市交通扩大了中心城市服务职能的扩散范围，促进了区域城市职能的整合，使得经济活动可以在更大范围内进行组织，增强各类服务、居住和就业功能选址的灵活性，引导城镇空间实现更合理的布局。

5. 地震对城镇化空间格局带来影响

“5·12汶川特大地震”在给国家和人民带来巨大生命和财产损失的同时，也会对未来中国城镇化的空间布局产生影响。

在国家灾后重建规划中，对位于适宜重建区的城镇，将原地恢复重建，其中条件较好的，与经济发展和吸纳人口规模相适应，可适当扩大用地规模，村庄也将就地恢复重建，并相对集中布局；对位于适度重建区的城镇，将以原地重建为主，其中不宜发展工业的，将调整功能，对发展空间有限的，将缩减规模；对位于生态重建区且受到极重破坏、通过工程措施无法原地恢复重建的城镇，将异地新建。

在用地安排上，将适度扩大位于适宜重建区的城镇特别是接纳人口较多城镇的建设用地规模；同时，将控制适度重建区和生态重建区的城镇建设用地，结合工业园区撤并和企业外迁，适度压缩工矿用地和农村居民点用地，恢复并逐步扩大生态用地（表3）。

恢复重建新增用地（单位：km^2） **表3**

类别	合计	四川	甘肃	陕西
城镇建设用地	23 190	19 200	1 910	2 080
农村居民点用地	11 000	9 500	726	774
独立工矿用地	6 246	4 000	762	1 484
基础设施用地	16 367	14 600	1 212	555
其他建设用地	590	500	—	90
合　计	57 393	47 800	4 610	4 983

资料来源：引自《国家汶川地震灾后恢复重建总体规划文本》。

这些政策措施的贯彻和实施，将会重构地震灾区的城镇体系结构，普遍增强区域的综合承载能力，扩大适宜重建城镇的人口和建设规模。同时，由于众多省份强有力的对口援建和产业投资，该区域未来的就业规模也将有效地扩大，对国家城镇化空间格局会带来显著的影响。

三、2008 年城镇化暴露出突出问题

（一）城市安全问题空前严峻

城市作为巨大的承载体，具有一旦受灾，经济损失大、伤亡人数多的特点，已日益成为各国灾害防御的中心和重点。而且随着城市规模日趋扩大和城市建设活动的不断增多，城市在灾害面前显得越来越脆弱。

2008 年发生的四川“5·12 汶川特大地震”中，死亡和失踪人员超过 8.7 万，造成直接经济损失高达 8 451.4 亿元。在许多城市，防洪排涝问题也日益突出，武汉、上海、南京、苏州、无锡等城市几乎每年都有内涝灾害发生，洪水倒灌的事例也在逐渐增多。城市火灾、地面沉降、突发性灾害以及水库溃堤、恐怖袭击等的威胁使城市安全受到严峻的挑战。

近年来，随着大城市地铁建设进入高潮，地铁施工对城市的安全威胁也越来越大。上海、北京、杭州、西安、广州等地铁在施工过程中，均发生过透水、地面塌陷、工作面垮塌、火灾等严重事故，造成了重大的人员伤亡和经济损失。

大城市超高层建筑的不断增多，也给城市的安全造成很大的隐患。以上海为例，全市百米以上的超高层建筑将近 1 000 幢。在高楼云集的陆家嘴地区，地下环境条件复杂，高楼桩基林立，各种管线密布，还有地铁列车穿行。虽然随着技术的进步，超高层建筑本身的安全性已经得到解决，但如何整体评估大量密集的高层建筑加大整个地块负担的风险，是很大的难题。超高层建筑的增多，也给消防部门带来巨大的挑战。此外，高层建筑在应对紧急突发事件时，如何实现人员快速疏散上也面临严峻的挑战（图 3）。

图 3　上海：高处不胜寒？

继 2005 年哈尔滨因松花江水污染、2007 年无锡因太湖蓝藻暴发造成城市供水全面中断等严重事件后，我国城市供水危机和严重事件呈现蔓延趋势。2008 年，仅环境保护部直接调度处理的突发环境事件就高达 135 起，其中威胁群众饮用水源安全的事件高达 46 起。这里既有上游企业突发性生产责任事故导致下游城市供水中断的情形，也有部分地区不顾环境承载能力粗放发展、污染长期累积导致的供水危机。目前中国 660 多个设市城市的 3 000 多家水厂中，能完全执行

全部106项检测的不超过10家，能检测42个强制项目的，也只有不到15%，另有约51%的企业更是根本没有检测能力，保障供水安全的检测和预警的手段严重不足。

(二) 南方地区冰雪灾害凸显城镇化布局之困

2008年1月上旬，正值春运期间，中国南方遭遇历史上罕见的持续大范围低温、雨雪和冰冻灾害，使本已不堪重负的交通运输压力更加沉重。全国共有24个机场在不同时段被迫关闭，超过6 500次航班受到不同程度的影响。南方主要高速公路曾一度全部关闭，京珠高速公路曾堵塞车辆近2万辆，滞留6万余人。京广铁路南段以及沪昆线西段一度中断，京广沿线车站滞留旅客上百万人，许多人不得不在车站、广场和路途中度过春节（图4）。

图4 冰雪灾害中步行回家的人群

这次冰雪天气所造成的严重危害，既暴露出我国危机处理能力的薄弱和城市生命线的脆弱，也暴露了我国由来已久的城镇化布局失衡问题。中国出口导向战略的实施，使珠三角和长三角成为全国最重要的承接国际产业转移基地，乡村工业化从全国遍地开花迅速向珠三角和长三角集中。中国农民参与工业化的进程，也变成了沿海地区农民靠吃“地租”、广大中西部地区的农民流入这两大地区进入产业大军的进程。由于二元分割体制和城镇化推进的高门槛，农民工除了在当地就业挣取微薄工资外，难以在城镇实现持续稳定的安居和就业。因此，春运期间大规模地、“候鸟式”地在城乡间流动，成为我国城镇化过程中一道独特的现象。冰雪灾害的发生，使这种大规模的流动严重受阻，也使我国城镇化进程中深层次的矛盾暴露无遗。

(三) 全球性金融危机使就业问题更加恶化

近些年来，我国就业结构的二元性非常突出：一方面，产业升级换代的速度加快，资本密集程度迅速提高，经济发展所能带动的就业能力已显著降低。这使得虽然制约人口流动的许多制度已经瓦解，农民进入城市的门槛也已大大降低，但城镇化与经济发展的阶段性矛盾非常尖锐，城镇化长期面临着就业困难的压力。另一方面，大量的农民工集中在长三角和珠三角等地的劳动密集型企业中就业。这些企业大多数自主创新能力弱，发展建立在廉价的土地、能源、劳动力和低环保要求基础上。长期实施以国际市场为导向的发展战略，使国家经济和企业抗击市场风险的能力都很弱。这些企业的快速发展虽然提供了大量非农就业岗位，缓解了就业不足的矛盾，但总体缺乏应对宏观经济波动的能力。

2008 年由美国次贷危机引发的全球性金融危机，迅速波及西方发达国家的实体经济。海外需求锐减导致珠三角、长三角等地大量出口导向型的劳动密集型企业停工停产，农民工大量失业返乡。下游企业对生产资源的需求减少，又波及上游能源、原材料和装备制造企业，最终导致经济增长全面放缓，失业问题更加严重。据人力资源和社会保障部统计，全国因失业返乡的农民工总量达到 2 000万左右，自 2003 年初现端倪，延续几年的“民工荒”、“招工难”问题转眼就变为“失业潮”（图 5）。

图 5　金融危机中提前返乡的农民工

企业用工需求锐减对毕业大学生的就业也产生了很大影响。2008 年大学毕业生的规模达到 600 万，再加上往年未能就业的 150 万，总计将有 750 万以上的新增大学毕业生进入劳动力市场。对于一个外贸依存度达到 70%以上的庞大经济体而言，解决就业压力面临着空前的困难。

四、我国城镇化的展望

（一）我国城镇化的未来趋势

未来几年，我国仍将保持适当的城镇化速度。虽然预期此次金融危机会使我国经济增长速度显著放缓并持续 2～3 年，并对城镇化速度带来一定影响，但城镇化速度仍将保持 0.8 个百分点左右的年增长。

根据国家人口计生委的人口预测，2033 年前后我国人口达到峰值。此前城镇化将以每年 0.8%～1%的速度递增。预计 2030 年前后，全国总人口约为 15 亿[1]，城镇化水平约达到 65%，城镇人口约达到 10 亿。据麦肯锡全球研究院（MGI）预计，在 2025 年，中国将出现 221 座百万以上人口城市，其中有 15 个平均人口规模达到 2 500 万的超级城市，或是 11 个平均覆盖人口超过 6 000 万、相互之间经济联系紧密的“城市群”。

[1] 资料来源：《全国城镇体系规划（2005—2020）》（内部资料）。

(二)城镇化近期要特别关注的问题

首先，要特别关注就业问题，理顺大量农村人口转移的就业机制。要重视劳动密集型产业、中小企业、乡镇企业、涉农服务企业和非公有制企业的发展，鼓励生活性服务业的发展，关注非正规就业。近期，尤其要关注因金融危机而导致失业的农民工，启动国家层面的培训战略，保护和提升这支经过十几年工业化和城镇化快速发展培养起来的产业大军。与上一代农民工相比，这批产业大军普遍接受过正规的文化教育，之后又接受过不同程度的职业洗礼。中国正处于完成工业化和城镇化的关键时期，要使这批产业大军成为下一阶段产业升级和推进城镇化的重要力量。

其次，要加速实现沿海发达地区农民工融入城市化进程。“80后”的第二代农民工群体，一直生活在城市环境中，生活方式和价值观念已经城市化了。与第一代农民工不同，他们对社会公平感的要求更强，对社会公平的要求也更加迫切，人为造成的隔离产生的社会问题也会更加突出。因此，应尽快制定办法，让农民工享有与当地居民均等的公共服务，让这批农民工真正融入长期居住和工作地。

最后，要化危机为机遇，适时调整城镇化和工业化布局，大力推进沿海地区的城镇化和中西部地区的工业化。出口导向型的战略，使沿海地区形成大量产业集群和工业化地带，但也造成工业化过度而城镇化不足的局面。工业占比过高，用地结构偏重于制造业，而城市建设用地比重过小，现代服务业发展滞后，城市聚集效应不强，城市公共服务水平低，城镇化不足；而在中西部地区，尽管出口导向加速了内地工业化的衰退，但1998年以后实行的积极财政政策促成了这些地区城镇化的加速，大量的基础设施和城市投资使城镇面貌显著改善，但工业化程度的不足，形成了一个个购买力不足、人口集聚水平低的城镇。

当前金融危机使出口导向战略受挫，为改变这种发展失衡的格局提供了机遇。在加快沿海地区的产业升级、提高城镇化质量的同时，要下大力气启动内地的工业化进程，改变全国城镇化空间布局失衡的局面。为了促进中西部地区的工业化，应当制定沿海地区企业向中西部地区转移的促进政策，制定促进中西部地区中小企业发展的金融政策，完善农民工培训政策，制定有利于中西部工业化的土地政策，使中西部城镇发展基础好、生态承载能力强的成渝城镇群、长株潭城市群、武汉经济圈、北部湾（广西）城镇群、关中城镇群、中原城镇群等地区成为启动内生工业化和内需，强化人口集聚能力，完善城镇化空间布局的重要载体。

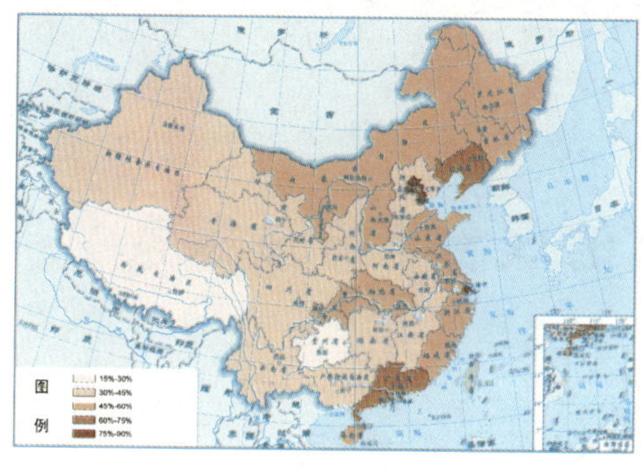

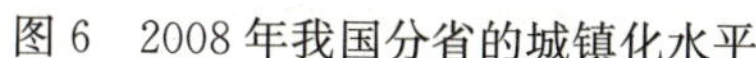
图 6　2008 年我国分省的城镇化水平

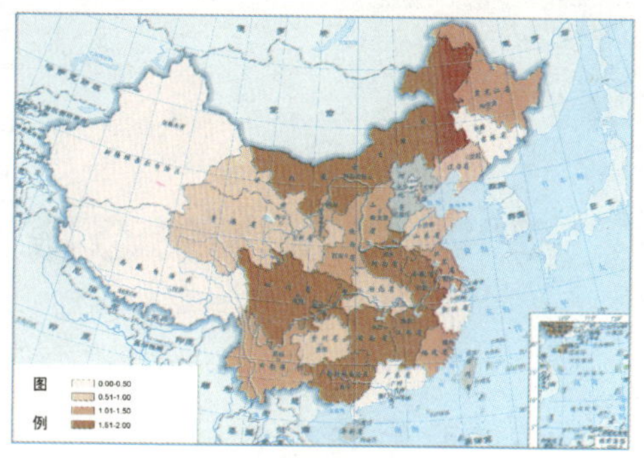

图 7　2008 年我国分省的城镇化速度

参考文献

[1] 王凯，陈明. 近 30 年快速城镇化背景下城市规划理念的变迁 [J]. 城市规划学刊，2008 (1).

[2] 刘守英. 农民工不是“过客” [J]. 财经，2009 (2).

[3] 环境保护部. 关于进一步加强饮用水水源安全保障工作的通知. 环办 (2009) 30 号.

[4] 杨志刚等. 冰封中国 [J]. 财经，2008 (3).

(撰稿人：王凯，中国城市规划设计研究院，副总规划师，教授级高级城市规划师；陈明，中国城市规划设计研究院，高级城市规划师；李新阳，中国城市规划设计研究院，城市规划师；徐辉，中国城市规划设计研究院，城市规划师)

2008年低碳生态城市的理念与方法探索

一、背景与条件

(一) 可持续发展的国家战略

1. 可持续发展的由来

工业革命以来的机器大工业生产极大地提高了生产效率，创造了巨大财富，明显改善了人们的生活水平。同时，大规模快节奏的生产活动也迅速地改变了全球资源结构和生态格局，随着其所带来的资源能源危机和生态环境问题的日益凸显，促使人们开始对工业化发展模式进行重新思考和辩证否定，扬弃只注重经济效益不顾人类福利和生态后果的唯经济的工业化发展模式，而转向兼顾人口、社会、经济、环境和资源复合生态整体效益的可持续发展模式。1987年世界环境与发展委员会发表了《我们共同的未来》，正式提出“可持续发展”的理念，1992年联合国环境与发展大会通过《21世纪议程》，可持续发展的思想逐步受到国际社会的重视和认可。

2. 中国可持续发展战略的确立

1992年中国政府向联合国环境与发展大会提交的《中华人民共和国环境与发展报告》，阐述了中国关于可持续发展的基本立场和观点。1994年中国政府批准通过《中国21世纪议程——中国21世纪人口、环境与发展白皮书》，确立了中国21世纪可持续发展的总体战略框架。随后在《国民经济和社会发展“九五”计划和2010年远景目标纲要》及“十五”计划中，都明确提出把可持续发展作为重要的发展战略。近些年中国政府一直在积极有效地实施可持续发展战略，并随着可持发展战略思想的深化，落实科学发展观、建设生态文明的要求也相继提出。

3. 低碳发展模式的提出

传统的经济增长依赖于大量地消耗能源，化石能源使用过程中带来了大量的二氧化碳排放，其引发的温室效应和气候变化将对全球生态环境带来严重的影响。为此，20世纪90年代以来国际社会已开始着手采取可操作性的控制措施，以共同应对气候变暖的威胁。

首先，签订了一系列旨在控制温室气体排放的国际公约。1992年联合国环境与发展大会通过了《联合国气候变化框架公约》(以下简称《公约》)。1997年《公约》实施取得重大突破，缔约国通过了旨在限制发达国家温室气体排放量以抑制全球变暖的《京都议定书》。我国于1998年5月签署并于2002年8月核准了该议定书，目前已有170多个国家签订了该协定。2007年12月联合国气候变化大会通过"巴厘路线图"，确定了世界各国加强落实《公约》的具体领域，要求所有发达国家（包括美国）都必须履行温室气体减排责任。2009年在《京都议定书》即将到期和全球金融危机蔓延的大背景下，国际社会将通过一系列会议和谈判，最终希望在12月哥本哈根召开的气候变化大会上达成新的协议。

其次，温室气体的减排关键在于经济发展模式的转变，因此低能耗低碳排放的经济发展模式应运而生，近几年得到了越来越多国家的积极响应。英国2003年颁布《能源白皮书》为低碳发展模式提出了较为详细的目标和路线图，这是英国为应对气候变化长期挑战以及国内能源供应和能源安全形势变化所提出的国家战略。2007年底，欧盟委员会通过了欧盟能源技术战略计划，明确提出鼓励推广"低碳能源"技术，促进欧盟未来能源可持续利用机制的建立和发展。2006年5月，日本政府制定了《日本新国家能源战略》，致力于提高能源利用效率和降低一次能源依存度。尽管作为一个发达的世界强国，美国在应对气候变化的国家承诺和义务方面态度并不积极，但发展低碳技术与低碳经济的思路以及相应的国家战略转型已得到了政府众多高层人士的重视，2007年7月提出的《低碳经济法案》明确了促进零碳和低碳能源技术的开发和应用，并且通过制度安排为其提供经济激励机制。

综上所述，全球性的气候变化是促使低碳经济走上前台的最直接原因；而低碳发展模式是解决能源与生态环境问题、实现可持续发展的重要途径。从长远意义上说，低碳作为一种新的发展模式，将是人类社会继农业文明、工业文明之后走向生态文明的又一次重大进步。

（二）低碳生态城市的发展理念

1. 城市可持续发展所面临的现实问题

新中国成立后中国城市发展取得的成就举世瞩目，同时传统发展模式下城市化和工业化所带来的资源与生态环境问题也日益严峻，并已成为制约城市未来可持续发展的重要因素。在未来一段时期内我国仍将处于城市化的快速发展阶段，其可持续发展所面临的问题和挑战有：

(1) 统筹城乡协调发展的挑战。有序推进城镇化进程，一方面是我国统筹城乡发展、缓解二元结构矛盾、解决当前发展中的诸多社会经济问题的有效途径，另一方面也意味着国家的城乡结构将发生巨大变化。城镇的发展必将带来土地利用格局的变化、城市型经济活动规模的扩大、人口从农村型生产生活方式向城市型生产生活方式的转变，将对整个国家的生态环境产生深刻影响。

(2) 资源能源短缺已成为城市发展的瓶颈。我国自然资源相对匮乏，利用效率不高，供需矛盾日益突出，随着我国工业化和城镇化水平的发展，能源、土地资源和水资源这三大资源瓶颈已成为制约城市发展的重要因素。全国最适宜居住的土地仅占全国土地的 19%，而这些地区也是优质耕地资源最为密集的地区，因此我国的城镇化将受到土地资源紧缺的制约。我国人均水资源约为世界人均水平的四分之一，加之水资源时空分布不均、利用效率低下等原因，20 世纪 70 年代末～80 年代初随着经济发展和城镇化进程的加快，城市缺水问题已极为突出。目前在全国 600 多个城市中，400 多个城市缺水，其中 110 个严重缺水。另一方面，由于城市水环境污染问题突出，不仅影响水源水质、危及人体健康，同时还加剧了水资源的供需矛盾。我国的能源具有富煤、贫油、少气的基本特征，生产总量居世界第二，但人均资源占有量严重不足。城市是能源消耗的主要贡献者，2006 年全国 287 个地级以上城市的能源消费量为 13.66 亿 t 标准煤，占全国总能源消费量的 55.48%，能源紧缺问题已成为城市未来发展面临的重大挑战。

(3) 生态环境问题严重影响城乡居民的生活质量。城市规模扩张、人口增加和产业集聚，极大地改变了原有的区域生态格局，同时带来污染物的大量排放，严重影响了生态环境，并已威胁着城乡居民的生活质量和生存安全。据调查，流经城市的 90%的河段受到严重污染，75%的湖泊出现富营养化，有相当一部分城市的饮用水源水质达不到标准；垃圾围城、噪声扰民、城市热岛等环境问题突出。在大气环境质量方面，城市的高能耗带来了高排放，高排放又直接影响了城市大气环境质量，并已危及人体健康。2006 年全国 287 个地级以上城市市区的二氧化碳排放量为 29.16 亿 t，占全国总排放量的 54.84%。2006 年监测的 559 个城市中，只有 4.3%的城市达到国家环境空气质量一级标准，58.1%的城市达到二级标准，而有 37.6%的城市则处于中度或重度污染中。据调查，我国空气污染导致呼吸系统疾病发病率的归因百分比为 30%以上。

2. 低碳生态城市成为中国发展模式成功转型的关键

城市作为工业文明时代经济社会及文化的重要载体，是创造人类物质财富和精神财富的核心，也是资源与环境问题最为集中的地方。据联合国统计，城市以全世界 2%的土地面积，消耗着 75%的资源，并带来 75%的全球碳排放量。为此，低碳发展模式能否得到有效落实，很大程度上取决于城镇化进程是否能落实新的发展理念和选择正确的发展之路。由于传统经济发展模式下与快速增长相伴随的资源环境成本的迅速上升，中国城市的可持续发展同样也面临着巨大的资源能源瓶颈和生态环境压力。未来 20 年，中国城镇化进程的持续快速推进将成为影响中国乃至世界经济社会发展的重要事件。因此，能否切实贯彻生态发展理念和低碳发展模式，破解城镇化过程中所面临的资源与生态环境问题，已成为中国发展模式能否成功转型、中国发展能否对扭转全球生态格局产生积极影响的关键。

二、内涵与特征

尽管生态城市是20世纪80年代才明确提出的概念，低碳发展模式也是进入21世纪后才提出的，但是生态城市和低碳模式已成为多数人的共识和研究的热点，不过无论国内还是国外，对于生态城市和低碳发展模式概念和内涵的认识仍存在着激烈的争论。本文试图在综合各方观点的基础上，对普遍认可的观点作一简要梳理和辨析。

（一）概念

1. “低碳”

所谓“低碳”发展模式，是指以无碳或低碳能源利用为基础的经济发展模式，以低能源消耗水平、含碳燃料二氧化碳的排放显著降低为主要特征，其实质是能源清洁利用、高效利用和低碳排放。

2. “生态城市”

生态城市理论是以生态学为支撑，伴随着城市生态学等理论研究的发展而发展起来的。生态学是研究有机体彼此之间以及整体与其环境之间相互关系的一门科学。生态学理论为人们认识人与自然的关系提供了科学的价值观和方法论，它强调生态整体主义，以相互依存和相互关联的思想来审视人与自然、人与人等的关系，强调维护整个系统的稳定与健康至关重要，要求人类从过去的“征服自然、战胜自然”转变为“人与自然和谐相处”。

(1) 生态城市思想的历史渊源。我国古代传统文化中“天人合一”的思想就体现着朴素的原始生态学哲理，强调要建立人与自然、人与社会的和谐关系，并有保护生态环境的描述。“天人合一”的思想对古代城市选址具有很大的影响，体现出三方面的内涵：其一，人与自然是统一体，人是自然的一部分；其二，人应与自然和谐相处，不应与自然为敌；其三，自然是有机体，应尊重自然，师法自然。这也正是现代生态城市所倡导的发展理念。大体来说，国外生态城市的思想形成和建设实践主要经历了：①20世纪以前的生态城市萌芽阶段，早在古希腊和古埃及时期，城市的建设就主张从城市的环境要素来考虑其选址、形态和布局；现代生态城市思想起源于霍华德（Edward Howard）田园城市的概念。1898年英国的霍华德建立的“田园城市”理论被认为是现代生态城市的起源。②20世纪80年代以前的生态城市概念形成阶段，一批学者将生态学思想运用到解决城市问题当中，开始了城市生态学的研究，奠定了生态城市理论研究的基础。1977年伯瑞发表《当代城市生态学》，奠定了城市因子生态学的研究基础，生态城市学理论的框架基本形成。③20世纪80年代至今的生态城市建设实践阶段，生态城市示范在世界范围内展开并取得了一些经验。

(2) 生态城市概念的提出。1971年联合国教科文组织发起的“人与生物圈(MAB)”计划研究项目中提出了“生态城市”的概念，即根据生态学原理，应用生态工程、系统工程、社会工程等现代高科技手段使城市既保持原有自然风貌又能发扬优点，克服不足，建设成社会、经济、自然可持续发展的人类住区。随着相关理论与建设实践的发展，生态城市的概念和内涵也在不断深化。“生态城市”其实质是运用生态学原理，以社会—经济—自然组成的复合生态系统来认识城市，强调城市的发展是在复合生态系统平衡制约下的、经济社会和生态环境的可持续发展。因此，生态城市发展模式是在根本上破解资源能源瓶颈及生态环境危机的途径，是实现可持续发展的必由之路。

3. “低碳生态城市”

综上，“低碳生态城市”是运用生态学原理，以社会—经济—自然组成的复合生态系统来认识城市，并在城市发展中落实低碳发展模式，以实现复合生态系统平衡制约下的经济、社会和生态环境可持续发展为目标的人类居住区。其主要特征体现在，高能效、低能耗和低碳排放的经济增长模式；自然、人与社会有机融合、整体协调共同发展的共生结构；以自然系统和谐、人与自然和谐为基础的自然生态良性循环、经济高效、社会和谐的人类居住区。

（二）内涵与主要特征

1. 内涵

低碳生态城市的发展模式包括以下内涵；

(1) 人与自然的和谐。“生态”思想把人与其所处的环境看成是相互联系的系统，超越了机械论的世界观而引向整体性、系统性、动态性的世界观，形成对人与自然相互关系的正确认识，因此人与自然的和谐是低碳生态城市的价值取向，其内涵体现在城市与区域大生态系统的协调，在保证自然生态系统良性循环的基础上实现城市社会经济的发展等方面。

(2) 循环高效的经济发展模式。低碳生态城市的经济增长方式是集约式、循环式和高效性。通过发展循环经济，建立生态产业体系，实现物质和能源的高效循环利用，减少对外部环境的依赖。

(3) 社会文化的和谐发展。在社会生态层次上，注重人与人、人与社会的和谐，促进居民身心健康。在生态文化理念方面，崇尚健康、节约、平等、公正的原则，倡导精神追求与物质满足的协调、传统文化精华的传承、多种文化的互补与渗透等，在城市发展过程中保存和发展具有民族、地域特色的文化生态。

（4）城市经济发展与碳排放脱钩。城市能源消耗主要在于城市工业，其次是城市交通和建筑等方面。目前工业发展对能源的依赖性依然很强，如对2007年GDP100强城市的分析表明，工业总产值每增加1个单位（亿元），会导致0.446个单位（万吨标煤）能源消耗的增长；交通对能源消耗的影响程度也越来越大，城市交通的燃油消耗占到了全国燃油消费总量的17.2%，机动化、尤其是私人机动车的发展将制约城市交通的可持续发展；近年来飞速发展的城市建筑业已经使得建筑能耗在城市能源消耗总量中占据了举足轻重的地位，各城市新建住宅的建造耗能占该城市当年社会总耗能的比重，重庆高达11.5%，北京和深圳则为6.9%。为此，基于城市经济发展与碳排放脱钩目标的低碳发展模式，涉及以下层面发展策略：首先，城市经济与产业结构迅速而成功地向更加均衡的服务业和高科技产业的转变是关键；其次，发展可再生能源和新能源技术，研发先进的核能技术，优化能源结构；第三，在技术层面，①研发节能技术提高能效，尽管从能耗提高潜力和能耗贡献率高低来看，工业部门是提高能效水平的重点，但同时需要注重对正在高速发展的交通和建筑领域能效水平的提高；②鉴于我国以煤为主的能源结构在未来相当长的时期内难以根本改变，重点研发和推广应用煤的清洁高效开发利用技术；③研发二氧化碳捕集、利用和封存技术（简称CCS）。（注：2008年11月德国已建成完整的CCS示范项目，证明了CCS技术商业化应用在技术上是可行性。根据欧盟与中国的相关协议，2020年前将在中国建成一个通过CCS技术实现零碳排放的煤燃烧项目，目前作为项目的第一阶段工作，英国已开始在中国寻找建设示范项目的机会。）

2. 主要特征

根据以上对低碳生态城市内涵的分析，知其具有以下主要特征：

（1）和谐性。低碳生态城市的和谐性，不仅反映在人与自然的关系上，更重要的是在人与人的关系上。维护人与自然环境的和谐，营造高质量的物质文明和精神文明环境，创建富有生机与活力的和谐城市，是低碳生态城市的核心内容。

（2）高效性。低碳生态城市在物质和能量转换过程中，提高资源的利用效率，加强物质分层次利用和循环再生，以低投入和低排放来获得高的产出。

（3）可持续性。低碳生态城市以实现社会、经济和生态环境三者的协调、可持续发展为根本目标。

（4）区域协调性。低碳生态城市是建立在区域生态系统平衡、城市之间协调发展基础之上的城市。

（三）概念辨析

“生态城市”，其范畴是价值观和方法论。“生态”理念，基于对人或者生物与其环境存在着相互联系和制约的复杂关系的认识，在价值观上摈弃了“人定胜天、征服自然”的思想，强调了人与自然的和谐相处；在方法论上，也以生态学为指导，强调以系统整体观来认识和解决问题。

“低碳”，主要是针对经济的发展模式，是实现经济可持续发展的具体路径。显然低碳发展模式，重点考虑了能源消耗和碳排放的问题，而城市发展所带来的问题远不止于碳排放，比如对水资源、土地和生态环境的影响。

“可持续发展”，在《我们共同的未来》中对“可持续发展”的定义为：“既满足当代人的需求，又不对后代人满足其自身需求的能力构成危害的发展”。由上述定义，可持续发展强调了公平性（包括代际公平性和代内公平性）、持续性、需求性等基本原则。在概念提出之后，人们也通过理论和实践不断将可持续发展从战略目标落实到行动，2002 年联合国召开的世界可持续发展首脑会议，通过了《约堡宣言》，把“水、健康、能源、生物多样性和农业”列为实施可持续发展的 5 个重点领域。因此，从概念表述上看，可持续发展是有关发展的理念和战略目标。

三、理念与实践

（一）低碳生态城市发展理念的演进

随着国内外低碳发展模式及生态城市理论研究与建设实践的发展，低碳生态城市发展策略的发展趋势是：在内容上，从城市的“元件”生态到整体的“系统”生态；在方法上，从单一走向综合，充分运用复杂科学的新进展并从理论到方法与工程技术相结合；从纯自然生态优化到人与自然共生共同演化；从纯粹的城市物质规划到居民交往、文化资本、经济与环境的整合；从高碳经济到低碳经济发展模式；从单纯的经济发展到经济、社会及环境的全面、可持续发展；从开发利用城市中的自然资源到开发与保护相结合；在空间范围上，从结构简单、功能较单一、区域范围小的社区和城镇延伸到产业形态复杂、功能综合的城乡协调与城市集群等的发展。

（二）国外低碳生态城市实践综述

随着人们对生态城市理念和低碳发展模式认识的深入，相关实践和示范建设也在世界范围内展开，其中一些案例影响较大，如美国的柏克莱的生态城市计划（1992 年）、克利夫兰和洛杉矶，澳大利亚的哈利法克斯生态城，巴西的库里蒂巴，德国的弗赖堡和 Erlangen，日本的九州、大阪和东京，丹麦的卡伦堡，新加坡等。这些示范项目还主要是集中在规模相对小的城镇或者大城市中的一小片区域内进行，取得的主要经验有：制订明确而现实的目标，突出重点领域，广泛的公众参与，完善的法规政策保障体系，保证具体建设项目的落实等。也有一些生态城市案例不具有可复制性，如阿联酋的阿布扎布“零排放”生态城，规划人口5万，将多种可再生能源利用的高端技术集合在这里，但终因耗资220亿美元而不具可复制性和可推广性。近几年，随着气候变化问题的急剧升温，“低碳”生态城市发展理念越来越受到关注。

2003年英国发布的《能源白皮书》，题为“我们未来的能源，创建低碳经济”，首次提出了“低碳经济”的概念，即低碳经济是通过更少的自然资源消耗和环境污染，获得更多的经济产出，创造、实现更高的生活标准和更好的生活质量的途径和机会，并为发展、应用和输出先进技术创造新的商机和更多的就业机会。并为低碳经济发展设立了一个清晰的目标：2010年二氧化碳排放量在1990年水平上减少20%，到2050年减少60%，并把英国建成一个低碳经济体。在实施策略方面，英国着力于发展、应用和输出先进的可再生能源和低碳技术，强调建筑和交通等重点部门的减排，并为此建立了完善的减排政策措施体系，包括：推动立法，通过《气候变化方案》；制定气候变化税等经济政策，推动建立全球碳交易市场等。

日本紧随其后，提出要把日本打造成全球第一个低碳社会，力图凭借其在新能源和再生能源开发利用方面拥有的技术优势，通过改变消费理念和生活方式，实行相关制度来减少温室气体的排放。与英国低碳经济的侧重点不同，日本更加强调低碳社会的理念，他们认为如果没有消费者的觉悟、支持和行动，政府将很难发布力度很大的气候变化目标。为此，日本政府与学者于2004年开始对低碳社会模式与途径进行研究，并于2007年2月颁布了《日本低碳社会模式及其可行性研究》，提出了日本为实现在2050年前二氧化碳排放在1990年水平上降低70%的目标而可能选择的低碳社会模式；并在2008年5月进一步提出《低碳社会规划行动方案》。日本低碳社会遵循三个基本原则，即：在所有部门减少碳排放；提倡节俭精神，通过更简单的生活方式达到高质量的生活，从高消费社会向高质量社会转变；与大自然和谐生存，保持和维护自然环境成为人类社会的本质追求。

美国也一直非常注重技术进步在未来经济竞争中的重要性，不断推动新一代清洁能源技术方面的研发和创新，倡导建立包括国际清洁能源技术基金在内的各种机制，以期在未来低碳经济竞争中获取更大的国家利益。

尽管各国对于低碳生态城市发展模式的认识和实施策略不完全相同，但构建低碳生态城市，以低能源消耗来获得最大的产出，减少温室气体排放的发展理念已成为共识，并把发展低碳生态技术看做是在后工业革命时代引领世界经济的重要机遇。

（三）中国低碳生态城市实践

近年来与一些发达国家合作，我国也开始了具有一定探索性和实验性的、小区域尺度的生态城市规划与建设的实践（如天津生态城、崇明岛生态城、唐山曹妃甸生态城等），具有“低碳城市”含义的示范项目也陆续展开。

2005年8月，德州市提出发展太阳能产业、推广太阳能利用、打造“中国太阳城”和“中国太阳谷”的战略构想，并制订了分阶段的建设目标。2005年9月，德州市被中国可再生能源学会、中国资源综合利用协会等联合命名为“中国太阳城”。2006年被财政部、建设部列为国家级可再生能源建筑应用示范城市。经过这几年的发展，已在全市范围内大规模推广应用太阳能，实施了太阳能与建筑“一体化”工程，其太阳能生产规模在世界上首屈一指；并拥有太阳能产品专利586项，承担了国家“863”等太阳能科研课题5项，在太阳能产业发展和推广应用方面已走在全国前列。2007年德州市又取得了“2010年第四届世界太阳城大会”的举办权，会议主场馆将位于“中国太阳谷”内，实现了太阳能热水、采暖、制冷、光伏发电等技术与建筑的完美结合，综合节能效率可达88%。尽管德州案例主要集中在太阳能方面，但在广义上，已具有“低碳发展”的内涵。

2008年1月世界自然基金会（WWF）在北京正式启动“中国低碳城市发展项目”，上海、保定入选首批试点城市，“低碳城市”开始进入人们的视野。在未来的几年里，WWF将从上海与保定中国电谷这两个试点城市的建筑节能、可再生能源和节能产品制造与应用等领域中，总结出可行模式，然后陆续向全国推广。

上海市在打造“低碳城市”的过程中，着重对建筑的能源消耗情况进行调查、统计，从办公楼、宾馆、商场等大型商业建筑中选择试点，公开能源消耗情况，进行能源审计，提高大型建筑能效。同时还将对公共建筑的物业管理人员进行培训，提高其节能运行的能力。

保定市借鉴美国加州“硅谷”的发展模式，提出了建设“中国电谷”的概念，依托保定国家高新区新能源和能源设备产业基础、区内的国内外知名龙头企业，打造光伏、风电、输变电设备、新型储能、高效节能、电力电子器件、电力自动化及电力软件七大产业园区。“中国电谷·低碳保定”已成为保定产业发展与城市建设的新亮点与新品牌，为其城市的发展迎来一个崭新的发展机遇。

除此之外，珠海市、杭州市、唐山市等也对率先在国内建立低碳经济示范区和低碳城市表示出浓厚的兴趣。2008年3月珠海主动提出建设生态示范区的设想，并提出了在城市、产业和机制三个层面来考虑的建议。2008年7月杭州市提出要在全国、全省率先打造低碳产业、低碳城市的目标，并提出建设“中国低碳科技馆”。2008年7月曹妃甸工业区的《曹妃甸区域低碳能源体系建设暨“曹妃甸置业大厦建筑节能与可再生能源利用”示范工程可行性研究报告》通过了专家评审，报告提出的利用当地丰富的可再生能源及工业区特色的余热资源，探索建立低碳能源体系，对建设工业区的低碳能源体系具有示范意义。

四、趋势与展望

21世纪以来，低碳生态城市的发展模式已逐渐为更多的国家认可和重视，国内外一些城市也开展了有益的实践。由于各国经济社会发展和城市化阶段不同，对低碳生态城市发展理念的理解和具体途径的选择存在差异。因此，借鉴国内外低碳生态城市建设实践所取得的经验，对破解中国城市可持续发展所面临的现实问题，探索低碳生态城市的发展策略具有重要的理论和现实意义。其中：政策制度建设是推动，技术创新是核心，体制机制创新是关键。

（一）政策发展态势

1. 实施基于主体功能区的发展策略

基于主体功能区划，制定不同功能区差异化的低碳生态城市发展策略：

重点开发区发展策略。①根据区域的资源环境承载能力，合理确定经济和人口发展规模。②提高资源能源利用效率。③加大对传统产业的改造力度，优化产业结构，提高技术水平和工业化水平。④加强生态环境保护。⑤调整能源结构，发展循环经济。

优化开发区发展策略。①优化产业结构和布局，提高集聚经济效应；优化资源配置，提高资源利用效率。②集约利用土地，严格执行耕地占补平衡措施；注重土地挖潜，结合新增用地调控，鼓励高新技术产业、自主创新产业以及现代服务业发展，推动产业结构升级。③按照资源节约与环境友好的发展要求，建立政府环保投资增长机制，发展循环经济，加强生态保护与污染防治。④优化人口空间分布，促进人口合理转移。

限制开发区发展策略。①调整发展思路，统筹考虑区域资源环境的承载能力，扬长避短发展城市。②适时开展生态环境的综合治理。③合理引导人口流动。④健全公共服务体系。

2. 以低碳生态城市的理念和规划引导城市的建设和发展

正如联合国关于生态城市的评价标准所列，以生态学理论为指导的规划是建设低碳生态城市的首要标准。

低碳生态城市的规划理念应体现人与自然和谐、城乡统筹发展、经济社会和环境协调发展的原则。其规划的关键技术包括：①城市资源能源与环境承载能力的分析，生态环境问题演变的分析和生态格局的构建。②发展低碳经济，构建物质和能量高效循环利用的生态产业体系。③社会生态分析包括城市社会功能分析、社会和谐度分析、公共空间分配公平性分析等。④构建体现资源集约利用、高效循环和环境友好的资源能源支撑体系和基础设施。⑤构建因地制宜、可操作的低碳生态城市指标体系，作为低碳生态城市规划、建设、管理和评估的重要工具。

3. 以全方位的可持续交通系统引导城市高效节能运转

目标与原则。满足基本机动性，体现社会发展需要；维持交通系统的高效、经济、安全和公平，体现公平和效率；降低能源消耗，减少对环境的破坏；实现交通系统的可持续发展。

战略与策略。①在城市规划中体现可持续发展交通的理念：合理布局功能元素，高效分配道路资源，建设集约化、生态化基础设施。②大力发展公共交通：构建符合城市规模、空间布局的一体化公共交通体系；推行土地开发中 TOD 的应用；建立政府主导的城市公共交通特许经营制度，提高公共交通的服务水平。③鼓励新能源和新技术的应用。④加强交通需求管理：调控交通总量；降低对小汽车出行的依赖，鼓励公交出行。

4. 以城市的经济增长模式和产业布局的低碳化、循环化和生态化来引导城市工业发展

加快城市产业结构优化升级。①可持续发展水平较高的资源型城市，应在遵循产业结构演进规律推动第三次产业发展的基础上，特别做好资源、加工类产业的调整和转型工作。②相对综合型的城市应加速农业产业化，发展资本、技术密集型农业，促进农业劳动力向第二、三产业的转移，继续调整、改造传统产业。③经济基础相对较弱的资源性城市：处于成熟期的资源型城市，可采用优势延伸模式，重点发展加工业主导产业；依托条件好的资源型城市，宜采用优势组合模式；自身条件不理想，但可纳入周边大中城市构成的城市圈中的城市，可以采用优势互补模式；自身优势资源衰退的城市，宜采用优势再造模式。④欠发达地区无资源优势的城市，应优化资源配置，实现以科技提升为主的产业结构调整。

以低碳生态城市为目标，实施城市工业空间转移和布局优化。①城市内部工业空间转移：大城市工业可在城市功能分区规划下进行合理的移动；中小城市优化工业空间发展，可在城市某一区域（一般是市郊）重点建设一两个工业集中区。②城市群之间的工业空间转移和优化升级的模式为“非均衡性聚集—扩散的空间转移和优化升级模式”。③东中西部城市之间的工业空间转移，应结合城市发展的实际情况建立“技术转移为主导的结合地域优势的工业空间转移模式”。

发展循环经济，挖掘节能减排潜力。通过节能减排、清洁生产和循环经济工作的开展，挖掘潜力，提高资源和能源利用效率，以循环经济模式引导城市工业发展。

5. 推行规划环评，保障城市可持续发展

目标和原则。确保在城市规划过程中将环境因素同社会、经济因素一并考虑，是城市规划与管理实施环境与发展综合决策的重要体现。规划环评应遵循以下原则：①早期介入；②整体性；③互动性；④公众参与。

主要任务。识别城市当前主要的环境问题及城市发展面临的主要资源、环境制约因素；从环境保护角度，论证城市的发展目标和规模、城市空间结构和布局、资源利用方式及基础设施建设等的合理性；提出城市规划调整建议和从规划层次提出环境影响减缓措施。

（二）关键技术研发

1. 研究推广低碳生态城市规划关键技术，促进转变城市发展模式

低碳生态城市规划，应强化生态城市理念、以复合生态系统的整体功能要求来规划城市。其关键技术包括：生态环境问题的识别，生态安全格局的构建，城市和区域的资源与环境承载力分析，规划指标体系的构建，及城市发展生态环境影响的预测和评价技术等。

2. 研究和探索可持续的交通规划技术手段，引导城市高效运营

积极研究开发、引介适合中国城市特色要求的城市规划和管理的技术手段，在条件成熟的城市，可引进城市交通 TOD、BRT 技术，并研究中国城市的发展阶段和现实需求，以推进高效节能为原则，引导城市有序发展和高效运行。

3. 发展可再生能源，研究推广绿色建筑技术，促进城市节能减排

发展可再生能源，优化能源结构。结合我国实际情况，借鉴国际科技成果，研发可再生能源和新能源适用技术。研究制定有效的技术经济政策，鼓励技术创新，加强对绿色建筑评价指标标准体系的研究，推广绿色建筑技术，促进城市节能减排。

4. 研究推广清洁生产技术，挖掘城市生产降耗减排潜力

加强发展节能和提高能效的适用技术。城市工业部门的能源消耗变化对能源需求总量起着支配性的作用，建筑和交通用能将成为能源需求增长的主要因素。应优先在这些关键领域研究和推广节能、提高能效、减少排放和浪费的生产技术。采取多种措施，进一步推动清洁生产技术应用。发展生态工业园区；通过合理的财税制度调节企业行为；建立有利于节能减排、清洁生产和循环经济发展的成本与价格机制；强化企业管理，推动企业科技进步。

（三）体制机制创新

变革城市发展的激励机制。调整政治激励；改革公共财政体制，弱化城市财政对土地经营的依赖；丰富财政激励手段，鼓励地方开展可持续城市发展实践。

约束城市政府的行政自由裁量权。明晰土地产权，约束城市政府的“土地经营”行为；城市规划的法律体系应强化、细化程序性规定，压缩城市政府在城市规划和建设中的行政自由裁量空间；推动财政预算体制改革。

构建多层次、多手段的权力制衡与监督机制。丰富中央政府的制约和监管手段；发挥人大与政协的监督作用；构建公众参与的保障机制。

强化低碳生态城市理念，完善城市规划管理政策体系。明确城市产业布局规划的用地类型要求，限制高耗能高排放产业发展；修订城市规划指标体系，规划和引导低碳生态城市发展；加强规划环评及对综合交通系统建设的管理。

参考文献

[1] 仇保兴. 灾后重建生态城市纲要. 城市发展研究，2008 (3).

[2] 李迅. 生态文明与生态城市之初探. http：//www.zxcsjs.org/zhuanti/index.asp?sID=4716.

[3] 刘志林，戴亦欣，董长贵，齐晔. 低碳城市理念与国际经验. 城市发展研究，2009.

[4] 中国实施可持续发展战略的总体进展. http：//www.china.com.cn/chinese/zhuanti/295921.htm.

[5] 中国应对气候变化的政策与行动. 北京：中华人民共和国国务院新闻办公室，2008.

[6] 黄鹭新，杜澍. 城市复合生态系统理论模型与生态城市——生态文明视角下的城乡规划 2008 年中国城市规划年会论文集.

[7] 王军生. 关于生态城市的若干思考 [A] 第二届中国（海南）生态文化论坛论文集，2005.

[8] 朱珍华. 生态城市理论探讨与建设要求，2009. http：//blog.sina.com.cn/s/blog_5d2b26890100c5ug.html—type=v5_one&label=rela_nextarticle.

[9] 环境保护部. 2006 年中国环境状况公报.

[10] 生态城市建设的深圳宣言 [J]. 城市发展研究，2002 (5)：80.

[11] 侯爱敏，袁中金. 国外生态城市建设成功经验 [J]. 城市发展研究，2006 (3)：7—11.

[12] 李文华. 可持续发展与生态城市建设 [A] 复合生态与循环经济——全国首届产业生态与循环经济学术讨论会论文集 [C]，2003.

[13] Tao Wang，Jim Watson. China's Energy Transition—Pathways for Low Carbon Development，2009.

（撰稿人：李迅，中国城市规划设计研究院副院长，教授级高级城市规划师；莫罹，中国城市规划设计研究院，高级工程师）

2008年生态城市规划实践

一、背景

我国正处于快速城镇化时期，自1996年以来，城镇化率年均提高约1%。在快速城镇化过程中，我国资源和生态环境面临严峻挑战：一是自然资源短缺已成为城市发展的瓶颈。我国自然资源相对匮乏、利用效率不高，供需矛盾日益突出，已经严重制约城市发展。二是生态环境问题已影响到城乡居民的生活质量。城市规模扩张、人口增加和产业集聚，污染物排放量上升，生态环境遭到破坏，威胁着人民群众的生存安全。三是粗放的城市发展模式已经威胁到国家的能源和粮食安全。我国的城镇化与机动化相伴随极易形成美国式的过度郊区化，而后者的发展模式使城市消耗了90%的能源，产生了90%的有害物质，并使耕地面积急剧减少。日益突出的资源环境问题迫使我们反思过去的发展模式，同时吸取世界城市发展的有益经验，走可持续发展之路。

在这样的背景下，党的十七大报告明确提出了“建设生态文明，基本形成节约能源资源和保护生态环境的产业结构、增长方式、消费模式。循环经济形成较大规模，可再生能源比重显著上升。主要污染物排放得到有效控制，生态环境质量明显改善，生态文明观念在全社会牢固树立”的发展目标。《中共中央关于制定“十一五”规划的建议》也制定了“促进城镇化健康发展，坚持大中小城市和小城镇协调发展，提高城镇综合承载能力，按照循序渐进、节约土地、集约发展、合理布局的原则，积极稳妥地推进城镇化”的规划目标。这都表明“城镇化健康发展”和“城市可持续发展”将是未来我国经济社会发展的一项重要任务，探索符合我国国情和生态文明建设要求的城市发展道路，已成为摆在各级政府面前迫切需要研究的重大课题。

生态文明的崛起是一场涉及生产方式、生活方式和价值观念的世界性革命。我国在现阶段提出“建设生态文明”不仅必要而且及时，它标志着我国的社会主义建设已从初期的以生产要素和投资驱动为特征的外延式、资源过度消耗型模式逐步转变为以创新和财富驱动为特征的，经济、社会、环境协调发展的内涵式、技术提升型模式。

随着可持续发展思想在世界范围的传播，可持续发展理论也开始由概念走向行动，“生态城市”作为对传统的以工业文明为核心的城市化运动的反思、扬弃，体现了工业化、城市化与现代文明的交融与协调，是人类自觉克服“城市病”、从灰色文明走向绿色文明的伟大创新，也是在物质空间上实施可持续发展战略的一个平台和切入点。

二、国内外生态城市研究历史与发展趋势

（一）国外生态城市研究历史与发展趋势

国外城市规划学界自19世纪开始，出现了一些体现生态理念的规划理论和实践，如城市美化运动、田园城市理论、芝加哥古典生态学理论、有机疏散理论等。

1971年，联合国教科文组织（UNUSCO）在《“人与生物圈（MAB)”计划》中首次明确提出了“生态城市”的概念，指出要从生态学的角度用综合生态方法来研究城市。这一崭新的城市概念和发展模式一经提出，就受到全球的广泛关注和认可，世界上许多国家都开展了生态城市建设实践，并在不同程度上取得了成功。美国已经在伯克利、克利夫兰和洛杉矶等城市进行了生态城市规划和建设，取得巨大成效；澳大利亚、阿根廷、新西兰、德国、英国、丹麦、瑞典、南非、日本、新加坡等国家也都开展了生态城市规划建设实践，比较著名的项目有丹麦 Kronsberg、阿布扎布“零排放”生态城、意大利 Umbertide 等，这些实践取得了积极的效果和可供借鉴的经验。

国外生态城规划建设经验主要有：制订明确的生态目标和发展措施，充分贯彻可持续发展理念，重视与区域的协调，有强大的科技手段，以政策和资金为支撑，全面实行公众参与。

（二）国内生态城市研究历史与发展趋势

中国传统的城市建设理念大都比较朴素地反映着“生态”的思想。正式展开“生态城”研究是在20世纪70年代，起步较晚，但发展较快。1972年我国参加MAB计划的国际协调理事会，1978年建立中国MAB研究委员会，2002年，深圳第五届国际生态城市大会通过《生态城市建设的深圳宣言》。

2008年在北京召开的第七届亚欧首脑会议发表了《可持续发展北京宣言》，正式提出了建立“亚欧生态城网络”的倡议，这一倡议的实施将有助于提高亚欧成员国（地区）生态城发展的能力，促进生态城理念在世界范围的推广。

2008年汶川大地震之后，住房和城乡建设部副部长仇保兴在一次论坛上指出，灾后重建城市规模应以中小型为主，并以生态化为目标，建成安全、舒适、

生态友好之城。“生态”成为灾后重建的一个重要目标。

我国生态城市研究主要有两类：一类是建立覆盖城市经济、社会和自然各子系统的指标体系，如 2003 年国家环保总局出台的《生态县、生态市、生态省建设指标（试行）》。1999 年海南率先获得国家批准建设生态省，2001 年吉林和黑龙江又获得批准建设生态省，陕西、福建、山东、四川也先后提出建设生态省。约有 20 多座城市如广州、上海、宁波、昆明、成都、贵阳、长沙、扬州、威海、深圳、厦门、铜川、十堰等都先后提出建设生态城市的目标；另外一类是从城市生态系统的结构、功能和协调度等方面开展研究。

城市生态系统是以人为主体的生态系统，但由于对环境问题的关注，使得我国目前对生态城市的关注偏重自然生态系统，从某种意义上来说，忽略了人类生态系统的自身研究。

三、国内重要生态城市规划案例

（一）中英东滩生态城

东滩原是两个农场，拥有大片陆地，又地处长江口，东临东海。在东滩大堤之外，有数百平方公里的辽阔湿地滩涂，拥有丰富的底栖动物和植被资源，并处于我国候鸟南北迁徙的东线中部区域。

2001 年，上海规划将崇明定为生态岛，明确“崇明是上海未来城市发展战略空间”。此后又经过 3 年组织遴选和多轮国际招标，英国奥雅纳（ARUP）规划工程国际咨询公司与上海市规划院合作完成了《东滩控制性详细规划》，明确了将东滩建成全球首个可持续发展生态城。

2005 年，在中国国家主席胡锦涛和英国首相布莱尔的见证下，中英双方签订了宏观合作协议，目标是把东滩建设成为全球首个生态城市。

菲力普·约翰逊对于东滩这个全球首个生态城的定义是：一个实现经济、社会、环境相互协调的、可持续发展的城市。也就是说，东滩未来的一切都将围绕“生态”展开。

东滩生态城规划总面积约 84km^2，包括三大板块：24km^2 的国际湿地公园、27km^2 的生态农业园、余下的土地逐步作为生态城镇开发。其中启动区面积为 6.5km^2，启动区人口约 8 万（图 1）。

在东滩生态城规划过程中使用了创新规划评估工具：

（1）东滩生态城市社区项目在规划过程中制定了一系列可持续发展标准，作为评估规划方案的定量指标，有关指标包含了社会、经济、环境、资源 4 方面。

（2）以生态足迹（Eco-Footprint）评估规划方案的综合资源利用“足迹”，

图 1　东滩生态城规划总平面图

用以比较建议方案资源利用的效率。生态足迹分析方法是将各种资源和能源消费项目折算为耕地、草场、林地、建筑用地、化石能源土地和海洋（水域）等 6 种生态生产性土地面积类型。在对土地面积量化的基础上，在需求层面上计算生态足迹的大小，在供给层面上计算生态承载力的大小，然后比较二者的多寡，进而评价研究对象的可持续发展状况。规划生态足迹为 2.6gha/人，低于常规上海市区的生态足迹（5.8gha/人）。

（3）以综合资源管理模拟在东滩生态城内不同层次和方面的资源投入/产出。以定量分析指标评估城市设计方案的“可持续性”（Sustainability）。

东滩生态城的重要规划理念包括以下内容。

1. 生态功能区

东滩生态城的一期项目将相继建成国家湿地公园、生态农庄、新能源公园等相互独立但又相互影响的各个生态功能区（图 2）。东滩曾长期是一片白色盐碱

图 2　东滩生态城规划意象图

地，不适宜农作物生长。现在已经有工人在通过打井抽取地下水或埋管排水，使地下水位下降，从而解决土地的盐碱问题。

在一期建设中，生态农庄已经展开试点：与荷兰合作的农业园，现代化种植的有机粮食和蔬菜有望在2010年世博会前投放市场。未来几年内，东滩北部的生态农庄将投资7亿元人民币，打造数个中外生态农庄——中意生态农庄、中德生态农庄和中日生态农庄。东滩与普通的国外农庄又有天壤之别，这里是内循环、零排放、自供给的生态庄园。冷暖系统、节水系统、排水和噪声处理系统等，使用的全部是太阳能、风能以及生物能等没有任何污染的能源。

东滩一期建设的另一个重点项目是东滩国家湿地公园。东滩湿地公园毗邻被誉为候鸟天堂的长江口最大的鸟类自然保护区——东滩湿地。这个相当于东滩总面积1/3的湿地公园，首要目标就是修复和重建可持续的湿地生态系统，这里也能为东滩湿地提供外围缓冲区与保护屏障。

2. 绿色交通

步行、自行车、清洁能源公交车、水上出租车，将是人们的出行方式。东滩未来的社区是开放式的，最大限度缩短交通距离，而且根据设计，东滩将有不受机动车干扰的独立的人行步道和自行车道网络，任何地方到附近公交线站步行不超过7min。据测算，便捷的公共交通将使东滩减少190万km的旅行距离，一期建设区域每年即可减少40万t二氧化碳排放量。

交通的便利将意味着“东滩生态城”建设的步伐越来越加快。到2010年，东滩生态城的建设将初具规模，这里将建成一个面积为1km^{2}的生态城，最多可容纳1万居民。

3. 可再生能源

未来的零碳排放城镇除了生态农庄和湿地公园，东滩的新能源公园将成为生态东滩的一个缩影。在规划方案中，刚刚启动的东滩新能源公园，到2010年将初具雏形，由两个巨大的圆圈组成——60万m^{2}的水上公园和20万m^{2}的室外活动园区。由于毗邻东海，东滩是上海年均风速最大的地方。在这里大力发展风电，可谓得天独厚。今年5月，东滩风力发电一期工程的10台风力发电机组，刚刚全部安装完成。

未来的东滩是一个以复合生态系统为基础的城市，用电主要依靠风能、太阳能和生物能，发电装置尽可能减少对大气的影响。

当东滩的10台发电机组年增发电量3 000万kWh时，每年可节约1.5万t标准煤。风能发电能够有效减少二氧化碳、二氧化硫等温室气体的排放量，具有良好的环保效益。如果以三口之家每年用电1 500kWh计算，这些新增电量可供约2万户家庭使用一年。崇明的风力发电机组将成为上海市最大的风力发电“产地”之一。

4. 环保节能技术

生态城的建筑物将采用环保技术，屋顶草坪和植物是天然隔热层，可储存雨水用于灌溉，这意味着东滩一期建设区域可实现城市节能66%，每年又减少35万t二氧化碳排放。

按照规划设想，建成后的生态城相比传统开发模式，生态足迹可以减少60%，能源使用减少60%，水排放减少88%，需填埋处理的废弃物减少83%。

东滩生态城项目将在全球率先探索未来城市可持续发展的途径，从区域生态环境优先的角度，统筹区域城镇体系布局、环境、交通和基础设施等建设，促进经济、社会、人口、资源和环境的协调发展。

（二）中新天津生态城

2007年初，新加坡提出了与中国政府合作建设生态城的意愿。

按照新方的设想，生态城应体现“三和”、“三能”。即：人与人和谐共存、人与经济活动和谐共存、人与环境和谐共存，能复制、能实行、能推广。

吴仪副总理提出了生态城建设的“四项要求”：一是必须突出资源节约和环境友好型；二是要符合中国有关法律法规和国家政策要求；三是要有利于增强自主创新能力；四是要坚持政企分开。同时，明确了选址的“两条原则”：一是要体现资源约束条件下建设生态城市的示范意义，特别是要以非耕地为主，在水资源缺乏地区；二是要靠近中心城市，依托大城市交通和服务优势，节约基础设施建设成本。

根据这些要求，最终确定在天津滨海新区内选址建设中新生态城，规划范围面积34.2km^2（图3）。中新两国政府在选址上的一些硬性条件，如生态城选址范围内用地为盐田、盐碱荒地和湿地，属于水质性缺水地区，符合不占耕地、在缺水地区选址建设的原则等，正好符合中国目前土地、水资源和能源紧缺等的现实条件，中国政府希望通过借鉴新加坡和其他发达国家的生态规划建设经验，将生态环境恶劣的地区转变为生态环境良好的地区，使其成为今后中国城市发展的示范；同时，中新生态城周边有京津唐城际铁路、津秦高速铁路、津滨轻轨，以及多条高速公路、快速路，交通设施便捷，能够依托大城市优势较快地实施建设。

2007年11月18日，温家宝总理与新加坡李显龙总理共同签署了在中国天津建设生态城的框架协定，《中新天津生态城总体规划（2008—2020年）》自2007年11月开始启动，首期建设于2008年9月动工。

根据规划，建设中新天津生态城的宗旨是要实现人与人、人与经济活动、人与环境和谐共存，运用生态经济、生态人居、生态环境、生态文化、和谐社区、科学管理的新理念，建设“社会和谐、经济高效、生态良性循环的人类居住形式”，构建自然、城市与人融合、互惠共生的有机整体，成为可持续发展的范例。

中新天津生态城规划从指标体系、产业选择、生态适宜性评价、生态格局优化、绿色交通、生态社区、历史文化保护、水资源和能源节约高效利用等方面体现了生态城市的建设原则。

1. “指标体系”体现复合生态原则

规划以“经济蓬勃”、“环境友好”、“资源节约”、“社会和谐”作为4个分目标，提出指标26项，突出了生态保护与修复、资源节约与重复利用、社会和谐、绿色消费和低碳排放等理念，既体现了先进性，又注重可操作性、可复制性。

2. “产业选择”体现经济生态原则

规划围绕“生态产业”这个主题，选择产业链的高端，也就是研发设计阶段和市场营销阶段，起到示范和带头作用。规划确定的主导产业之一就是“生态环保科技研发转化产业”，坚持把自主创新作为转变发展方式的中心环节，积极开发和推广节能减排、节约替代、资源循环利用、生态修复和污染治理等先进适用技术；依托高校和科研院所，建立产学研合作的创新模式，发展生态环保教育产业，增强创新能力。

3. “生态适宜性评价”体现自然生态原则

规划采用了层次分析法与地理信息系统叠加结合的方法对规划范围用地进行基于生态因子的适宜性评价，分别对砂土液化区分布、天然地基利用、桩基利用、多年地面沉降累计量分布、地震烈度分布、地下水水位、盐渍化等因子进行了评价和叠加分析。在评价分析结果基础上，结合蓟运河古河道、污水库缓冲带和廊道宽度限制要求划分禁建区、限建区、可建区和已建区。

以上述环境和土地承载力分析为基础，辅以基于紧凑城市理念、宜居城市理念、就业居住平衡理念的容量分析，规划最终确定生态城的合理人口规模为35万左右，人均城市建设用地约60m²，大大低于一般城市的指标。

图3 中新天津生态城规划总平面图

4. “生态格局优化”体现自然生态原则

规划保留了从七里海湿地连绵区通向渤海湾的区域生态廊道，同时强调了内部生态结构与区域生态格局网络的衔接，形成了以中心水域为核心的放射型、网络式生态格局。

(1) 核心“斑块”被称为“生态核”，是以清净湖（治理后的污水库）、问津洲（现状为高尔夫球场）组成生态城的开敞绿色核心，发挥“绿肺”功能，为生态城提供优美、宜居的生态环境。

(2) 核心“斑块”的边缘被称为“生态链”，是环绕“生态核”的蓟运河故道和两侧缓冲带，以及点缀其间的若干游憩娱乐、文化博览、会议展示功能点，结合健身休闲的自行车专用道形成“绿链”。

(3)“廊道”一共有6条，从“生态链”向江海（“基质”）连通，将建设用地划分成适宜尺度的片区。

5.“绿色交通”体现社会生态原则和经济生态原则

绿色交通理念的核心是从“以车为本”到“以人为本”，规划创建了以绿色交通系统为主导的交通发展模式；实现绿色交通系统与土地使用的紧密结合；提高公共交通和慢行交通的出行比例，减少对小汽车的依赖；创建低能耗、低污染、低占地，高效率、高服务品质，有利于社会公平的城市绿色交通发展典范。

规划认为，减少机动化出行需求是实现生态城节能减排的重要方式，而尽可能地实现职住平衡是减少出行需求的首要途径，规划在指标体系中要求“就业住房平衡指数不小于50%”；在空间布局上，规划要求步行300m内可到达基层社区中心，步行500m内可到达居住社区中心，80%的各类出行可在3km范围内完成。

以“职住平衡”和“生活服务便利”为前提，规划要求内部出行中非机动方式不低于70%，公交方式不低于25%，小汽车方式占总出行量的10%以下。

为了实现“以人为本”，贯彻健康环保理念，规划将非机动车作为最主要的交通出行方式，并将非机动车出行时的外部公共空间环境作为本次规划重点考虑的内容，为此建立了一套非机动车专用路系统，包括休闲健身道路（滨河或环湖设置，满足城市居民散步、跑步或骑自行车等休闲健身活动）和通勤道路（城市居民日常非机动方式出行的道路）（图4）。

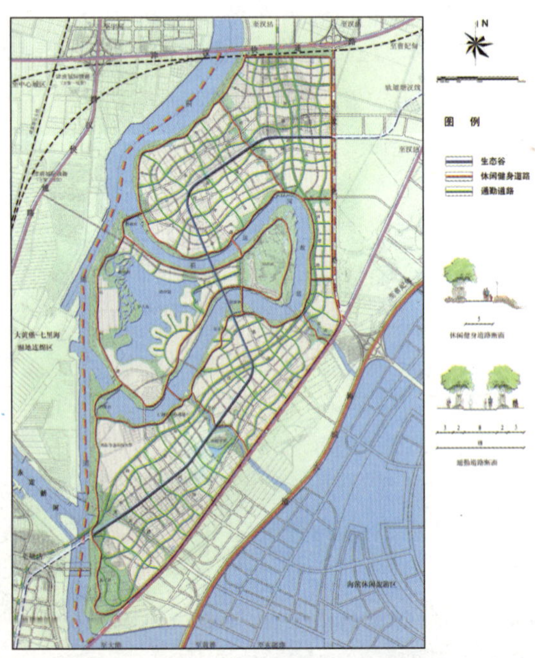

图4 慢行交通系统规划图

6.“生态社区”体现社会生态原则和经济生态原则

规划借鉴了新加坡新城建设中的社区规划理念，并与生态型规划和我国社区管理要求相结合，确定了符合示范要求的生态社区模式。

规划建立了基层社区（即“细胞”）—居住社区（即“邻里”）—综合片区3级居住社区体系。其中：基层社区由约400m×400m的街廓组成，基层社区中心服务半径200～300m，服务人口约8 000人；居住社区由4个基层社区、约800m×800m的街廓组成，居住社区中心服务半径约500m，服务人口约30 000人；综合片区由4～5个居住社区组成，结合场地灵活布置。

生态社区模式的另外一个理念就是上面所述的绿色交通理念，包括机非分离、P&R模式、TOD模式、机动车车速渐变体系等概念，正是绿色交通理念的植入，使其从新加坡的新城社区模式演化为生态城的生态社区模式（图5）。

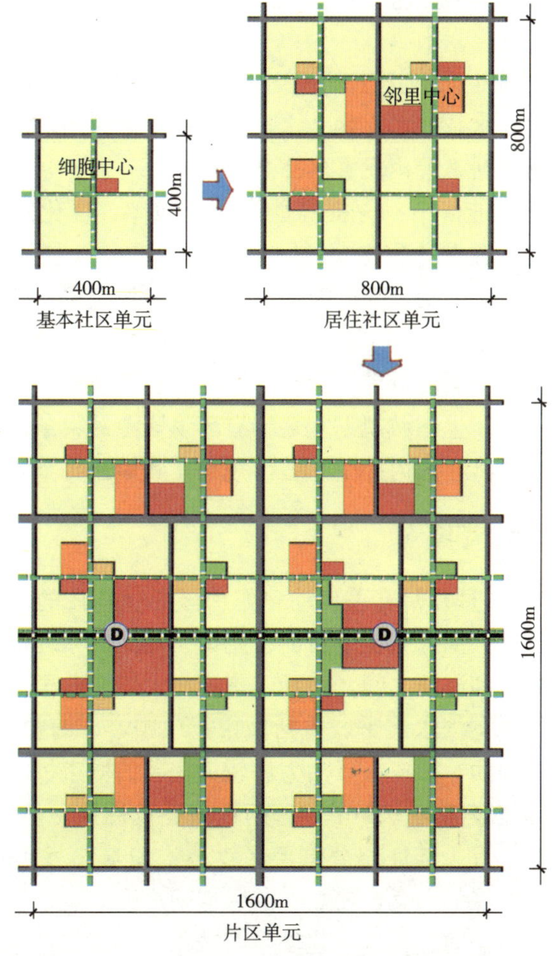

图5　生态社区模式图

7.“历史文化保护”体现社会生态原则

规划强调了对既有历史文化的保护与弘扬，突出体现在蓟运河文化的发掘和原有村庄的保护与更新上。

以保护和更新原有村庄为例，规划对青坨子村肌理和空间格局进行积极的保护利用，通过修缮、整治和更新，改造成为集特色旅游、民俗活动等为一体的综合文化功能区；对五七村进行适度改造，结合景观设计对原有工业构筑物等设施加以利用，保留历史记忆。

8.“水资源节约高效利用”体现自然生态原则

规划的目标是以节水为核心，推进水资源的优化配置和循环利用，构建安全、高效、和谐、健康的水系统。利用人工湿地等生态工程设施进行水环境修复，并纳入复合生态系统格局。

水资源利用的主要策略包括：节约用水、采用非常规水资源、优化用水结构、建立水体循环系统等。

本项目还编制了再生水利用工程规划，再生水主要用于建筑杂用（冲厕）、市政浇洒以及区内地表水系补水，剩余水量用于周边地区用水需求。

9.“能源节约高效利用”体现自然生态原则

规划的目标是促进能源节约，提高能源利用效率，优化能源结构，构建安全、高效、可持续的能源供应系统。

能源利用的主要策略包括：降低能源消耗、优先发展可再生能源、促进高品质能源的使用等。

中新天津生态城将是面向世界展示经济蓬勃、资源节约、环境友好、社会和谐的新型城市典范；中新生态城规划立足特有环境资源约束条件，借鉴了国际先进理念、方法和技术，将在国内外生态城市规划实践中起到重要的示范作用。

（三）曹妃甸国际生态城

唐山市从2007年1月开始着手启动曹妃甸国际生态城的规划设计工作，并最终确定了生态城选址。生态城位于目前曹妃甸工业区的东北部，起步区规划面积30km^2，位于青龙河和溯河之间，南到未来滨海大道，北至八里滩北边界，重点建设城市副中心及内港滨水地带，包括城市行政中心、商业中心、会展中心、文化创意产业中心等组团，形成极具活力和较为完善的城市机能（图6）。

生态城规划近期建设用地80km^2，远期规划建设用地可达到150km^2，人口聚集规模100万～120万。选址充分借鉴了世界港口城市发展的经验，遵循港口、港区、港城协调发展的理念，使之与港区空间适度分离，为未来港口和工业区发展留出充足的发展空间。在这里建设生态城市，可以依托港口，与客户本土建立起紧密的产业联系；可以依托京津唐三大城市和大油田、大项目，发展高端服务业。

曹妃甸国际生态城将以建设“世界一流的生态城市、港口城市、滨海城市、示范性城市、国际性城市和环渤海地区的重要城市”为目标，按照“世界一流、中国气派、唐山特色”的要求，在荒滩上建成一座新型的未来之城，回答一个中国，乃至世界，一百年、两百年以后，城市发展模式的问题。

1. 建设目标

(1) 建设国际化的社区。结合国际及国家的战略投资，营造面向世界、服务区域的高端服务平台。结合国际人口、外来人口及地方人口繁多的人文需求，构筑健康融合的可持续发展社区。

(2) 建设滨海及亲水生态宜居区。深入开展滨海滩涂的生态化改造，使滩涂能够宜于城市活动，提供城市广阔的休闲空间；同时通过改造，使滩涂更加生态化，宜于动植物群落的形成，增强海岸防护，防止海水侵蚀。加强河口湿地保护，构筑完善的城市水系，完善河道两岸的绿化带建设，加快平原水库、人工运河等大型的水面风景区建设，推进海、河两岸节点建设，开展对河流、水面周边居住小区建设，形成临河、临海的“亲水生态宜居区”。

(3) 改良土壤盐碱化，建设生态宜居区。集约利用土地，利用成熟技术，探索大规模在盐碱地建设城市的途径，实施改良土壤工程，建成若干大型公园绿地，以城市河网和输水渠道为脉络，形成城市绿色廊道，结合沿海防护工程、油田保护绿地和河口湿地，形成城市绿地系统，构筑绿色空间景观体系，到2015年，绿化覆盖率达到30%以上。建设临绿地、临公园的“亲绿生态宜居区”。

(4) 建设节能宜居的城市。建筑要体现国际化和时代特色，鼓励建筑使用各种优质、节能的建筑材料，减少排放、降低能耗，形成曹妃甸风格的生态型建筑。

(5) 建立绿色公交网络。利用TOD模式建设城市组团，完善公共交通网络，加强轨道交通建设，使轨道交通成为公共交通的主体，构建起与工业区的快速交通通道。开辟公共汽车专用路和专用车道系统，建设公共汽车定位和电子显示系统，发展节能环保型公交车，到2015年，公共交通分担率达到40%。

(6) 建立公共卫生体系。加大政府对公共卫生事业的投入和管理，规划建设一批技术水平较高的医疗机构和公共卫生服务机构。加强妇幼卫生保健，居民健康指标达到世界发达国家平均水平。

(7) 建立高效节约的城市公用设施。到2015年，构建起完整的基础设施支撑系统，城镇人均生活用水180L/日，人均生活用电8kWh/天，构建完善的城市污水排放系统、中水利用系统、雨水收集系统及清洁能源系统。

图6　曹妃甸国际生态城规划意象图

2. 设计理念

（1）整个起步区的建设突出新型滨水港城中心的特色。

（2）环境气氛以开放友好的城市公共空间为主。

（3）起步区北侧的中心部位为混合型的高密度发展区。

（4）功能混合性的城市，世界领先示范区。

（5）世界领先的可持续发展城市。

（6）发展环境友好型的交通模式。

（7）建设一个以人为核心的有吸引力、创新性和环境可持续的社会的支撑系统。

（8）以人为核心，创造共生的工业，达到城市与农村的协调，尊重自然，建设集约的城市，并达到综合的平衡。

（9）建设一个具有创新性、开放性的有吸引力的城市。

（10）有吸引力、有创新力、有经济活力、高品质宜居、文化繁荣的城市。

3. 指标体系

曹妃甸国际生态城指标体系共分三个目标阶段，分别是系统解决方案和设计建议阶段、方案和设计的影响评估阶段以及规划建设过程中的指导和监控阶段。目前已经基本完成了系统解决方案和设计建议阶段，指标体系分为两个部分，一是以管理监控为目的的系统，二是规划指标体系，两部分共计52项具体指标。管理性指标体系包括经济、环境和社会方面，它的用途是监控社会发展过程中达标的情况；规划指标体系是从城市物质空间品质的角度为实现城市的管理性指标创造基础和提供保证。

4. 技术支撑

（1）新能源利用与电力供应：积极鼓励开发和使用风能、太阳能、地热能等可再生能源。

(2) 绿色建筑与人居环境：各建筑物都要求使用节能环保的新型建筑材料，严格限制使用秦砖汉瓦式的传统建筑材料。

(3) 可再生能源利用与生态系统协调发展：

——太阳能：根据相关资料，曹妃甸地区每年 3 000～3 200h 的日照时间，适合太阳能发电，投资回收时间相对一般地区要短。

——风能：曹妃甸沿海的风力资源极为丰富。由于规划区域位于海滨，一般而言，临海区域要比远离海面区域风力大很多，因此可供利用的风力资源更为丰富。

——半咸水人工湿地：计划建于原有虾塘盐田基础上，减少施工量与维持所需淡水，其主要生态功能有：蓄积雨水，重建生态环境，放养鱼虾等咸水动物，为整个综合功能区提供部分本地食物，净化部分生活污水，降低整个地区热岛效应。

(4) 农业公园与阳光社区：

利用温室来获取额外太阳能，为住宅提供所需要的能源：温室保持封闭性，夏季热量被传输到地下水，随后再被加热（温室也是居住空间）；在冬季有冷却塔保存部分蓄水层的冷水，在夏季为温度较高的居住空间降温。从其他废物提取产生的二氧化碳沼气，可为阳光社区生产电和热水使用。该系统是一种可持续发展、对环境友善和经济的解决方法。

5. 实施保障

通过合理的生态手段，为城市居民提供安全的人居环境、安全的水源和有保障的土地使用权，以改善居民生活质量和保障人体健康。

确定生态敏感地区和区域生命支持系统的承载能力，并明确应开展生态恢复的自然和保护地区。

在城市设计中大力倡导节能、使用可更新能源、提高资源利用效率，以及物质的循环再生。

将城市建成以安全步行和非机动交通为主的，并具有高效、便捷和低成本的公共交通体系的生态城市。

为生态城市建设项目提供强有力的经济激励手段。向排放温室气体的行为和违背生态城市建设原则的活动征税；制定和强化有关优惠政策，以鼓励对生态城市建设的投资。

为优化环境和生态恢复制订切实可行的教育和再培训计划，加强生态城市的能力建设，开发生态适用型的地方性技术，鼓励社区群众积极参与生态城市设计、管理和生态恢复工作，增强生态意识。扶持社区生态城市建设的示范项目。

设置生态城市建设和管理的专门机构，制定和实施生态城市建设的相关政策。该机构负责政府各部门间（如交通、能源、水和土地管理部门等）管理职能的协调和监控，推动相关项目和计划的实施。

倡导和推进国际间、城市间和社区间的合作，加强生态城市建设领域正反两方面经验的交流以及资源的相互支持，和促进在发展中国家以及发达国家开展生态城市建设实践。

四、总结

在“建设生态文明”的宏观背景下，生态规划理念已不仅是规划学科中的一个流派，而是整个规划理念与方法转型的必然趋势。

生态城市中“生态”两个字的内涵日益丰富，它已不再是单纯生物学的含义，而是综合的、整体的概念，蕴涵社会、经济、自然的复合内容，已经远远超出了过去所讲的纯自然生态，而已成为自然、经济、文化、政治的载体。生态城市是一个经济高度发达、社会繁荣昌盛、人民安居乐业、生态良性循环四者保持高度和谐，城市环境及人居环境清洁、优美、舒适、安全，失业率低、社会保障体系完善，高新技术占主导地位，技术与自然达到充分融合，最大限度地发挥人的创造力和生产力，有利于提高城市文明程度的稳定、协调、持续发展的人工复合生态系统。

近年来，我国已经涌现出了一些生态城的规划建设实践，上海东滩中英生态城是规划较早的一个，2008 年开始规划建设的中新天津生态城和唐山曹妃甸生态城是国内规模较大、启动较快、影响较广的生态城。除此之外，还有廊坊万庄生态城、世行出资的重庆万州生态城、株洲云龙生态城、武汉花山生态城等项目。这些实践为我国城镇化发展模式的转变起到了积极的示范作用，为今后更多的生态城规划建设实践提供了宝贵的经验和教训，是一个良好的开端。

同时也应当看到，由于生态城的概念在学界始终没有统一的界定，生态城规划建设的理论也千差万别，有的基于生态学，有的基于环境保护，有的基于园林绿化，始终未能形成统一的基本概念、规划理念、建设导则和评价标准，给我国当前生态城建设带来较大的混乱。某些城市政府假借“生态城”之名，展开了新一轮的“圈地”和建设，消耗了大量资源，破坏了生态环境，这是与“生态城”建设目标背道而驰的，应当予以坚决杜绝。

“但凡是人类的重要认识问题，由开始到形成、成熟、再到完善，总是要有一个由浅入深以及认识—实践—再认识的过程。如同人们对工业化、现代化的认识一样，提了几十年，干了几十年，才最终形成一个完整的认识过程。所以，从这一角度看，要真正认识和解决生态问题，目前还刚刚开始。”[1]

（撰稿人：杨保军，中国城市规划设计研究院，总规划师，教授级高级城市规划师；董珂，中国城市规划设计研究院，博士，教授级高级城市规划师）

---

[1] 周干峙. 对生态城市的几点基本认识——在中国城市规划学会城市生态专业委员会年会上的讲话. 城市规划，2008 (8).

2008年我国大城市连绵区的规划研究[1]

大城市连绵区是指“以若干个几十万以至百万以上人口的大城市为中心，大小城镇呈连绵状分布的高度城市化地带”。它是世界城镇化发展的一种高级空间形态，在全球城镇体系占据着重要枢纽地位，并日益成为各国参与全球竞争的主体。

我国对大城市连绵区的发展十分重视，国家“十一五”规划和党的“十七大”报告都对大城市连绵区（城市群）的发展提出了明确的政策要求[2]。目前，我国大城市连绵区的空间结构正处于发展和整合的关键时期，存在大量的规划与建设问题需要研究；当前国际国内社会、经济及政治形势发展的一些新变化，形成对我国大城市连绵区发展的挑战，迫切需要国家层面的战略应对。

一、大城市连绵区发展的基本特点

（一）大城市连绵区是特定地区必然出现的一种城镇化发展现象

大城市连绵区是某一国家或地区内城镇化发展进入成熟阶段后必然出现的一种城镇化发展现象，它往往是在经济高度发展条件下自然形成和发展的，不以人的主观意志为转移。大城市连绵区的形成与发展对区域地理环境有较高的要求，并非所有的地区都能形成大城市连绵区，平原（盆地、三角洲）的地形环境和沿海的地理区位是其重要的区域环境要求，社会经济发展的文化传统是它发展的基础和内在动力。

---

❶ 本文是在中国工程院重大咨询项目《我国大城市连绵区的规划与建设问题研究》（起止时间：2006年6月～2009年3月；项目负责人：周干峙、邹德慈；项目号：2006－X－07）综合报告的基础上修改而成的。

❷ 大城市连绵区是一个学术概念比较严谨的定义，其往往具有比较明确的地域范围和边界，它的范围与政府确定的“城市（镇）群”规划范围，是两个相关、但不完全一致的范畴。政府在确定城市（镇）群规划范围时，除了参照学术意义上的大城市连绵区边界以外，还要根据规划的目的和任务对规划范围进行相应的调整；而且，政治本身所具有平衡和妥协特点，决定了政府在确定城市（镇）群规划范围时，往往具有一定的随意性。因此“城市（镇）群”的概念要比“大城市连绵区”更为宽泛。

（二）大城市连绵区是城镇化发展的高级空间形态（图 1）

美国以东北海岸、中西部地区、加州南部、墨西哥湾等为代表的 10 大城市连绵区，居住着 1.97 亿人口，几乎占美国人口总数的 68%，聚集了 80%人口在百万以上的大城市。

图 1　全球大城市连绵区空间分布示意图

欧洲以英国东南部、德国鲁尔、莱茵—美茵、荷兰兰斯塔德、法国巴黎地区、比利时中部、大都柏林、瑞士北部等为代表的 8 个大城市连绵区，是欧洲由伯明翰、巴黎、米兰、汉堡和阿姆斯特丹构成的最为繁荣的“西北欧五边形”的主要组成部分，总人口达 7 200 万，以占欧盟 20%的国土面积产出了 50%的 GDP 总量。

日本东海道大城市连绵区面积 7.14 万 km^2，占日本全国的 20%，人口超过 6 000 万，占全国的 50%以上，集中了全国 2/3 的工业企业、3/4 的工业产值、2/3 的国民收入、80%以上的金融、教育、出版、信息和研究机构。全国 12 个人口在百万以上的大城市中的 11 个分布在该区域。

（三）大城市连绵区的空间形态呈现出几种基本类型

大城市连绵区的空间形态主要受到自然地理环境、交通运输网络、城市间的竞争与合作关系等因素的影响，不同国家或地区内大城市连绵区的空间形态格局呈现出一定的规律性，其基本类型可分为带型、圈型和放射型等（图 2）。需要

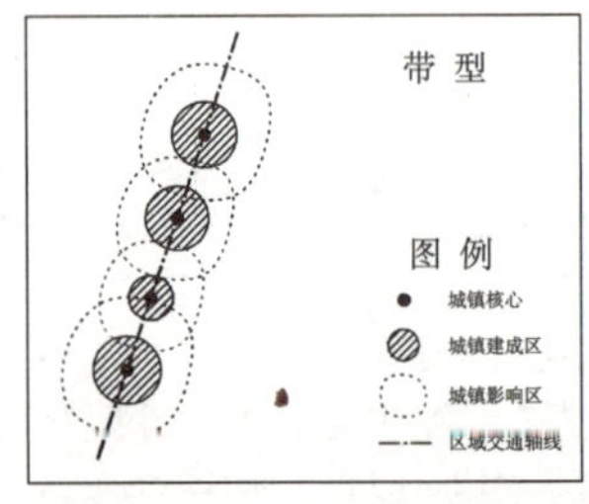

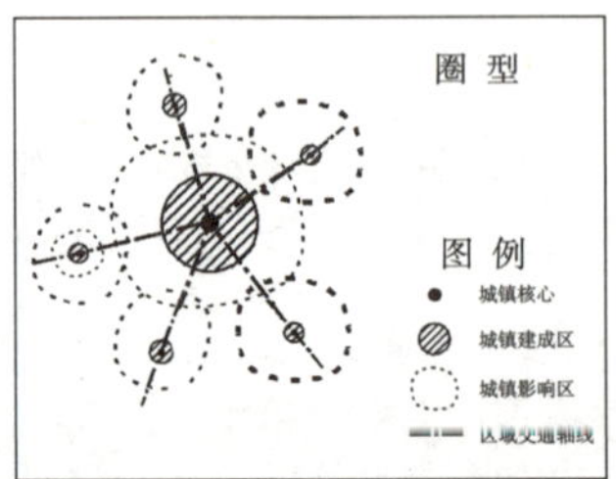

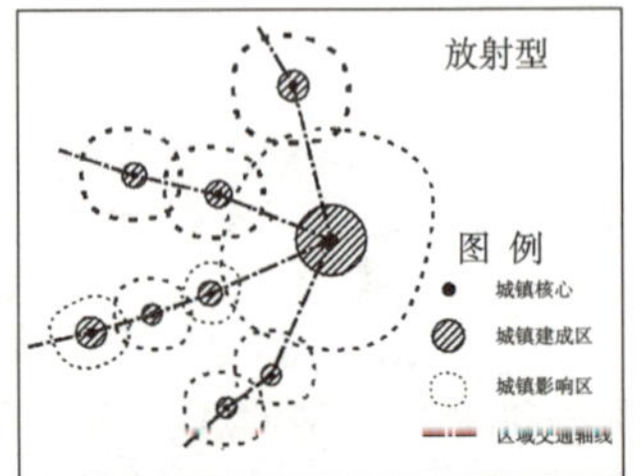

图 2　大城市连绵区空间形态的三种基本类型示意图

注意的是，即使空间形态相似的大城市连绵区，其形成和演化机制往往是不相同的。世界上并不存在绝对理想的大城市连绵区空间形态模式，不同国家或地区内大城市连绵区的空间形态问题，只能通过深入分析本国或本地区实际状况的方法而加以研究和解决。

（四）不同国家的大城市连绵区具有较大的差异性（表1）

美国、欧洲和中国大城市连绵区比较　　表1

地区	面积（万 km²）	人口规模（万）	人口密度（人/ km²）
美国的10大城市连绵区	6.2～31.1	410～4 918	58～271
欧洲的8大城市连绵区	0.78～4.30	164～1 898	210～1 017
中国的6大城市连绵区	5.48～11.08	2 731～9 540	349～830

注：美国和欧洲大城市连绵区为2000年度数据，中国大城市连绵区为2006年度数据。
资料来源：美国和欧洲的数据根据2008年香港“特大城市区域国际研究会”相关论文整理。

由于国情、文化背景及体制方面存在着较大的差异，各国的大城市连绵区具有较大的差异性。如美国的大城市连绵区，人口和城镇空间的密度较低，在广阔的绿野之上集聚着一些不规则的“边缘城镇”（Edge Cities）或“新城区”（New Downtowns），对私人汽车具有高度的依赖性。欧洲的大城市连绵区，人口和城镇空间的密度处于中等水平，空间形态多以绿带（Green Belts）或其他形式的约束而呈现出相对的规则化，并以中等尺度的国家商贸城镇或所规划的新城（New Towns）为中心集聚。东亚（日本、中国大陆东部沿海地区以及中国台湾西部沿海地区）的大城市连绵区，人口和城镇空间的密度相对较高，大城市连绵区的空间尺度和人口规模相对较大，空间形态呈现城镇空间与乡村空间的网络化交织，土地利用效率较高。

（五）大城市连绵区的发展呈现出显著的多中心趋势

世界大城市连绵区的发展呈现出显著的多中心趋势。在大城市连绵区的区域层面，随着经济活动从主要城市向较小城市的扩散，使得既有的城市等级体系不断地重构，低端的服务功能从等级较高的中心城市向等级较低的一般城市扩散。多中心发展的原因，一方面在于，伴随着区域城镇化发展的成熟，核心城市的功能逐渐从“集聚”为主走向“扩散”；另一方面则是因为，作为大城市连绵区核心内涵的城市外部信息交换活动，正日益受到新技术发展的影响而走向区域化，高速铁路等区域性快速廊道的建设和交通、通信成本的降低也在起着相同的作用。其结果是，随着时间的积累，越来越多的居住和就业将分布于最大的核心城市以外，同时其他较小的城市和城镇将变得日益网络化，甚至绕开中心城市直接交换信息，从而使得这些区域表现出更为明显的多中心特征。

（六）区域空间规划与管治是促进大城市连绵区健康发展的重要手段

区域空间规划、建设与管治的理念与做法对大城市连绵区的发展有着非常深远的影响，近年来世界各国的大城市连绵区发展对此越发重视。日本东海道大城市连绵区长期重视以城际轨道交通为重点的公共交通建设，在相当程度上缓解了区域矛盾，推迟了问题显现的时间和阶段，提高了区域承载能力。近年来，美国东北海岸大城市连绵区对城际铁路的规划与建设问题也空前重视。再如，德国鲁尔、英国东南部和美国东北海岸大城市连绵区不断地探索通过区域规划、管治和机构调整来有效地协调利益各方的行为，期望通过发挥合力来推动大城市连绵区更和谐地发展。

二、我国大城市连绵区的发展概况及趋势

（一）我国大城市连绵区沿我国东部海岸递次分布

我国东南沿海地区由北到南，依次分布着辽宁中南部、京津唐、山东半岛、长江三角洲、福建海峡西岸和广东珠江三角洲 6 个大城市连绵区。其中，长三角、珠三角两个大城市连绵区已经基本形成；京津唐地区正处于大城市连绵区的加速形成过程中；辽宁中南部、山东半岛、福建海峡西岸地区已显现大城市连绵区空间形态的雏形（图 3、表 2）。

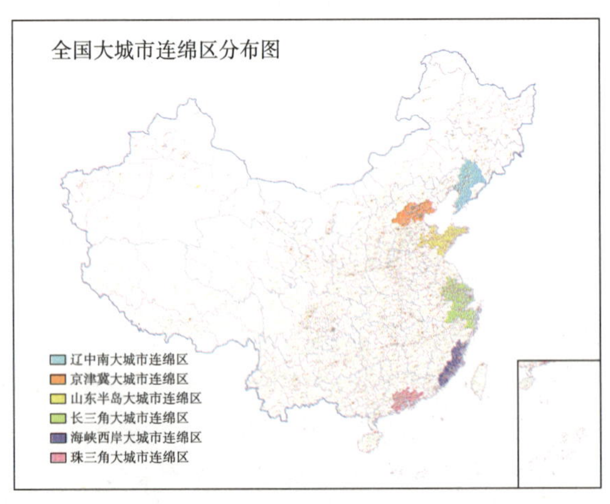

图 3　我国大城市连绵区的空间分布

我国 6 个大城市连绵区的基本情况一览表（2006 年）　　表 2

名称	地域范围	总人口（万）	总面积（km²）	人口密度（人/km²）	地区生产总值（亿元）	人均生产总值（元）
长三角大城市连绵区（已形成）	上海市、江苏省中南部 8 市（南京、扬州、泰州、南通、镇江、常州、无锡、苏州）、浙江北部 7 市（杭州、嘉兴、湖州、宁波、绍兴、舟山、台州），共 16 市	9 540	110 821	784	39 613	41 522
珠三角大城市连绵区（已形成）	广东省广州、深圳、珠海、佛山、江门、东莞、中山、高要、四会、惠州市区、肇庆市区、惠东县、博罗县等 13 市县	4 403	54 743	830	21 417	48 645
京津唐大城市连绵区（快速形成中）	北京、天津两个直辖市以及河北省的唐山、保定、廊坊等 3 市	4 877	70 729	690	16 513	33 859
辽中南大城市连绵区（正在孕育）	辽宁省的沈阳、大连、营口、鞍山、抚顺、辽阳、本溪、铁岭、盘锦等 9 市	2 850	81 673	349	8 767	30 761
山东半岛大城市连绵区（正在孕育）	山东省的济南、青岛、淄博、东营、烟台、潍坊、威海、日照等 8 个设区城市	4 244	73 311	579	14 488	34 138
海峡西岸大城市连绵区（正在孕育）	福建省的福州、厦门、莆田、泉州、漳州、宁德等 6 市	2 731	54 542	501	6 257	20 153
6 个大城市连绵区合计		28 645	445 819	643	107 055	37 373

数据来源：根据 2007 年度各省统计年鉴数据自算。

（二）我国大城市连绵区在国家社会经济发展中发挥着不可替代的重要作用

1. 提升我国综合实力，参与全球分工和竞争

改革开放以来，我国国际化程度不断提高，大城市连绵区通过吸引外资、积极参与全球产业分工，经济实力迅速增长，成为提升我国综合国力的增长极和推进器。根据本咨询项目所确定的研究范围，2006 年我国 6 个大城市连绵区的国内生产总值达到 10.7 万亿元，人均国内生产总值达到 37 373 元，突破了 5 000 美元，是全国人均国内生产总值的 2.3 倍，整体上已进入了工业化的中高级发展阶段；其中珠江三角洲、长江三角洲人均国内生产总值达到 7 000 美元，进入了工业化的高级发展阶段。我国 6 个大城市连绵区以占全国 4.6%的国土面积，承载了 21.1%的全国总人口，吸引了 95%以上的外商直接投资，实现了全国 90%

以上的进出口总额，创造了51.1%的国内生产总值。

2. 带动全国的城镇化，形成梯度城镇化格局

2000年以来我国大城市连绵区人口净迁入状况（万人） **表3**

	京津冀	长三角	珠三角	山东半岛	辽中南	海峡西岸
2000年	210.61	464.97	1 164.53	2.73	39.46	75.97
2005年	431	1 745	1 560	6	40.6	224
年均增长率（‰）	15.40	30.28	6.02	17.06	5.07	24.14

资料来源：2000年第五次人口普查资料；2005年全国及各省1%人口抽样调查数据公报。

改革开放以来，我国人口进一步向大城市连绵区集中，跨省迁入，人口规模不断扩大，有力地促进了区域人口的合理流动和转移，带动了全国城镇化水平的提高，形成了梯度的城镇化格局。2000年，我国6大城市连绵区跨省净迁入人口规模为1 958万，到2005年已经上升到4 434万，年均增加483万，年均增速达到17.4%。2000年6大城市连绵区跨省净迁入人口占全国跨省迁移人口的比重为57.6%，到2005年已上升到92.8%。显然，6大城市连绵区已经成为我国跨省迁入人口的集中分布区域。但是，跨省迁入人口在6大城市连绵区的分布并不平衡。长三角、珠三角分别集中了跨省外来人口总量的39.91%和35.68%，两者合计达到75.59%，其余4个大城市连绵区合计不足四分之一（表3）。

3. 落实科学发展观，实现可持续发展的先导区

大城市连绵区历来是人类先进科技文明的“孵化器”。如世界上的摩天大楼、电梯、交通红绿灯等新事物，都是在大城市连绵区（尤其是美国东北海岸大城市连绵区）首先出现，然后才逐渐在其他地区应用和普及。我国6大城市连绵区是我国经济发展水平最高的地区，也是我国教育、人才、科技、创新能力最强的地区，是我国高技术产业发展的集中区域，这种态势在珠三角、长三角和京津唐3大城市连绵区尤其明显（表4）。

我国各大区域科技指标比较 **表4**

	科技资源指数	科技产出指数	科技贡献指数	科技能力指数
全国平均	35.6	23.32	43.39	34.10
东部地区	46.37	36.01	53.47	45.28
中部地区	27.88	18.24	41.43	29.18
西部地区	28.34	13.19	36.02	25.88
环渤海连绵区	52.07	42.66	55.07	49.93
长三角连绵区	47.87	40.09	56.61	48.18
珠三角连绵区	46.68	46.52	50.99	48.06

资料来源：2002年中国可持续战略发展报告。

注：此处中部地区包括湖北、河南、湖南、安徽、江西5省（不含山西）。环渤海连绵区指北京、天津、河北、辽宁、山东等5省市。

（三）我国大城市连绵区的发展是多种因素综合作用的结果

先天优越的自然地理禀赋是我国大城市连绵区形成和发展的基础条件。“平原”（盆地）、“沿海”等自然地理环境，悠久的历史文化，传统的农业基础，发达的商贸和密集的城镇体系等对大城市连绵区的形成与发展具有重要影响。

改革以来，我国放弃了优先发展重工业的赶超型战略，从根本上动摇了经济发展中存在的市场扭曲、资源误配和效率低下等问题，为发挥我国劳动力资源丰富廉价的比较优势提供了可能。20世纪80年代，国际上工业技术的成熟和自由贸易体系的形成带来了经济全球化和信息化的潮流，是我国大城市连绵区能在充分利用国际资本和市场的有利条件下迅速发展，能在新兴工业化的较高层次上展开的有利机遇。

以市场为特征的改革，激发了城市发展的活力，核心大城市的经济影响范围不断超越其行政管辖范围，产业结构不断升级，空间用地结构也不断得到优化。农村经济体制改革的不断深入，农村土地流转制度的不断探索，城乡统一的劳动力市场的不断推进，将广大农民从土地的束缚中解放出来，农民大规模、大空间的流动，带动了大城市连绵区的快速发展。以BOT模式推动的交通基础设施，密切了大城市连绵区城际间的交通联系，大量综合性交通枢纽的开发，为城镇功能区域化、区域功能城镇化提供了强有力的依托网络，同时也为提高大城市连绵区的承载功能、整合大城市连绵区城镇功能提供了可能。投融资体制改革还推动了大规模的开发区建设及其功能设施的不断完善。开发区的建设推动了经济要素的重组和土地利用的变化，对所在区域的经济、社会、实体空间的演化具有很强的催化和带动效应，成为改变大城市连绵区城镇职能结构的重要载体。

（四）我国大城市连绵区的发展趋势

1. *在世界城镇体系中的地位将不断加强*

伴随着中国的崛起，我国沿海大城市连绵区中必将会有更多的城市迈入全球城市和区域性国际城市的体系中，北京、上海、天津、杭州、南京、广州、深圳、沈阳、大连、青岛、福州、厦门等核心城市的国际影响力不断增强，在国际政治、经济、文化等交往节点功能日益加强。随着核心城市的国际化程度日益提高，其对区域经济、城镇和空间的组织和整合能力将更为突出，引导大城市连绵区在国际中发挥更为重要的作用。香港和澳门地区，长期以来就是引领珠三角对外开放的引擎。随着珠三角大城市连绵区区域整体实力的增强和核心城市对外节点功能的不断强化，粤港澳在新的历史时期形成的更高层次的战略合作，将会推动其在世界城镇体系中获得更加有利的竞争地位。福建海峡西岸大城市连绵区整体实力的增强和对外交往的日益活跃，使其与海峡对岸的台北、台中和高雄等滨海城市经贸和人员往来更加密切，未来极有可能形成涵盖海峡两岸主要城市在内的更大范围的大城市连绵区，通过发挥两岸区域的整体合力，在全球经济体系中获取更加有利的发展空间。

2. 在国家城镇化战略中继续发挥核心作用

2007年，我国城镇化率达到44.9%，在今后相当长的一段时期内，我国城镇化率仍将年均增长0.8～1个百分点，城镇建设用地还将会保持适度的增长。根据住房和城乡建设部《全国城镇体系规划（2005—2020）》的研究，我国未来城镇发展布局的地区主要分布在东部沿海经济发达地区，尤其在6大城市连绵区内。这些地区工农业发达，交通等基础设施好，人口密集，劳动力丰富，知识、科技密集，教育发达，文化积淀深厚，城市发展的相对成本较低，同原有城镇经济紧密相连，仍然会是中国未来城镇发展最优先选择的区域。因此，随着我国城镇化的持续推进，人口和产业将进一步集聚和扩散，大城市连绵区的进一步发展是不可避免的。

3. 制度创新将给区域带来持续的发展活力

区域统筹协调发展的制度创新和综合试验将会为大城市连绵区发展带来新的活力。目前，在大城市连绵区内开展的天津滨海新区、上海浦东新区和深圳特区的综合配套改革试验等将会给区域的发展带来新的活力；香港、澳门与祖国大陆CEPA的实施、农村金融服务的创新、农村土地改革的试验、城乡统筹发展的进一步推动等，都将为大城市连绵区的城乡关系、城镇关系、布局优化、功能整合等带来更多的期望。另外，经济长期快速发展所带来的利益主体多元化，自下而上的“话语权”的加重，又不断地推动着大城市连绵区管治模式的创新。

三、当前我国大城市连绵区发展中的主要问题

（一）经济发展高度依赖资源投入，创新能力不足，缺乏全球竞争力

1. 经济发展高度依赖能源资源和廉价劳动力投入，难以长期持续发展

我国大城市连绵区的快速发展，在很大程度上是建立在廉价的土地、能源、劳动力和低环保要求基础上的。珠江三角洲GDP每增加一个百分点要消耗耕地5.08万亩。目前，珠三角已经陷入用地紧张、环境容量趋于饱和的境地，区域可建设用地潜力仅占全部可建设用地的40%，东莞、珠海和中山不到25%。照此趋势，到2020年深圳、东莞、中山等城市将无地可用（图4）。由于前些年经济增长方式粗放所带来的土地资源过快的消耗，大城市连绵区普遍面临着产业后备用地不足、众多国家鼓励的新型制造企业无法落地的窘境。

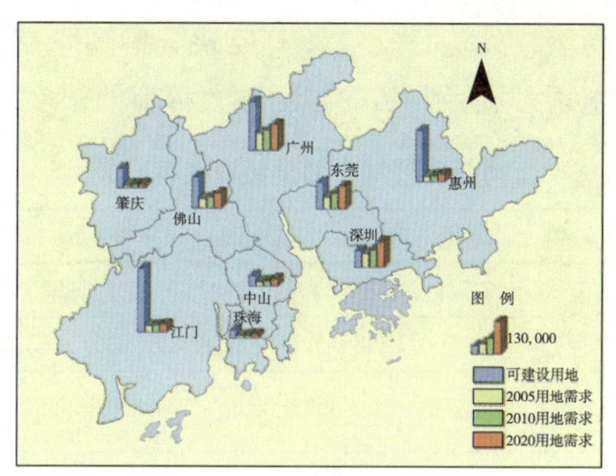

图4　珠三角城镇建设用地供需比较

2. 自主创新能力不足，在国际产业链分工中地位不高

在全球产业分工体系中，我国大城市连绵区已经成为名副其实的“世界工厂”，电子计算机、电子元器件、纺织品、服装、家具、玩具、五金机械等众多产品产量已经位居全球第一，附加值较高的机电产品已经取代劳动密集型产品，成为珠三角、长三角、京津唐大城市连绵区最主要的出口产品。如2007年，长三角机电出口总额达到了2 957亿美元，占全部出口总额的49.1%，珠三角机电出口总额达到了2 532亿美元，占全部出口总额的68.6%。但是，外资企业，尤其是跨国公司是机电出口的主导力量，几乎占据大城市连绵区机电出口的半壁江山。在合资企业中，CPU、集成电路、通用软件等核心技术往往由外方母公司掌握，因此大部分的技术利润由外商拥有，当地只能以各种租金、国家规定的各种税费和劳务人员的工资为主要收入，与所付出的资源与环境代价极不相称。

3. 核心城市国际商务服务功能弱，聚集全球战略性资源能力不强

世界主要大城市连绵区的核心城市都是世界城市，如纽约、伦敦、东京、巴黎等，他们居于世界城市体系的最高层次。世界城市是人流、资金流、物质流、信息流等多种流汇集的主要节点，不但是世界金融保险商务活动的中心，而且还引领文化创意产业的发展潮流。如果以国家首位城市来比较，美国纽约的GDP相当于上海的40倍、北京的75倍、广州的87倍。日本东京的GDP，占整个日本GDP总量的26%，相当于上海的20倍、北京的30倍、广州的37倍。英国伦敦的GDP占整个英国GDP总量的22%，相当于上海的5.5倍、北京的9.5倍、广州的10.5倍。法国巴黎的GDP，占整个法国GDP总量的18%，相当于上海的4.0倍、北京的7.2倍、广州的7.9倍。如以人均GDP来计算，则差距更大。

上海虽以打造“四大中心”为目标，但其国际性功能并不强。从产业结构来看，上海第三产业比重还不到50%，而纽约、伦敦和东京等城市中，仅金融、文化传媒和医疗服务三大高端服务业占城市经济总量的比重就超过50%。在外

资银行数、证券年交易额、外汇日交易额等反映金融国际交往程度的指标方面，上海比纽约、伦敦、东京等世界闻名的国际性大都市低很多（表5）。

上海与世界城市部分经济指标比较　　表5

指　标	纽　约	伦　敦	东　京	香　港	新加坡	上　海
GDP（亿美元）	26 000/2001	3 131/2001	11 000/2001	1 121/1993	553/1993	909/2004
人均GDP（美元）	22 041/1988	27 500/1992	47 177/1990	18 683/1993	19 750/1993	6 745/2004
服务业占GDP比重（%）	86.8/1989	86.5/1987	80.7/1990	78.8/1992	72.3/1990	47.9/2004
服务业从业人员比重（%）	88.7/1993	86.2/1995	76.2/1991	78.5/1994	65.8/1993	54.2/2004
外汇日交易额（亿美元）	2 440/1994	4 640/1994	1 610/1995	910/1994	1 050/1995	2.46/1999
证券年交易额（亿美元）	89 452/1999	33 993/1999	16 756/1999	2 300/1999	1 074/1999	76 717/2004
离岸金融月交易额（亿美元）	4 690/1986	11 569/1994	7 262/1994	7 061/1994	—	0
外国银行数（家）	374/1994	429/1994	90/1993	303/1994	169/1994	75/2004
世界500强总部（家）	38/1996	27/1996	92/1996	—	—	0
进出口总额（亿美元）	1 000/1986	—	—	2 716/1993	1 590/1993	1 600/2004
港口年吞吐量（万标箱）	213/1992	—	335/1992	797/1992	1 590/1993	1 455/2004
空港年人流量（万人次）	7 479/1990	6 423/1990	6 185/1990	1 868/1990	1 440/1990	3 596/2004
政务电子化程度	50%/2000	40%/2001	2003年3 000多项网上政府业务	—	130多项网上公共服务	10%（估计数）
家庭上网率（%）	70/2000	30/2000	25/2000	—	42/1999	19/2000

资料来源：景体华主编．2004～2005年中国区域经济发展报告．北京：社会科学文献出版社，2005：245.

（二）城市间缺乏协调，城乡空间拓展盲目无序

在大城市连绵区，由于政府间缺乏必要的协调，导致产业结构雷同和城镇用地蔓延，拓展无序，空间开发秩序紊乱，城乡关系紧张。由于许多城市社会服务与基础设施的规划布局中比较普遍地存在着各自为政、恶性竞争，如苏南地区，纺织、化工等是许多城镇的主导产业，造成了资源的极大浪费，降低了区域整体竞争力。还有如珠三角，该地区城镇建设用地面积1990年时为1 066.9km^2，1995年增加至2 673.7km^2，2002年已达3 862.7km^2，短短12年间扩张超过了3

倍（图5）。在长三角，环太湖各市（包括产业）的空间布局，都尽可能地向太湖伸展，对太湖造成很大的压力。太湖久治无功，已经严重威胁到沿湖城市的饮用水安全。杭州湾沿湾各市也同样对沿湾的岸线资源加大了开发的力度，各市提出的新规划产业区范围达3 750km²，超过了环杭州湾地区县城以上中心城市新一轮城市总体规划用地规模，直接对杭州湾的水环境、滩涂资源保护造成很大的压力。

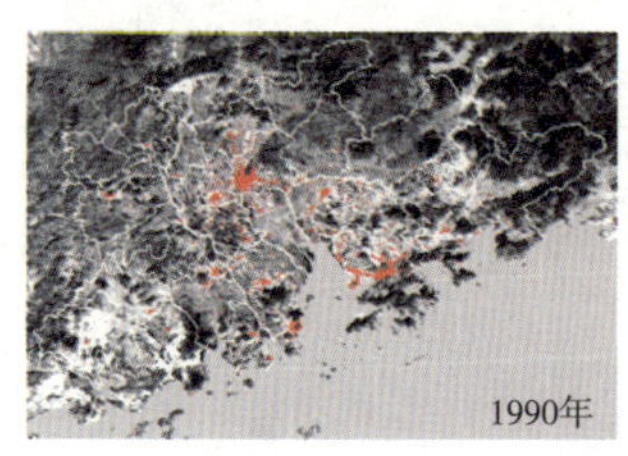

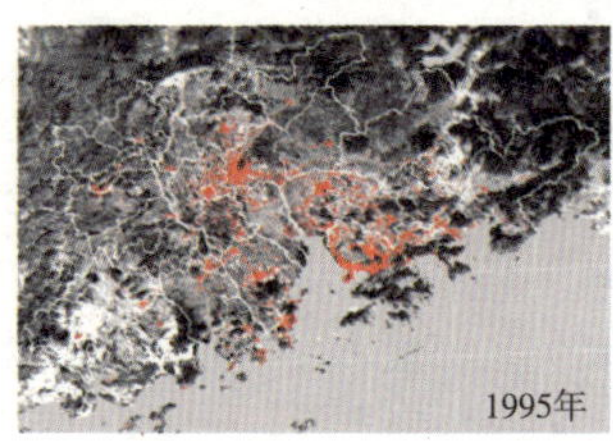

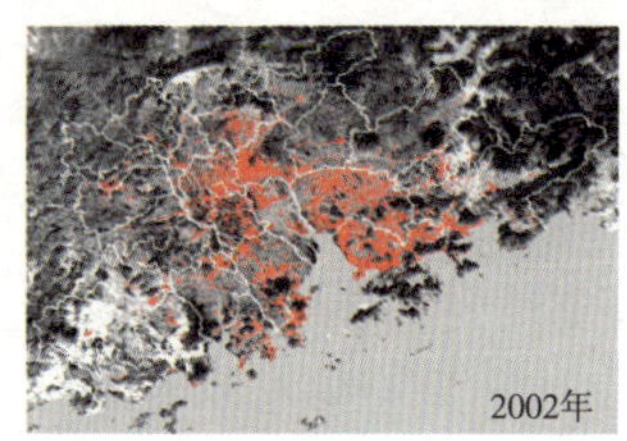

图5 1990年、1995年和2002年珠三角的建设用地扩张态势

沿海部分城市为弥补建设用地的缺口，大力围涂造地，这样虽然在一定程度上缓解了土地不足的矛盾，但是却带来海洋生物多样性受损，局部近岸海域环境恶化等现象，同时海涂的过度围垦也加剧了台风、飓风和海啸等自然灾害的风险。

（三）环境保护不力，可持续发展能力受到严重削弱

1. 水资源保护与利用不力，跨区域的水污染非常严重

我国的大城市连绵区基本依附于长江、珠江、海河、淮河等几大水系分布，连绵区范围内河流水系的污染比较严重。以2005年数据为例，约70%以上断面为Ⅳ类以上水质，其中40%的断面为劣Ⅴ类水质。海河水系劣Ⅴ类水体占54%左右，淮河、辽河水系的劣Ⅴ类水体分别为32%和40%。目前只有珠江水系的广东段和长江水系的上海段污染稍轻。由于污染的跨区域性质，大城市连绵区治理水体污染困难很大，严重地威胁着中下游地区的供水安全。太湖蓝藻的集中暴发，严重影响了环太湖城市正常的生产和生活秩序。辽河在流经人口密集的城市连绵区后，污染物含量迅速提高（图6）。这种情况在我国各个大城市连绵区普遍存在。

大城市连绵区地下水超量开采造成区域性的地下水位下降，引发大面积“漏斗区”，导致了地面沉降、房屋断裂等灾害的发生。长三角地区地下水超量开采造成的地面沉降面积达8 000km²，形成了上海市区、苏锡常和杭嘉湖等3个区域性沉降中心，最严重的漏斗中心（无锡洛社）地下水已降至－84m。京津冀大城市连绵区2004年地下水超采量已达41.55亿m³，形成了面积达7 500km²，包括

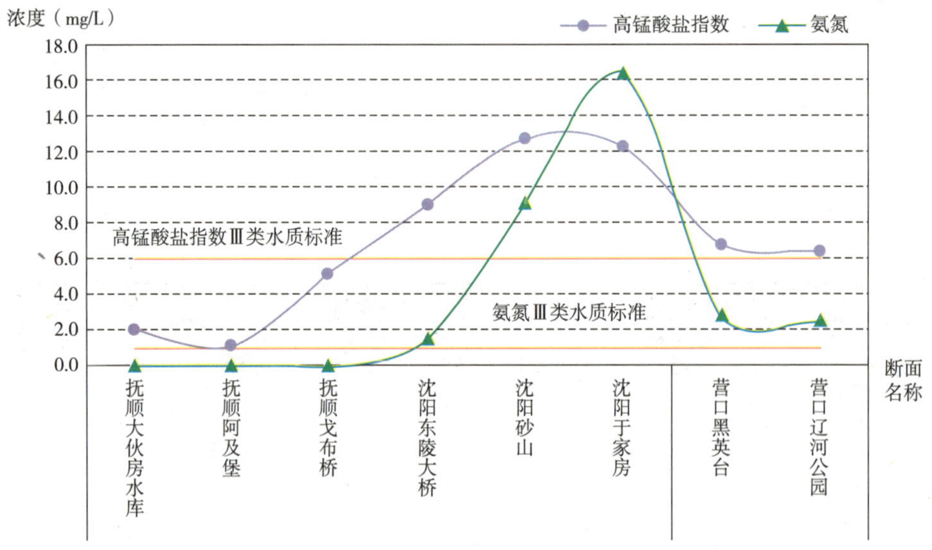

图6　2006年辽河高锰酸钾指数、氨氮浓度沿程变化

北京、天津、唐山、保定、廊坊在内的深水地下漏斗。这些地区过量开采地下水，不完全是因为资源性缺水导致的，更多的是因为水质性缺水导致城市没有合格的地表水源，不得不过量开采地下水。

2. 近海水域污染严重，有些地方已呈“海洋荒漠化”特征

全国近岸严重污染海域主要分布在辽东湾、渤海湾、长江口、杭州湾、江苏近岸、珠江口和部分大中城市近岸局部水域，与六大城市连绵区关系密切。长三角大城市连绵区近海水域普遍受到无机氮和活性磷酸盐的影响，2005年最大超标倍数分别为11.1倍和3.1倍。珠三角大城市连绵区2006年污水入海总量达82.98亿t，而在5年前，这个数字只有50亿t左右。中国约53％的排污口邻近海域生态环境质量处于差和极差状态，海域生物质量低劣，底栖经济贝类几近绝迹。渤海湾由于是半封闭的内海，水体交换能力差，完成一次水体交换需要30年以上的时间，更加剧了污染的治理难度。

由于污染的不断加重，有些大城市连绵区近海海域已经呈现出“海洋荒漠化”的特征。“海洋荒漠化”特指海洋因受污染而形成的低氧、缺氧区域。由于缺乏必要的氧气，水生生物往往无法生存，所以也被称为“死海区”。2006年10月，联合国环境规划署发布的报告中，将长江口和珠江口明确列入了新增加的海洋荒漠化名单中。

3. 气温升高以及大气污染呈现区域化和复合化的特征

由于人口、建筑和城镇的密集分布及机动车的大量使用，工厂生产、交通运输和居民生活产生出大量的热能以及氮氧化物、二氧化碳和粉尘等排放物，大面

积的混凝土、柏油路面、各种建筑墙面等不透水地表的存在，导致我国大城市连绵区夏季气温的不断上升。

我国大城市连绵区大规模、复合型大气污染属全球罕见，已成为制约可持续发展的重要因素。它是在我国尚未解决燃煤造成的二氧化硫和可吸入颗粒物污染的前提下，随着机动车保有量快速增长，光化学污染日趋严重的形势下产生的新型大气污染。

“大气灰霾”现象在大城市连绵区也愈演愈烈。近年来我国京津唐、珠三角、长三角等地区的大气灰霾现象日益严重。据北京市近十年来的观测，北京市灰霾日的总天数每年均在120天左右，在市区有时甚至出现能见度低于2km的情况。广州市2002年的灰霾天气为85天，2003年增加到98天，2007年达到131天。深圳市更为严重，2004年的有霾天数共187天，创下50年以来的最高纪录。

（四）基础设施系统性不强，综合交通运输网络体系尚未完全建立

1. 属地化管理导致交通设施共享性差，区域协调难度加大

大城市连绵区的大型交通基础设施管理上虽然隶属于所在城市，但其服务范围却是整个区域，是区域所有城市对外交通系统的重要组成部分。因此，这些设施应按服务区域的原则来组织交通网络，但目前的属地化管理使设施以所在城市为主构建其交通组织系统，无法按照设施的服务范围进行规划和组织。结果，由于不拥有区域大型对外交通设施的城市无法获得服务上的保障，纷纷考虑建设自己的机场、港口等设施，造成设施越多，各自的运量越少，服务水平越低，导致设施服务的恶性竞争和低水平重复建设。以港口为例，上海、浙江、江苏在港口建设方面的主要形式仍未脱离基于自身利益考虑的独立发展模式。

2. 城市交通与区域交通组织混乱，专项交通规划之间缺乏衔接

在大城市连绵区，区域交通在特征和组织上向城市交通衔接，城市交通则向区域交通延伸。但由于缺乏应对交通特征转变的规划，缺乏区域层面的交通组织，城市交通和区域交通还是采用各自的规划和组织，这种各自为政的状况与目前大城市连绵区交通发展趋势不相符，不利于大城市连绵区的发展。

目前，以大城市连绵区为对象的区域交通规划已经起步，城际轨道交通规划、公路网络规划等各自面向大城市连绵区的规划已在编制和实施。但这些交通专项规划之间缺乏协调，也缺乏对城镇发展的理解，规划仍然是传统以单个城市为节点规划的延续，并没有考虑大城市连绵区城镇职能的分工、区域交通需求的转型，以及与城镇空间发展的配合。中心城市的高速铁路站点，本应成为能够与民航枢纽、市区轨道和公共交通、区域客运枢纽等无缝连接、换乘通畅的综合交通网络的枢纽，但目前高铁站点的选择大都远离中心城区，影响了综合交通运输整体效益的发挥。

3. 铁路发展滞后，制约综合交通运输网络的构建

铁路作为综合交通运输主要的运输方式之一，具有节能、高效和环保的突出优势，但与公路、民航的快速发展相比，我国铁路体制改革滞后、融资渠道不畅、建设速度缓慢、运输能力严重不足，极大地制约了我国轨道交通的发展和综合交通运输网络的构建。

铁路运力的不足，导致一些适合铁路运输的货物不得不通过公路运输，既提高了运输成本，也不利于构建我国节能减排式的绿色交通体系。城际轨道交通网络建设的滞后，导致各大城市连绵区缺乏区域性的高等级商务客流组织系统，核心城市、产业区和机场间的联系主要依赖高速公路组织客流，但受到高速公路交通量迅速增长和城市交通状况的影响，这种组织方式的服务水平持续下降。

（五）缺乏整体的区域发展空间政策，有效的区域规划体制亟待建立

1. 大城市连绵区规划缺乏法律依据

目前，虽已完成“珠三角城镇群区域协调发展规划”的编制，京津冀和长三角的城镇群规划也正在编制过程中，但国家和地方法律法规缺乏该类区域规划的组织编制、规划管理等程序性规定，在法律层面上也没有相应的规定和解释，导致跨行政区域的大城市连绵区的区域协调规划没有权威性的法律地位，也缺乏可操作性的法律条文解释。

2. 各类跨区域的综合和专项规划缺乏协调

建设部门组织编制的城镇群规划，国土部门组织编制的土地利用总体规划和发改委组织开展的区域规划，各自为政，在空间上缺少综合协调，产生了宏观上的各种区域性规划内容相分离的现象，给大城市连绵区空间规划的编制、管理和实施工作增加了困难。各专项规划工作也存在着部门意识“过强”，缺乏与空间规划的协调。以交通规划为例，铁道部门的铁路运输交通规划、交通部门公路运输交通规划、水运部门的水运港口规划以及城市内部的交通运输规划等各自为政，存在严重的相互矛盾与冲突。

3. 保障区域规划实施的机制不健全

区域规划作为重要的公共政策，要通过综合协调和运用，才能保证规划得到很好的贯彻实施并能够引导区域的建设和发展。我国能源、交通、水利、电力等重大国家资金投资建设的基础设施项目，都是在各自专项规划与地方规划和区域规划相互脱节的状态下实施的。由于缺乏各个部门之间的配合与协作机制，也缺乏统一的项目基金激励和约束机制，因而也就无法通过行政、税收、投资、法律等手段的有效结合形成合力，保障区域规划的贯彻和实施。

四、推动我国大城市连绵区健康发展的对策建议

（一）充分认识大城市连绵区现象产生的必然性和必要性，把促进大城市连绵区的健康发展列入国家发展基本战略

大城市连绵区由于人口、产业、城镇等各种物质要素的高度聚集，对资源环境造成了很大压力。但由于它在经济上的集约和高效，使其又成为世界各国参与国际竞争的主体。因此，大城市连绵区的产生与发展体现出了很强的客观规律性，是工业化和城镇化发展到一定阶段后必然的结果。

未来我国大城市连绵区的发展水平和国际竞争力，将在很大程度上影响和决定着我国在世界经济、政治、文化格局中的地位。因此，国家应该采取必要的政策措施，进一步提高我国大城市连绵区的发展水平和国际竞争力。改革开放和经济全球化使我国的经济总量迅速增长，经济发展水平不断提高，但必须注意的是，过多地依赖国外投资和海外市场的发展模式会造成对跨国公司和西方国家的依附性增强，使国家经济独立能力丧失。而且，对于中国这样一个大国，其快速发展本身也会对国际经济格局产生重大影响，竞争与遏制将伴随中国参与全球化进程的始终。因此，大城市连绵区的发展就需要体现出国家的核心利益，尽其最大可能地消除全球化给我国发展所带来的负面影响，注重通过文化、教育、价值观等软实力的塑造，提高我国大城市连绵区的国际竞争力。

（二）建立综合交通运输体系，提高大城市连绵区的运行效率和服务水平

建议编制整个大城市连绵区的综合交通运输总体规划，并报上级政府主管部门审批，形成具有法律效力的规划，体现出交通运输总体规划的权威性和指导作用。在其统一指导下，按照规划要求，铁路、公路、民航、水运、城际轨道等各运输行业分别编制各自的中长期发展规划，使总体规划与部门规划相互协调、保持一致，保证各种运输方式协调发展。在统一编制综合交通运输体系总体规划的基础上，通过城市共建、相互参股、实现联营等多种方式，实现大型交通基础设施的共享。要适应大城市连绵区“区域交通城市化，城市交通区域化”的特征，将区域交通与城市交通相整合，实现一体化的发展。要重视资源环境的约束，尽量选择节约土地资源、对环境影响小、可持续发展的轨道交通方式。

（三）在核心城市实施“集中基础上的分散化”空间战略，推动网络型的空间结构体系

实施“集中基础上的分散化”的空间战略，促进大城市连绵区形成网络化的

空间结构。我国大城市连绵区核心城市不应再鼓励城市规模的简单扩张，应在构筑内部高效的交通和信息网络基础上，实现较低端的生产和服务功能向较低等级的周边城市扩散，核心城市接纳以现代服务业和高新技术产业为发展重点更为高端和核心的功能，提高国际竞争力。外围城市应通过吸引核心城市的居住、就业功能，适当提高开发强度，使其成为大城市连绵区网络化的重要节点。在构筑多中心体系形态结构的同时，建立起有机疏散又紧密联系的城镇功能网络结构，有效增强区域的综合承载能力。

（四）充分考虑区域自然生态资源的承载力，实现城乡统筹、区域统筹及人与环境协调发展

大城市连绵区是我国城市和乡村经济都高度发达、城乡发展意愿因难以协调而矛盾冲突比较激烈的特殊区域。要在统筹城乡和统筹区域的基础上，实现区域利益的最大化。应建立公共服务设施配置的区域标准，不宜简单按照国家的标准去配套村、乡、镇等的基本服务设施。

要保护大城市连绵区生态环境的多样性，促进生态文明建设。要以区域生态承载力为前提和依据，来确定建设规模、人口规模、功能定位、产业构成等；要积极推动各城市在水源保护与共建领域开展合作，保护大城市连绵区的用水安全；要不断强化对农业用地的保护，维持大城市连绵区不同功能的有效分割，避免城市建成区因过度连绵而成为一体，从而保持疏密有致、景观多样的开敞空间。农作物本身也是绿化的一部分，地少的平原地区的农村应强调农田林网建设，不能过分强调森林覆盖率指标，这样可保留大片农田，使粮食安全和环境友好统一起来。

（五）建立地区内的协调机构和机制，加强部门分工与协作，增强大城市连绵区规划的可操作性

要改革现有的规划组织方式，建立统一、完整、多层面的国家和区域的空间规划体系。跨省域的大城市连绵区空间规划，建议由国务院组织国家发改委建设部门和国土部门等共同编制；或者在国务院直接成立一个空间规划的领导机构，下面设立办公室来牵头组织编制；从而形成一个统一的、对各部门均具有约束力的区域规划。相应地，省域范围内的大城市连绵区空间规划，也可参照上述办法，由各相关部门或机构来共同编制和实施。

要强化大城市连绵区的政策分区，通过区域补贴、税收、财政、产业、土地、投资等各方面政策的协调，实现不同的引导和控制要求；建立重大建设项目的综合研究论证制度，加强重大项目建设的选址、监测和实施管理；建立区域共同发展基金制度和完善区域投资机制，为区域性的公共服务设施、环境设施、基

础设施等提供建设资金，避免重复建设；建立有利于区域协调与合作的公众参与机制，充分发挥各级地方政府、企业和公众参与规划编制和实施的积极性。

五、结语

大城市连绵区是城镇化发达地区的一种趋势和结果，是国家进入城镇化高级阶段后出现的一种地域特征，它将进一步促进社会经济和科学文化的提高，在国家社会经济发展中发挥着不可替代的重要作用。在经济全球化不断深化的今天，大城市连绵区已经和将继续成为国家参与全球分工与竞争、体现国家核心利益的重要载体。对于我国这样一个正处于工业化和城镇化快速推进阶段的发展中大国，大城市连绵区必须在提升我国综合国力、带动全国的城镇化、引导国家实现可持续发展方面发挥战略性的作用。然而，大城市连绵区在发展过程中也极易出现一系列负面问题，给社会、生态、环境、资源和文化等带来很大的影响和冲击，如果引导和处置不当，还有可能带来非常严重的经济和社会危机，需要引起我们高度的重视。因此，需要我们在深入认识大城市连绵区发展规律的基础上，通过法律、政策、规划、建设等形成合力，不断地推动其持续、稳定、健康的发展。

参考文献

[1] 柴彦威，史育龙．日本东海道大都市带的形成、特征及其研究动态 [J]．国外城市规划，1997 (2)：16—22.

[2] 崔功豪等．区域分析与规划 [M]．北京：高等教育出版社，1999.

[3] 盖文启．我国沿海城市群可持续发展问题探析 [J]．地理科学，2000，20 (3)：274—228.

[4] 顾朝林．经济全球化与中国城市发展 [M]．北京：商务印书馆，1999.

[5] 广东省建委等．珠江三角洲经济区城市群规划——协调与发展 [M]．北京：中国建筑工业出版社，1999.

[6] 国家发改委．长江三角洲综合研究报告（初稿）.

[7] 住房和城乡建设部．长江三角洲城镇群规划（讨论稿）.

[8] 南京大学城市与区域规划系长江三角洲城镇群规划组．国内外城镇密集地区比较研究（讨论稿）.

[9] 史育龙，周一星．关于大都市带（都市连绵区）研究的论争及近今进展述评 [J]．国外城市规划，1997 (2)：2—11.

[10] 吴良镛．人居环境科学导论 [M]．北京：中国建筑工业出版社，2001.

[11] 中国城市规划设计研究院．海峡西岸城镇群协调发展规划总报告，2007.

[12] 南京大学城市与区域规划系长江三角洲城镇群规划组．国内外城镇密集地区比较研

究（讨论稿）.

[13] 于达维. 海洋荒漠 [J]. 财经，2008 (9).

（综合报告撰写成员：邹德慈，中国城市规划学会副理事长，教授，中国工程院院士，课题负责人；王凯，中国城市规划设计研究院，副总规划师，教授级高级城市规划师，课题执行负责人；陈明，中国城市规划设计研究院，高级城市规划师；李浩，重庆大学建筑城规学院，博士，讲师）

2008年城乡规划督察员制度进展

一、引言

(一) 建立城乡规划督察员制度的背景

1. 城乡规划实施存在的问题

目前，我国正经历工业化、城镇化快速发展的历史阶段，各地投入大量资金和人力进行城乡规划编制，我国城乡规划体系日趋健全，城乡规划覆盖率迅速提高，城乡面貌发生显著变化。然而，一些地方仍存在重规划编制轻规划实施的现象，违反法定规划进行建设的现象时有发生：一些城市不顾资源和环境条件，盲目扩大城市规模，导致城乡建设无序蔓延，土地利用效率低下；一些城市不按法定程序随意调整规划，违反法定规划擅自批准开工建设，使得城乡规划严肃性、权威性受到挑战；一些历史文化名城或风景名胜保护区为追求经济利益，重开发、轻保护，致使城市历史风貌遭到破坏，自然生态和景观资源迅速退化和消失；一些城市变更规划、大拆大建，粗放的城镇化模式导致资源耗竭、环境污染，人与自然矛盾日益突出。

上述问题既影响了城乡建设的健康发展，又损害了党和政府在人民群众中的威信，同时也暴露出现行规划监管体制存在着薄弱环节，一是缺乏层级监督手段，规划执行和规划监督同体；二是缺乏事前事中监督机制，未能从预防角度实施监管。为强化城乡规划的综合调控作用，避免和解决城镇化过程中将会出现或已经出现的一系列问题，促进城镇化健康发展，需要进行规划监督体制机制创新，建立一种快速反应、及时处置的监督机制。

2. 国内外规划督察制度发展现状

20世纪初，西方在工业化和城镇化过程中，出现过城市无序蔓延、资源浪费严重等问题。法国、英国、德国、意大利、西班牙等国家都有国家规划师或国家规划督察员对城市的规划进行技术把关，将事前的监督和事中的监督结合起来，有效保护古建筑、历史街区、风景名胜资源这些不可再生的脆弱资源。各国城乡规划督察制度随着经济社会的发展不断完善，英国虽然已经到了城镇化即将结束的时期，但还保留了400多名规划督察员；法国则由中央政府派出国家规划师和国家建筑师到几个大省，设立监督员办公室就地对城乡规划进行监督检查。西方发达国家的规划督察员是解决城市发展建设过程中各种冲突和矛盾的一种主要的、公正的和专业的力量。

20世纪90年代以来，原建设部开始探索建立规划督察员制度，四川、贵州、重庆等省市相继开展规划督察员制度试点工作。2003年四川省发布了《四川省派驻城市规划督察员试行办法》，并于2004年1月向成都、德阳等5个试点城市派出督察员；同年，成都市政府颁布《成都市派驻城乡规划督察员试行办法》，至2005年6月四川省派驻督察员的范围已覆盖到全省18个地级以上城市；贵州省规划委员会于2004年向六盘水市等地区派驻了城乡规划督察员；重庆市开展了以巡查为主的规划督察工作，成效明显。通过试点工作，初步探索了具体有效的工作方法，为全面推进派驻城乡规划督察员制度积累了宝贵经验。

（二）建立城乡规划督察员制度的依据

党中央、国务院高度重视城乡规划和规划实施的督察工作，胡锦涛总书记于2005年9月29日在中共中央政治局第25次集体学习《国外城市化发展模式和中国特色的城镇化道路》时的讲话中强调："要加强城乡规划工作，搞好规划的实施监督，维护规划的权威性、严肃性。"温家宝总理在几年前召开的全国规划工作会议上强调："切实加强规划实施管理。经批准的城乡规划具有法律效力，任何建设活动必须遵守。"新颁布的《城乡规划法》对加强规划监督检查也提出了明确要求。

1. 法律依据

《中华人民共和国城乡规划法》、《历史文化名城名镇名村保护条例》、《风景名胜区条例》等一系列法律法规中，均有明确条文规定要加强对城乡规划建设的监督检查。《中华人民共和国城乡规划法》第五十一条规定："县级以上人民政府及其城乡规划主管部门应当加强对城乡规划编制、审批、实施、修改的监督检查"；《历史文化名城名镇名村保护条例》第五条规定国务院建设主管部门会同国务院文物主管部门负责全国历史文化名城、名镇、名村的保护和监督管理工作；《风景名胜区条例》第五条规定："国务院建设主管部门负责全国风景名胜区的监督管理工作"。

2. 文件依据

2002年5月，国务院发出《国务院关于加强城乡规划监督管理的通知》（国发［2002］13号），通知中明确提出，建设部要对国务院审批的城市总体规划、国家重点风景名胜区总体规划的实施情况进行经常性的监督检查。同年8月，建设部等九部委联合下发《关于贯彻落实〈国务院关于加强城乡规划监督管理的通知〉的通知》（建规［2002］204号），提出要建立健全规划实施的监督机制。

2006年2月，国务院办公厅转发了《国务院办公厅转发建设部关于加强城市总体规划工作意见的通知》（国办发［2006］12号），提出要全面推广规划督察员制度，对规划实施工作进行监督，及时发现、制止和查处违法违规行为。

二、城乡规划督察员制度设计

2006年9月，建设部在广泛调研的基础上，正式启动建设部派驻城乡规划督察员制度试点工作。城乡规划督察员制度是一项新的监督制度，其核心内容是依据国家有关城乡规划的法律、法规、部门规章和相关政策，以及经过批准的规划、国家强制性标准，重点对国务院审批的城市总体规划、国家级风景名胜区总体规划和国务院批准的历史文化名城保护规划的执行情况进行实时监督，及时发现、制止和纠正事前和事中的违法违规行为，减少事后处理所造成的巨大损失，保证城乡规划的有效实施。建立城乡规划督察员制度旨在加强中央对地方城乡规划建设从编制到实施的监督检查，建立起快速反应和及时处置的监督机制，具有层级监督、实时监督、专家监督三大优势，是我国现行规划行政监督体制的创新，有利于维护城乡规划的严肃性、权威性。

（一）城乡规划督察员工作职责

城乡规划督察员主要对以下几个方面进行督察：

（1）城市总体规划、国家级风景名胜区总体规划和历史文化名城保护规划的编制、报批和调整是否符合法定权限和程序；

（2）城市总体规划的编制是否符合省域城镇体系规划的要求，是否落实省域城镇体系规划对有关城市发展和控制的要求；

（3）近期建设规划、详细规划等的编制、审批和实施，是否符合城市总体规划强制性内容、国家级风景名胜区总体规划和历史文化名城保护规划；

（4）重点建设项目和公共财政投资项目的行政许可，是否符合法定程序、城市总体规划强制性内容、国家级风景名胜区总体规划和历史文化名城保护规划；

（5）《城市规划编制办法》、《城市绿线管理办法》、《城市紫线管理办法》、《城市黄线管理办法》、《城市蓝线管理办法》的执行情况；

（6）国家级风景名胜区总体规划和历史文化名城保护规划的执行情况；

（7）其他影响城市总体规划、国家级风景名胜区总体规划和历史文化名城保护规划实施的重大问题。

（二）城乡规划督察员工作方式

规划督察员主要通过列席城市人民政府及其部门召开的涉及督察事项的会

议、调阅或复制涉及督察事项的文件和资料、听取有关单位和人员对督察事项问题的说明、踏勘涉及督察事项的现场等方式了解情况和开展工作，通过巡察督察范围内的国家级风景名胜区和历史文化名城，监督其保护情况，也可利用当地城乡规划主管部门的信息系统搜集督察信息。另外，涉及城乡规划问题的群众举报也是督察员了解地方规划工作的途径之一。以上各种工作方式相结合，使得督察员可以实时掌握地方城乡规划执行的实际情况，特别是各项规划强制性指标的落实情况，一旦发现违法违规苗头可立刻予以制止。此外，住房和城乡建设部正在探索利用卫星遥感技术辅助城乡规划督察员开展督察工作，希望借助技术手段获取更多督察信息。

（三）城乡规划督察员工作原则

督察工作以小组为单位开展，若干督察员为一组，设组长一名，每组负责若干城市的督察工作。规划督察员在督察工作中应遵守以事实为依据、以法律法规及法定规划为准绳的工作原则，不干预、不妨碍、不替代当地政府及其规划主管部门正常的行政管理工作。

（四）城乡规划督察员工作程序

城乡规划督察员发现涉及督察事项的违规行为或影响规划实施的问题后，将及时向所在督察组报告。对情节较轻的违法违规行为或对规划实施影响较小的问题，由督察组向相关城市政府发出《督察建议书》；对情节较重的违法违规行为或对规划实施影响较大的问题，督察组集体研究起草《督察意见书》并报部稽查办，经部稽查办商相关司局并报部领导批准后，由督察组组长向相关城市政府发出。

城市政府在收到《督察意见书》之后，对其中所提出的问题应限期向督察组以及住房和城乡建设部反馈整改意见。督察组根据反馈意见，对违法违规行为的纠正情况进行跟踪督办，并及时向部稽查办报告。督察组如发现被督察对象未按照《督察意见书》要求纠正违法违规行为，应及时向部稽查办报告，由住房和城乡建设部依照有关法律法规进行处理。

三、城乡规划督察工作进展

（一）派驻城乡规划督察员情况

根据城乡规划督察工作层级监督、实时监督、专家监督的特点，住房和城乡建设部选聘了一批具有规划专业背景和行政领导经验的同志，通过异地派驻开展督察工作。在充分尊重地方事权、不影响正常的规划编制、报批和行政管理情况下，采用与城市政府进行沟通、列席当地政府相关会议、定期对规划审批情况进行抽查等旁站式监督方式开展工作。2006年9月，住房和城乡建设部向南京、杭州、郑州、西安、昆明、桂林6个城市派驻第一批共9名规划督察员，进行试点工作，取得了初步经验。2007年9月，住房和城乡建设部向南京、杭州、郑州、西安、昆明、桂林、石家庄、太原、沈阳、大连、西宁、兰州、武汉、长沙、贵阳、南宁、福州、厦门18个城市派驻第二批共27名规划督察员，进一步探索工作经验，取得了明显的成效。2008年9月，住房和城乡建设部在前两批试点工作基础上，又向呼和浩特、哈尔滨、长春、济南、苏州、合肥、宁波、南昌、广州、深圳等16个城市派驻规划督察员，使派驻城市增加到34个，督察员人数增加到51名，实现了对全国所有省会城市、副省级城市及计划单列市的全覆盖。

目前的51名规划督察员是从全国各地的候选人中经过严格的遴选程序选出的，他们中有国家注册城市规划师24名、正高级以上技术职称的12名，曾任厅局级职务的14名、处级职务的24名，省市规划院领导职务的9名，是一支规划技术过硬、管理经验丰富的优秀队伍。

（二）工作开展情况

1. 与地方政府建立畅通的沟通渠道

规划督察员进驻各派驻城市后，积极主动地与城市政府进行沟通，寓监督于服务之中，依靠地方政府开展规划督察工作，在实践中积极探索城乡规划督察工作程序、工作方法。各城市规划督察组分别根据实际情况拟定了内部工作制度，规范小组内部的工作程序和行为，摸索有效的工作机制。一是建立会议制度。当地规划局每周将相关会议日程表送城乡规划督察组，供规划督察组根据督察职能和事项确定列席的会议。兰州、西宁组努力拓展信息渠道，积极参加地方政府主持召开的各类城乡规划会议，如市规委工作会议、规划局业务工作会议、重大项目论证会等，全面了解城市规划动向、重大项目的处置意见和规划管理难点；南京、杭州组与南京市规划局建立了列席城市规划重要会议明细制度，南京市规划局每周一将本周涉及城市规划内容的重要会议日程表送城市规划督察员组，供城市规划督察员组根据督察职能和事项确定列席的会议。二是建立沟通制度。与被督察城市的市政府、规划局、市人大、政协及市信访局等单位建立互通信息、密切配合的工作关系。福州、厦门组坚持每季度和市政府及规划主管部门领导会谈，就工作中的重大问题交换意见；贵阳、昆明组将重点工作情况用简报的形式发送给市政府主要领导和有关部门；南宁、桂林组用发建议信的方式同当地政府沟通情况、澄清疑点；济南、青岛组探索建立规范化、常态化的规划督察体系，使总体规划与各项专业规划编制能有机衔接，执行中能主动相互支持配合，与规划局、园林组、文物局、执法局等相关部门、单位座谈沟通，征求对如何搞好规划督察的意见和建议，取得很好效果。三是建立抽查制度。定期对建设工程“一书两证”的发放情况进行抽查，避免规划违规自由裁量的发生。四是建立信息采集制度。如广州、深圳组定期收集媒体有关规划大政方针和相关规划信息的报道，及时掌握当地规划动态和违规苗头。

2. 切实履行规划督察职责

各规划督察组按照“到位不越位，监督不包办”的原则，重点督察以下几方面的内容：察权限（城市总体规划等的编制和调整是否符合法定权限），察程序（城市总体规划等的编制和调整是否严格按规定的程序），察选址（重点建设项目的规划许可是否符合法定程序），察保护（“四线”和城市总体规划强制性内容的划定和执行情况、国家历史文化名称保护规划的编制和执行情况），察热点（群众举报和投诉城乡规划等重大问题的处理情况），及时发现违规苗头，发出督察建议书和意见书，给地方政府提醒，防患于未然。督察组还认真听取群众的意见和建议，做好与有关部门的反馈和沟通。如福州、厦门督察组一年来，共接待群众来信来访120多人次，开展专题调查14次。发出督察建议书1份，撰写督察报告8份，调查报告4份。驻福州市督察员完成了三坊七巷历史街区保护修复情况、福州市火车站站东路改建等问题的专项调查。驻厦门市督察员完成了海仓保税港区、鼓浪屿一万石山风景名胜区内违章建设、经济开发区用地审批和使用情况等的专题调查。通过认真细致的实地调查，督察员了解了实际情况，有针对性地做好了上访群众的工作，及时准确地向政府和有关部门反映情况和提出建议，使问题得到了较好的解决，得到了市政府领导和群众的好评。

3. 积极完成各级领导交办的任务

督察员派驻各城市，可以及时发现问题，了解情况，掌握第一手资料，能够及时地完成部里交办的各项任务。驻南京市督察员在到任的当天，即按部长批示对群众举报南京颐和路民国公馆区大规模拆迁中存在的违规问题进行了及时核查，澄清了有关问题；驻郑州督察员按部领导要求，在国务院对郑州市违法征收占用土地建设龙子湖高校园区事件的处理决定公布后，及时报告反馈信息；派往杭州的督察员按部领导要求及时对西湖第一高楼爆破拆除情况进行调查；驻贵阳市督察员根据部领导批示，对贵阳市“福海生态园”开发项目违规建设情况进行了深入调查；驻昆明督察员根据部里安排，对新华社内参反映的昆明堵路事件开展先期调查及后续跟踪调查，及时向联合调查组提出了调查报告；驻苏州督察员按领导要求对违反历史文化名城保护规划拆除平江历史街区成片传统民居案件进行调查；驻沈阳督察员根据稽查办领导批示，对群众举报反映市规划局在没有控制性详细规划的情况下，就对大东区吉祥路、合作街等五块土地提出规划条件，出让土地的问题进行调查，核实情况后向市政府发出督察建议书督促整改。

4. 探索加强城市规划监管的思路

各规划督察组除认真完成好规划督察任务外，也对规划编制实施中的重大共性问题积极开展研究，帮助地方政府做好规划的实施工作，为建立适合我国实际情况的规划监督管理体系提供思路。如部驻西宁市规划督察员田继林同志通过调查研究，写出了万余字的《从城乡规划的角度重新认识西宁的战略地位》的调查报告，此报告得到了青海省有关领导的重视，省委书记强卫阅后作了较详尽的批示。南京、杭州组针对钟山风景名胜区内已经形成的与总体规划不协调的设施和建筑，探讨邻近城市风景名胜区建设管理问题。郑州、西安组围绕“城中村”规划管理政策和法律问题、国家级风景名胜区管理机构设置及权限管理问题、强势单位规划管理的问题进行研究、思考。昆明、桂林组针对用概念性规划代替总体规划以及近期建设规划与总体规划脱节的现象，研究思考如何完善总规修编程序问题。各规划督察组还针对被督察城市热点难点问题撰写了专题报告，提出建议、对策。如武汉、长沙组针对长沙市大河西先导区战略规划范围超出城市总体规划范围提出解决建议，海口组针对项目审批中出现的调整容积率的问题进行调查和分析研究，目前就公建项目容积率调整程序进行了明确。两年多来，各规划督察组针对被督察城市热点难点问题撰写了专题报告，提出建议、对策，共形成专题研究报告40余份。

（三）工作取得的成效

派驻城乡规划督察员工作实施两年多来，运作良好，事实充分表明，建立城乡规划督察员制度符合我国城乡规划监督管埋的实际，适应我国快速城镇化发展阶段的需要，具有较强的可操作性，主要取得了如下成效。

1. 一批违法违规问题被及时纠正在事前事中

自2006年9月以来，督察员共发出督察建议书、意见书40余份，调研报告及简报共100余份，约见规划主管部门领导百余次，大部分问题已经引起高度重视，并开始重新研究，有的得到了及时制止。有效避免了因违反规划造成不可挽回的损失和资金浪费。如驻郑州督察员发现并纠正了某建设项目未履行规划行政许可手续，强行占压规划道路红线和高压走廊问题，维护了公众利益；驻杭州督察员发现并纠正某建设项目设计超过西湖近湖地区控制限高的问题，由此控制了另外8起超高建筑的申请，保护了西湖景观；驻南京督察员发现某建设单位违规占压蓝线开发房地产危及防汛安全，即向南京市人民政府发出了督察建议，市政府拆除了违法建设，预防了危害人民生命财产安全重大事件的发生。驻西安督察员发现某强势单位擅自在国家重点文物保护单位清真大寺保护范围内进行建设，立即督促市政府在项目初始阶段予以制止，既维护了规划的严肃性、权威性，又避免了群体性上访事件发生。驻桂林督察员发现某开发商拟通过调整其项目处在桂林漓江风景名胜区保护范围内地块的控制性详细规划，增加二类用地面积和容积率等指标进行房地产开发，而如果进行开发建设必将破坏景区景观资源，督察员及时发出督察建议书给予提醒，使违规苗头在事前得以制止。驻长沙督察员发现某建设项目设计严重突破湘江沿岸控高规定，一旦建成，将对湘江风光带、岳麓山风景名胜区造成较大损害，立即与分管市长协商暂停建设。目前，该项目已按督察员要求重新论证。由于督察员及时制止了违法违规苗头，维护了公共利益，受到了各地干部和群众的好评。

2. 规划主管部门依法行政的执行力普遍提高，地方规划管理体制进一步理顺

规划督察员在及时发现和制止各类违规行为的同时，着力推动地方规划管理的制度化和规范化，督促地方对城市规划管理体制上存在的规划管理权限分散、缺乏有效的统一管理问题进行整改，建立健全规划实施的长效管理体制。通过实践，地方规划主管部门认识到城乡规划督察员制度能够进一步提高依法行政水平。如杭州、福州、西安、贵阳市在督察员的帮助下，统一了市级规划管理权，收回了规划执法权，理顺了规划管理体制。在督察员的建议下，各派驻城市进一步严格规划审批程序，规划管理工作日趋规范。如某市建规委借督察员的力量顶住上级部门的压力，纠正了某外商在国家级风景名胜区保护范围内建别墅的违规行为，保护了风景区的自然景观。驻昆明督察员帮助地方政府建立与驻地部队的良好沟通机制，当地驻军表示军队建设也要服从地方政府的统一规划管理，此举得到了总部机关的充分肯定。福州市强化“四线”和规划强制性条款的严格实施，落实对不可再生资源的保护。

3. 地方规划管理部门规划管理水平明显提高

一是加强规划编制的力度和进度，进一步提高规划编制的质量和水平，保证城市规划指导作用。督察员进驻后，发现一些城市的总体规划、近期建设规划、控制性详细规划等编制比较缓慢甚至滞后，规划引导和调控作用未能充分发挥，城市建设有时处于无序状态，督察组把这一问题作为督察工作的重要任务，通过和市政府及规划局领导沟通等方式，使总规和控规编制工作取得很大进展。如福州、南京、厦门、太原、桂林、乌鲁木齐等城市，根据督察组建议编制完善近期建设规划指导近期建设；昆明、贵阳、石家庄、福州、郑州、西安、南宁等城市根据督察组建议，加大总规修编和控规编制力度，使规划编制明显加快并取得了阶段性成果，逐步实现控规全覆盖。

二是进一步严格行政审批制度、项目审批程序。在驻成都规划督察员的建议下，成都市规划局发出了《成都市建设项目并联审批规划节点协调会议事规则》，驻某市规划督察员针对该市先后三任规划局长落马的情况，指出规划编制和编制

过程主观随意性成分较大，规划行政审批周期长、成本高、效率低，易诱发腐败问题，主动促成规划局赴其他城市学习先进规划管理模式，逐步完善规划审批的管理机制。驻海口市规划督察员积极推动规划局规划管理科学民主决策，增强规划管理和审批的透明度，推行“阳光规划”，制定了《海口市城市规划公示制度暂行办法》，实现了办事依据、办事程序、办事人员、办事时限、收费标准、监督投诉渠道“六公开”。长沙市规划局在督察员的推动下探索行政许可流程改革，审批总时限比原来缩减57天，规划审批效率提高30%，同时建立规划编制、审批和修改相分离、相互监管的工作体制。

4. 地方政府对规划权威性、严肃性的认识显著增强

城乡规划作为城市政府的重要公共政策之一，事关民生，事关发展大局，具有整体性、战略性和严肃性。城市能否建设好，能否体现城市的特点和魅力，能否满足城市经济社会发展和人民群众生活的需要，首先是要把规划做好。因此城乡规划越来越受到各级领导的关注。但在一些地方，存在违反经批准的城市规划任意扩大城市规模，擅自违反规划审批程序批准建设和变更用地性质的现象，规划的严肃性和权威性受到损害。通过开展规划督察工作，派驻城市领导普遍意识到执行好城市总体规划的重要性，他们对规划督察工作高度重视，给予了积极支持和配合。一是各派驻城市领导积极约见规划督察员。如昆明、济南、厦门、合肥、武汉、西安等城市主要领导多次约见督察员，积极听取督察员对规划工作的意见建议，表示要全力支持督察员工作。二是各派驻城市主要领导纷纷批示强调要全力支持督察员开展工作。如杭州、南昌等城市政府和市委主要领导表示要自觉树立规划的权威，做到“动土必有规划”，绝不搞一任领导一张规划，要在法定规划期限内做到“一张蓝图管到底，一届接着一届干”。三是一些城市专门发文明确了配合部派规划督察员工作的具体办法。如兰州市人民政府制定《兰州市人民政府办公厅关于健全落实驻兰规划督察员工作制度的通知》（兰政办发［2009］35号），发送市属各县、区人民政府及市政府有关部门；成都市规划管理局按照市政府要求，研究出台了《关于进一步配合好建设部派驻成都督察员工作的通知》（成规办［2009］27号）等。

同时，社会各界也都意识到在完善城乡规划管理体制的同时，建立一个包括人大监督、群众监督和上级派出督察员进行层级监督的体制具有必要性和可行性。《楚天都市报》、《武汉晚报》、《扬子晚报》、《春城晚报》等各地媒体刊载了城乡规划督察员工作的相关文章；一些专家、学者和市民主动提供督察信息线索，为加强城市规划监督管理献计献策。

实践证明，城乡规划督察制度是城镇化快速发展时期，落实科学发展观的重要举措，具有较强的可操作性，能够对维护城乡规划严肃性、权威性发挥重要作用。

四、城乡规划督察员制度展望

目前，城乡规划督察制度的覆盖范围还需要进一步扩展，还有52个国务院审批城市总体规划的城市未派驻督察员，12个省（自治区）尚未建立省级城乡规划督察员制度。与英法等国相比，我国的城乡规划督察制度尚属初创阶段，规划管理纳入法制化轨道任重道远，各地接受这项制度尚需一个过程，城乡规划督察制度需要在实践中不断完善。今后，住房和城乡建设部将进一步加大工作力度，完善工作机制，从以下几个方面加强规划督察制度建设。

（一）进一步扩大派驻规划督察员工作范围

根据全国建设工作会议上提出的“用两到三年时间，部派规划督察员派驻到国务院审批城市总体规划的所有城市”要求，部稽查办制定了完备的工作方案，2009年拟新增17个城市作为派驻城市，加上前三批34个城市，总计达到51个城市，实现对国务院审批城市总体规划的历史文化名城全覆盖的阶段目标。

（二）强化规划督察员队伍建设

随着派驻城市的增多和督察员队伍的壮大，亟须加强规划督察员日常管理，定期开展工作交流，进行思想教育、业务培训，加快建设一支坚持原则、精通业务、敢于碰硬的督察员队伍。其中，督察员行使监督检查的职责，自身的廉洁自律十分重要，部稽查办将在已制定的《建设部城乡规划督察员（组）试点工作暂行规程》（建稽［2007］80号）、《住房和城乡建设部城乡规划督察员（组）管理暂行办法》（建稽［2008］92号）的基础上，进一步制定督察员相关廉政规定，形成完整的督察员工作和管理制度框架，保证规划督察工作的健康发展。

（三）进一步提升督察工作的效能

目前规划督察员主要通过列席地方政府涉及规划事项的各类会议，查阅规划文本、图例、审批文件，接受投诉、踏勘现场、约谈知情人等方式获取工作线索与信息；通过约谈相关负责人口头提示，发出督察建议书、督察意见书进行警示和制止。这样的工作方式基本上抓住了规划执行中的主要环节，具有一定的效力，但是在很多细节方面还有待进一步完善。如平均每个城市只有1～2名督察员，在精力有限的情况下难免会有疏漏。可以考虑适当邀请当地人大代表和政协委员、专家学者担任规划监督志愿者，同时辅以卫星遥感动态监测等高科技手段，实现对城市规划执行情况的全方位实时监督。

（四）加快推动省派规划督察员制度的建立，逐步形成覆盖全国的城乡规划层级监督体系

住房和城乡建设部将根据 2009 年全国建设工作会议上提出的“用两到三年时间，省级规划督察员派驻到所有地级以上城市”的目标，进一步加强对省级规划督察员工作的指导，推动省派城乡规划督察员制度的建立，推进省派城乡规划督察工作纳入规范化轨道，并探索部派和省派规划督察员工作联动机制，有分工、有重点地开展规划督察工作，形成覆盖全国的城乡规划实施层级监督体系。

（五）研究制定城乡规划督察工作规范性文件

住房和城乡建设部稽查办正在联合相关单位就城乡规划督察工作法律基础开展课题研究，进一步明确城乡督察员制度在我国法律体系中的地位，阐明城乡规划督察员制度在确保科学发展、促进社会稳定方面的重要意义，在此基础上起草《关于建立和完善城乡规划督察员制度的指导意见》，为最终建立常态化的城乡规划督察员制度提供政策和法律保障。

（撰稿人：谢晓帆，住房和城乡建设部稽查办公室副主任）

2008年城乡规划标准规范研究[1]

一、国内专业技术标准现状

按照原有《城市规划法》和《村庄和集镇规划建设管理条例》，我国城乡规划的标准体系一直分为城市规划和村镇规划两个类别进行制定，其管理工作也是在住房和城乡建设部领导下分设为城市规划标准技术归口单位和村镇建设标准技术归口单位。

目前，正在执行的《城乡规划技术标准体系》共包括城乡规划技术标准60项。其中基础标准6项，通用标准17项，专用标准37项。

（一）城市规划

改革开放以来，我国城市规划专业技术标准有了很大进展。改革开放前，我国没有城市规划专业的技术标准；改革开放后，1987年开始编制《城市用地分类与规划建设用地标准》和《城市居住区规划设计规范》两项技术标准，1991年编制出《城市规划标准规范体系》，这是我国第一次形成系统的城市规划技术标准体系。因此，可以说现行标准体系共经历了三个阶段的发展过程，分别是1990年以前的起步阶段，1991～2001年的体系形成阶段以及2002～2007年的体系完善阶段。

通过20年的实践，我国已颁布的技术标准在城市规划的编制和管理过程中发挥了很好的作用，特别是《城市用地分类与规划建设用地标准》和《城市居住区规划设计规范》。它们不仅对节约城市用地，保证城市健康发展起到了重要的指导作用，而且成为居民保护自身良好居住环境的重要技术依据，并且常被司法机关作为裁定案件的依据之一。

目前，几个主要方面的技术标准编制情况如下：

城市规划专业：已经颁布实施的标准规范包括《城市规划基本术语标准》、《城市规划制图标准》、《城市用地分类与规划建设用地标准》、《城市用地分类代

---

[1] 住房和城乡建设部科研课题“城乡规划标准体系研究”的研究成果。参加本项研究的有王静霞、石楠、张菁、靳东晓、王凯、鹿勤、万裴、李新阳、刘剑、关丹等。

码》、《城市居住区规划设计规范》、《城镇老年人设施规划规范》和《城市公共设施规划规范》等7项，在编的标准规范包括《城市基础资料搜集规程》、《城市人口规模预测规程》和《城市绿地规划规范》等3项。

历史文化名城保护专业：已经颁布实施《历史文化名城保护规划规范》。

工程规划专业：已颁布的包括《城市给水工程规划规范》、《城市排水工程规划规范》、《城市电力规划规范》、《城市工程管线综合规划规范》、《城市用地竖向规划规范》和《城市环卫设施规划规范》等6项，在编的标准规范包括《城市水系规划规范》、《城市消防规划规范》、《城市防洪规划规范》、《城市防地质灾害规划规范》、《城市地下空间规划规范》、《城市通信工程规划规范》、《城市照明规划规范》、《城市环境保护规划规范》、《城市供热工程规划规范》、《城市燃气工程规划规范》和《城乡用地评定标准》等11项。

交通规划专业：近年发展较快，多元化的各类交通规划内容不断发展，因而显示出技术标准十分欠缺。目前，仅有的1995年颁布的《城市道路交通规划设计规范》已显得不敷应用，现正准备对此项规范进行修订。交通规划在编的标准规范包括《城市道路交叉口规划规范》、《城市对外交通规划规范》、《城市轨道交通线网规划编制标准》、《建设项目交通影响评估技术标准》和《城市停车设施规划规范》等5项。

与此同时，一些规划设计单位也编制了若干内部的专用技术标准，也有些地方政府编制了地方的技术标准，这些对丰富城市规划技术标准起到了积累经验的作用。

（二）村镇规划

20世纪70年代，随着我国农业的发展，农村居民的生活不断改善，出现了改革开放以来的农村建房热潮。为引导、规范农村建设行为，1979年，第一次全国农房建设工作会议提出了编制村镇规划的要求，从此，我国开始了农房建设、村镇规划建设等一系列工作。并且，从建立法律、法规、规章制度到制定技术标准，都有很大的发展。

2003年版制定的《工程建设标准体系》（城乡规划、城镇建设、房屋建筑部分）对村镇规划建设部分的标准进行了补充和完善，新提出的各项村镇规划建设标准分布于城乡规划、城镇建设、房屋建筑等三个部分，如表1所示。这个标准体系为村镇规划建设标准的编制起到了很好的指导作用，为标准编制工作的有序开展提供了有力的保障，进而提高了我国村镇规划建设过程的科学性与合理性。

2003 年版《工程建设标准体系》（城乡规划、城镇建设、房屋建筑部分）中村镇规划建设标准内容 **表 1**

专业名称		标准类型	体系编码	标准名称
城乡规划		［1］1.1 基础标准	［1］1.1.1.1	城乡规划术语标准
			［1］1.1.2.1	城乡规划制图标准
			［1］1.1.3.4	村镇规划基础资料搜集规程
		［1］1.2 通用标准	［1］1.2.2.1	村镇规划标准
			［1］1.2.2.2	村镇体系规划规范
			［1］1.2.2.3	村镇用地评定标准
		［1］1.3 专用标准	［1］1.3.2.1	村镇居住用地规划规范
			［1］1.3.2.2	村镇生产与仓储用地规划规范
			［1］1.3.2.3	村镇公共建筑用地规划规范
			［1］1.3.2.4	村镇绿地规划规范
			［1］1.3.2.5	村镇环境保护规划规范
			［1］1.3.2.6	村镇道路交通规划规范
			［1］1.3.2.7	村镇公用工程规划规范
			［1］1.3.2.8	村镇防灾规划规范
城镇建设	城乡工程勘察测量	包含村镇方面内容		
	城镇公共交通	无		
	城镇道路桥梁	无		
	城镇给水排水	［2］4.3 专用标准	［2］4.3.1.10	村镇给水工程技术规程
			［2］4.3.1.21	村镇排水工程技术规程
	城镇燃气	无		
	城镇供热	无		
	城镇市容环境卫生	无		
	风景园林	［2］8.1 基础标准	［2］8.1.2.3	村镇绿地分类与规划标准
	城镇与工程防灾	［2］9.3 专用标准	［2］9.3.2.16	村镇建筑抗震技术规程
房屋建筑	建筑设计	［3］1.3 专用标准	［3］1.3.1.11	住宅建筑设计规范中增加村镇住宅部分
			［3］1.3.1.12	村镇文化中心建筑设计规范
		专用标准		乡镇集贸市场规划设计标准
	建筑地基基础	无		
	建筑结构	无		
	建筑施工质量与安全	无		
	建筑维护加固与房地产	无		
	建筑室内环境	无		
信息技术	无			

二、新的标准体系制定情况

2008年1月1日实施的《中华人民共和国城乡规划法》，对统筹城乡空间布局提出了明确要求，特别强调了编制城乡规划必须遵守国家有关标准。国家对城乡统筹发展、节约集约利用土地资源、保护自然资源和历史文化遗产、防灾减灾、维护公共安全、新农村的建设和发展都提出了相关要求。为了有效地指导城乡规划编制工作，理顺现存城乡规划技术标准的关系，确定技术标准在城乡规划中涵盖的范围，合理划分城乡技术标准的层次，界定城乡技术标准的类型，研究具体标准的设置，急需综合研究新形势下的城乡规划技术标准编制问题。再者，《城乡规划法》第二十四条规定，“编制城乡规划必须遵守国家有关标准”。同时，第六十二条明确规定，城乡规划编制单位“违反国家有关标准编制城乡规划”的，有可能面临责令限期改正、停业整顿、降低资质等级乃至吊销资质证书的处罚，并且在经济上课以1～2被规划编制费的罚款，若造成损失，还须依法承担赔偿责任。法律如此严厉的规定在以往是没有的，极大地强化了国家标准在城乡规划编制过程中的强制作用。

因此，2008年2月，建设部城乡规划司组织中国城市规划设计研究院、中国建筑设计研究院共同承担《城乡规划技术标准体系研究》课题，该课题对标准体系的研究，对于加快技术标准的制定、依法进行城乡规划管理、提高城乡规划编制工作水平具有重要的意义。

本次研究通过对我国现有的与城乡规划有关的标准项目的分析研究和对现行的城市规划和村镇规划标准体系实践经验的回顾与总结，梳理我国城乡规划技术标准体系的内容。并按照《城乡规划法》提出的有关要求，强调建立符合中国国情的我国城乡规划技术标准体系框架。

（一）现行标准体系存在的问题

必须肯定，现行的城乡规划技术标准体系是我国城乡规划体系的重要组成部分，得到了国家政策法规的充分肯定，对于提高城乡规划的科学性发挥了极其重要的作用，已有的国家标准已经成为规划设计人员日常工作中不可或缺的技术工具，不少国家标准为社会各界所熟知和运用，这对于加强全社会的规划意识显然是非常重要的。

同时也毋庸讳言，与时代的要求相比，现行标准体系也存在一些不适应的地方，必须进行适当的修订。

1. 与《城乡规划法》要求的差距较大

新颁布的《城乡规划法》对城乡规划提出了新的要求，主要体现在：

一是要落实科学发展观，统筹城乡协调发展，建立统一的城乡规划体系。合理把握城镇化进度，贯彻“工业反哺农业，城市支持农村”和城乡统筹的方针，并在空间资源的配置、发展目标的协调、城镇基础设施向乡村延伸等方面发挥城市对乡村的辐射带动作用，通过立法，打破传统的城乡二元结构发展模式，建立统一的城乡规划体系。

二是要提高城乡规划制定的科学性，保障规划实施的严肃性。要把全面建设小康社会的目标和落实科学发展观、构建社会主义和谐社会以及社会主义新农村建设等要求作为城乡规划建设的指导思想；按照“政府组织、专家领衔、部门合作、公众参与、科学决策”的要求，改进规划编制工作方式，提高规划编制的质量与水平；要健全规划决策机制，完善决策程序，加强规划的审查和审批；要加强对城乡规划的行业管理和建设，严格管理规划编制机构，实行注册规划师制度，规范规划编制单位和人员的行为；加大公众参与城乡规划的力度，进一步加强和完善地方人民代表大会及其常务委员会对规划编制、实施的监督，保障城乡规划的全面、有效实施。

三是要明确城乡规划的强制性内容，保障社会和公共利益。针对我国城镇化快速发展过程中的特点，城乡规划编制和管理的重点，应由确定开发建设项目转变为对各类资源节约利用和对公共利益的有效保护以及引导公共财政投入到重要的基础设施和公共服务设施上。把绿地、自然与历史文化资源、水系、环境保护、主要基础设施和公共服务设施、防灾减灾等规划内容作为强制性规定，不得随意修改和调整。同时，城乡规划应坚持以人为本的原则，以建设和谐社会为目标，维护社会公平，保障公共安全。城乡空间布局和建设应在保护公共利益的前提下，尊重和保护群众的合法权益，防止大拆大建，解决好关系群众切身利益的人居环境问题，不断提高人民群众的生活质量。

四是要建立事权统一的规划行政管理体制，保障规划的全面实施。明确各级政府在组织编制和审批城乡规划、实施城乡规划方面的权力和责任，各级政府应依法行使各自的规划管理权、监督权。通过不同层级政府规划事权的划分，形成强有力的规划行政管理体制，保证城乡规划的有效实施。

因此，为了贯彻、实施《城乡规划法》新要求，必须重新审视我国城乡规划技术标准体系。其主要差距表现在：

一是现行标准体系的框架一直延续的是 1991 年首次研究时提出的框架，后来的几次修订也只是在这个框架基础上进行了一些简单的修改与完善。但在当时的背景下，由于众所周知的原因，城市规划主要解决的只是城市问题，标准体系的制定也只是从城市角度进行建立；虽然包括了村镇规划与建设的技术标准体系，但也只是简单的合并，并不是真正意义上的城乡规划的技术标准体系。这与《城乡规划法》提出的新的城乡规划体系为城镇体系规划、城市规划、镇规划、乡规划、村庄规划及城乡统筹的有关要求是有较大差距的。因此，为了有效地指导城乡规划工作，目前亟须研究新形势下的城乡规划技术标准的框架问题。

二是现行标准体系中城市规划方面确定的标准内容基本是以城市总体规划编制内容而定的，这与框架初定时城市规划的工作重点主要是城市总体规划，以及专业人员的技术积累主要在城市总体规划编制方面有很大关系。但这与当前我国城乡规划所涵盖的规划内容差距较大，《城乡规划法》提出城乡规划的编制体系，包括：城镇体系规划（国家、省域），总体规划（城市、镇），详细规划（城市、镇）含控制性详细规划、修建性详细规划，乡规划和村庄规划。因此，现行标准体系在规划领域覆盖方面已显现严重不足。

三是《城乡规划法》的第三十五条规定公用设施与公共服务设施，以及其他需要依法保护的用地，禁止擅自改变用途。并把绿地、自然与历史文化资源、水系、环境保护、主要基础设施和公共服务设施、防灾减灾等规划内容作为强制性规定，这就要求我国城乡规划技术标准体系也要有所对应，要对一些涉及公共资源配给、人的健康和人民财产安全等公共利益提出更加严格的强制性标准。

四是《城乡规划法》在对规划制定进行规定的同时，还规定了实施、修改和监督检查的内容，强调规划的编制和管理要与政府事权相结合，体现了一级政府、一级规划、一级事权的特点。而现行标准体系却缺乏对规划行政管理需求的考虑，不适应政府对多元化规划设计、开发建设进行管制的要求。在内容上只关注规划编制，几乎没有涉及规划实施管理、监督检查等方面的内容。

2. 现行技术标准体系自身结构有待梳理

从第一版的基础规范一综合规范一专用规范，到现行标准体系的基础标准一通用标准一专用标准之间的变化，却一直简单延续第一版按层次划定的原则来确定整个标准体系的内容是有很大问题的。

第一版制定基础规范、综合规范和专用规范的原则主要为共性提升，即把城市规划编制中带有共性的内容提出来上升到上一层，下一层次有关规范就不包括这些内容，以减少内容的重复和交叉。层次的高低表明某一规范在一定范围内共性的大小和覆盖面的宽度；并结合城市规划编制工作程序和工种分工（当时认为城市规划编制，一般都经历前期准备、经济分析论证和规划布局，以及专业规划等三个过程），在规范的分层上，也考虑了这一特点，从而形成了1991版的城市规划技术标准体系。

而现行体系一直是在1991版上进行增补或删改。但这两版在确定层次划分原则上是有很大不同的。按照2003年1月2日下发《关于发布〈工程建设标准体系〉（城乡规划、城镇建设、房屋建筑部分）的通知》中关于标准体系分为基础标准、通用标准和专用标准三个层次的要求，通用标准是指针对某一类标准化对象制定的覆盖面较大的共性标准，它可作为制定专用标准的依据，而已经不是

1991年版提出的涉及城市规划编制工作程序和工种分工有关内容。由于现行标准体系建立时没有按照《工程建设标准体系》的要求重新研究针对我国城乡规划特点的层次划分原则，导致目前标准体系中通用标准和专用标准之间的混淆和界限不清。

3. 现行体系框架没有反映与国际接轨的需求

2001年11月10日中国被接纳为世贸组织成员。这意味着中国必须遵守世贸规则，与国际接轨。WTO/TBT协定对技术法规的定义是：规定产品特性或与其有关的工艺和生产方法，包括应适用的管理规定，并强制要求与其符合的文件。当它们适用于产品、工艺或生产方法时，技术法规也可包括或仅仅涉及术语、符号、包装、标记或标签要求。WTO/TBT协定对技术标准的定义是：由公认机构批准，供通用或反复使用，为产品或相关加工和生产方法规定规则、指南或特性的非强制执行文件。标准也可以包括或专门规定用于产品、加工或生产方法的术语、符号、包装、标志或标签要求。

首先，中国现行法律法规体系中没有独立的"技术法规"系列。由于这一层面的缺失，导致从《城乡规划法》到具体的规划编制和管理之间缺少法律保障，实际操作过程中也会出现各种有背《城乡规划法》立法意图的行为。加之，《城乡规划法》具有较大的突破性和前瞻性，因此，亟须弥补"技术法规"这个环节。其次，由于技术法规的缺失，致使有些标准承担了它的功能，从而导致我国标准与法律法规之间的功能存在着交叉与重叠，致使实际管理工作的混乱。另外，越来越多、越来越复杂的所谓"标准"需要执行，这又大大地影响了我国规划领域的创新能力。

4. 村镇规划建设标准体系未能适应我国镇、乡和村庄的快速发展的需要

随着《城乡规划法》的实施，我国镇、乡和村庄发展规划建设将逐步走上正轨，现行村镇规划建设标准体系所包含的镇、乡和村庄规划建设标准内容过少，已经不能满足迅速发展的规划建设实际需要。并且，随着近年来新情况、新问题不断涌现，生活和生产安全、环境保护、资源节约、新能源的利用、突出地方特色、历史文化保护等问题日益突出，现有村镇规划建设标准体系不足以保证镇、乡和村庄规划建设的合理性、科学性以及适用性，亟须对其进行补充和完善。

总之，按照《城乡规划法》第十条规定"国家鼓励采用先进的科学技术，增强城乡规划的科学性，提高城乡规划实施及监督管理的效能"；第二十四条规定"编制城乡规划必须遵守国家有关标准"等可以看出，城乡规划科学性的要求就直接体现在技术标准的贯彻中。因此，为了贯彻、实施《城乡规划法》新要求，理顺现存城乡规划技术标准的关系，确定技术标准在城乡规划中涵盖的范围，合理划分城乡规划技术标准的层次，界定城乡规划技术标准的类型，研究具体标准的设置，已成为重要的问题。

（二）国外（或境外）城乡规划标准的相关情况发展趋势

本次研究过程中，在对英国、日本、新加坡等国以及我国的香港、台湾地区城乡规划的标准体系进行分析研究后发现，按照不同国家与地区城乡规划技术政策体系❶的特点，可将它们分为三类。第一类以英国为代表，对于用地分类、涉及民生（如卫生、安全、健康等）等强制性内容制定法规；对于专业较强的（如道路交通、废物处理、残疾人设施等）制定标准（BS）；同时制订规划导引（PPG、PPS等），偏向绩效型控制、政策引导。第二类以日本、我国台湾为代表，技术政策贯穿从主干法到政策导引的全过程。规定较细，如建筑的建筑密度、容积率等要求在相关法规中都有所规定。同时标准只涉及专业内容（如市政、道路）以及民生（如医疗）方面。第三类以新加坡、中国香港为代表，该类为单城市国家（地区），规定很细。以建筑形态的控制为例，中国香港对于容积率、工人密度、最小地盘面积、最大的建筑密度、红线后退、建筑高度、每个地块的面宽/进深等均进行了规定；新加坡对建筑退后、建筑密度、建筑高度、每层高度、容积率、当量容积率（EPR）、停车位等也进行了规定。

可以看出，城乡规划技术政策体系的内容不仅包括规划编制，而且包括规划的实施与管理，其包括法规、规章以及标准、规划导引等各层次，其中法规、规章等强制性政策多涉及民生、安全、卫生等强制性内容，标准主要关注专业性的问题，同时以非法定的导引等形式推动更好的规划，而规划导引多以要素进行分类。与此同时，城乡规划技术政策体系与其他政策联系也很密切，这些研究结论均对本次修订我国城乡规划技术标准体系有着较好的借鉴作用。

（三）新订标准体系综述

本次《城乡规划技术标准体系研究》的主要内容包括新的《城乡规划法》框架下城乡规划技术标准体系（城市规划部分和村镇规划部分）中基础标准、通用标准和专用标准的构成，各类标准的设置，各项标准的适用范围和层次划分，以及城市规划和村镇规划标准两个归口办公室的工作职责划分与衔接关系。

---

❶ 本次研究中，课题组在研究国外和中国香港、台湾地区时使用的主题词是技术政策，而未采用标准或者技术法规，其主要原因是由于标准一词的概念在各个国家和地区理解的不同，一个国家的标准在另一个国家很有可能就是法规（如中国的用地分类标准在日本就是《都市计划法》的一部分）。因此，使用技术政策一词来概括所有分析研究的内容相对比较恰当。

技术政策不仅仅是标准，而是在城乡规划的编制、实施过程中可以参考的一种准则；技术政策也不仅仅是技术法规，技术法规是带有强制性的法律、规章等，而一些国家和地区对于城乡规划的政策很多又体现为指引性的手册等内容。

1. 构建原则

(1) 贯彻《城乡规划法》的要求

新的城乡规划技术标准体系应根据《城乡规划法》的要求，作为技术依据，在规划内容上应覆盖城镇体系规划、城市规划、镇规划、乡规划、村庄规划5个层次（图1），包括城乡规划制定、实施、监督全过程，并强调打破现有技术标准体系中有关城市和乡村内容的简单合并，形成真正意义上的我国城乡规划的技术标准体系。新的城乡规划技术标准体系应体现城乡规划的公共政策属性，关注公共利益（特别是对城乡统筹、节约集约利用土地资源、保护自然资源和历史文化遗产、防灾减灾、维护公共安全、公众参与等）；另外，应强化控制性详细规划等方面的技术标准的制定。

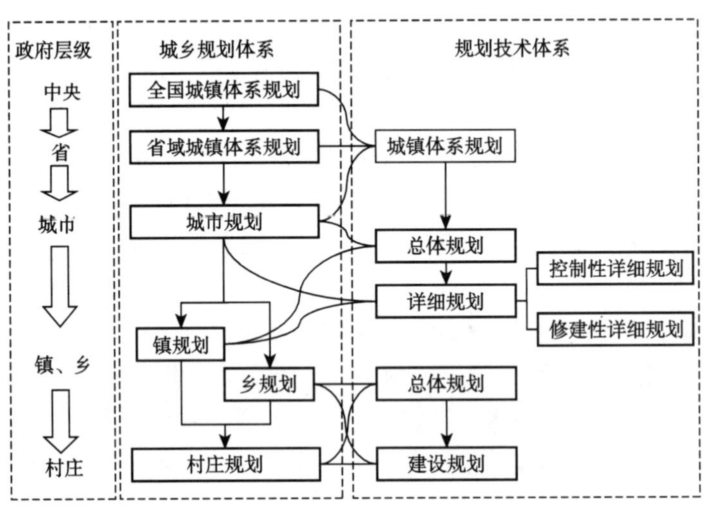

图1 《城乡规划法》规定的城乡规划体系与规划技术体系

(2) 适应WTO对技术标准从封闭到开放的要求

按照WTO/TBT协定的规定，技术法规和技术标准具有不同的法律效力，技术法规具有强制性，而技术标准是自愿执行的。二者在制定主体上也不同，前者由立法机关制定，后者的制定主体则可能是民间组织或企业。因此，相对于我们的技术标准而言，WTO/TBT协定框架下事实上表现为技术法规和技术标准两个层面，这与我国的标准化体系有一定差异。加入世贸组织后，我们必须按照WTO/TBT协定对我们的标准体系进行调整。此外，随着规划设计市场的开放，境外规划技术服务提供商开始进入我国，新的标准体系也应该考虑哪些内容的标准对这一类企业必须是强制施行的。

(3) 适应市场经济体制下政府管治的要求，便于规划管理

由于市场经济体制下，投资主体、开发主体呈现多元化，规划标准不仅仅是

对于政府规划技术行为的规范，更重要的是对于市场主体及其开发建设行为进行规范，以确保其符合规划的要求。从这个角度说，政府如何有效地弥补市场缺陷，规范开发、建设行为，有赖一套适应市场经济模式的规划技术标准体系。

另外，城乡规划的公共政策属性正日益强烈地表现出来。作为公共政策的一项基本特征，就是城乡规划必须从政府部门的规划转变为全社会的责任，其社会功能也从直接配置资源转向对公共利益的维护。城乡规划不再只是注重“蓝图”的技术编制，更重要的是规划的实施与监督，是一个公众参与的政策过程。为了适应这种变化，规划技术标准也必须兼顾规划管理和规划监督的需求。在规划管理方面，应强调建立适应不同管理环节、不同管理内容适应政府依法行政的需要的标准体系；在规划监督方面，应强调抓住民众关注的主要问题，突出那些事关公共利益的技术因素。

(4) 实现与《中华人民共和国工程建设标准体系》的对接

1) 城乡规划技术标准体系应符合《中华人民共和国工程建设标准体系》的有关规定，按照综合标准—基础标准—通用标准—专用标准的系列进行构建。

2) 有利于推进工程建设标准体制、管理体制、运行体制的改革。

3) 有利于满足新技术的发展及推广，扩大覆盖面，起到保证工程建设质量与安全的技术控制作用。

(5) 实现城乡规划标准体系结构的优化

1) 适时调整原技术标准体系，构建与《城乡规划法》相适应的总体方案，并充分考虑新、老标准体系之间的衔接，强调分步骤逐步实施。

2) 充分利用现有的技术标准体系，强调尽可能多地使用已有技术标准，并考虑今后一定时期内技术发展的需要，设置合理的标准数量，保证新的技术标准体系覆盖面达到最大的范围。

3) 以系统分析的方法，实现结构优化、数量合理、层次清楚、分类明确、协调配套，形成有机整体。

4) 重点突破，填补综合标准的空白；构建基于“要素”的通用标准，使通用标准真正成为专用标准制定的依据。

2. 城乡规划技术标准体系的基本内容

本次新构建的标准体系由综合标准、基础标准、通用标准和专用标准四大类构成。这次标准体系强调了创建城乡统筹，城乡规划工作共同使用的标准(图2)。

(1) 综合标准

综合标准是强制执行的，与WTO/TBT规定的5个方面以及《全国工程建设标准规范体系表》的要求有关，应是包含未来可以成为技术法规的有关内容。

按照世界贸易组织贸易技术壁垒协议(WTO/TBT)的有关要求，涉及“国

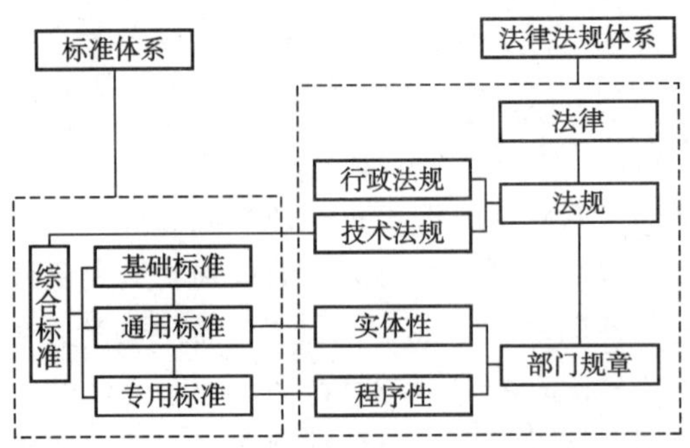

图 2　新的城乡规划技术标准体系与法律的关系

家安全需要、防止欺诈行为、保护人类健康与安全、保护动植物生命健康、保护环境”为技术法规最为核心的 5 个方面内容。按照《全国工程建设标准规范体系表》，综合标准是涉及质量、安全、卫生、环保和公众利益等方面的目标要求或为达到这些目标而必需的技术要求及管理要求。

综合标准是整个城乡规划所有工作最为核心的内容，通过技术法规或综合标准必须要强调、要保护、要坚持的内容，是对各层次标准和各类规划工作均具有制约和指导作用的，为全文强制性的标准。它不仅仅是城乡规划工作必须遵守的标准，也应是其他行业在涉及城乡规划有关内容中必须遵守的。

综合标准应包括：资源利用、健康与安全、环境保护、历史文化保护、规范市场行为 5 个方面。

（2）基础标准

基础标准指在某一专业范围内作为其他标准的基础并普遍使用，具有广泛指导意义的术语、符号、计量单位、图形、模数、基本分类、基本原则等的标准，为强制性标准。主要分为术语、分类与用地标准、分类与图形三大类。术语部分主要指《城乡规划术语标准》；分类与用地标准包括用地分类、建设用地控制指标与建设标准等；分类与图形包括用地代码、制图标准等，主要指《城乡用地分类代码与制图标准》。

（3）通用标准

通用标准是针对某一类标准化对象制定的覆盖面较大的共性标准，它是制定专用标准的依据。

通用标准对于规划编制、管理、监督等不同的城乡规划工作，以及《城乡规划法》提出的城镇体系规划—城市规划—镇规划—乡规划—村庄规划等不同规划层次中涉及的最基本规划要素和最基本方法都应做出相关规定，使其真正发挥“通用”的作用。

通过对城乡规划技术标准所控制的内容进行梳理和简化，发现涉及不同规划工作、规划层次、不同种类的规划技术手段所共同关注的关键因素应为两大类，即用地和设施。这里指的不同规划工作指规划编制、规划管理、规划监督等；不同规划层次指城镇体系规划、城市规划、镇规划、乡规划、村庄规划；不同种类的规划技术手段指总体规划和详细规划两大类，还可以包括其他专门的规划手段。另外，强调城乡规划的公共政策属性也应落实在具体的规划工作、不同的规划阶段，通过一定的规划技术手段加以体现。用地和设施是公共利益的基本载体，因此，只有重点把握住这两大因素，才有可能实现《城乡规划法》提出的城乡统筹、节约集约利用土地资源、保护自然资源和历史文化遗产、防灾减灾、维护公共安全等方面的目标。

本次体系提出将通用技术标准定义为对规划要素进行规定的标准。这些标准就是“针对某一类标准化对象制定的覆盖面较大的共性标准”。“标准化对象”指规划要素（用地和设施），“覆盖面较大”是指通用标准覆盖了所有规划工作（编制、管理、监督）、所有规划层次（城镇体系规划—城市规划—镇规划—乡规划—村庄规划）和所有规划种类（总体规划、详细规划）。通过对关键要素的控制，适应了城乡规划纷繁复杂、千头万绪、内涵和外延都不清晰的局面。

因此，本次体系设置的通用标准主要分为两大类，一类是与功能、设施有关的，包括功能（各种功能用地）、设施（公用设施与公共服务设施）；另一类是与基本方法有关的（提高规划科学性的技术方法），通用标准大多应为强制性标准。

本次新的技术标准体系制定过程中，对于一些涉及“方法”的规定或推广的内容，借鉴了国外的经验，使用了“规程”的概念，主要强调的是程序、编制内容、成果形式等，与现有体系中的“规范”一词有所区别。

（4）专用标准

专用标准是针对某一具体标准化对象或作为通用标准的补充、延伸制定的专项标准，它的覆盖面一般不大。专用标准主要规定各层次、各类具体规划种类的编制和专项规划工作的技术要求，大多为非强制性标准，是推荐采用的标准。因此，专用标准属于鼓励标准化与技术创新相结合的层次，但某些规范和标准的强制性条款又是必须遵守的。

新的技术标准体系将专用标准分为三大类——“区域规划”、“城市规划”与“镇、乡、村庄规划”。

“区域规划”包括全国、省域和跨区域的城镇体系规划和相关规划涉及的技术标准；“城市规划”又根据涉及规划的类型与种类的不同，分为了“综合性规划”、“功能区规划”、“交通规划”、“市政公用工程规划”、“防灾规划”、“环境保护规划”、“历史文化保护规划”、“地下空间规划”等8大类的专用标准体系，每一大类下再分设各自的专用标准。

“镇、乡、村庄规划”也根据涉及规划的类型与种类的不同，分为了“综合性规划”、“功能区规划”、“交通规划”、“基础设施规划”、“防灾规划”、“环境保护规划”、“历史文化保护规划”和“绿地规划”8大类的专用标准体系，每一大类下再分设各自的专用标准。

3. 城乡规划技术标准体系的新、旧衔接问题

本次新构建的技术标准体系的整体结构与现行的标准体系相比，主要是理顺了内部各种标准之间的上下位关系，同时希望与法律进行有效的对接。比如，综合标准就是落实了《城乡规划法》强制性内容的要求，是制定、管理和监督城乡规划时必须遵守的国家标准，未来是可以上升为技术法规的；基础标准在落实强制性内容要求的同时，强调与部门规章的定义性条款相配套；通用标准则是落实《城乡规划法》专项强制性内容的，与部门规章的实体性内容相配套；专用标准是落实《城乡规划法》鼓励先进技术创新相关的，与部门规章的程序性内容相配套，如图3所示。

构建新的城乡规划标准体系 **表2**

标准体系	核心内容	强制性	上下位关系	体系建设	与其他标准体系的关系	与法规的关系	与《城乡规划法》的关系
综合标准	与WTO规定的5个方面有关	全文强制	指导其他三类	缺失，需补充的内容	相互引用	可上升为技术法规	落实强制性内容（S17）；必须遵守（S24）
基础标准	术语、符号、基本分类	强制性	指导下一层次	需修订的内容	部分引用	与部门规章配套（定义条款）	落实强制性内容（S17）；必须遵守（S24）
通用标准	功能、用地、设施；值得推荐的方法	部分条款强制	遵守上位层次，指导下一层次	需调整定位和结构，对现有规范加以分解、重组的内容	基本一致	与部门规章配套（实体性内容）	落实专项强制性内容（S35）；必须遵守（S24）
专用标准	具体的规划形式与手段、专项的规划工作	推荐性为主	遵守上位层次	需调整完善的内容	未必引用	与部门规章配套（程序性内容）	鼓励与推荐（S10）

注：（S17）代表《城乡规划法》的条款编号。

新构建的技术标准体系如何与现行标准体系进行较好的衔接，避免对现行体系冲击过大也是本次研究需要认真解决的问题。因此，在实施步骤上建议先易后难，逐步推进。

综合标准是目前缺失的，由于其为全文强制性条款，很多内容是需要从下位的基础标准、通用标准和专用标准中提取形成的，所以，可延后制定。

基础标准本次变动不大，建议加快修订。

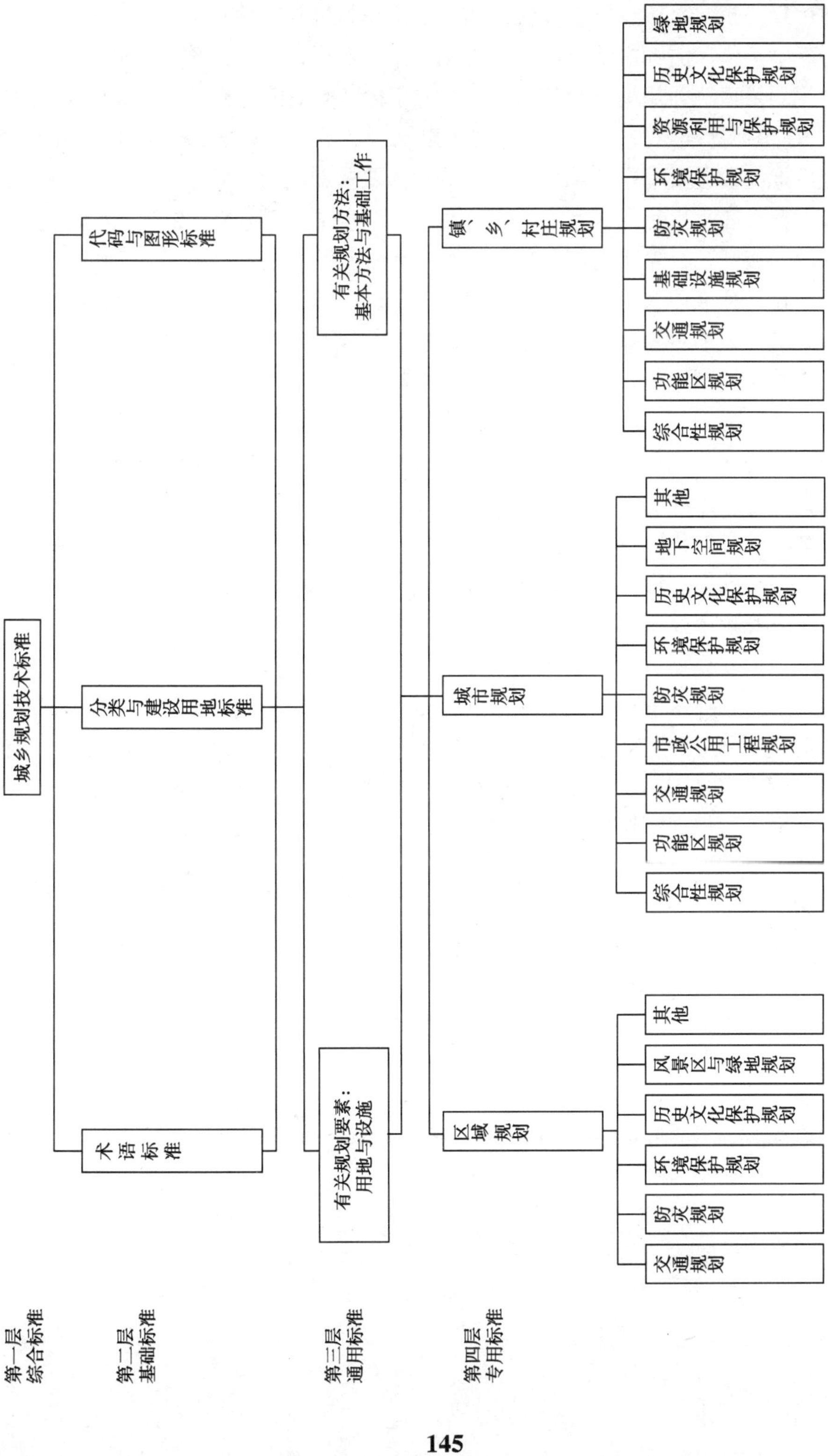

第一层 综合标准

城乡规划技术标准

第二层 基础标准

术语标准

分类与建设用地标准

代码与图形标准

第三层 通用标准

有关规划要素：用地与设施

有关规划方法：基本方法与基础工作

第四层 专用标准

区域规划

交通规划
防灾规划
环境保护规划
历史文化保护规划
风景区与绿地规划
其他

城市规划

综合性规划
功能区规划
交通规划
市政公用工程规划
防灾规划
环境保护规划
历史文化保护规划
地下空间规划
其他

镇、乡、村庄规划

综合性规划
功能区规划
交通规划
基础设施规划
防灾规划
环境保护规划
资源利用与保护规划
历史文化保护规划
绿地规划

图3　城乡规划技术标准体系框图

通用标准是本次体系调整较大的内容，工作量也相对比较大，但针对“基本方法与基础工作”的标准，目前也正在制定中，建议这部分工作应加快进行。而对于“规划要素——用地和设施”，有些则需要解构重组已有的标准规范，比如《城乡居住用地标准》中的有关内容就可以从现有的《居住区规划设计规范》中对住宅用地的设置要求中提炼形成，有些则需要重新制定。

专用标准在本次新的体系中，是保留最为完整的一部分，主要是考虑到新、旧之间的衔接问题，希望这部分的制定可以较好地延续已有标准体系的内容。在构建新的技术标准体系过程中，周期可能会较长，涉及面会较广，协调的工作量也会较大，为了不对我国城乡规划标准的制定造成影响，对涉及专项规划的技术标准可以加快编制，也可以弥补我国城乡规划技术标准数量上的不足。

这次体系的修订，也会对已有的标准内容进行重组与调整，以《居住区规划设计规范》为例，按照新的标准体系，居住区规划设计作为一种具体的规划形式，宜归入专用标准；但现有标准的内容中，有关日照间距的规定，应上升并入综合标准（涉及健康）；有关住宅用地的规定，应上升并入通用标准（某一类型的用地，在不同规划层次、不同居民点类型均涉及）；保留有关居住区规划的其他技术要求和程序要求作为专用标准。

总之，城乡规划技术标准体系是城乡规划法律法规体系的支撑，它既是编制城乡规划的基础技术依据，又是依法规范城乡规划编制单位行为，以及政府和社会公众对规划制定和实施进行监督检查的重要依据。城乡规划技术标准是国家标准的重要组成部分，而国家标准是科学技术与实践经验的总结、综合与提升，城乡规划标准正是规划领域科学性的重要标志。

参考文献

［1］黄建初，唐凯等．中华人民共和国城乡规划法解说［M］. 北京：知识产权出版社，2008.

［2］石楠，刘剑. 建立基于要素与程序控制的规划技术标准体系. 城市规划会刊，2009（2）.

（撰稿人：张菁，中国城市规划设计研究院总工室主任，教授级高级规划师；万裴，住房和城乡建设部城市规划标准技术归口办副主任；关升，中国城市规划设计研究院城市规划师）

2008 年城市总体规划

一、背景

2008 年，影响城市总体规划工作的方面可以归纳为如下几点。

（一）全国土地利用总体规划纲要发布，土地管理更加严格

2008 年，国务院终于批复了《全国土地利用总体规划纲要（2006～2020 年）》（下称《纲要》），2008 年 10 月 23 日新华社受权发布。

《纲要》提出，我国人地关系紧张的基本格局没有改变，土地利用和管理面临人均耕地少、优质耕地少、后备耕地资源少等突出问题。2005 年全国人均耕地 1.4 亩，不到世界平均水平的 40%。优质耕地只占全部耕地的 1/3。耕地后备资源潜力 1 333 万 hm^2（2 亿亩）左右，60%以上分布在水源不足和生态脆弱地区，开发利用的制约因素较多；优质耕地减少和工业用地增长过快。1997～2005 年，全国灌溉水田和水浇地分别减少 93.13 万 hm^2（1 397 万亩）和 29.93 万 hm^2（449 万亩），而同期补充的耕地有排灌设施的比例不足 40%。新增建设用地中工矿用地比例占到 40%，部分地区高达 60%，改善城镇居民生活条件的居住、休闲等用地供应相对不足；建设用地粗放浪费较为突出。据调查，全国城镇规划范围内共有闲置、空闲和批而未供的土地近 26.67 万 hm^2（400 万亩）。全国工业项目用地容积率 0.3～0.6，工业用地平均产出率远低于发达国家水平。1997～2005 年，乡村人口减少 9 633 万，而农村居民点用地却增加了近 11.75 万 hm^2（170 万亩），农村建设用地利用效率普遍较低；局部地区土地退化和破坏严重。2005 年全国水土流失面积达 35 600 万 hm^2，退化、沙化、碱化草地面积达 13 500万 hm^2。一些地区产业用地布局混乱，土地污染严重，城市周边和部分交通主干道以及江河沿岸耕地的重金属与有机污染物严重超标；违规违法用地现象屡禁不止。2007 年开展的全国土地执法“百日行动”清查结果显示，全国“以租代征”涉及用地 2.20 万 hm^2（33 万亩），违规新设和扩大各类开发区涉及用地 6.07 万 hm^2（91 万亩），未批先用涉及土地面积 15 万 hm^2（225 万亩）。总体上，违规违法用地的形势依然严峻。

《纲要》提出，我国土地利用规划遵循的基本原则是严格保护耕地、节约集

约用地、统筹各业各类用地、加强土地生态建设、强化土地宏观调控。规划期内全国耕地保有量到2010年和2020年分别保持在12 120万hm^2（18.18亿亩）和12 033.33万hm^2（18.05亿亩）。规划期内确保10 400万hm^2（15.6亿亩）基本农田数量不减少、质量有提高。同时保障科学发展的建设用地。新增建设用地规模得到有效控制，闲置和低效建设用地得到充分利用，建设用地空间不断扩展，节约集约用地水平不断提高，有效保障科学发展的用地需求。规划期内单位建设用地二、三产业产值年均提高6%以上，其中“十一五”期间年均提高10%以上。到2010年和2020年，全国新增建设用地分别为195万hm^2（2 925万亩）和585万hm^2（8 775万亩）。通过引导开发未利用地形成新增建设用地125万hm^2（1 875万亩）以上，其中“十一五”期间达到38万hm^2（570万亩）以上。

《纲要》还提出，21世纪头20年，是我国经济社会发展的重要战略机遇期，也是资源环境约束加剧的矛盾凸显期。我国农用地特别是耕地保护的形势日趋严峻，建设用地供需矛盾更加突出。到2010年和2020年，我国人口总量预期将分别达到13.6亿和14.5亿，2033年前后达到高峰值15亿左右，为保障国家粮食安全，必须保有一定数量的耕地。保障国家生态安全也需要大力加强对具有生态功能的农用地特别是耕地的保护。同时，城镇化、工业化的推进将不可避免地占用部分耕地，现代农业发展和生态建设也需要调整一些耕地。但是耕地后备资源少，生态环境约束大，制约了我国耕地资源补充的能力，农用地特别是耕地保护面临更加严峻的形势。与此同时，目前我国正处于城镇化、工业化快速发展阶段，到2010年和2020年，城镇化率将分别达到48%和58%，城镇工矿用地需求量将在相当长时期内保持较高水平。推进城乡统筹和区域一体化发展，将拉动区域性基础设施用地进一步增长。建设社会主义新农村，还需要一定规模的新增建设用地周转支撑。但我国可用作新增建设用地的土地资源十分有限，各项建设用地的供给面临前所未有的压力。此外，随着经济发展方式转变步伐不断加快，亟待转变土地利用模式和方式，优化行业土地利用结构，但地区间经济社会发展不平衡以及各行业、各区域土地利用目标多元化，加大了调整和优化行业、区域土地利用结构与布局的难度。

《纲要》也指出了解决我国土地利用问题的有利条件。我国建设用地利用总体粗放，节约集约利用空间较大，为统筹保障科学发展与保护耕地资源提供了基础条件。从国际背景看，经济全球化、科技革命和产业结构升级，有利于我国转变经济发展方式，建设资源节约型社会。从国内环境看，科学发展观的深入贯彻落实，社会主义市场经济体制改革的不断深化，民主法治和政治文明的不断发展，国家综合实力的不断增强，党中央、国务院对土地管理工作的高度重视，有利于加强土地宏观调控，进一步发挥市场在土地资源配置中的基础作用，促进土地利用和管理方式转变。

（二）城乡规划督察制度全面推行，维护了总规的严肃性

城乡规划督察员制度的有效推进，对城市总体规划、国家级风景名胜区总体规划、历史文化名城保护规划实施过程执行监督，避免了有些地方政府随意修改规划的现象出现，对维护城市总体规划的严肃性，无疑起到了积极的推动作用，这是针对我国城镇化快速发展的历史时期，发挥城乡规划综合调控作用，贯彻落实科学发展观的有效途径。

2008年，住房和城乡建设部扩大城乡规划督察员派驻范围，派驻了第三批规划督察员。目前已向34个城市派驻了51名规划督察员，包含27个省会城市、5个计划单列市以及桂林、苏州2个国家级风景名胜区和历史文化名城复合型城市，实现了城乡规划督察员制度在我国省会城市的全覆盖。在抓好部派城乡规划督察员工作的同时，住房和城乡建设部还积极指导省派城乡规划督察员制度建设。截至目前，全国已有18个省、自治区建立了规划督察员制度。

督察员所涉及的问题大部分引起高度重视，许多问题开始重新研究，有的得到了及时解决。主要表现在：一是制止了一大批不符合法定程序和权限，违反城市总体规划强制性内容、国家历史文化名城保护规划和国家重点风景名胜区总体规划的行为；二是纠正了部分城市近期建设规划与城市总体规划相脱节、以概念性规划代替城市总体规划指导城市建设等违反城市总体规划的倾向，要求各城市严格依据法定规划管理城市建设；三是纠正了部分城市擅自下放规划管理权问题，避免了城市规划区内不统一规划建设造成的巨大浪费，并督促各地理顺城市规划管理体制，维护城乡规划的统一性和完整性。此外，督察员还高度关注群众举报和投诉以及媒体反映的城乡规划重大问题，制止了损害公共利益的重大案件的发生。通过开展规划督察，试点城市政府领导对城市规划严肃性、权威性的认识明显增强；城市规划主管部门依法行政的执行力普遍提高，规划管理体制得到进一步理顺，所有城市在被派驻督察员后均未发生重大违反规划的问题，有效避免了政府资金和社会资源的浪费。

（三）全球性金融危机爆发，我国拉动内需的举措对建设用地的需求急剧增大

2008年11月5日，国务院总理温家宝主持召开国务院常务会议，研究部署进一步扩大内需促进经济平稳较快增长的措施。会议认为，近两个月来，世界经济金融危机日趋严峻，为抵御国际经济环境对我国的不利影响，必须采取灵活审慎的宏观经济政策，以应对复杂多变的形势。当前要实行积极的财政政策和适度宽松的货币政策，出台更加有力的扩大国内需求措施，加快民生工程、基础设施、生态环境建设和灾后重建，提高城乡居民特别是低收入群体的收入水平，促进经济平稳较快增长。会议确定了当前进一步扩大内需、促进经济增长的十项措

施，并计划到2010年底约投资4万亿元用于这些工程的建设。

2009年1月14日至2月25日，作为应对全球金融危机对中国实体经济影响对策的一部分，我国政府又密集出台了汽车、钢铁、纺织、装备制造、船舶、电子信息、石化、轻工行业、有色金属和物流业十大产业振兴规划。国家发改委的负责人指出，这十大产业起到"维稳"作用。十大产业振兴规划中，九个产业工业增加值占全部工业增加值的比重接近80%，占GDP的比重达到1/3。十大产业就业超过1亿人，涉及3亿农民生计，占到两个股市的上市公司的接近六成。十大产业能够稳定下来，财政、税收、就业、"三农"问题就基本能够稳定。

据估算，4万亿投资项目需要120万亩建设用地，肯定会对保护耕地，严守18亿亩耕地红线造成很大压力。地方政府手中用地指标有限，为了落实投资，都将视线再一次关注到城乡规划，或寄希望土地政策的可能放宽；在巨大的用地缺口和用地压力下，城乡规划又一次面临了新的挑战。

二、2008年城市总体规划工作的特点

2008年作为《城乡规划法》颁布实施的第一年，回顾这一年我国城市总体规划工作，可以总结为如下特点。

（一）依法规划深入人心

《城乡规划法》对城市总体规划的制定，从组织、审批程序和编制内容都提出了明确的要求。按照《城乡规划法》的要求，"修改……城市总体规划、镇总体规划前，组织编制机关应当对原规划的实施情况进行总结，并向原审批机关报告；修改涉及城市总体规划、镇总体规划强制性内容的，应当先向原审批机关提出专题报告，经同意后，方可编制修改方案。因此，各地政府在总规修编前，注重加强前期研究和论证工作，特别是对正在实施的总体规划的评估。

各城市在组织城市总体规划修编工作时，十分注意组织程序的严密规范，特别强调"政府组织、专家领衔、部门合作、公众参与、科学决策"的编制过程。在编制内容上，对过去城市规划关注较少的区域协调、城乡统筹和城市公共安全等领域进行了系统的研究。

（二）指导思想发生转变

随着《城乡规划法》的颁布，城市总体规划应体现城乡规划的公共政策属性，关注公共利益，特别是对城乡统筹、节约集约利用土地资源、保护自然资源和历史文化遗产、防灾减灾、维护公共安全、公众参与等，已得到规划界的普遍认同。因此，作为公共政策的一项基本特征，城市总体规划必须从政府部门的规

划转变为全社会的责任，其社会功能也从直接配置资源转向对公共利益的维护。城市总体规划不再只是注重“蓝图”的技术编制，更重要的是规划的实施与监督，是一个公众参与的政策过程。

城市总体规划编制指导思想的这种转变，有效发挥其对城市发展的战略性、前瞻性、综合性指导作用。因此，坚持以科学发展观为指导，做到统筹城乡发展、统筹区域发展、统筹经济社会发展、统筹人与自然和谐发展、统筹国内发展和对外开放，促进经济社会全面、协调和可持续发展已成为城市总体规划明确的指导思想。

（三）“转型”成为年度热点

去年盘点时，我们提到了《深圳市城市总体规划（2006—2020）》的新型规划模式——“转型规划”，而2008年，针对目前我国城镇化发展道路面临着资源、环境的重大瓶颈，转型发展已成为重大命题的现实，城市总体规划应如何解决转型问题，已成为年度热点，又有两个项目在这方面进行了新的探讨，值得推荐。

一是《太原市城市总体规划（2008—2020）》，规划围绕工业基地城市“绿色转型”这一主题，结合新时期国家中部崛起战略、可持续发展战略的要求在城市的功能构成、空间组织等方面作了较为深入的探索。

太原是煤炭资源大省省会、“一五”时期国家重点建设的工业基地。多年来城市的经济发展形成了重化工业发展的路径依赖。煤炭、钢铁、石化、重型机械等大型工厂环城建设。而作为省会城市所应该具有的区域中心的多项服务职能严重缺失。城市的空间形成了大企业和城市空间相对分离的二元结构。同时，重化工业的产业结构，也带来了大气污染、水污染、水土流失、地面塌陷等较为严重的生态环境问题。针对上述问题和新时期科学发展观的总要求，规划在以下方面作了具体探索。

1. 城市目标与规划指导思想紧扣转型主题

在新一轮规划中明确提出太原发展目标要立足转型主题，更多地从区域角度、环境角度、文化角度来认识。提出太原要力争成为：国家中部崛起的重要支撑点、资源型产业绿色转型示范基地、带动省域经济发展的核心引擎、具有世界影响力的特色文化名城和集约节约发展、和谐宜居的典范。在城市功能构成上补充了贸易、会展、文化、旅游等区域性服务的中心职能。煤炭发展主推煤炭交易市场等服务体系建设，而非传统的煤炭生产和加工。在规划的指导思想上提出以生态资源环境为前提，实现可持续发展；以产业转型为手段，推动城市的职能转换与空间调整；以提高可实施性为目标，加强空间管制和实施机制保障。

2. 产业发展立足绿色转型战略

在规划中明确提出城市的产业发展要立足绿色转型战略。一方面推动传统产业绿色转型，在冶金、化工、煤炭、电力等高耗能行业实行强制性生产标准，严控煤炭产量，实现化工生产精细化等。另一方面，深化调整产业结构，加快新业态的培育，大力发展装备制造业、不锈钢产业集群、新型材料工业，大力发展现代物流业，培育会展业、金融保险业、商务中介服务业等，到 2020 年，争取第三产业增加值占全市 GDP 的 65%。在对大量工厂深入调研的基础上，提出了具体的三类改造策略，如搬迁型，对太化等对城市环境影响大、重污染的企业建议整体搬迁；改造型，对一电厂、二电厂等污染较为严重的企业要求异地扩建、以热定产等方式发展；提升型，对太重、太钢等企业要求加强内部空间挖潜，新增产能结合外围开发区统一建设。

3. 围绕城市职能提升，打造面向区域和不断优化的城市空间结构

首先，规划在太原城市群层面分析区域空间结构，结合新功能的培育，结合太原武宿机场的搬迁，打造区域服务中心新城，将过去的单中心结构疏解为双城结构。其次，疏解老城，加强历史风貌的保护和恢复，形成文化产业和旅游产业发展的新局面，推动老城区职能向外疏解。第三，提升外围工业组团的功能整合，对已经形成的河西、城北等工矿区要控制污染，完善城市服务设施，优化人居环境，使之成为城市功能的组成部分。第四，保护好北部生态屏障区和南部晋阳文化区，做好水源地涵养、生态区建设，保护建设好晋阳古城、晋祠、晋阳湖、天龙山为一体的历史文化地区。将城市空间结构的调整与城市功能的提升紧密地结合起来。

4. 发挥历史文化资源优势，促进城市功能的提升

太原有广博深厚的文物古迹遗存，国家重点文物保护单位数量位于全国范围的第 18 位。充分保护好、利用好历史文化资源，既是对历史文化的尊重，也是促进城市功能提升的重要方面。规划提出按照城市整体风貌、历史文化保护区和文物古迹三个层次构建保护体系，重点构建“基于集三晋文脉与现代气息为一体”的特色文化名城体系，构建“双城（晋阳古城、太原老城）、二山（晋祠—天龙山—蒙山、崛围山—柳林河）、一塔（双塔）”的名城保护空间格局。

总之，新一轮太原总规修编，围绕“转型发展”这一主题，通过提升城市职能，优化空间结构，促进产业升级，弘扬历史文化，实现太原市全面科学发展。

另一是以“两型社会”建设为主题的《湘潭市城市总体规划（2008—2020）》的探索。该规划是在 2007 年 12 月，长株潭城市群被国家发改委批准为“全国资源节约型和环境友好型社会建设综合配套改革试验区”（以下简称“两型社会”）的背景下开始修编的。2008 年 12 月，《长株潭城市群资源节约型和环境友好型社会建设综合配套改革试验区方案》和《长株潭城市群区域规划》获得国务院批准。

作为长株潭城市群的重要组成部分，湘潭市肩负着建设“两型”社会试验区

的重要使命。但是，作为尚处于工业化中期水平的传统老工业基地城市，城市产业“重化工、重污染”特征明显，存在着城市工业布局零散、交通组织不力、土地利用效率不高、城市景观特色平淡与社会文化建设不足等问题。这版规划依据国家关于两型社会试验区建设的改革发展要求，在城市总体规划编制的技术实践领域如何深入贯彻落实科学发展观上进行了尝试。

在规划编制中，项目组重点思考了如下三个问题：

(1) 建设两型社会是国家提出的宏观发展目标。从城市规划的角度而言，“资源节约与环境友好”一直是规划师奉行的价值准则。在“两型”社会建设的目标指引下，如何进一步突出相关内容？

(2) 加快经济发展仍然是当前湘潭的最重要命题，如何在保持发展的过程中实现湘潭的成功转型？

(3) 如何在作为法定规划的总体规划中体现“两型社会”特色和建设要求？如何将两型社会建设改革试验对城市总体规划的约束性和创新性要求有机结合起来，重点从城乡发展空间模式和支撑动力、保障系统方面探索湘潭城市发展的转型之路和规划编制的创新机制。

为此，规划在以下几个方面进行了思考创新：

(1) 创新了总规编制的组织方式，由市“两型”建设领导小组办公室牵头，同步组织编制“三规一方案”，即总规、市域规划和土地利用总体规划和湘潭市两型社会建设综合配套改革试验区改革方案，以“两型”社会建设为契机，有效地探索了符合湘潭实际的相互协调的多层次空间规划体系，使其成为湘潭市两型社会建设行动纲领的空间支撑。

(2) 提出了包括资源节约型、环境友好型、社会经济和人文建设指标在内的指标体系和政绩考核评价体系，为当地政府的后续工作提供了技术支撑。

(3) 兼顾目标与现实。一方面，以“两型”社会建设为目标指引，提高城市转型提升的标准。坚持整治有悖于“两型”社会建设目标的高税收重污染地区、不利于城市空间整合的三、四类工业区和城中村地区，整合城市空间，节约建设用地。另一方面，充分尊重湘潭现实，在充分沟通的基础上确保近期建设规划的合理性，同时为城市的中远期转型预埋伏笔。

(4) 创新绿色空间的利用方式。将绿色空间的利用问题提升到与城市建设空间的同等高度。强调对绿色空间的生态价值评价。结合城市功能拓展，提升绿色空间的复合功能，通过明确绿色空间的城市功能落实绿色空间保护问题。

(5) 借助国家投资和区域发展的平台，加强与长株潭城市群区域规划和区域交通规划的对接，以区域交通设施建设支持湘潭交通设施，尤其是轨道交通设施的建设，为湘潭争取发展机遇。同时，以“两型”社会建设为目标，近远期结合，注重民生导向，构筑多级衔接的城乡联动的公共交通网络。

（6）有效推进总规的可实施性，结合落实上位规划（国务院批准的和长株潭城市群区域规划）提出的项目库和同步编制的综合配套改革方案，将总规的内容政策化和项目化，也加强了总规的协同性和权威性。

（四）灾区重建规划的设计理念引起行业关注

2008年，四川大地震中遭受毁城之殇的北川羌族自治县新县城，作为灾后整体异地重建的城市，其规划一直得到行业广泛的关注，其提出的设计理念也值得推广，有专家说，《北川羌族自治县新县城灾后重建规划（2008—2020）》有可能成为中国小城市规划的典范。

该规划针对灾后重建的特点，强调以符合群众意愿，尊重专家意见，统筹兼顾、协调发展，协作共建、加快重建为规划的建设原则，以人为本、民生优先、合理布局、科学重建、传承文化、尊重自然为规划的指导思想。规划的编制面向尽快启动新县城建设，秉承规划务实性的基本原则，力求实现六个结合。

1. 规划布局与城市设计结合

新县城总体规划全程融入城市设计的思想与方法，提出了“山水环、生态廊、生长脊、设施链、休闲带、景观轴”的复合城市空间结构与活动系统，突出建筑地域特色、优化山水格局、塑造宜人尺度，彰显新县城作为地域民族城市的整体空间特色（图1）。同时规划借助城市设计表达的形象性，构建了公众参与的设计平台，实现多次规划成果的公众调研与宣传。

空间结构：

北川新县城将形成：

“山水环、生态廊、生长脊、设施链、休闲带、景观轴”

的空间结构，为快速重建背景下的城市发展提供清晰、有序、高效的城市空间格局。

图1

2. 先进理念与实施措施结合

新县城总体规划坚持全面协调、可持续发展，根据实际工作需要进行规划创新，在科学运用现有规范的同时要积极引入新的设计理念，并采取相应的实施举措，实现“理念落地”。如交通体系专项规划的低耗、稳静的绿色理念就在其断面设计、交叉口设计、慢行系统设计、道路绿化景观设计等举措中加以落实。

3. 规划方案与项目建设结合

新县城总体规划以尽快安置受灾群众，通过援建项目的落实，推动城市功能的尽快恢复为工作重点。在规划编制过程中，根据实际工作需要有所侧重，突出对具体建设的规划安排，并依照个案申报、规划审核、规模确定、选址布局、编写项目建设任务书并参与方案征集的工作流程逐一落实。

4. 专项规划与工程建设结合

新县城总体规划积极面向新县城建设启动专项规划，以衔接工程施工建设为目标，突破以往总体规划专项深度，如交通体系专项规划就地块出入口、路边停车、慢行交通、无障碍设施、交叉口控制等街坊交通规划控制要素进行了深入设计分析；市政专项规划达到了市政详细规划的深度，并实现与专业施工图的直接对接（图 2、图 3）。

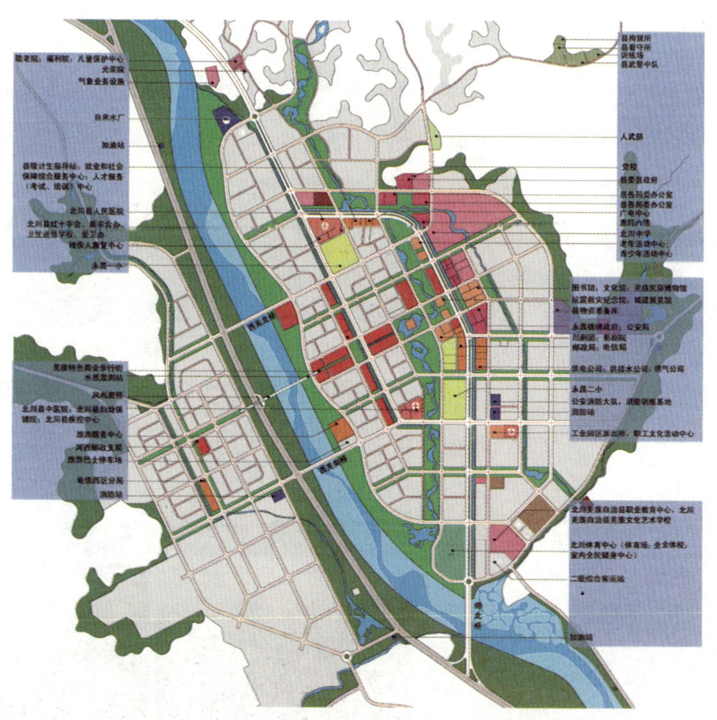

图 2

5. 规划控制与建设管理结合

为健全规划管理体系，继续深化落实规划控制成果，新县城总体规划建立了相应的规划评估制度与基于地理信息系统（GIS）技术的现代化规划管理系统，以期整合规划管理相关业务资源，有序推进新县城建设。同时针对近期重建过程中出现的众多项目集中建设的特殊问题，规划相应编制了《新县城重建项目方案征集管理办法》，就规划建设程序进行了相应规范。

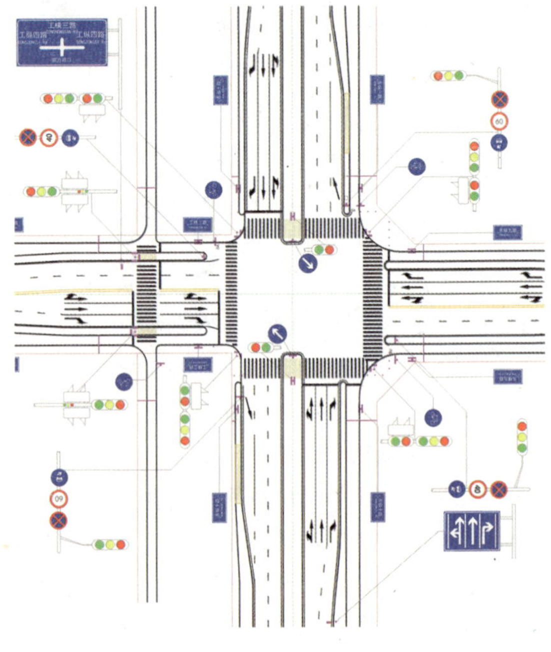

图 3

6. 政府决策与民众意愿结合

新县城总体规划自始至终高度重视公共参与，先后进行了选址、总体规划、征地拆迁、住房政策、失地农民等五次调研，并通过元宵歌舞晚会、多地点图板展示等形式对总体规划成果进行了宣传互动，通过加强规划师和灾区民众的沟通，发挥公众的主观能动性，确保公众能够及时掌握规划信息并积极参与到自身城市的灾后重建规划中来，以民意构成政府决策的坚实基础，突出了城乡规划的公共政策属性（图 4）。

图 4

在灾后重建规划编制过程中，还有一项工作可能会对我国的城乡规划产生深远影响，就是乡村重建规划，这是中国首次有如此大规模的城市规划师进入乡村地区，直接指导乡村的建设。众所周知，过去中国的规划师过多地关注的是城市，这次深入乡村，如何去理解乡村，了解当地居民真正的需求，可以说是一个全新的课题。

例如，当时住房和城乡建设部成立由部村镇司、四川省城乡规划设计研究院、中国建筑设计研究院规划院、中国城市规划设计研究院城乡所组成的农村建设规划工作组，并组织山东科技大学、山东农业大学、中国科学研究院和山东大学的专家深入灾区农村进行实地调研，通过近三个月的艰苦工作，完成了灾后重建农村建设规划的分县（市、区）规划和规划总报告。灾后重建农村建设规划面广量大，时间紧迫，必需简化工作方法和规划编织的内容，坚持自下而上、落实到点，全面规划、分布实施的原则。其中分县（市、区）规划内容包括灾损情况、村庄恢复重建布局、村庄公共服务设施重建布局、村庄基础设施重建布局和恢复重建投资估算等，分县规划明确需要转移安置的人口和恢复重建的村庄（原址重建、村组集中、异地安置）。规划总报告在分县规划的基础上进行汇总，对汶川地震主要灾区农村居民点恢复重建、农业生产设施恢复重建、农村基础设施重建布局和恢复重建的投资估算进行统筹安排；对村庄重建方式、移民安置方式、重建的规模和标准，以及农村住房建筑设计等提出了相应的规划要求；总报告还创造性地提出了规划实施的政策建议与保障措施，如建立符合农村恢复重建特点的补偿政策，建立实施规划和对口规划支援机制，建立农村建筑工匠制度和专用建材市场等。

如果说《城乡规划法》在法律上确定了我国城乡规划工作的框架，那么这次乡村重建规划工作应是实践上的一次大规模尝试，开创了我国城乡规划的新局面，可以说是一个具有代表性的里程碑。

(五) 技术标准的制定步伐加快

《城乡规划法》的颁布强化了城乡规划的严肃性和权威性，也对规划的科学性提出了更高的要求。而城乡规划的科学性是有赖于技术标准的执行。《城乡规划法》第二十四条规定，“编制城乡规划必须遵守国家有关标准”。同时，第六十二条明确规定，城乡规划编制单位“违反国家有关标准编制城乡规划的，有可能面临责令限期改正、停业整顿、降低资质等级乃至吊销资质证书的处罚，并且在经济上课以1～2倍规划编制费的罚款，若造成损失，还须依法承担赔偿责任”。法律如此严厉的规定在以往是没有的，这是对城乡规划科学性提出的基本保障。

因此，2008年，技术标准的制定也提到了非常紧迫的阶段，与城市总体规划工作紧密相关的《城市用地分类与规划建设用地标准》的修订工作也在住房和城乡建设部的要求下加紧进行。这次修订在是在落实新颁布的《城乡规划法》的要求和贯彻《关于贯彻落实国务院关于促进节约集约用地的通知》（国务院第199次会议）背景下进行的。

本次的修订，在指导思想上强调突出政策性，支撑新颁布的《城乡规划法》，体现城乡统筹、集约节约的原则，体现规划的公共政策属性；力求科学性，符合城市发展的一般规律，具有较长的适用期，满足城乡规划调查、规划编制、规划管理的要求；体现适用性，协调好现有的其他部门和规划有关规范，大中小城市均可使用，建制镇参照执行；具有灵活性，给地方制定相应的标准留有一定的余地。用地分类包括城乡用地、城市建设用地两大部分。城乡用地分类是首次提出，旨在考虑城乡统筹，加强市域范围内的土地管理。在具体分类上考虑了与土地部门用地分类的衔接。城市建设用地分类对原有的归类作了较大的调整，根据规划的公共政策属性和市场经济条件下政府需要管理的公共资源，在用地分类上突出了保障性住房、公益性服务设施等管理的要求等。

规划建设用地标准也分为城乡建设的用地标准、城市建设用地标准和单项城市建设用地标准三部分。城乡建设的用地标准重点调控市域范围内的建设用地管理，提高城镇土地的集约利用水平；城市建设用地标准的确定考虑了城市所处气候分区、城市规模等要素，综合考虑人均总用地标准。单项城市建设用地标准结合当前发展水平和未来小康社会建设的要求，调整了居住、交通、绿地等设施用地的人均水平，体现规划的引导性。

三、2009 年展望

（一）城市总体规划工作将更加科学与规范化

近日，住房和城乡建设部城乡规划司司长唐凯在接受记者采访谈到该司 2009 年重点工作要点时，对城市总体规划工作提出如下几点：

(1) 研究建立城市总体规划实施的定期评估制度，制定下发《关于开展城市总体规划评估工作的指导意见》。定期对现行城市总体规划实施情况进行评估，督促城市人民政府落实城市总体规划，保证总体规划确定的各项强制性内容和城市长期发展目标的有效落实，及时制止违反规划的建设行为，掌握城市发展变化的趋势和出现的新问题，适时修改规划或者优化规划实施的具体措施。

(2) 完善《城乡规划法》配套法规体系，抓紧制定《城市规划编制办法》等部门规章。

(3) 改革城乡规划编制方法，注重规划实施的可操作性。一是完成国务院交办的城市总体规划修编审查报批工作；二是修订《城市总体规划审查工作规则》，完善审查程序，突出审查重点，提高审查效率，强化公众参与；三是完善城市总体规划和重点专项规划编制内容和方法。开展《城市总体规划编制细则》以及《现行城市总体规划总结评估报告编制细则》、《市域城乡统筹规划编制细则》等研究工作。

相信这一系列部门规章制度的出台，将有效地推进我国城市总体规划工作的力度，保证其科学性、规范性的提高。

（二）审批工作将加快

2008年，国务院批复的城市总体规划只有一个《西安市城市总体规划（2008年—2020年）》，而今年截至4月底，国务院就已批复了《辽阳市城市总体规划（2001—2020）》、《无锡市城市总体规划（2001年—2020年）》、《拉萨市城市总体规划（2009年—2020年）》。因此，可以判断，随着《全国土地利用总体规划纲要（2006—2020年）》的发布，住房和城乡建设部有关审批工作的部门规章的制定与出台，多年来困扰城市政府和规划界的城市总体规划审批缓慢现象将有所改观。

（三）技术层面的探索仍会加强

2009年4月27日，中国城市规划协会网站公布了“2007年度全国优秀城乡规划设计奖”评审结果，经全国优秀城乡规划设计评选组织委员会组织专家进行专业评审、综合评审、公示和组委会会议审定，共评出优秀城市规划项目174项，其中一等奖13项，二等奖41项，三等奖80项，表扬奖40项。一等奖项目中城乡（市）总体规划类项目共4项，分别是《重庆市城乡总体规划（2007—2020）》、《拉萨市城市总体规划（2007—2020）》、《西安市城市总体规划（2008—2020）》、《天津市城市总体规划（2005—2020）》；二等奖项目中城乡（市）总体规划类项目共8项（包括两个新城规划）；三等奖项日中城乡（市）总体规划类项目共7项。

这次评优反映出我国城市总体规划在编制内容与技术方法方面的进步，“生态”、“文化”、“和谐”已成为这次获奖项目出现频率最高的关键词，这也是我国城乡规划工作指导思想转变的一个体现。这里值得一提的是《拉萨市城市总体规划（2007—2020）》，这个城市的规划由于其城市的特殊性，而受到世界的关注。由于其较强的独特性，也使这个城市的规划不能简单地套用常规的技术方法，其技术难度要比其他城市大得多。这次规划有针对性地解决拉萨市的实际问题，将先进的规划理念与拉萨的实践紧密结合。规划确立了“保持特色、保护文化、保障生态、科学发展”的规划理念，提出了建设“特色拉萨、人文拉萨、生态拉萨、现代拉萨”的发展目标，引入了交通分区、停车调控、高度分区、特色空间体系、经济性分析等创新性思路和多层次规划反馈互动的创新做法，充分运用遥感、GIS等先进的技术手段。但同时与拉萨实际的结合也上升到一个新的高度。广泛的公众参与、部门的全力合作、数十次工作座谈会、专题会议和审查会议的严格把关，本次规划充分体现了拉萨各有关方面的意愿，具有实实在在的可操作性。

《拉萨市城市总体规划（2007—2020）》获奖给我们的一个启示是，有针对性地解决城市发展中面临的实际问题，应该是一个“好规划”的核心。

另外，城市总体规划有关城乡统筹规划编制内容的研究与探索也将加快，《城乡规划法》提出了城乡规划的问题，如何破解城与乡的问题，如何城乡统筹，在规划编制内容上如何把握，已引起规划界广泛关注。住房和城乡建设部城乡规划司 2009 年工作重点也提到要“注重城乡统筹，以开展城市带动郊区统筹发展为切入点，研究走城镇化发展道路的多种模式，促进城乡统筹发展。重视县城乡规划工作的开展，研究县级政府城乡规划管理职能，研究并逐步建立城乡规划技术力量走进县的机制，总结推广适合县发展的城乡规划理论与应用技术。”

参考文献

[1] 中国城市规划设计研究院项目组. 太原市城市总体规划（2008—2020).

[2] 中国城市规划设计研究院项目组. 湘潭市城市总体规划（2008—2020).

[3] 中国城市规划设计研究院项目组. 北川羌族自治县新县城灾后重建规划（2008—2020).

[4] 中国城市规划设计研究院课题组.《城市用地分类与规划建设用地标准》研究.

[5] 住房和城乡建设部城乡规划司 2009 年重点工作. 城市规划，2009（3).

（撰稿人：杨保军，中国城市规划设计研究院总规划师，教授级高级规划师；张菁，中国城市规划设计研究院总工室主任，教授级高级规划师）

2008年控制性详细规划

2008年对我国控制性详细规划（以下简称控规）而言是不平凡的一年。借鉴国外“土地区划”的办法，结合中国的国情诞生于改革开放初期的控规，发展到今天虽然只有短短二十几年的历史，但其已成为了引导和控制我国城市建设发展最直接的法律依据。2008年1月1日起开始施行的《城乡规划法》，更是赋予了控规前所未有的法律地位和权威性，同时也给当前的控规工作带来了巨大的挑战。

一、主要进展概述

（一）《城乡规划法》的实施引发新一轮的探索

《城乡规划法》对我国城乡规划的编制和实施工作提出了新的要求，突出强调了增强城乡规划的公共政策属性，严格城乡规划修改程序，明确将公权力置于约束之下，其中共有11个条款涉及控规，主要涉及控规编制、修改及其在规划体系和城市建设工作的地位和作用等。

《城乡规划法》明确了控规是城市规划、镇规划实施管理的最直接法律依据，是国有土地使用权出让、开发和建设管理的法定前置条件。依法制定和实施控规是城市、镇政府的职责，是城乡规划主管部门一项重要的日常法定工作。任何地方不得以任何理由拖延或拒绝编制控规。控规一经批准，就对社会具有广泛约束力，城乡规划部门必须严格按规划实施管理，建设单位必须严格按规划实施建设，各相关利益群体必须服从规划管理。任何单位和个人不经法定程序，不得随意修改经批准的控规。新法在强调控规重要性的同时，对控规的修改与调整明确了几近苛刻的程序。因此一方面是非常高的法律地位和严格的法律约束，另一方面是目前控规编制的科学性与控规管理制度有待改善，原有的矛盾没有解决新的问题又不断涌现。控规的权威从何而来？今后的控规该如何适应新的变化？控规管理制度该如何完善？这些问题都亟待解决。由此，在全国各地引发了新一轮如何在城乡规划法指导下做好控规的编制、实施和管理工作的理论和实践探索。

（二）学术活动

中国城市规划学会于2008年9月在海滨城市大连召开了年会，期间分设了“控制性详细规划的问题和应对”自由论坛。来自全国各地的专家和学者带着自己的经验、教训、疑惑、问题共同交流与讨论。归纳起来此次讨论会内容可以大致分为三个方面：第一是经验交流与发表观点。如南京市规划局、北京市规划院、广州规划局以及天津渤海规划设计院等地同志的发言。第二是提出问题与系统思索。如来自东南大学两位教授的发言。第三是实践困惑、探寻答案。如来自山东淄博规划局、长沙市规划管理局、广东碧桂园房地产开发有限公司、河南焦作规划院、重庆市地理信息中心、沈阳市规划局、长沙市规划设计院、杭州规划编制中心等单位同志的发言。主要涉及以下问题与应对的讨论：

（1）控规自身的科学性问题。

（2）编制方法的科学化问题。

（3）修改的科学性问题。

（4）控制方式与公共政策的不适应。

（5）改革的合法性问题。

（6）控制指标的确定问题。

自由论坛中反映出的情况说明了当前我国控规的编制与管理中还存在各种各样的问题，不同职业的相关人员也都存在不同程度的疑惑。但通过论坛对热议问题的畅所欲言、激烈交锋，大家也在应该加强控规的科学性或者说理性方面达成了共识。正如论坛主持人朱嘉广先生最后总结所言：论坛的讨论非常成功，针对在工作中碰到的问题，以及工作中的研究和思考展开了广泛的交流。讨论的面非常广，从实际的操作到方法理论，从技术、经验到理念，大家都有很深的思考和探讨。与会者带着这些问题与思考，大家又回到各自的岗位进行新的探索。

2008年10月27日，由中国城市规划学会和江苏省城市规划设计研究院共同主办的“全国控制性详细规划学术研讨会”在古都南京隆重召开。本次会议的主题是“《城乡规划法》指导下的控制性详细规划”。来自全国各地的知名学者、规划师和管理工作者近300余人参加了本次研讨会。

本次研讨会学术报告分别由中国城市规划学会石楠秘书长和江苏省城市规划设计研究院副院长陈沧杰主持。石楠秘书长在开幕式上突出强调本次控规研讨会是新《城乡规划法》颁布实施以来第一次全国性的学术会议，在内容安排上更突出控规的规划实施与管理，希望能够从规划编制和规划管理两个层面交流经验，共同探讨控规如何贯彻新的《城乡规划法》、落实科学发展观、促进城市健康发展的有效途径。邹军院长代表主办方热烈欢迎与会专家和代表，并以“参与较早、研究较深、成果较丰、范围较广”等四个特点概括了江苏省城市规划设计研究院成立30年以来在控规方面取得的成绩和进展，表示规划师应当在新的历史时期更加积极探索控规发展的新理论、新方法、新技术，充分发挥其应有作用。随后与会专家就新背景下控规的编制、实施、管理等热点问题展开了广泛和深入的研讨和交流。学术报告内容分别为：

(1) 北京市规划委员会副主任邱跃："北京中心城控制性详细规划的实践与探索"。

(2) 广州市城市规划编制研究中心主任、教授级高级工程师吕传廷："广州市控制性详细规划的编制与实施"。

(3) 北京清华城市规划设计研究院副院长、高级规划师梁伟："控制性详细规划——编制方法与技术探索"。

(4) 深圳市城市规划发展研究中心教授级高级规划师："深圳市法定图则编制体制的新一轮探索"。

(5) 中国城市规划设计研究院高级规划师李江云："中等城市控制性详细规划编制的现实问题——以山东某市为例"。

(6) 南京市规划局规划处处长徐明尧："《城乡规划法》背景下对我国控制性详细规划执行与调整的思考"。

(7) 江苏省城市规划设计研究院副总规划师唐历敏："控制性详细规划经济性研究"。

(8) 上海同济城市规划设计研究院副院长、教授夏南凯："城市开发风险与控制性详细规划"。

作为重要的公共政策和城市空间资源配置的有效手段，控规怎样才能更有效地引导和控制城市建设和发展？会议研讨中不少专家对此进行了热议。邱跃提出"动态维护"理念非常重要。邱跃认为，城乡规划法的基本原则是先规划后建设，其实主要是指先编制控规才能建设。但是，城市规划的实施管理不仅仅是简单地执行城市规划，还需要根据各种影响因素的发展变动，去应对和解决不断产生和演化的各种矛盾和问题。因此，控规不管是编制还是实施，都是一个动态的过程。所谓对控规动态维护，就是根据城市经济和社会发展需要，针对规划编制中的不足和实施过程中出现的新情况，不断探索和研究，不断积累经验，在此基础上制定适宜的规范和程序，对已批准的规划不断进行细化和落实、调整和完善更新。动态维护不是随意的，对于规划可调整的内容，要严格依法按程序进行。动态是指控规编制和实施的状态，维护是指维护其基本原则，维护其科学性。控规编制和实施是不断修改和完善的动态过程，既不能随意也不能过于僵化。邱跃认为，问题的关键是要通过严格规范的程序和制度，坚持依法行政、以人为本，切实保障城市发展的长远利益、公共利益和整体利益，通过规划对空间资源的合理配置促进社会的公平和公正。

吕传庭则指出，规划的变动与调整已经成为一种常态，城市规划作为重要公共政策的属性日益突出，对规划方案进行调整未必不好，关键是要保证公共利益。仅靠严格的调整程序还是远远不够的，还应借鉴其他国家的经验，深入研究市场经济发展规律，制定相关配套政策，如制定对规划调整后所得收益的分配制度等，使规划既能促进经济发展，又能较好地保证公众利益。

徐明尧则认为，应建立编制、执行、调整一体的制度框架。控规的编制、执行与调整具有空间性和时间性的双重特点，这也就要求控规的实施必定是一个动态的过程，并且这种动态性绝不是通过大量的控规调整和一轮轮修编来实现，而应内生于控规编制、执行和调整制度本身的动态性和时效性。因此，只有建立控规编制、执行、调整一体的制度框架才能实现控规对城市发展适度超前的引导和有效管理的作用，才能实现控规由“被动调整”向“主动引导”转变。

梁伟在报告中指出，城乡规划法赋予控规重要职能，各城市纷纷推进控规全覆盖工作。然而，由于城市发展过程中固有的不确定性和变化性，使全覆盖面临进退两难的境地。怎么办？以北京新城控规的实践为例，梁伟提出的控规在编制中的应对策略是：空间上分层次，把握总体与局部协调控制；时间上分阶段，把握过程与深度配合推进。空间上分层次其基本策略是：引入分层概念，完善规划管理体系，强调全面落实总体规划确定的城市发展目标；着重体现对城市核心目标的量化落实等。所谓时间上分阶段其基本策略是：继承空间层次划分的技术思路，充分注意土地开发不同阶段对规划深度需求的差异性，强调规划设计深度与开发过程进度的有效匹配。

会上专家们认为：控规是现有城乡规划体系中的重要环节，能否充分体现其法律赋予的权威性并发挥作为公共政策应有的作用，达到预期的效果，还需要我们进行更多的探索，进行一系列的技术创新，以及观念上和方法上的变革与改进。

（三）学术论文

控规学术动态从 2008 年规划类核心期刊发表的主要论文（表 1）来看，可大致反映当前我国控规方面的学术进展情况。通过对这些文章的分类归纳，可以发现绝大多数的控规研究论文关注控规理论与编制方法的完善，其中相当数量文章关注《城乡规划法》实施背景下控规理论、编制方法及管理制度的新探索；其他关注点还有不同类型（具体案例）控规编制方法的探讨、控规与生态可持续、新技术的应用及与风景区规划等方向的结合研究。另外文章还涉及控规指标调整，控规的适应性和时效性的分析评价及如何在控规中关注公众利益等等方面的研究。论文中不少观点切中时弊，针对性强，体现了作者辨视现实问题的洞察力和理论思维的敏锐性。一些作者的学术观点在后文将有所阐述。

规划类核心期刊关于控制性详细规划研究的主要学术论文情况　　表1

文章名称	作者	期刊
权威从何而来——控制性详细规划制定问题探讨	张泉	城市规划，2008（2）
广州市控制性规划导则实施评价研究	姚燕华等	城市规划，2008（2）
控制性详细规划指标调整工作的问题与对策	李浩	城市规划，2008（2）
《城乡规划法》之后的控制性详细规划——从科学技术与公共政策的分化谈控制性详细规划的困惑与出路	颜丽杰	城市规划，2008（11）
控制性详细规划：问题与应对	段进	城市规划，2008（12）
关于控规“热”下的几点“冷”思考	李咏芹	城市规划，2008（12）
控制性详细规划编制的若干动态与思考	王骏、张照	城市规划学刊，2008（3）
生态安全约束下的城市规划方法与实践——以海南大灵湖地区控制性详细规划为例	邢尚青等	规划师，2008（1）
国家森林公园控制性详细规划初探——以南澳黄花山国家森林公园为例	霍诗雅等	规划师，2008（2）
都市区边缘风景地区控制性详细规划研究——以宁波波鄞州它山片区为例	陈烨等	规划师，2008（9）
从控规的控制功能谈规划管理单元的新探索——以温州市规划管理为例	段丙庆等	规划师，2008（12）
DEM在山地城市控制性详细规划中的应用	吴波等	规划师，2008（9）
控制性详细规划实施评价方法探讨——以上海市浦东新区金桥镇为例	陈为杰等	规划师，2008（3）
合理容积率确定方法探讨	咸宝林等	规划师，2008（11）
完善控制性详细规划编制的若干探讨——基于广州番禺区控规编制的检讨	柏巍	现代城市研究，2008（3）
控制性详细规划编制方法的新探讨	相秉军、顾卫东	现代城市研究，2008（10）

（四）控规编制和管理实践

近年来，由于控规工作面广量大，许多城市都在2006版的《城市规划编制办法》基础上，针对各地情况相继颁布了控规编制引导或技术规定，形成了一套具有地方特色的控规编制和管理办法。其中深圳、上海、广州、南京、安徽、江苏等地关于控规编制的探索起步较早，控规编制和管理的体系也较完整。另外，从全国控规的实践发展来看，当前形成了几种控规制度类型：深圳类型（法定图则，法律程序，控规立法）、上海类型（控制性编制单元，“二级政府、三级管理”）、成都类型（通则规定，类似美国区划）、广州类型（分区控制，控规省级立法）、北京类型（动态维护，判例式调整）等。

各地控规编制和管理实践的核心问题主要体现在如何落实控制内容以及如何解决控规的适应性和时效性。控规如何体现承上启下，最需要控制哪些内容？以及如何实现有效控制、依法调整和科学管理？是控规应重点解决的问题。各地控规实践的差异主要在于对以上问题的不同解决途径上，比如，上海、广州和南京三地都有类似规划编制单元的级别划分作为控规编制的基本单位，但其规模、涉及的规划内容等都有较大差异。三个城市的控规编制和管理各有特色。上海市增加了编制单元规划作为控规编制的依据，能较好地落实上位规划的控制要求。广州市通过法定、管理两层体系以及街坊控制，使得控规具有很强的灵活性和适应性，但同时也对规划部门的管理能力提出了更高的要求。南京市则更多地针对地方实际，从研究、深化具有地方特色的控制内容和编制办法入手，是我国大部分城市编制控规时的常见模式。

《城乡规划法》实施后，控规的“权威性”和“刚性”明显强化，现行控规控制体系及方法的科学性和控规管理的规范性都亟待加强。以往一些城市采取公布一套法定规划，另有一套对应的规划属于管理部门内部掌握控制的依据，不正式公开公布，这种做法需要更改；尤其对控规调整和修改，必须严格依照法定程序进行。因此广州、安徽、江苏等地对已实施（试行）的控规编制引导或技术规定的实施情况进行了评价研究，总结在实践操作中的不足和思考，征求意见并准备着手修订。此外，为了保障城市总体规划的有效实施，加强对控规工作的管理，浙江省政府已于 2008 年 2 月 18 日颁布实施《浙江省城乡规划备案审查办法》，明确将控规列入备案审查范围。《备案办法》对备案审查适用范围，备案材料报送时限、报送内容，备案审查程序、审查内容，备案审查意见采纳、结果公布等做出了详细规定。

二、控规的创新探索

控规在新法背景下如何适应快速城市化发展的需要，体现其应有的公共政策属性，同时兼顾市场多变的需求，各地都在积极地创新探索。

一是体现在规划编制技术的创新，从技术体系和技术方法两方面反映：

(1) 技术体系创新：重点研究解决控规指标体系构建问题，研究控规指标的内容、赋值方法和管理要求，解决控规科学性、合理性、适用性问题。例如广州建立宜居城市规划控制指标体系，重点提高公共服务设施建设标准，全面提升市政基础设施标准和提升城市绿化环境品质等。为了切实提高控规编制的科学性、可操作性，江苏省城市规划设计研究院目前开展了控规经济性分析的课题研究，将经济分析与城市规划有机结合，注重控规中经济性要素的分析，通过对不同类型控规经济性分析程序、内容框架的界定，明确控规中经济性分析的技术方法。深圳逐步完善了控规技术政策支撑体系，相继出台了《深圳市城市规划标准与准则》修订版、《深圳市法定图则编制技术指引》、《深圳市地下空间开发利用暂行办法》等一系列法规。

(2) 技术方法创新：主要是充分利用计算机系统技术进步提供的先进平台，从城市规划编制和管理的需求出发，全面更新规划编制和管理的技术平台，实现规划成果的系统化管理、量化分析、综合维护，提高规划管理的科学性、综合性和准确性。如北京清华城市规划设计研究院强调控规编制必须走出将计算机作为简单绘图辅助工具的CAD时代，结合控规体系的完善建立服务于城市规划行业的设计、评估、管理系统，改良规划师的“武器”；重点研究了控规编制的工具系统（城市设计三维虚拟演示到控规指标的空间模型数据转化系统和控规图则自动生成与管理系统）、基于GIS的辅助分析系统（城市静态设施布局评价与可达性分析系统，基于控规的交通动态仿真系统和城市基础设施用地与管线布局辅助设计和评价分析系统）和控规实施维护与管理系统等方面，提升了工作效率和质量。

二是体现在规划管理和编制的机制创新，旨在通过规划管理和实施需求角度反馈，规划管理部门和规划编制部门合力研究，解决控规编制、审批、实施中的各种新问题。如深圳、广州等城市实行的“一张图”管理模式，它是“基于城市规划编制和管理要求，综合反映最新城市建设现状、最新规划成果和最新规划管理行政审批信息，具备动态更新机制的、简明易用的城市规划信息共享平台”；同时形成了“块块规划”的动态修订机制（“打补丁”）和“条条规划”的技术协同机制（“一图多层”）。北京在规划实施过程中探索了动态维护工作机制，它对城市规划加以不断地优化和完善，是一种动态规划的过程。南京等城市正积极建立控规编制、执行、调整一体的制度框架，从而保证控规对城市发展适度超前的引导和有效管理的作用，实现控规由“被动调整”向“主动引导”的转变。

三、面临的热点与问题

(1) 战略性、全局性规划与实施性规划脱节。不少专家认为，当前概念规划、总体规划确定的城市长远发展目标缺乏中观层次规划的分解，在目前城市建设发展的大形势下，由于重点项目建设要求、局部地区发展需要、基层参与规划需求带来的控规编制和调整常常涉及对总规的调整需求，目前尚缺乏宏观层面的分析调控和反馈机制。

(2)《物权法》对物权的规定，以及物权法定、保护公共利益、平等保护物权等原则，对控规的制定、调整提出了新的要求，有学者提出对物权的合法保护与终结蓝图式规划实施间的矛盾成为控规面临的一个现实问题。

(3) 控规编制技术不完善，规划建设标准偏低。多数城市存在的一个突出问题是城市规划建设标准偏低，在人均道路面积、建筑间距、建筑密度、绿地率等方面的控制指标偏低，部分技术控制要求不合理。特别在旧城区，一定程度上造成了旧城区道路交通阻塞、局部地区人居环境较差等问题。不少专家们认为：只有提高标准，规划好，才能建设好、管理好。

（4）控规的公共政策属性已被业内接受，但控规如何向公共政策转变缺乏系统的思考。目前的控规从内容与控制方式上不像公共政策而更像一个技术文件，控规制度的完善相当程度上仍停留在编制内容的完善上。充分认识控规的本质，并从科学技术与公共政策的分化来探讨控规的变革，使控规更适合公共政策的要求还需不懈的探索。

（5）控规指标调整要求的出现，体现出市场经济条件下城市建设的不确定性和以终极蓝图式的规划理想之间的矛盾，是市场经济条件下“自下而上”的城市开发建设活动对建设控制管理的反馈。其中容积率作为控规的强制性指标是指标调整的关键性要素，一直是开发商与规划管理部门的博弈焦点，擅自改变容积率也是某些政府官员经济犯罪的重要原因之一。从目前实际的控规编制过程看，我们不得不承认确定容积率随意性较大；真正起作用的还是空间形态分析，而经济效益、环境效益分析往往可有可无，或者仅流于形式。确定合理容积率的技术手段在理论上和可操作性方面仍存在一些问题，如何优化和改善迫切需要一种系统的、可操作性强的确定容积率的方法，应当把从空间形态、环境效益与经济效益三个角度分析确定容积率的方法统一起来。有学者提出可以进一步对容积率有关概念进行辨析、界定并提出一种确定容积率的综合模型，在此基础上结合不同用地具体分类，通过分析线路和交集运算，最终达到确定控规中控制地块容积率的目的。通过这种方法体系确定规划控制地块的容积率反映到控规图则中有合理容积率（区间）和标准容积率；由此规划管理中既可以凭借合理容积率控制容积率上下浮动的范围，又有体现城市设计意图的标准容积率的引导，有助于实现规划管理中对规划容积率控制的刚性与弹性结合、控制和引导并举的目标，以使规划更好地适应市场需求。

（6）规划编制和管理的观念错位，“重管理、轻编制”。因为控规编制的科学性不够，精细化程度不深，规划成果的实施性不强，导致规划管理中对控规法定性认识不够高；主要还依靠“经验管理”，造成规划管理随意性较大、审批时间较长等问题。一些专家和学者认为在新法背景下，从规划管理角度控规存在挑战：①控规编制科学性不足与规划成果极高法律地位的矛盾。《城乡规划法》进一步强化了控规的法定地位，“高位审批、严格执行、严控调整”无疑需建立在控规具有切实的科学性和可行的操作性基础上。②复杂的执行和调整情况与严格单 调整程序的矛盾。2006 年实施的《城市规划编制办法》中，对控规的内容要求涉及 6 方面。其中，明确控规中各地块的主要用途、建筑密度、建筑高度、容积率、绿地率、基础设施和公共服务设施配套规定应当作为强制性内容。概括地讲，现有规划编制办法中的控规内容至少涉及十余项要素。在执行过程中，每种要素都可能有大、中、小多种幅度的调整，还有很多种组合。仅以道路红线的调整为例，不同等级道路，不同调整幅度区别很大。因此，大量项目走《城乡规划法》要求的规划修改程序，将带来行政效率的下降，并不利于规划权威确立，从规划编制角度如何应对这些问题值得进一步探讨。

四、展望

《行政许可法》、《物权法》、《城乡规划法》等一系列法规的实施和修订，使城乡规划工作面临深刻的变革，控规的未来发展规划师任重道远。尤其是《城乡规划法》给予了控规强有力的法定权威地位，同时也给当前的控规工作带来了严峻的挑战。这个挑战既包括理念、技术、组织，也包括财力、人力、制度。在新的形势下规划部门应知难而进、变挑战为机遇，改变观念，勇于创新，积极探索新问题。进一步改进和完善控规工作，应着重关注以下问题：

随着我国经济体制的转变，政府在社会中所扮演的角色也由管理者逐渐向服务者转变，这就要求控规工作应主动适应政府角色的转化，从根本上改变工作方式。控规中公众参与问题需作实质性和可操作性的探讨，公众参与如何组织与引导、公众意见的公正性和代表性如何判定、公众如何参与到控规决策之中等实际问题值得深入研究。

《城乡规划法》实施使控规法制化需求显得比以往更为必要。要积极探索适合我国的控规立法原则、形式与内容，努力推进控规的法制化进程。应结合我国的国情，有针对性地借鉴发达国家的经验，探索出一套切实可行、有实际成效的改革办法。在强化完善控规编制技术、增强科学性的同时，我们应当进一步加强对产权地块层面的认识和研究，将控规地块与产权地块衔接，明确控规的法律客体。要研究解决控规立法程序及审批的复杂化与控规时效性的矛盾。此外，应加快建立完善的监督管理体制，保证控规编制、审批程序操作规范化；强化控规全过程的公众参与、滚动调整和不断完善反馈的机制。

控规应更关注社区和民生。市、区级公共服务设施由于规模大，容易作为强制性控制指标和要素的形式确定下来。但社区级服务设施规模较小、种类多，虽然有国际标准所规定的配套标准作为依据，但容易被化整为零，逐一落空。因此控规编制应更关注确保关系民生的社区级公共服务设施。同时应重视完善控规与其他相关规划的系统性，必须在规划编制阶段加强控规与上位规划和其他相关规划的整体系统协调，把规划的实施管理要素系统地、完整地、统一地在控规中进行确定，提高规划的可行性，从而保证规划的权威。

为了有效促进控规编制质量的提高，在当前情况下有必要建立和完善控规审查制度，专门审查制度应明确审查内容，严格控规成果质量把关。应注重控规实施过程中的跟踪管理，可借鉴新加坡和中国香港的规划管理制度，明确法定规划编制的责任主体，尝试建立责任规划师制度。

应切实加强镇政府组织编制控规的能力。设市城市控规编制已经相当普遍，但面广量大的建制镇绝大部分尚未开展此项工作。因此，需要因地制宜地探讨镇人民政府组织编制规划的任务、方式。上级城乡规划部门应加强组织，做好对镇规划人员的培训、指导工作。

此外，针对十七届三中全会的“加快农村发展、改革农地流转制度”的精神，控规应特别认真研究应对，尤其是对中小城镇的规划建设应未雨绸缪，加强控制。同时，结合汶川大地震的教训，控规如何从规划编制角度避免城市开发可能遇到的生态、经济和社会风险也应引起规划师认真思考。

参考文献

[1] 中国城市规划学会，江苏省城市规划设计研究院．全国控制性详细规划学术研讨会会议纪要，2008.

[2] 张泉．权威从何而来——控制性详细规划制定问题探讨．城市规划，2008（2）.

[3] 段进．控制性详细规划——问题与应对．城市规划，2008（12）.

[4] 颜丽杰．《城乡规划法》之后的控制性详细规划——从科学技术与公共政策的分化谈控制性详细规划的困惑与出路．城市规划，2008（11）.

[5] 王骏，张照．控制性详细规划编制的若干动态与思考．城市规划学刊，2008（3）.

[6] 咸宝林，等．合理容积率确定方法探讨．规划师，2008（11）.

[7] 李兆汝．控制性详细规划在动态中维护刚强．中国建设报，2008-11-04.

（撰稿人：陈沧杰，江苏省城市规划设计研究院副院长，教授级高级城市规划师）

2008 年历史文化名城保护规划

2008 年注定是不平凡的一年。我们经历了“5·12”汶川地震的考验，并成功举办了有史以来最大规模的奥林匹克运动会。在这个背景下，我国的历史文化名城保护工作也同样面临了历史性的机遇。

新的《城乡规划法》于 2008 年 1 月 1 日施行，保护自然和历史文化遗产、保持地方特色和传统风貌成为规划法重点强调的内容。同年 4 月国务院又批准颁布了《历史文化名城名镇名村保护条例》，并于 7 月 1 日正式施行。《历史文化名城名镇名村保护条例》对历史文化名城、名镇、名村的申报和批准以及保护规划的编制、审批和修改作出了规定；确立了对历史文化名城、名镇、名村实行整体保护的原则，强化了政府的保护责任，规定了严格的保护措施，明确了在保护范围内禁止从事的活动，重点加强了对历史建筑的保护；并对历史文化名城、名镇、名村造成破坏的行为，设定了严格的法律责任。这部前后经历了十多年酝酿才得以面世的条例，尽管还有不少不尽如人意之处，但终究标志着在改革开放 30 年间，中国的历史文化名城保护工作不仅从无到有，而且已经进入到一个新的历史阶段。

一、名城名镇名村保护领域认识的发展

作为我国文化遗产保护的里程碑式文件[1]，《历史文化名城名镇名村保护条例》从整体上确立了我国历史文化名城、名镇、名村保护的原则是“科学规划、严格保护”，并将多年来我国保护规划理论和实践方面的成熟经验上升为法规条文。要保护好名城、名镇、名村的历史文化价值，就要保持和延续其传统格局和历史风貌，就要维护好历史文化遗产的真实性和完整性，就要做好物质性和非物质性要素保护并重，就要正确处理保护与发展的相互关系，这四个方面正是“科学的”规划和“严格的”保护所必须遵循的底线，也正是经过 20 多年探索所形成的符合我国发展实际的保护规划的基本章法。

深入到《条例》的背后，可以认识到《条例》对名城、名镇、名村的重要性和独特性的基本定位。首先传统格局和历史风貌被视为其历史文化价值的集中体

---

[1] 仇保兴. 在第四批中国历史文化名镇名村授牌仪式暨历史文化资源保护研讨会上的讲话，2008 年 12 月 23 日.

现，保护历史文化名城、名镇、名村，则必须保护其传统格局和历史风貌。所谓传统格局是指历史上形成的由街巷、建筑物、构筑物本身特征结合自然景观构成的布局形态；而历史风貌是指反映历史文化特征的城镇、乡村景观和自然、人文环境的整体面貌❶。可见，自然环境与景观的保护与历史文化名城、名镇、名村本体的保护是不可分割的，是体现真实性和完整性的必需，没有环境，真实性和完整性便无从谈起，因为在与自然环境的关系当中蕴涵着有关名城名镇名村独特性的大量信息。其次，在物质性要素的保护之外，非物质文化遗产作为传统文化的表现形式，其保护和传承不仅包括了精神层面的活动、习俗、传统知识和技能，而且还包括了与上述传统文化表现形式相关的文化空间。这些非物质要素创造并形成了独特的环境空间，成为当下名城、名镇、名村的社会、经济、文化发展背景，因此保护好这个文化的环境背景，才能使非物质文化遗产得到有效、永续的传承。在这个意义上，这部《历史文化名城名镇名村保护条例》所坚持的环境观，与2005年《西安宣言》所倡导的环境（Setting）观一脉相承。

近年来，无论是国际上还是国内，文化遗产保护运动的开展较以往更加积极活跃。对于文化遗产的理解无论在内容上、认识上还是保护方法上，与过去相比都有了长足的发展。“文化遗产”的概念，无论是规划界还是文物界的工作者，已经普遍接受和使用，这渐渐从根本上影响到名城、名镇、名村保护规划工作的内容和深度。在《条例》第八条中，保护对象除了过去明确的历史文化街区和不可移动文物外，增加了“历史建筑”的内容。之所以在名城、历史文化街区、文物保护单位三个层次基础上扩展了保护内容，与近些年文化遗产保护理念的变化不无关联。

无独有偶，在国务院决定开展的第三次文物普查中，提出通过第三次文物普查，准确掌握第二次全国文物普查以来不可移动文物的实际变化情况，将“新的文化遗产品类”纳入普查范围，予以认定登记，依法进行保护❷，相对于20世纪50年代和80年代的两次文物普查，对文物的认识基本突破了原来观念和认识的局限。

我们注意到，第三次文物普查涉及的不可移动文物类别包括古遗址、古墓葬、古建筑、石窟寺及石刻、近现代重要史迹及代表性建筑等6大类59个小类，对具有典型价值的乡土建筑，近代工业建筑、金融商贸建筑、文化教育和医疗卫生建筑，近代水利设施、林业设施、交通道路设施、军事设施，以及各种风格、流派、形式的近现代代表性建筑，要求在普查中“给予特别的关注”。在过去文物古迹（建筑）保护的基础上，各类各时段上的城市规划与建设的遗存，以及多类型的建筑也成为文化遗产保护的新内容。众所周知，其中不少内容的研究在过

---

❶ 国务院法制办农业资源环保法制司，住房和城乡建设部法规司、城乡规划司编．《历史文化名城名镇名村保护条例》释义．北京：知识产权出版社，2009：25.

❷ 陈至立国务委员在第三次全国文物普查电视电话会议上的讲话，2007年9月17日。

去的很长一段时间里，还仅仅是一些建筑与规划专家个人的研究兴趣，而今天，文化遗产保护理念的深入与拓展，直接影响到保护对象的选择和理解，文物普查工作如此，保护规划工作也是如此。在历史文化名城、名镇、名村的保护规划实践当中，保护对象的选择和确定已经有了很大的发展，第三次文物普查中要求“给予特别的关注”所指的建筑，往往就是名城保护规划已经高度关注的“历史建筑”的内容。总之，如果没有对文化遗产认识和理念上的变化，没有从制度上确立文化遗产的深刻内涵，近年名城、名镇、名村保护规划实践拓展和深入是很难想象的。

二、保护领域立法工作的进展

随着国务院颁布施行《历史文化名城名镇名村保护条例》，落实条例精神、完善保护制度的各项立法和制定政策工作在中央和地方积极展开。住房和城乡建设部有关历史文化街区、名镇、名村的保护规划编制办法和管理办法在2008年全面启动，针对城市申报国家历史文化名城的工作规程和标准也在研究当中。

有关历史文化名城保护的地方立法实践活动非常活跃。有些城市的相关立法和政策制定逐步系列化。例如无锡市，继2006年12月市政府审议通过《无锡市历史文化名城保护办法》后，2008年11月21日又颁布了《无锡市关于加强历史文化街区（名镇）保护和利用的实施意见》。在这份文件中，提出建立五大历史文化街区（名镇）保护性修复工程领导小组和历史文化街区（名镇）保护性修复工程协调机制，加强历史文化街区（名镇）保护的制度建设，根据各历史文化街区（名镇）实际，一街一策，制定相应的保护、利用、管理规章。

地方名城保护行政主管部门在当地政府制定的文件和办法的基础上，根据实际需要，制定针对具体问题的措施和技术规定。例如北京市有关部门针对北京旧城环境整治的工作需要，制定了相关配套政策和技术要求，主要包括《关于落实2008年旧城内历史风貌保护区整治工作的指导意见》、《北京旧城房屋修缮与保护技术导则》、《关于旧城历史风貌保护区内平房及胡同整治市政府投资管理有关问题的通知》等文件。而杭州市房产管理局2008年在出台《杭州市历史文化街区和历史建筑保护办法》和《杭州市历史建筑保护利用规定》的基础上，起草了《关于历史文化街区历史建筑保护工作中若干问题的通知》，目前已报请市政府批转执行，而且起草编制了《杭州市历史建筑保护修缮技术规程》，并正在通过程序，使之成为省级地方标准，以更好地规范杭州市历史建筑的修缮设计和施工。

地方法规文件也更加重视法律责任的界定，并明确了处罚规定。如《沈阳历史文化名城保护条例（草案）》中，不但对各种违法建设行为和破坏行为的处罚金额作出了规定，还明确了国家机关及其工作人员将被给予处分和追究刑事责任的行为。

总的来看，2008年前后各地方出台的与历史文化名城保护相关的法规文件和部门规章，与之前的一些地方法规条例相比，更加注重实际操作性。地方政府和职能部门保护历史文化遗产的决心和力度更大，在实际工作当中希望更加切实地维护保护工作的严肃性和权威性，这些努力相信不久的将来会取得成效。

三、保护规划实践的推进

（一）奥运背景下的北京历史文化名城保护

2008年北京奥林匹克运动会是世界盛事，更是北京这座历史文化名城经历的空前盛事。北京结合“人文奥运”的战略，在旧城保护工作中坚持“积极保护”的原则，把旧城历史环境保护和公共空间整治相结合，积极发展文化事业和文化、旅游产业，增强旧城活力，极大地推动了北京旧城的保护和整治工作。

2007～2008年北京实施了新中国成立以来最大规模的旧城房屋修缮和街巷整治工程。值得关注的是，北京在旧城保护和环境整治的方式方法上与以往有很大不同。过去“推进危旧房改造”中推倒重建的做法，改为“小规模渐进式有机更新和微循环参与式保护修缮”的工作方法。

北京采取了“政府主导、财政投入、居民自愿、专家指导、社会监督”的方式，把胡同环境整治和四合院修缮相结合，把房屋修缮与胡同市政基础设施条件改善相结合，并在《关于落实2008年奥运会前旧城内历史风貌保护区整治工作的指导意见》及《北京旧城房屋修缮与保护技术导则》等规范性文件指导下开展修缮工作。值得关注的是，为避免大拆大建和保护居民利益，修缮工作拒绝开发商介入。通过这种途径，较好地维护了旧城历史文化街区的传统风貌，而且旧城居民的居住环境条件也得到切实的改善。修缮工作根据不同情况，对居民自建房采取统一规整待条件成熟后再逐步拆除或直接拆除两种方式，改造院内整体环境，还对居民的厨房、卫生间按标准进行改造，实现水电一户两表并且上水、下水、电话、有线电视等入户，有条件的地区，电力、电视、电信的缆线入地，并对房屋的墙体和门窗采取节能保温措施等。

截至2008年年底，东城、西城、崇文、宣武等四个城区共修缮整治了44条胡同，1 954个院落，涉及居民10 576户，疏散居民近3 000户，超额完成年初制订的计划。实现了修缮房屋、疏散人口和改善居住条件三者的有机结合。按照这样的思路，北京希望今后2～3年内实现旧城内无危破房屋的目标（陈刚，2008年）。❶

在规划方面，北京市对于历史文化街区的保护和整治规划作出了多种有意义的探索，例如东城区的南锣鼓巷历史文化街区，把空间环境保护整治与社区引导

---

❶ 刘月月. 北京：古城老居旧貌焕新颜. 中国建设报，2008-12-11.

下的传统商业和创意文化集市相结合，形成具有特色的历史文化街区；西城区的什刹海历史文化街区，把公共空间环境的整治与历史文化资源的保护相结合，形成具有景观特色和人文氛围的历史街区；宣武区的大栅栏地区，通过对传统商业街综合环境品质的提升，推动传统商业的复兴和持续历史街区的活力。其中在什刹海历史文化街区内，过去曾制定了《什刹海历史文化保护区历史环境保护与整治"人文奥运"三年规划（2005—2008）》，规划"追求不动声色，不事张扬，将历史的文脉悄然延续"的技术境界❶，并通过专题研究的方式，在环湖滨水地区、烟袋斜街、地安门外大街以及银锭桥周边等地区逐年落实规划，取得了不少小规模渐进式有机更新的经验。

总之，2008年北京在旧城历史街区保护与修缮工作中，工作重心和政策导向出现了一些变化❷，这其中的原因不仅是出于向世人宣示北京"人文奥运"的理念和思想，也是城市决策者在经历了长期旧城保护和更新的工作探索后对于经验教训的总结和反思。

（二）"5·12"汶川地震后的保护与重建

2008年5月12日汶川发生8.0级特大地震，是新中国成立以来破坏性最强、波及范围最大、救灾难度最大的一次地震。汶川地震使一批国家级和省级的历史文化名城名镇名村遭受程度不同的损失（名单见表1），一大批传统羌族民居受到不同程度的毁坏，如汶川雁门萝卜羌寨房屋全部垮塌，列入世界文化遗产预备名录的羌藏碉楼部分垮塌❸，此外，汶川县西羌第一村、布瓦群碉和瓦寺土司官寨、都江堰市西街、什邡市罗汉寺和鼓楼街等历史文化街区损失也极其严重。

地震灾区名城名镇名村的分布情况❹ **表1**

项目		合计	四川	甘肃	陕西
历史文化名城	国家级	2	都江堰、阆中		
	省级	10	绵阳、什邡、松潘、汶川、广元、江油、绵竹、广汉、剑阁		勉县
历史文化名镇	国家级	2	安仁、老观		
	省级	9	昭化、孝泉、衔子、怀远、元通、安顺场、郪江、青莲	碧口	
历史文化名村	省级	1		杨店村	

❶ 边兰春. 怀旧中的更新、保护中的发展——北京什刹海地区历史文化景观的保护与整治. 未刊稿，2008.

❷ 边兰春. 怀旧中的更新、保护中的发展——北京什刹海地区历史文化景观的保护与整治. 未刊稿，2008.

❸ 四川省地震灾后非物质文化遗产抢救保护与恢复重建规划纲要，2008.

❹ 资料来源：国务院. 汶川地震灾后恢复重建总体规划，2008-09-19

地震灾区非物质文化遗产同样损失严重。据四川省的统计，非物质文化遗产代表性的传承人遇难12人；截至2008年6月上旬，已公布的国家级非物质文化遗产名录中四川省有105项，其中26项严重损毁；非物质文化遗产专题博物馆、民俗博物馆、传习所等文化遗产展示空间损毁严重，大量文物和羌文化档案资料被埋或严重毁坏；羌族文化赖以生存的生态环境遭到严重破坏，部分处于半山、高半山的羌族民众被迫离开了自己的家园。

1. 恢复重建规划中对文化遗产保护的高度重视

地震发生后，住房和城乡建设部仇保兴副部长就做出指示：地震发生地有着丰富的自然和文化遗产，要求高度关注地震灾区文化遗产的保护问题。5月14日中国城市规划设计研究院向住房和城乡建设部迅速提交了《5·12汶川地震波及地区文化遗产资源分布状况的报告》。

2008年5月18日，在住房和城乡建设部城乡规划司的统一部署之下，多个规划单位奔赴灾区开展恢复重建规划工作，其中一项紧迫的任务就是全面调查灾区历史文化名城名镇名村受损情况，并且针对震损情况，迅速制定规划对策。在经国务院2008年9月19日批准公布的《汶川地震灾后恢复重建总体规划》中，历史文化名城名镇名村保护的内容在“城镇建设”一章中占有突出地位。该规划强调“历史文化名城名镇名村的恢复重建，要尽可能保留传统格局和历史风貌，明确严格的保护措施、开发强度和建设控制要求”；“历史文化街区内受损轻微、格局完整的建筑，应对重点部位进行加固或修缮；确需重建的，其外观要延续传统样式，尽可能利用原有建筑材料或构件”；“恢复重建历史文化街区内损毁的现代建筑，应与整体风格相协调”；“对拟申报国家级、省级历史文化名城名镇名村的，应在恢复重建中切实保护其历史文化特色和价值”。由此可见，对于文化遗产保护的重视是前所未有的。文化遗产的保护已经成为我国城市建设的理性决策的一个重要组成部分。

2. 恢复重建过程中典型的保护规划实践

(1)《北川5·12特大地震国家级遗址博物馆及震灾纪念地规划研究》

这项实践属于针对新的文化遗产类型进行的保护规划探索。

2008年5月22日温家宝总理做出在北川要建立地震遗址博物馆的指示后，中国城市规划设计研究院于2008年5月24日在北川县委县政府的配合下，主动开展了“北川5·12特大地震国家级遗址博物馆及震灾纪念地规划研究”工作，就北川地震遗址的价值、定位等重要问题进行研究，明确了规划原则和功能区划，以及保护与展示方面的主要构思。

规划认为，北川地震遗址博物馆及震灾纪念地的内涵是非常综合的，第一时间应对北川县城地震遗址加以完整的保留，划定永久的地震遗址保护区，将使之成为一处融精神价值、科学价值、文化价值、教育价值为一体的自然与文化遗存。北川县城地震遗址可作四个方面的定位：一是北川“5·12”大地震震灾纪念地；二是全国爱国主义教育基地；三是世界级地震遗迹博物馆，国家地震灾害科普教育、展示和研究基地；四是具有世界文化遗产价值的场所。地震遗址博物馆规划和建设应当坚持的原则包括：真实性和完整性原则、安全性原则、区域协调性原则、关爱人性的原则、展示手段多样性原则、遗址维护的可逆性原则、节约原则。

规划提出，北川地震遗址博物馆及震灾纪念地可以建成以北川县城地震遗址为核心，以纪念“5·12”特大地震死难者、颂扬抗震救灾英雄事迹、展示人性光辉为主要内容的露天博物馆和纪念地，有四个功能区，包括地震遗址保护区（原北川县城建成区范围）、抗震救灾纪念区（以北川中学遗址为中心的任家坪地区）、管理服务区和以保护周边山体为内容的环境保护区。

这份规划研究报告最早针对北川地震遗址博物馆的规划建设作了较好的基础性研究，得到住房和城乡建设部、国家文物局等领导的肯定，并为后来其他有关方面开展的地震遗址博物馆规划设计提供了一定的帮助。

（2）《禹里历史文化名镇保护规划》

这是一项拯救濒危古镇、实施抢救性保护的规划实践。

禹里是北川县1953年前的治所，是大禹的出生地和纪念地之一，羌族聚居地，红军长征途中建立的革命根据地之一。1953年后成为禹里乡的场镇，迄今仍具有较为完整的历史价值、科学价值和艺术价值。虽然地处“5·12”汶川地震的极重灾区，其命运与北川县城曲山镇的命运迥异：老街外20世纪70年代以来建成的砖混多层建筑破坏严重，长度1 000余米的木构老街基本完好，全场镇人员伤亡只有40余人，只是后来唐家山堰塞湖造成湔江洪水淹没部分镇区。

2008年7月22日至25日，中国城市规划设计研究院调查北川风景资源的现场工作组发现古镇面临整体拆除的威胁，通过与绵阳市委市政府等多方沟通，乡里放弃了大拆大建的决定。同年9月下旬，中国城市规划设计研究院名城所深入禹里乡，通过实地踏勘、寻找年长乡民口述历史、入户访谈、历史文献整理等手段，发掘认识禹里历史文化价值，重新拼合出古镇的历史格局，通过保护规划来恢复传统的空间秩序，力求解决好灾后重建、历史文化保护、长远发展三者的关系。

保护规划提出“保护第一”的发展理念、“新旧分离”的重建布局方针、街区保护和过冬安置相结合的近期措施，以及以文化旅游为核心的场镇发展目标，不仅首先明确大规模重建的空间布局，而且理清老街在乡民过冬安置中的作用，强调利用灾后重建的难得机遇，重新恢复和再现古城人工与自然完美融合的整体历史风貌。[1]

---

[1] 中国城市规划设计研究院名城所. 禹里历史文化名镇保护规划，2009-4.

保护规划针对禹里现实需要，突破以往保护规划的技术内容，研究古镇整体的土地使用和空间布局结构，使当前急于落实的重建项目各得其所；从用地格局和道路交通方面理顺保护与建设的关系；探寻古镇之外的山水格局与众多历史文化遗存的内在关系；并围绕过冬安置的问题，选择恰当的干预措施，为政府和居民在传统木构建筑的整修中提供方便、易懂的技术指导手册，得到很好的收效。

(3)《四川都江堰泰安古镇灾后重建规划》

这项规划实践在如何引导和规范古镇居民自建方面作出了有益的探索。

2008年8月底，由联合国教科文组织亚太地区世界遗产培训与研究中心（上海）和上海同济城市规划设计研究院共同完成了“四川都江堰泰安古镇灾后重建规划建设导则”的研究课题。泰安古镇位于世界文化遗产青城山—都江堰的缓冲区内，在“5·12”四川大地震中受损严重，古镇超过80%的沿街商业建筑和民居严重或中度毁坏，一些公共建筑的附属物（如佛像、壁画等）也遭到破坏，是都江堰市域范围内受损较为严重的地区。

重建规划提出“家园重建、功能完善、景观优化”的目标，对古镇的功能布局、道路交通、景观风貌、公共设施等提出了总体优化的方案，并提倡在合理的规划引导下组织村民自建的模式，对镇内87户民居的修复和重建提出了建设导则。规划结合当地传统风貌，把重建建筑分为四个类型：①具有地方特色，灾后需修缮的传统建筑原物；②建筑整体和局部均需符合地方传统风格的重建建筑；③通过灾后整治或重建使其与地方传统风格相协调的建筑；④建筑物整体反映地方传统精神的新乡土建筑。居民有针对性地分别确定相应的重建方式，由此对古镇风貌的保护发挥积极作用。

泰安古镇重建规划重点研究了居民参与修复、重建的可能性与路径，并分类制定了相应的重建策略，对于鼓励、指导居民参与重建提出了很好的技术支持。

(4)《四川广元昭化古镇的保护规划》

这是一项少有的、时间上跨越“5·12”地震前后，并经历了地震灾难检验的保护规划项目。

广元市昭化古镇面积约为20hm^2，人口3 468人。2006年同济大学国家历史文化名城研究中心为昭化编制完成了古镇保护修建性详细规划后，在元坝区政府的直接领导下，2006年12月启动第一期保护工程，主要包括城墙城楼的修缮修复、全部街巷两侧传统民居的保护整治、市政基础设施的更新完善。第二期保护工程主要包括县衙、文庙、费公祠等文物古迹的修缮修复。“5·12”汶川大地震发生时，古镇二期保护工程正在进行中。

昭化地处的元坝区属于四川省的重灾区县。地震前完成的古镇一期保护工程使大部分文物古迹与历史建筑得到应有的修缮，特别是传统民居在修葺中遵照“修旧如故”的原则，基本沿用木结构体系，在地震中经受住了考验。大部分的传统木结构建筑，除屋面受损外结构和围护基本完好，受灾情况相对较轻，房屋全塌和严重受灾8户，受损房屋31间，面积930m²，而本区内其他所有行政村房屋全塌和严重受灾户都在百户以上。昭化古镇内受伤9人，无人员死亡。政府多年来坚持正确的古镇保护方法，在灾难临头时意想不到地发挥出庇佑苍生的作用。

地震使更多人认识到，保护古镇的历史文化价值，就要看到古镇一砖一瓦的价值，要珍视和爱护祖国优秀的营建技术，认真继承和发扬。多年来许多名城名镇名村的保护行动中，往往出于功利的目的用“便宜的”、“现代化的”钢筋混凝土技术仿造古建筑，街区建筑只求古风，对于历史建筑中蕴涵的古代营造技术不屑一顾，违背了“整旧如故、以存其真”的原则，在灾害中没有经历住考验。昭化古镇的经验证明，正确、求真、到位的古镇保护方法值得借鉴。

震后昭化古镇的保护工作非但没有受到阻断，而是一如既往地把古镇保护与灾后抢救修复结合在一起，按计划全面完成了古镇保护修复工作。昭化居民吸取保护与地震的经验，普遍将更多的传统材料和结构形式运用到地震后的新镇区的民居建设中，从而使新区的建设与古镇区传统风貌取得了很好的协调。2009年昭化古镇被公布为第四批中国历史文化名镇。

（三）全国范围内配合名城名镇名村申报的保护规划实践

截至2008年年底，国务院批复的国家历史文化名城共计109座，中国历史文化名镇名村的认定工作大致完成了四批，住房和城乡建设部与国家文物局已公布四批共251个中国历史文化名镇名村，各省、自治区、直辖市人民政府公布的省级历史文化名镇名村也已达529个。申报名城名镇名村的热潮在全国涌动，其中的动力部分来自于决策者对我国文化遗产的钟爱和保护的自觉意识，也有部分来自于对名城名镇名村“称号”对地方经济发展作用的现实期望。无论如何，申报工作不但得到了各级政府的高度重视，而且社会各界也给予了极大的关注和支持。

与之相对应的是，历史文化名镇名村保护法制化和规范化工作不断加强，住房和城乡建设部与国家文物局颁布了《中国历史文化名镇（村）评选办法》和《中国历史文化名镇名村评价指标体系》，其他方面的规范性文件也在起草之中。

在配合名城名镇名村的申报过程中，保护规划的实践获得了更多的机会，这不仅丰富和发展了我国已在人居领域名城－名镇－名村三个层级的遗产保护体系，而且促进了保护规划工作者对祖国丰富的聚落类型历史发展演化规律的认识以及对地域性的历史文化特色的深度挖掘。在这里我们只能通过列举2008年度几个代表性的案例来把握这一实践趋势。

1. 历史文化名城保护规划方面

中国城市规划设计研究院编制的《江阴市历史文化名城保护规划》分析研究了江阴作为吴文化起源地之一、长江江防要塞城市、运河与长江水运枢纽、明清学政驻地、近现代工商业城市等历史文化特色，在快速城市建设的背景下，认真发掘可以体现要塞与城市关系、水上贸易网络关系的历史文化街区，并且提出抢救性的保护措施。

而同济大学编制的《安顺历史文化名城保护规划》，对安顺这个贵州省建城最早之一的城市、古代牂柯文化、古夜郎文化的发祥地作了深入的研究，旨在体现出独特的黔中地域特色。保护规划对安顺的文化资源、自然资源和城市特色进行了高度概括，总结为独具魅力的屯堡文化、神秘奇诡的边地景观、绚丽多姿的民族风情、民风质朴的生活城市等四个方面，并针对安顺丰富的非物质文化遗产，探索性地划定西秀屯堡文化核心保护区，平坝、普定屯堡文化保护区，镇宁、关岭、紫云 3 个布依族苗族文化保护区。这些努力反映了对近年来新的文化遗产保护方法的积极创新。

2. 历史文化名镇保护规划方面

华中科技大学编制的《娘子关镇历史文化保护规划》，针对军事性城镇的特点，明确了保护与战事相关的防御体系是关隘型古村镇保护重点的原则，探索性地提出保护两条文化线，一是明长城文化线，这是娘子关的文化主线，包括两座关隘及沿线的防御工事，其中有中山国长城、汉长城、北齐长城的遗址；第二条是娘子关古商道文化线，包括兴隆街、关城街、下董寨街、上董寨街四个关内外的历史街区，以及沿途的自然地形和村寨历史环境，在此线上体现出娘子关防御文化的源头。❶

同济大学国家历史文化名城研究中心和上海同济城市规划设计研究院联合编制的《山东济宁市微山县南阳古镇保护与旅游发展规划》针对古老的京杭大运河与古镇发展沿革的历史关系，保护南阳古镇“岛、镇、湖、河”相融的历史城镇格局，改善运河沿线的历史城镇景观，通过改善居民居住条件、发展特色的文化旅游和生态渔业来振兴古镇。

天津大学编制的《杨柳青历史名镇保护规划》制订了详细的历史文化价值评估方案，确定了以石家大院等 8 个大院建筑和南运河沿岸为核心规划，对文物保护单位（南运河、石家大院、文昌阁、平津战役前线指挥部等）、风貌区（8 个大院、安氏祠堂等）和非物质文化遗产进行保护修复，同时对镇域的生态文化环境提出保护的措施。

---

❶ 何依，李锦生. 关隘型古村镇整体保护研究. 城市规划，2008 (1).

3. *历史文化名村保护规划方面*

在新农村建设的大背景下，名村保护规划在完成名村保护常规内容的同时，重视与新农村建设计划的衔接。例如上海市闵行区浦江召楼老街，作为32片上海市郊区风貌区之一、上海市自然整治试点中心村（闵行区公布），被浦江镇确定为修复改造重点对象，因此如何传承浦江镇历史与文化，控制和引导好召楼老街的保护和改造，成为有挑战性的工作。

由同济大学主持编制的《上海市闵行区浦江召楼老街历史文化风貌区保护规划》，重点考虑在众多上海郊区风貌区中如何确立自身特色和保护主题的问题，确定以展示浦江镇历史人文和农耕文化为主题，以“丁字街、丁字河”为结构，突出这个历史文化风貌区的生态旅游、文化休闲和居住功能。规划将老街建筑整体高度控制在2层以下，维护好村落氛围，对外围农田进行重要区域的限制发展，鼓励特色农作物的种植、采摘等多样化参与的新农耕基地，并结合农耕主题的业态，形成独具特色的历史村镇。

由太原理工大学编制的《山西省高平市良户历史文化名村保护规划》，围绕良户村上千年的悠久历史，和5条古街道、近百处古宅、十余处古庙及古庙遗迹，发掘古村聚落选址的科学价值，延续和保护明清时期的村落格局，保存古村聚落、院落布局的完好艺术价值，提出整体性、原真性和分层次保护与分期实施保护相结合原则。在保护分区方面，在保护区范围内界定了两个历史街区；在建设控制区中则划定了以生产、生活建设活动为主要控制对象的建设控制区和以保护农耕形态，发展生态旅游为主要控制对象的生态农业控制区。尽管现阶段名村保护规划的技术方法未见得一致，但良户历史文化名村保护规划分区不失为一次有意义的尝试和探索。[1]

（四）综合性的文化遗产保护规划实践

近年来，住房和城乡建设部与国家文物局系统内的保护规划队伍都积极参与到许多新的文化遗产保护规划实践当中，积累了不少新的工作心得和经验，使得保护规划越发呈现出综合性的趋势，促进了一些保护规划实践领域的拓展。

1. *《福建土楼保护规划》*

自1999年开始，福建闽西南山区的永定县人民政府和南靖县人民政府与同济大学合作，同当地村民一起致力于福建土楼保护规划编制和实施工作。规划按照文化遗产保护的原真性原则，维护了土楼群落景观的完整性，通过建筑保护、环境整治和基础设施现代化，促进土楼建筑群适应现代生活的需要，实现历史环

[1] 吴丰，王金平. 历史聚落的保护与发展研究——记山西省高平市良户历史文化名村保护规划. 太原理工大学学报，2008-5.

境积极保护的目标，增强土楼群落发展的可持续性。

福建土楼保护规划综合考虑了《文物保护法》、《实施〈保护世界文化和自然遗产公约〉的操作指南》和《世界文化遗产保护管理办法》的要求，结合古村落空间形态特征、地形地貌条件，制定了土楼建筑和土楼群的保护区划及其管理规定。规划同时考虑了资源的环境容量，以永续利用为前提，统筹、协调旅游开发与资源保护、生态保护、土楼居民生活质量提高的关系，采用整体环境改善与单体建筑修复相结合的保护方法，在乡土历史景观和地域自然风景的整体保护方面进行了有益的探索，在推进土楼周边环境整治工程中取得了明显的成效。2008年7月7日在加拿大魁北克召开的世界遗产大会上，“福建土楼”正式被列入世界遗产名录。该规划也获得2008年度联合国教科文组织亚太地区文化遗产保护杰出奖。

2.《福州三坊七巷历史文化街区文化遗产保护规划》

这项规划实践是国内首次将历史街区内物质文化遗产与非物质文化遗产资源结合在一起进行整合保护的一次探索。

“三坊七巷”街区位于福州旧城中心，是一处由三条坊、七条巷组成并因此得名的街坊。街区基本保持明清时期完整的原貌，现存9座国家级文物保护建筑、省市级文物单位19处，其他历史建筑130余座，街区总面积约50余公顷，其规模和文物密集程度，在国内历史文化街区中几乎绝无仅有，因此被誉为“明清古建筑博物馆”，其街区保护工作也十分令人关注。

规划在历史街区内尝试建立了以价值评价为中心的历史文化遗产评估体系，通过价值评估、现状评估、保护与利用评估等内容对历史街区及其内部文化遗产进行科学评估，为制订保护规划策略提供科学依据和决策基础。规划除了对物质遗存中惯常的文物、历史建筑、街巷、树木等提出了保护措施外，还按照联合国教科文组织和我国政府对非物质文化遗产的有关分类，对街区内的非物质文化遗产也进行了详细评价并制订了保护规划措施。规划将物质与非物质文化遗产纳入统一的保护体系，对拓展历史街区历史文化遗产的保护内涵与外延、促进历史街区保护的真实性与完整性都具有重要意义。

3.《万里长城——嘉峪关文物保护规划》

中国城市规划设计研究院在遵循《全国重点文物保护单位保护规划编制要求》的同时，发挥城乡规划的技术优势，除划定文物保护范围和建设控制地带、提出文物本体的保护措施外，制订了对文物历史环境、区域生态环境和村落的保护与整治措施。在展示利用、管理、研究、近期建设等方面不是仅提出一般原则性要求，而是制订具体措施以指导实际保护工作。例如：展示利用中，规划了展示路线、文物展示和旅游设施、交通组织方式，通过测算游客容量，提出具体管理措施；管理规划中，划定管理分片片区，确定管理机构及职能，提出应制定的管理规章；研究规划中，则制订了研究计划和学术交流计划；近期建设中，估算了近期项目投资等。该规划在世界银行保护项目投资的专家咨询中得到高度的评价。

四、历史文化名城名镇名村保护规划的发展趋势

（一）《历史文化名城名镇名村保护条例》的影响越来越深远

为更好地贯彻落实《历史文化名城名镇名村保护条例》，住房和城乡建设部采取一系列行动，加强相应制度的建设，逐步形成一系列围绕《历史文化名城名镇名村保护条例》的各种实施办法，由此无疑促进各地方因地制宜制订各种保护办法，使保护工作更加具有严肃性和权威性。可以预料，未来名城、名镇、名村的保护制度会呈现出体系化的趋势。

同时，基于《历史文化名城名镇名村保护条例》的学习和对历史文化名城、名镇、名村单位主管领导和基层专业技术人员的培训将成为未来一项重要的工作。主管市长、县长、乡镇长等领导对文化遗产保护意识的增强，将有利于提高其保护历史文化名城、名镇、名村的自觉性，避免在保护与发展的决策过程中造成偏差。加强基层单位专业技术人员的培养，可以更多地避免在建设和开发中造成对文化遗产的破坏。

（二）文化遗产外延的扩展会进一步促使保护规划的深层变革

总体来讲，文化遗产保护的领域不断扩大，比较突出地表现为六个趋势：一是在文化遗产的保护要素方面，从重视单一要素的遗产保护，向同时重视由文化要素与自然要素相互作用而形成的“混合遗产”、“文化景观”保护的方向发展。二是在文化遗产的保护类型方面，从重视“静态遗产”的保护，向同时重视“动态遗产”和“活态遗产”保护的方向发展。三是在文化遗产的保护空间尺度方面，从重视文化遗产“点”、“面”的保护，向同时重视“大型文化遗产”和“线性文化遗产”保护的方向发展。2008年我国丝绸之路和京杭大运河“文化线路”申遗规划的工作都在实施当中，同年10月国际古迹遗址理事会第16届大会暨科学委员会会议在加拿大魁北克城通过《关于文化线路的国际古迹遗址理事会宪章》，这从一个方面反映了我国文化遗产保护实践逐步跟进了国际文化遗产保护组织倡导的实践方向。四是在文化遗产保护的时间尺度方面，从重视“古代文物”、“近代史迹”的保护，向同时重视“20世纪遗产”、“当代遗产”的保护方向发展。五是在文化遗产的保护性质方面，从重视重要史迹及代表性建筑的保护，向同时重视反映普通民众生活方式的“民间文化遗产”、“世间遗产”保护的

方向发展，加强对“乡土建筑”、“工业遗产”、“农业遗产”等遗产类别的保护正是这一趋势的必然要求和反映。六是在文化遗产的保护形态方面，从重视“物质要素”的文化遗产保护，向同时重视由“物质要素”与“非物质要素”结合而形成的文化遗产保护的方向发展。

21世纪以来，对我国历史文化名城、名镇、名村保护规划实践趋势的观察，越来越离不开对文化遗产内涵和外延变化的认识。国务院对文化遗产保护工作的支持政策仍然处在一个非常活跃和非常积极的状态之下，这将从外部环境上形成一种持续的推动力，促使我国历史文化名城、名镇、名村保护规划发生深层的变革，在历史文化名城、名镇、名村保护规划实践中会出现更多新的课题，要求保护规划工作者开阔思路、放远眼光，进行更多探索性的研究。

（三）历史文化名城、名镇、名村保护规划过程将会整合更广泛的社会力量

近年来，文化遗产保护领域的学术机构和非政府组织日趋活跃。

根据联合国教科文组织第34届会员国大会第41号决议《在中国建立由教科文组织赞助的亚太地区世界遗产培训与研究中心（第2类）》，中华人民共和国政府与联合国教科文组织（UNESCO）于2008年4月10签订了在中国成立“亚太地区世界遗产培训与研究中心”的协议，该中心再分设为上海中心（同济大学承办，负责文化遗产领域）、北京中心（北京大学承办，负责自然遗产领域）和苏州中心（苏州市政府承办，负责传统手工艺和技术），通过举办地区和国际研讨会、论坛、培训班等学术交流活动，来促进遗产保护领域的合作和专业技术人员的交流。

在国外，非政府组织参与城市遗产的保护事业已有近半个世纪的历史，我国拥有大量的城市遗产，尽管政府投入的保护资金规模空前，但还是远远不能满足实际需要。随着文化遗产保护事业的进步，已经出现了一些有所作为的民间保护机构，积极地加入到文化遗产保护工作当中，成为不可小视的补充力量。例如“上海阮仪三城市遗产保护基金会”，在2007～2008年资助名为“运河，我们的家园”的重点项目，对京杭大运河沿线的城镇遗产、历史文化街区开展调查，举办相关论坛，建立“京杭运河城镇遗产观察站”，其成果获得国际规划协会、世界规划大会的2008年度“杰出贡献奖”。2008年10月，该基金会和同济大学历史文化名城中心又共同组织开展了上海里弄建筑普查，调查的目的是针对被列为上海市400万m^2旧里改造的二级里弄，抢救保护一批优秀的、具有上海特色的里弄居住建筑。❶

历史文化遗产的保护工作正在吸引越来越多的社会各方面力量参与其中，在

❶ 上海阮仪三城市遗产保护基金会简报，2008-11。

保护什么、如何保护等过去很专业的问题上有了更多新的社会观点，这无疑会促进保护规划工作的进步。同时，我们相信，随着文化遗产保护运动的发展，保护规划的过程越来越会表现为一种社会的过程、民众的过程，保护规划实践也将在通常以专家和领导为主的决策实施过程基础上整合更加广泛的社会力量，使我国保护规划更具公众参与的特征。

（在收集整理基础信息的过程中，我们得到清华大学教授边兰春、张杰，同济大学教授阮仪三、周俭、张松、邵甬，中国城市规划设计研究院教授王景慧、赵中枢、张广汉，以及左玉罡、王川等同志的帮助，草稿得到陈锋、李迅、王凯等编委同志许多很好的建议，在此谨致谢忱！）

参考文献

［1］仇保兴．在第四批中国历史文化名镇名村授牌仪式暨历史文化资源保护研讨会上的讲话，2008-12-23.

［2］国务院法制办农业资源环保法制司，住房和城乡建设部法规司、城乡规划司编.《历史文化名城名镇名村保护条例》释义．北京：知识产权出版社，2009.

［3］刘月月．北京：古城老居旧貌焕新颜．中国建设报，2008-12-11.

［4］边兰春．怀旧中的更新、保护中的发展——北京什刹海地区历史文化景观的保护与整治．未刊稿，2008.

［5］中国城市规划设计研究院名城所．禹里历史文化名镇保护规划，2009-4.

［6］四川省地震灾后非物质文化遗产抢救保护与恢复重建规划纲要，2008.

［7］何依，李锦生．关隘型古村镇整体保护研究．城市规划，2008（1).

［8］吴丰，王金平．历史聚落的保护与发展研究——记山西省高平市良户历史文化名村保护规划．太原理工大学学报，2008-5.

［9］上海阮仪三城市遗产保护基金会简报，2008-11.

（撰稿人：张兵，中国城市规划设计研究院历史文化名城规划设计研究所所长，教授级高级城市规划师，中国城市规划学会历史名城学术委员会秘书长；杜莹，中国城市规划设计研究院历史文化名城规划设计研究所，助理城市规划师；杨涛，中国城市规划设计研究院历史文化名城规划设计研究所，助理城市规划师）

2008年风景名胜区规划

2008年风景名胜区规划继承了自国务院《风景名胜区条例》颁布以来依法规划的特点。风景名胜区管理越来越细致、深入、规范，风景名胜区规划需要适应新的管理要求，越来越强调实效性与可操作性。此外，2008年风景名胜区规划的突出特点是“5·12”汶川特大地震后，为促进风景名胜区灾后重建工作编制了风景名胜区灾后重建规划。

一、风景名胜区规划背景——行业发展动态

（一）主要政策要求

（1）国家建设行政主管部门强调重视风景名胜区的规划工作，为了加快风景名胜区总体规划编制报批工作进度，为风景名胜区的资源保护、利用和建设管理等工作提供科学规划和基本依据，保持风景名胜区的健康发展。2008年初，住房和城乡建设部发出《通知》，要求尚未报批总体规划的42处国家级风景名胜区加快总体规划编制报批工作，切实按照国务院《风景名胜区条例》和风景名胜区总体规划要求，加强对风景名胜区开发建设等各项活动的规范化管理；风景名胜区总体规划未经国务院批准的，各级主管部门不得申报批准各类建设活动[1]。

（2）为进一步搞好2008年国家级风景名胜区监管信息系统建设，加快推进风景名胜区数字化试点工作，2008年3月住房和城乡建设部发布了《关于做好2008年国家级风景名胜区监管信息系统建设暨推进数字化景区试点工作的通知》（建办城函［2008］116号），明确要求以国家级风景名胜区监管信息系统管理平台为依托，积极推进部、省、景区三级监管信息系统的网络化、规范化运行，强化遥感监测核查在风景名胜区规划实施和资源保护方面的技术支撑和应用，加快推进数字化景区试点建设工作，促进风景名胜区的健康发展。

（二）行业工作动态

1. 总结风景名胜区综合整治工作，加强监管信息系统建设

2007年由建设部领导开展并完成了国家级风景名胜区综合整治工作，2008

---

[1] 张佳丽. 中国建设报，2008-01-22.

年各地方政府、风景名胜区管理机构继续对照风景名胜区综合整治要求，总结管理工作中的得失与经验教训，认清风景名胜区存在的问题，依此制订相应整改措施，以便加强对风景名胜区的保护管理。

2008 年，通过完善国家级风景名胜区监管信息系统建设与推进数字化试点景区建设工作，增强了资源保护的监管能力。目前，全国范围内的国家、省、景区三级风景名胜区监管信息系统框架体系初步形成，住房和城乡建设部已组织完成全国 30 个省级主管部门和 177 个国家级风景名胜区的监管信息系统的软件系统安装调试、卫星遥感数据采集和现场培训等系统建设工作。遥感监测核查工作不断深化。2008 年新增对 10 处国家级风景名胜区开展遥感监测核查工作，新增采集遥感数据 7.5 万 km^2，监测面积 3 万 km^2，有关核查工作正在进行中。通过完善资源保护监管信息系统，建立和完善国家级风景名胜区信息管理平台和数据库，不断提高保护监管和管理运营的工作水平。

2. 加强遗产地和风景名胜区申报

2008 年配合中国联合国教科文组织全国委员会等部门积极推进三清山、五台山、“泰山扩展四岳”、中国丹霞地貌等地区申报世界遗产各项工作。三清山已在 2008 年 7 月联合国教科文组织第 32 届世界遗产委员会会议上被列为世界自然遗产。五台山将在明年的会议上进行审议。

国家级、省级风景名胜区申报工作继续开展，其中 20 余处申报国家级的风景名胜区。住房和城乡建设部将于 2009 年陆续对各申报国家级的风景名胜区进行考核。许多省审批通过了一批省级风景名胜区。

3. 法制工作获得进展

2008 年内各级政府相继制定了一批与风景名胜区相关的法规和规章制度，发布了一批相关的管理文件。陕西省对修订的《陕西省风景名胜区管理条例》进行了宣传、贯彻与落实，重庆市颁布了《重庆市风景名胜区条例》(2008 年 5 月)，昆明市修订了《昆明市石林风景名胜区保护条例》(2008 年 5 月)。其他相关的法规文件还包括《江西省龙虎山和龟峰风景名胜区条例》(2008 年 9 月)；《浙江省方岩风景名胜区保护管理办法》(2008 年 11 月)、《恒山风景名胜区保护条例》(2008 年 11 月)、《湖北省武当山风景名胜区管理办法》(2008 年 12 月)，等。

4. 积极开展风景名胜区抗震救灾与灾后重建工作

2008 年，风景名胜区在“5・12”汶川特大地震中遭受重大损失，在地震灾害范围内共有世界遗产、风景名胜区 95 处，其中受灾风景名胜区有 64 处，占地震灾害范围内风景名胜区总数的 67.4%（图 1)。地震发生后，受灾风景名胜区积极自救，全国风景名胜区行业发扬集体主义精神，发出了“众志成城团结互助，抗震救灾重建家园”风景名胜区专项捐助倡议书，为受灾风景名胜区尽一份努力、献一份关爱。

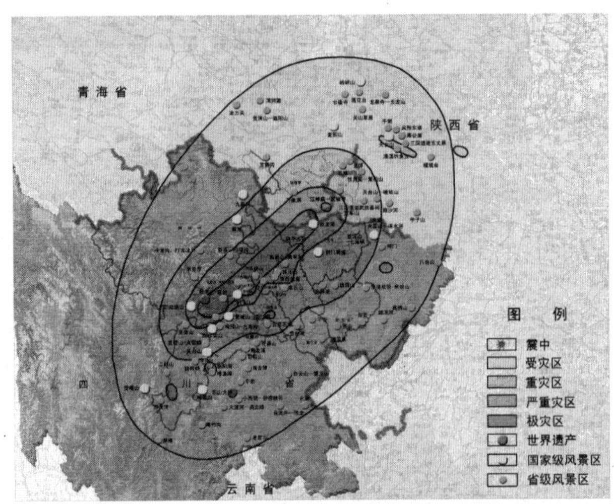

图 1　地震灾害范围内风景区分布图

面对前所未有的巨大灾害，住房和城乡建设部密切关注灾区动态，2008 年 6 月初在部务会议上作出了展开灾区风景名胜区灾后重建规划的决定。

城建司领导于 2008 年 6 月份到地震灾区风景名胜区考察了青城山—都江堰、龙门山等受灾严重的风景名胜区并指导灾后重建工作，称赞了风景名胜区工作者自救、自强、乐观豁达的精神风貌，并要求尽快推进风景名胜区灾后重建工作（图 2、图 3）。

图 2　规划组随李司长在都江堰调研

图 3　规划组与青城后山管理人员座谈

从 2008 年 6 月 18 日至 29 日，住房和城乡建设部派驻四川省风景名胜区灾后重建规划工作组近 10 名专家开展地震灾区灾后重建规划工作，进行实地考察和灾情评估，最终于 8 月 11 日完成该规划，在规划成果的基础上提炼形成《汶川地震灾区风景名胜区灾后重建指导意见》，并以住房和城乡建设部文件（建城［2008］139 号）的形式下发给各省、自治区建设厅和直辖市建委（市政管委）。

此后，各受灾风景名胜区在进行初步恢复重建的同时，加快开展各自的灾后恢复重建规划，以指导今后数年的风景名胜区恢复重建工作，受灾风景名胜区踏上灾后重建之路。

5. 加紧规划编制与申报

2008 年各地完成编制并上报国务院审批的国家级风景名胜区总体规划近 50 处，其中 10 多处完成审查并报国务院审批。其余正在按程序抓紧审查中。2008 年审批了一批国家级风景名胜区重大建设项目选址方案和一批风景名胜区景区详细规划，有效规范了景区重大建设行为。

二、风景名胜区规划发展特点

（一）风景名胜区灾后重建规划——规划新类型

1. 风景名胜区灾后重建总体规划

2008 年“5・12”汶川特大地震发生后，为了全面掌握地震灾区风景名胜区的受损状况，科学指导震区风景名胜区的灾后恢复重建工作，2008 年 6 月至 8 月编制完成了《汶川地震灾区风景名胜区灾后重建规划》。

该规划以国务院确定的 10 个极重灾县（市）和 41 个重灾县（市、区）作为规划范围，规划的对象就是在规划范围内集中分布的 40 处风景区（简称风景区）及世界遗产，其他受灾的风景名胜区作为规划的研究对象（图 4）。

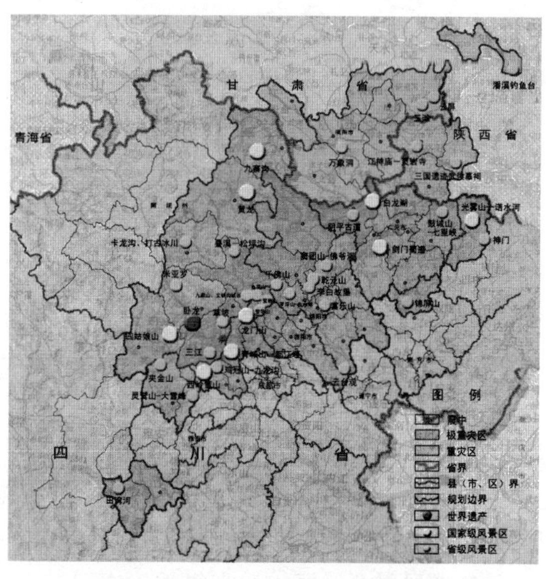

图 4　规划范围与受灾风景区分布图

该规划从灾损类型、灾损程度、灾损空间特征等方面对受灾风景名胜区进行了全面准确的分析把握，进而对受灾风景名胜区从经济损失、受灾分类、受灾分级等方面进行评估，得出总体评估结论，准确评估灾区风景名胜区的灾损情况。在灾损评估的基础上，规划针对性地提出了风景名胜区灾后恢复重建的思路与计划，包括编制各风景名胜区灾后重建规划、设立新景区景点、设立龙门山脉自然遗产地、发展新的区域旅游线路、建立风景名胜区的地震防灾体系、加大补助资金、制定恢复重建技术导则、制定恢复重建的工作时序、保障资金来源等。同时，需配套必要的保障措施以确保灾后恢复重建计划能够完好落实（图 5）。

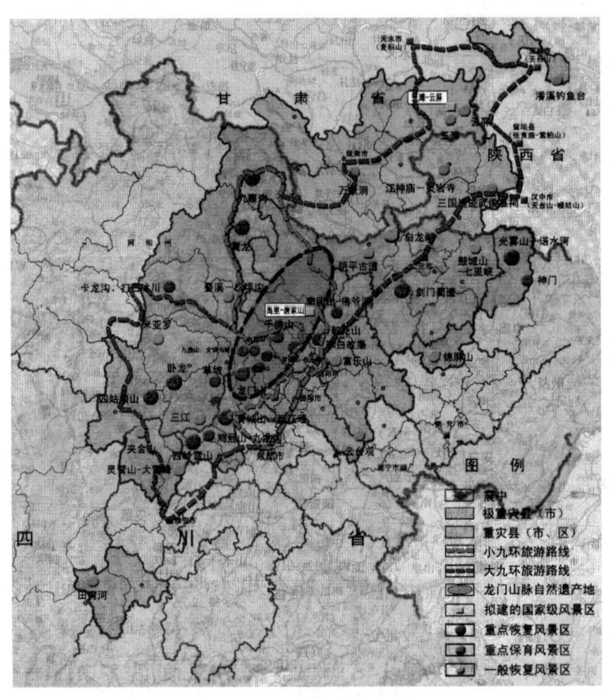

图 5　规划范围内风景区灾后重建规划图

2008 年 8 月在《汶川地震灾区风景名胜区灾后重建规划》的基础上提炼形成了《汶川地震灾区风景名胜区灾后重建指导意见》，作为住房和城乡建设部建城［2008］139 号文下发给全国各省、自治区建设厅和直辖市建委（市政管委），用以指导全国的地震灾区灾后恢复重建工作。

2. 灾区各风景名胜区开始编制灾后重建规划

根据《汶川地震灾区风景名胜区灾后重建指导意见》，各风景名胜区要单独编制灾后重建规划。为此，2008 年 11 月，中国城市规划设计研究院风景所应邀开始编制《青城山—都江堰风景名胜区灾后恢复重建规划》。

青城山—都江堰风景名胜区是地震中受灾最严重、最典型的风景名胜区之一；是我国 1982 年批准的第一批国家级风景名胜区；属于世界文化遗产——“都江堰水利工程”，同时还是世界自然遗产——“四川大熊猫栖息保护地”的一部分。有世界上历史最悠久的大型无坝引水工程——都江堰水利工程，现在仍然惠泽成都平原。该规划的重点一是要完整、准确评估风景名胜区的灾损情况；二是明确灾后恢复重建思路与各项任务内容；三是整合各灾后恢复重建专项规划；四是统筹灾后恢复重建规划与灾前风景名胜区总体规划的落实情况，确定近期建设内容，指导风景名胜区科学有序、近远结合进行恢复重建等。

对于青城山—都江堰风景名胜区的灾损情况，还通过卫星影像图的识别解译，单独完成了《地震受灾评估与灾害防治专题研究报告》，准确详细地把握风景名胜区的受灾情况，并对灾后恢复重建的条件进行了分析，确定了风景名胜区恢复重建规划内容与规划分区。主要内容包括风景资源、服务设施、综合交通、基础工程设施、风景游览、居民社会等方面的恢复重建规划，以及外围保护区城景协调规划、植被恢复规划、次生地质灾害防治规划、地震防灾体系规划、分期建设规划与投资估算、规划实施的保障措施与建议等内容。

其他受灾风景名胜区的灾后恢复重建规划也正在有序开展。

图 6　青城山后山泰安旅游古镇

图 7　受损的都江堰二王庙

3. 风景名胜区灾后重建详细规划与设计

风景名胜区灾后重建详细规划与设计主要是针对一些重要景区景点的恢复重建需要单独编制。为了尽快恢复受损景观与建筑等设施、开展风景旅游服务、振奋灾区人民精神，有些风景名胜区已经在灾后不久便开展起来，如青城山—都江堰风景名胜区的二王庙文物建筑群、伏龙观、泰安古镇等受损严重的景区景点，在《青城山—都江堰风景名胜区灾后恢复重建规划》开始之前，就已开始进行恢复重建的设计工作（图 6、图 7）。

4. 风景名胜区灾后重建规划特点总结

汶川地震灾区的风景名胜区灾后恢复重建规划分为多个层次。

第一层次，是面对整个灾区的《汶川地震灾区风景名胜区灾后重建规划》。这是针对四川、甘肃、陕西三省灾区风景名胜区恢复重建的宏观层面的整体规划，用以总体把握风景名胜区的受灾情况、主要工作内容与政策导向，指导下层次规划的编制与灾后重建工作的实施。

第二层次，是面对单个受灾风景名胜区的灾后重建规划。针对各风景名胜区的受灾范围、受灾内容、受灾程度的不同，规划内容的侧重点也相应不同，可结合风景名胜区的总体规划或总体规划修编一同编制，《北川唐家山（禹里）风景名胜区风景资源调查评价报告》和《青城山—都江堰风景名胜区灾后恢复重建规划》就属于这一层次。

第三层次，是受灾特别严重的景区景点的详细规划。

第四层次，是严重受灾景点的恢复重建设计。详细规划与设计要注重落实具体问题的具体技术措施与要求，要细化在《汶川地震灾区风景名胜区灾后重建规划》中提出的10种恢复重建工作类型的技术措施与要求，使之操作性和应用性更强，尤其是对于人文风景资源、次生地质灾害、植被恢复等类型应进行详细的调查、统计与分析研究，分门别类，对具体问题提出具体的有效解决方案和技术对策。

但是也可以根据具体情况，优先开展某一层次规划，如二、三、四3个层次的规划可以根据景区景点恢复重建需要单独编制，以应对迫切需要解决的问题。如前面提到的二王庙文物建筑群。

此外，在恢复重建过程中，应尊重自然规律，自然恢复与人工恢复相结合，特别是要防止一味强调人工恢复重建；应加强管理，将风景名胜区的恢复重建工作纳入当地（省、市、县）的总体灾后重建工作中，严格执行国家有关风景名胜区的法律法规及相关政策；应按照科学发展观的要求，依据景区受损程度、灾害治理难易程度、安全性、基础设施、管理条件以及景区的重要性等科学有序地开展恢复重建工作。

（二）风景名胜区总体规划——实效性与可操作性

当前风景名胜区的总体规划编制工作，都特别注意解决风景名胜区存在的问题，主要是开发建设与风景保护的矛盾问题，包括村镇建设、大型工程建设、景观建设、旅游开发建设等。体现在规划内容上，一方面是重新界定风景名胜区边界范围，另一方面在规划要求上更明细，以便能够直接指导风景名胜区的建设与管理，体现了规划的实效性与可操作性。具体来说，体现在以下几点。

1. 强调边界划定，明确管理范围与管理责任

风景名胜区范围的划定一般依据以下的原则：景源特征及其生态环境的完整性；历史文化与社会的连续性；地域单元的相对独立性；保护、利用、管理的必

要性和可行性。但实际上，一个风景名胜区可能跨越多个行政区域，可能涉及多个管理部门，甚至可能与其他类型的保护地如自然保护区、森林公园、地质公园等有范围交叉。因此需要根据不同风景名胜区的实际情况，主要从管理的可行性、风景资源保护的有效性来考虑合理划定风景名胜区的范围边界。此外，《风景名胜区条例》第七条也规定：新设立的风景名胜区与自然保护区不得重合或者交叉；已设立的风景名胜区与自然保护区重合或者交叉的，风景名胜区规划与自然保护区规划应当相协调。

自1982年确定风景名胜区制度以来，风景名胜区及其周边经过20多年的建设发展，风景名胜区边界的划定更多时候是考虑如何对待已有建设的问题。这在靠近城市的风景名胜区总体规划修编中体现得最为明显。如在岳阳楼—洞庭湖风景名胜区总体规划修编中，由于风景名胜区与城市中心区交界，成片的城市建设区域已进入风景名胜区内部，对于这些历史遗留问题，必须通过一定的边界调整，解决历史矛盾，协调各方利益，通过规划再次清晰地确定风景名胜区管理范围与管理责任，否则，仍将使风景名胜区的管理陷入模糊状态，不能达到有效保护风景资源的目的。

2. 强调保护，又关注民生，注重社会和谐

风景资源是风景名胜区存在与发展的根本，风景保护仍是第一位的。对于大型工程设施建设，应尽量避开风景名胜区或风景名胜区核心地区，确实是关乎重大国计民生的，也应做好环境影响评价并采取切实措施减小对风景名胜区景观环境的影响。

对于风景名胜区的居民社会发展，随着社会主义新农村建设的兴起及建设和谐社会的需要，对待风景名胜区内的居民点（包括村、镇、城市社区等）已不只是采取简单的搬迁或限制发展的措施，而是采取对风景名胜区内居民点进行差异性处理的方式。

核心景区内或是风景核心地段的居民村应该以风景资源保护的大局为重，有步骤、有保障地逐步迁出或缩小。同时积极探索搬迁补偿机制；积极探索搬迁居民的土地流转而持续获利的方式；积极探索风景资源利用的补偿机制，保障因保护风景而受到损失的居民的利益和正常的生产、生活秩序，这是事关民生、维护社会和谐稳定的大事。

对于风景名胜区内非核心景区或风景核心地段的居民村，则应在不损害风景资源保护的前提下，积极探索新型的发展模式。可以发展特色旅游村、农家乐等旅游经济形式，同时也鼓励风景名胜区内劳动力外出经商、打工，并把劳务输出与资金、信息、技术引进有机结合，带动旅游村的经济发展。同时鼓励经济条件允许的居民外迁，以缓解风景名胜区内的资源压力。

对于风景名胜区内的城镇，则要坚持城乡统筹，通过建设特色旅游城镇，发

展旅游经济，来服务于风景名胜区的旅游发展，吸引外迁的居民就业，带动群众致富。探索产业结构的调整，发展第三产业，改变单一地依靠旅游业的局面。

3. 指导风景名胜区内的建设，促进风景名胜区发展

依托风景名胜区的风景旅游发展迅猛，随着城镇居民的增多及生活水平的提高，外出旅游的人越来越多，为了容纳增加的游客，今后风景名胜区的发展将加快，风景名胜区的建设也将增多。风景名胜区总体规划必须适应风景名胜区的这种发展状态与需求，一方面必须对风景名胜区重大建设如旅游服务基地、主要的风景建设项目做好安排，对建设内容提出规定与要求；另一方面要能够指导下层次的详细规划设计，初步提出规划设计的规定与要求。

（三）风景名胜区详细规划——规划新趋向

《风景名胜区条例》指出风景名胜区规划分为总体规划和详细规划两个层次。目前风景名胜区总体规划仍是主流，但进行风景名胜区详细规划的要求也越来越多，详细规划数量也在快速上升。如岳阳楼—洞庭湖风景名胜区的《南湖景区控制性详细规划》、海坛风景名胜区的《坛南湾度假景区详细规划》等，都是因为风景名胜区到了需要向深度拓展以满足风景旅游发展需要的阶段而进行的，今后这类详细规划将对风景名胜区的发展起到直接而重要的指导作用。

风景名胜区详细规划不仅需要延续总体规划的指导思想，深化总体规划的规划内容，还需要提出具体的建设思路、建设内容、针对性的建设规定与要求以及针对性的风景保护手段与措施。

三、总结与展望

1. 风景名胜区内建设压力持续增大

当代风景名胜区规划经过50多年的发展与积淀，对风景名胜区属性、风景名胜区发展规律、风景名胜区发展中的矛盾问题、风景名胜区的发展方向有了比较深刻的认识，并通过规划反映出来。在当前中国城市建设蓬勃开展、旅游经济迅速发展的时代背景下，风景名胜区在这一发展过程中，在较长时间段内保持建设量渐增的态势，风景名胜区规划面临建设项目扩展的压力。还会出现涉及城镇建设、农村建设、大型工程设施建设、旅游服务基地建设以及风景建设等各类建设问题，需要风景名胜区规划予以关注并设法解决。

2. 风景名胜区法规建设受到关注

风景名胜区有关法律法规不够健全，与发达国家相比，尚缺少国家层面的风景名胜区法律，风景名胜区规划应更加注重依法编制，在国家法规、国家技术规范、地方法规规章的指导下开展规划编制工作，增强规划编制的严肃性，从而有

力地指导实践工作。与交通、铁路、电力、水利等相关部门协调力度不足，不利于落实风景名胜区规划保护的措施要求，以及引起有关部门的重视。

3. 风景名胜区管理内容逐渐得到加强

就风景名胜区管理需要来说，风景保护任何时候都是第一位的，保护与发展建设的矛盾时刻存在，风景名胜区规划要将两者协调起来，因此今后的风景名胜区规划将向管理型规划发展，更加务实、更加有效、更加能够成为规划管理的有力工具。

4. 风景名胜区详细规划需求增加

就风景名胜区规划本身来说，今后将需要更多的详细规划，只有风景名胜区总体规划是不够的，必须将两者结合起来，更好地指导风景名胜区的保护管理与建设，使之具有连续性。风景名胜区详细规划则具体指导风景名胜区的发展建设，具体落实保护管理要求与措施。2008年新编制审批的风景名胜区详细规划项目比前一年有较大增加。

5. 风景名胜区灾后重建规划进一步开展

由于地震灾区的受灾风景名胜区仍处于恢复重建中，风景名胜区灾后重建规划与设计仍将作为风景名胜区规划的一个特殊类型在受灾风景名胜区中进行。

（撰稿人：贾建中，中国城市规划设计研究院风景园林规划研究所所长，教授级高级城市规划师；邓武功，中国城市规划设计研究院，城市规划师）

2008 年旅游规划

2008 年我国旅游市场继续保持了快速平稳发展的态势，同时也出现了新的特点和趋势。面对国内外的形势变化，国家和地方政府纷纷出台新的政策和管理办法，引导旅游业健康发展。委托单位和编制单位对旅游规划的科学性与规范性要求越来越高，旅游资源各主管部、委、局在 2008 年也明显加大了旅游规划规范性的力度，使旅游规划总体上呈现出快而有序的基本特征。

一、旅游业发展对旅游规划的影响

（一）旅游市场需求与旅游业的快速发展

据来自国家旅游局最新的统计数字显示，2008 年我国入境旅游人数为 13 003万人次，比上年下降 1.4%。其中外国人 2 433 万人次，比上年下降 6.8%；入境过夜旅游者 5 305 万人次，比上年下降 3.1%；国际旅游（外汇）收入 408 亿美元，比上年下降 2.6%。国内旅游总人次 17.12 亿，比上年增长 6.3%；国内旅游收入 8 749 亿元，比上年增长 12.6%。国际国内旅游总收入 1.16 万亿元，比上年增长 5.8%。其中国内旅游收入 8 749 亿元，入境旅游收入 2 839 亿元。2008 年全年，中国公民出境旅游人数为 4 584 万人次，比上年增长 11.9%。

入境旅游人次下降主要是受北京奥运会前夕收紧入境签证发放、限制举办国际性会议和展览等相关政策的影响。另外，人民币的升值以及饭店房价的上涨，入境游客来京花费有所增加，也是导致入境游客数量下降的因素之一。但总体来说，我国旅游需求依然是快速增长的。

（二）假期制度调整对旅游市场以及旅游规划的影响

《全国年节及纪念日放假办法》于 2008 年 1 月 1 日起施行。全体公民放假的节日从之前的 10 天增加到 11 天，实行了多年的 3 个黄金周调整为 2 个长假和 5 个小长假。此外，经国务院通过的《职工带薪年休假条例》也于 2008 年 1 月 1 日起施行。假期调整对我国旅游业产生直接积极影响，我国旅游市场产生包括旅游产品结构、消费结构、出游的空间结构与数量增长规模扩大等多方面的变化，同时对旅游规划也产生了重要的间接影响。

（三）旅游房地产不断发展，旅游业的带动作用凸显

旅游房地产不断发展，进一步发挥了旅游业的带动作用。目前我国旅游房地产已形成三种比较成型的开发模式：①以提供第一居所为主要目的的景区住宅开发，以深圳华侨城为典型代表；②以旅游度假为目的的度假房地产开发，如海南岛；③以大盘形式出现的综合性旅游房地产开发，如天津的京津新城。旅游房地产呈现多元化的趋势：主体的多元化、功能结构的多元化、项目形态的多元化。2008年旅游房地产相关项目的规划实践中，概念规划作为一种新兴的规划编制形式被大量地运用。

（四）政府新举措推动旅游管理升级

1. 国家旅游局和地方政府“局省合作”

2008年，国家旅游局先后和湖南省、安徽省、吉林省、广东省、湖北省签署了建立局省紧密合作机制备忘录。备忘录的签署是国家旅游局与地方共同推动旅游发展的重要举措。通过与地方省份建立对口支持关系，积极支持其旅游建设、旅游市场开发，旅游产业结构优化并展开相应的试点工作，带动旅游业的健康、有序、快速的发展。

2. 规范标准与管理办法得到加强

2008年，国家旅游局继续全面推动中国旅游规范化发展。除了各旅游资源主管部门出台了相应的规划标准与管理办法以外，作为旅游规划最直接的两个政府管理部门——国家旅游局、住房和城乡建设部分别或联合出台了多个规范标准与管理办法，为旅游景区、景点的部门协调和健康有序发展起到了很好的作用。如《全国文明风景旅游区标准》(2008年版)，明确了全国文明风景旅游区定义。此外，2008年4月22日国务院颁布的《历史文化名城名镇名村保护条例》(国务院令第524号)已于2008年7月1日起实施。

3. 促进入境旅游市场发展，国际交流呈现新局面

为了进一步促进入境旅游市场的发展，国家旅游局组织开展赴俄罗斯、日本、美国、澳大利亚、新西兰等重点客源市场的宣传促销。旅游国际交流合作也呈现新局面。中国公民出境旅游目的地开放有序推进，中国公民团体赴美旅游正式实施，为促进中美战略协作伙伴关系发挥了积极作用。2008年3月世界遗产地旅游管理和可持续发展国际会议在黄山开幕，我国与世界旅游组织共同签署了旅游扶贫合作备忘录，与亚太旅游协会、南太旅游组织和世界旅游旅行理事会的联系更加紧密。6月第三届中日韩旅游部长会议顺利举办，发表了《釜山宣言》，中日韩旅游交流不断深入。10月与俄罗斯联邦旅游署签署了《关于落实两国政

府旅游合作协定的合作计划》。11月第二届中美省州旅游局长合作发展对话会议在上海召开，同期举办了世界旅游城市市长论坛。2008年中国在国际旅游事务中的话语权进一步增强，国际影响力进一步提升。

4. 对台旅游工作进入新阶段

根据中央对台工作的总体部署，大陆居民赴台旅游正式实施，开启了两岸交流的新篇章。海峡两岸旅游交流协会和台湾海峡两岸观光旅游协会分别作为海协会与海基会实施大陆居民赴台旅游的主体，进一步加强了沟通协调，促进了大陆居民赴台旅游有序发展。

5. 旅游区域合作扎实推进

东中西部和各省区市多层次、多领域的旅游合作加快推进，合作内容不断深化，合作机制更加健全。如长三角旅游合作更加成熟，泛珠三角旅游合作领域不断扩大，环渤海及北京周边区域旅游合作迈出新步伐，川滇藏香格里拉生态旅游区合作建设取得新进展，丝绸之路旅游合作稳步推进，北方十省区市以北方旅游交易会为平台不断深化旅游合作，川陕甘共同建设汶川地震灾后旅游恢复发展合作机制。2008年我国区域旅游合作正向规划共编、品牌共建、市场共推、信息共享、交通共联的方向不断拓展。

（五）地方政府更加注重旅游规划，提振当地旅游业

1. 规划招标任务比例增加

在地方政府依法行政和旅游规划单位良莠不齐的情况下，旅游规划设计任务的招标便成为地方政府或旅游企业编制既廉价又质优规划的重要途径。旅游规划招标任务的比例显著上升，如国家旅游局推出的《北部湾经济区旅游发展规划》、《喀什市旅游区总体规划》、《新疆大那拉提草原景区总体规划》等国家“十一五”期间重点旅游规划均在2008年招标成功。此外，重庆市、义乌市、麻城市、绍兴市、阿勒泰等都向全国乃至全球具有相应资质的旅游规划编制单位公开进行编制招标。招标的内容涉及面广，包括旅游发展总体规划、旅游发展概念性规划、旅游规划设计、生态旅游规划、旅游发展提升规划、旅游规划修编等。从招标结果看，中标单位更趋多元化。

2. 规划编制呈现新特点

2008年，地方政府组织编制了大量的旅游规划。从规划内容上看，旅游策划创意与概念性规划、旅游营销规划数量增多，以“卖点挖掘”、“品牌包装”与“理念创意”为重点的旅游策划与概念性规划越来越成为旅游规划前导和重点内容，如青海省旅游局组织编制的《青海湖景区旅游整体策划》（2008年2月通过评审）。从规划的可操作性上看，地方政府越来越重视空间规划，尤其是详细规划设计，提高旅游规划的可操作性，如《巴音布鲁克旅游目的地重点地区详细规

划》(2008年5月通过评审)。

3. 颁布新的旅游管理相关条例

为加强旅游业管理，保护和合理开发、利用旅游资源，保障旅游者、旅游经营者和旅游从业人员的合法权益，促进旅游业健康发展，地方政府纷纷在2008年颁布新的旅游管理相关条例，如《广西壮族自治区旅游条例》(2008年10月施行)、《湖南省旅游条例》(2009年3月施行)、《珠海市旅游条例》(2008年8月施行)、《广州市旅游条例》(2008年12月施行)等。

4. 积极探索旅游项目市场化经营模式

2008年，地方政府积极探索旅游景区(点)市场化经营模式，向国内外投资者开放旅游资源开发和景区(点)经营权，形成多方投资办旅游的发展格局。旅游项目转让实现了管理权与经营权的分离，出让方专注规划、保护、监管，受让方专注经营，相互之间既有依存又有制约。这是促进景区和谐发展的良好途径，也解决了行政部门既是裁判员又是运动员的弊病。

二、旅游规划的发展与规范

(一) 旅游规划理念的丰富和发展

2008年旅游行业进一步明确：贯彻落实科学发展观，转变旅游业发展方式，推动旅游业发展目标向发挥旅游产业综合功能转变，发展方式向质量效益型转变，发展机制向发挥市场对资源配置基础性作用转变，要素投入向更多地依靠科技和管理服务创新转变，开发重点向观光旅游与休闲度假旅游并重转变，发展格局向城乡和区域旅游协调发展转变，发展模式向建设资源节约型、环境友好型产业转变，发展战略向统筹利用国际国内两种资源两个市场转变。这些理念在全旅游规划行业已经形成共识，并在规划实践中不断丰富和发展。

(二)“5·12”地震灾后旅游业恢复重建规划的编制

“5·12”汶川大地震使灾区受到严重破坏，旅游业也遭受重创。灾后，国家旅游局和四川省政府联合制定了《汶川地震灾后旅游业重建规划工作方案》，内容包括：受灾基本情况和灾害评估、战略规划、灾后重建重大项目规划、旅游市场恢复和振兴计划、政策保障措施。《方案》明确，要把旅游业作为灾区恢复重建的先导和优势产业。在住房和城乡建设部规划司的统筹下，2008年5月下旬以来，中国城市规划设计研究院、清华大学建筑学院和北京清华城市规划设计研究院以及同济大学建筑与城市规划学院等单位的大批专家赶赴都江堰、德阳、绵阳以及阿坝州等重灾区展开调研和规划工作。根据灾区旅游业重建的实际需求，专家们提出重建的对策建议，并编制各种规划，主要成果有：《四川汶川地震灾后旅游业恢复重建规划》以及分地区的《都江堰灾后重建旅游规划》、《北川5·12特大地震国家级地震遗址博物馆及震灾纪念地规划研究》等。以上规划全面贯彻落实科学发展观，坚持以人为本；坚持可持续发展，尊重科学、尊重自然，充分考虑资源环境承载能力，实现人与自然的和谐；坚持统筹兼顾，统筹灾区恢复重建与旅游业的发展提高，统筹推进城镇化建设和新农村建设，并遵循民生优先、供需并重、安全减灾、重建为主和分步实施的五大原则，对四川灾区旅游业生产力布局和结构调整进行了全面安排。同时，规划还提出了灾后旅游业恢复重建的空间布局、主要内容和重点项目，以及灾后旅游市场恢复发展的措施及规划实施保障要求。

（三）旅游规划行业的新热点

1. 旅游目的地规划成为地方旅游规划的热点

在国家旅游局组织编制的旅游发展“十一五”规划中，将旅游目的地发展作为工作重点。伴随着2008年国家旅游局推出的全国旅游目的地评选，旅游目的地规划进一步兴起，成为地方旅游规划的热点。因旅游目的地较之于其他类型旅游地具有竞争力强、综合效益突出的特点，因此，一些地方便将旅游规划定位为目的地规划。《临沂城市旅游目的地总体规划》（2008年11月）、《韩城市旅游目的地建设战略规划》（2008年8月）、《巴音布鲁克旅游目的地重点地区详细规划》（2008年5月）等旅游目的地规划分别完成编制并通过评审。

2. 金融危机背景下旅游营销规划悄然兴起

2008年爆发的金融风暴使旅游业受到不同程度影响，旅游景区应采取何种营销策略和措施，才能变挑战为机遇，迎难而上取得新的市场发展？这是目前旅游业内人士普遍关心的问题。为了吸引更多的游客，推出质量更高的旅游产品，旅游策划、规划与营销等的全能性规划开始兴起，突出旅游产品的包装与营销策略的研究。在区域旅游规划、旅游区总体规划与详细规划的一揽子规划中“旅游营销”这部分的内容也日益凸显。

3. 修编和提升规划任务量持续攀升

由于旅游规划具有特别强的时效性，如果五年规划（计划）、政府换届选举和地方一些重要条件发生变化，如交通的改善等，往往成为进行旅游规划修编的主要触发因素。在多种因素的催生下，2008年我国各种类型、不同层次的旅游规划修编任务持续攀升。

除此之外，旅游提升规划作为一种新的形式也越来越受到重视。旅游提升规划是为了适应地方快速发展的需要，对旅游区的形象、产品、服务、竞争力等各方面制定提升策略。《商丘古城旅游开发提升规划》（2008年8月）、《荣成西霞口国际滨海休闲旅游度假区总体提升规划》(2008年3月)、《临汾市旅游产业提升规划》(2008年12月)等旅游规划先后完成编制,《嵩县旅游发展提升规划》、《栾川养子沟景区提升规划》等旅游规划于2008年启动。

4. 生态旅游规划日益受到重视

生态旅游,是遵循可持续发展的原则,追求人与自然和谐的高级旅游形态,符合现代社会发展的必然需求和产物。2008年10月28日,由国家旅游局和环境保护部共同主办的全国生态旅游发展工作会议召开,会议印发了两部门共同编制的《全国生态旅游发展纲要(2008—2015)》和《国家生态旅游示范区标准(征求意见稿)》。2008年11月7日,国家旅游局下发通知,决定将2009年全国主题旅游年确定为"中国生态旅游年",主题口号为"走进绿色旅游、感受生态文明"。生态旅游规划也日益受到重视,国家及地方政府纷纷组织生态旅游规划的编制,如国家林业局正组织有关单位进行《全国林业自然保护区生态旅游发展规划》的编制工作。此外, 《西双版纳国家级自然保护区生态旅游总体规划(2008—2015)》(2008年4月通过评审,9月获得国家林业局批复)、《青海省三江源地区生态旅游发展规划》(2008年12月通过评审)、《福建闽江源国家级自然保护区生态旅游规划》(2008年8月获得国家林业局批复)等生态旅游规划通过评审并落地实施。

5. 着重推进旅游区域协调发展规划

2008年我国《海峡西岸旅游区发展总体规划》(2008年11月中期论证)、《天津滨海新区旅游发展总体规划》(2008年10月终稿)、《丝绸之路旅游区总体规划》(2008年12月通过评审)、香格里拉(2007年12月)等重点区域旅游规划和红色旅游重点片区规划编制工作先后完成,依据"五个统筹"(统筹城乡发展、统筹区域发展、统筹经济社会发展、统筹人与自然和谐发展、统筹国内发展和对外开放)的基本要求,通过区域旅游规划的编制和实施,形成促进区域统筹的旅游发展新格局,促进东中西部旅游业良性互动、协调发展。

(四)旅游规划技术标准规范化程度提高

在各类旅游规划编制任务不断增加的形势下,旅游规划技术标准的规范化也得到了较大程度的提高。2008年,国家旅游局启动了20项国家标准的制定和修订工作,内容涉及旅游餐饮、旅游住宿、旅游车船、旅游景区、旅游购物、旅游娱乐等多个方面,涵盖了吃、住、行、游、购、娱等各个旅游要素,对旅游规划编制工作也提出了更高要求。近年来各有关部委先后出台的相应旅游资源地域规划编制规范在2008年的规划编制过程中都得到了不同程度的强化。

（五）国家级旅游资源品牌增加

2008年国家级不同类型旅游区品牌数量有较大增长。国家旅游局评选并公布了第二批全国文明风景旅游区名单，江西井冈山风景名胜区、福建鼓浪屿风景名胜区等15个风景名胜区入选。依照中华人民共和国国家标准《旅游景区质量等级的划分与评定》（GB/T 17775—2003）与《旅游景区质量等级评定管理办法》，北京市首都博物馆等70家旅游景点被列为国家4A级旅游景区。山东省曲阜“三孔”景区等荣获“中国十大文化生态旅游目的地”的称号。另外，国务院办公厅发布19处新建国家级自然保护区，住房和城乡建设部与国家文物局联合评选的国家级历史文化名镇名村以及其他国家级品牌旅游（资源）区也有较多数量通过了验收。

除了国家旅游局审批新增4家甲级规划设计单位和一批旅游乙级资质单位外，其他类型资源的旅游区，如水利风景区、国家地质公园、城市湿地公园等，也因其国家等级资源单位的增加而吸引新的规划编制单位。

三、2009年旅游规划的展望

（一）生态旅游规划成为重点

国家旅游局将2009年确定为“中国生态旅游年”，主题年口号为“走进绿色旅游、感受生态文明”。生态旅游规划成为2009年规划工作的重心和趋势，规划主旨有利于满足全球范围内日益增长的生态旅游需求，以推广环境友好型旅游为理念，倡导资源节约型经营方式，追求人与自然高度和谐。

生态旅游规划趋势主要体现在：①关注可持续发展，保护地方特色文化，通过增强旅游者环保意识来促进地方旅游业的可持续发展；②规划聚焦于资源可持续利用、社区经济发展和环境影响最小化方面；③依据国家旅游局将要颁布的标准，在选址、规划、设计、固体垃圾的处理、污水和集水区的保护等方面，应用先进有效的生态保护技术；④生态旅游研究成为热点，包括旅游环境敏感度和旅游容量的测定，开展区域生态旅游的潜力分析和限制因素的探讨，旅游产品的生态化设计和生态旅游的经济学研究等；⑤尊重《全国生态功能区划》，合理规划生态旅游功能区，科学布局生态旅游区产业。

（二）规划技术标准有效整合旅游规划编制多头管理

隶属不同部门的旅游资源在编制规划时往往要依据不同的法律法规和规范标准，造成规划编制顾此失彼、审批阶段多头管理的局面。2009年国家旅游局将要颁布《全国旅游标准化发展规划（2009－2015）》和20项国家标准，旅游规划编制将在餐宿布局、交通游线、景区建设、购娱布局等多个方面体现出标准化要求。而旅游规划技术标准也将成为标准化编制工作的一部分。旅游规划技术标准化对于解决旅游规划编制多头管理将发挥重大作用。

（撰稿人：周建明，中国城市规划设计研究院旅游规划中心主任，教授级高级城市规划师；胡文娜，中国城市规划设计研究院，城市规划师）

2008 年城市交通规划

一、2008 年城市交通规划背景情况

（一）“2008 年中国城市无车日活动”顺利开展

继 2007 年首届中国城市公共交通周和无车日活动开展之后，由住房和城乡建设部倡导组织的“2008 年中国城市无车日活动”于 2008 年 9 月 22 日在全国开展，广州市和江苏省江阴市最新签署了活动承诺书。全国共有 112 个承诺开展此项活动的城市，参加活动的全国城市总人数约 2.34 亿。当前，中国大城市正处于城市化转型和综合交通体系构建的关键时期，依靠现代化公共交通解决交通矛盾已成为全球性共识，城市公共交通周及无车日活动作为一种推动交通政策转型、唤醒公众现代交通意识的有效手段，已经取得明显的效果。

（二）城市轨道交通步入新的发展阶段

截至 2008 年底，中国内地城市轨道交通开通运营的城市有北京、上海、广州、天津、重庆、南京、深圳、武汉、长春、大连共 10 座城市，运营总里程为 769.29km；其他在建的有杭州、西安、成都、苏州、沈阳等城市，全国在建总里程为 1 094.534km。根据各城市近期轨道交通发展规划，到 2012 年，北京轨道交通线网将全部覆盖中心城，运营里程将达到 440km；上海轨道交通线网将形成 13 条线路、300 多座车站，运营总长度超过 500km。2008 年下半年，受国际金融危机的影响，中国及时调整宏观经济政策，政府进一步加大基础设施建设力度，各地方政府也纷纷出台政策规划，大批城市开始筹建轨道交通。根据国务院批准的第一批城市轨道交通项目规划，至 2015 年的规划线路长度是 2 400km，投资规模近 7 000 亿元，截至 2008 年 11 月已完成了 1 000 亿元投资。中国城市轨道交通行业正步入一个跨越式发展的新阶段，中国已经成为世界最大的城市轨道交通市场。

（三）城市快速公交系统掀起开通运营高潮

2008 年的第一天，常州快速公交（BRT）1 号线正式开通，其采用了“一主

三支”的组合模式，即开通快速公交1号线主线的同时分批开通3条支线，以便充分发挥快速公交专用道的交通走廊作用；同月，东北首条快速公交线路——大连市快速公交线路开通运营，该线路的开通提高了沿线20万市民的出行质量；继2005年12月，中国第一条快速公交线路——北京南中轴路大容量快速公交全线投入运营之后，2008年7月，北京又开通2条BRT新线，其中2号线全长16km，3号线全长20余千米，加上1号线，BRT线路总长50余千米，北京由此成为全国BRT线路最长的城市；2008年4月和9月，济南市相继开通了2条BRT线路，日均客运总量8.8万人次，免费换乘1.1万人次，平均时速22km；8月底，厦门BRT1号线、2号线和3号线开始投入运营，其通过在闹市区建设高架桥，实现专有路权，全程不设红绿灯，这是目前国内首个采取高架桥模式的快速公交系统。

目前，全国共有北京、杭州、重庆、常州、济南、大连、厦门7个城市开通运营BRT。在掀起新一轮BRT开通运营高潮的同时，BRT的规划设计也更加注重局部细节的提升、换乘便捷、车站布设、票制票价、与周边环境景观相协调等方面的人性化设计。

（四）城际轨道和高速铁路建设进入实质运作阶段

2008年8月1日，京津城际高速铁路正式开通运营，铁路设计时速达到300km，列车最高时速超过350km，是目前世界上运营速度最快的列车，也是中国第一条真正意义上的高速铁路，其运营使北京和天津两大直辖市的路程缩短成30min，进一步放大了世界上唯一一对直线距离近百余千米的两个特大城市的“同城效应”，把京津“半小时交通圈”的梦想变成现实，京津城际铁路不仅加速两大直辖市朝同城化、一体化方向发展，而且掀起了中国高速铁路建设的高潮。

2008年7月1日，被冠以“长三角首条城际公交线”的沪宁城际铁路在南京开工，将争取在上海世博会前建成，并实行公交化、24小时运营，最短发车间隔接近3min，长三角将由此实现“1小时都市圈”。2008年12月21日，投资196.98亿元的珠江三角洲城际轨道交通穗莞深项目在深圳开工建设，线路全长86.62km，设计时速为140km，开行站站停列车，采用小编组、高密度和公交化的运营模式，全程运行时间60min，工期4年。

2008年4月18日，京沪高速铁路开工典礼在北京市举行，国务院总理温家宝出席开工典礼并为之奠基。这项举世瞩目的重大工程总投资达2 209.4亿元，是新中国成立以来一次投资规模最大的建设项目。京沪高速铁路自北京南站至上海虹桥站，新建双线铁路全长为1 318km，是世界上一次建成线路最长、标准最高的高速铁路。另外，2008年10月15日，石武高铁（石家庄至武汉）在郑州召开动工典礼，京石高铁、郑西高铁等其他高速铁路也在规划建设中。

（五）地震灾害考量城市交通系统应急规划

2008年5月12日，四川汶川发生里氏8.0级特大地震，地震灾害给人民生命财产和经济社会发展造成了重大损失。据交通运输部不完全统计，截至2008年6月1日，仅地震造成的交通损失达615.15亿元。目前，我们还不能消除或避免地震灾害的袭击，但是，如何通过科学的城市规划提高城市抗灾害能力，防患于未然，在地震灾害来袭时，如何尽可能减少损失，特别是减少人口、财产密集的城市和地区的损失，即城市应对地震灾害的安全保障问题，又一次成为城市规划的焦点。提高城市抗击地震灾害的能力，主要通过提高城市基础设施建设的抗震标准和保障城市交通生命线两个途径，而交通系统应急规划就是后一个方面的重点。

（六）北京奥运会带来的丰厚交通遗产

2008年，对每一个中国人来说都是一个大悲大喜之年。虽然一连串的大灾大难接踵而至，但是北京奥运会的成功召开，在为中国留下巨大而丰富的文化和体育遗产的同时，也留下了一笔丰厚的交通遗产。奥运交通保障是一项十分庞大而复杂的系统工程，涉及各项交通基础设施建设、周密的交通运行保障方案，以及科学的交通需求管理政策等多方面。

二、城市交通规划发展特点和案例

（一）以奥运会交通组织为代表的大型活动的交通组织规划

奥运交通的成功不仅在于交通基础设施规划和建设的保障，交通运行组织规划和交通需求管理政策也发挥了显著效力。交通运行组织规划强调了在静态交通设施基础上对动态交通流的控制、分配和引导，是对传统交通规划理论的丰富及延伸。交通需求管理政策强调从交通需求源头入手，改变过去一味“供满足于求”的管理模式，充分考虑现有基础设施的承载能力和城市的可持续发展条件，通过一定的政策措施调整和引导合理的交通结构。奥运期间，为每个比赛场馆做了详细的交通运行组织方案；为开闭幕式设计了完备的观众集散方案，如奥运会开幕式，约9万观众，疏散用时75min，比原计划90min缩短了15min；开设奥运公交专线、奥运专用车道，并提供班车服务等，满足不同奥运会参与群体的交通需要。与此同时，出台并实行了机动车单双号停驶、控制过境车辆、弹性工作制、黄标车治理等多项需求管理措施，保证了奥运交通良好运行。数据显示，奥运期间，机动车流量总体下降32.57%，路网早晚高峰行驶速度分别提高26.9%

和22.8%。

（二）以天津生态城为代表的绿色交通系统规划

在大力倡导和推进绿色交通理念的同时，慢行交通系统也越来越被城市政府所重视。

中新天津生态城绿色交通系统规划实践，关键问题在于三个层面上的实践。第一个层面是目标层面；第二个层面是功能规划层面；第三个层面是系统规划层面。生态城中交通系统的构建总结为引导活动模式、协调公共服务中心和交通系统、创新综合交通系统组织模式这三大策略。①采取以本地居住就业平衡为主、公共服务中心布局实现就近服务和规模服务平衡引导人们活动模式的策略。在本地居住本地就业、本地居住外地就业、外地居住本地就业三种类型的定位上，明确提出生态城内以本地居住本地就业为主，就地就业率力争达到65%～70%，这就从根本上减少了通勤出行需求，节约了总出行消耗。②以公共服务中心的布局与交通系统相协调引导出行行为的策略。公共服务中心与交通系统的协调是引导居民出行行为的保障因素之一，在生态城规划中提出两个要点，第一个要点是片区级公共服务中心布局在轨道站点周围，同时对于机动车停车场的供给采取控制的原则。第二个要点是公共服务中心周围的网络系统采取慢行系统直接和服务中心相连、机动车系统在中心外围通过的机非空间分离的布局原则。③以绿色交通系统为主导实现综合交通系统组织的策略。第一个要点是建立独立的慢行系统网络，这样既可以创造良好的环境质量，又可以提供高可达性的网络覆盖，实现方便、安全服务标准；第二个要点是控制机动车网络的覆盖范围，对于对外交通通道实现有限进出口容量的设施供给，对于区内机动车网络，建立有限覆盖的机动车道路网络和集中布设的机动车停车场相协调的模式；第三个要点是实现机非分离的空间网络形态；第四个要点是公共交通网路的高可达性覆盖以及和慢行系统的方便衔接。

2008年5月编制完成的《上海市中心城慢行交通系统规划》提出营造300多处分布上海中心城区的城市魅力区——慢行核，以及数十个城市慢行安全区——慢行岛。在“慢行核”内，慢行交通处于绝对优先地位，与城市风貌、景观创意、休闲、观光、旅游以及商业紧密结合。南京市启动了城市步行交通规划，规划立足于整个城市人行交通体系的完善，建立“安全、便捷、舒适”的步行交通网络。杭州市政府编制完成的《杭州市慢行交通系统规划》按照以慢行为导向、慢行优先、快慢分离的发展模式，构建“公交＋慢行”的一体化交通出行；实现交通宁静化。

（三）在城市空间战略调整中起到重要作用的重大城市交通网络设施规划

国家推进天津滨海新区开发开放的战略举措，即“依托京津冀、服务环渤海、辐射‘三北’、面向东北亚，努力建设成为我国北方对外开放的门户、高水平的现代制造业和研发转化基地，北方国际航运中心和国际物流中心，逐步成为经济繁荣、社会和谐、环境优美的宜居生态型新城区”。这使得天津城市的地位达到前所未有的高度。在此背景下，如何实现交通系统网络的构建成为核心要素之一，天津展开了“天津市道路网络主骨架系统规划”和“天津轨道交通网络规划”项目。在道路网络规划中，提出“双层六廊九射”的网络结构支撑了天津的通道组织和对外放射功能，同时也实现了交通的分层组织；支持“双港区”的功能分工，提出C字形“三横两纵”的疏港专用通道，实现了客货分离、南北集散，进而缓解了港城矛盾；以“内环”为组织主体，提出天津“双城区”作为一个整体来发挥对外辐射功能，提高了路网效率并具有扩展弹性；明确了道路主骨架的功能定位，双城内部确定了轨道交通为主，快速路主要发挥对外辐射功能，而骨架主干路则形成快速路功能组织的有效互补；构建了弹性开放的道路主骨架，海河中游地区“外围疏解通道＋双十字形”模式有利于海河中游第三极的形成，并为其发展预留了弹性。

（四）国家基础设施投资促进背景下的轨道交通建设规划

轨道交通的规划建设在2008年体现出的特点主要表现为三个特征，第一个特征是轨道交通层次的多样性和服务范围的扩大，第二个特征是城市轨道交通与城际交通、高速铁路等系统的一体化衔接，第三个特征是枢纽和周围地区的建设开发的结合。

以东莞市城市快速轨道交通建设规划为例，东莞市的市域城镇高度连绵，经济发展水平普遍较高，人口分布相对均匀。以东莞市区为核心，松山湖、虎门、常平、塘厦分别位于约20～45km的交通出行范围内。规划提出了以东莞市区和主要交通枢纽为核心的交通出行时间服务目标，即从东莞市区和虎门、常平主要换乘枢纽至上述主要专业中心的出行时间目标为20～45min不等，据此要求线路的旅行速度不能采用单一标准。规划提出4条市域干线和1条市郊铁路，总长266.8km，确立了白沙站、东莞火车站、东莞东站、汽车总站、松山湖站、石龙火车站、会展中心站、长安站和黄江站9个主要换乘枢纽。规划的轨道交通线路将东莞市各专业中心联系起来，线网密度为0.17km/km^2，旅行速度为60～80km/h，最高速度为120km/h，平均站间距为3～4km。

（五）国家优先发展公共交通政策下的公共交通管理改革规划

在落实优先发展公共交通国家政策的背景下，如何提高公共交通的吸引力成为城市政府面临的主要问题。公共交通规划的编制发生的变化主要体现在其综合性的提升，规划的内容不仅仅限于公共交通线网规划，基于公共交通管理改革和公共交通行动规划的需求在 2008 年开始凸显。

在广东佛山，2008 年启动了禅城区公共交通近期发展规划，核心内容探讨了基于服务质量评价的公共交通线路特许经营权的改革方案，突出以政府为主导的特点。提出由政府或由政府授权组成的公交管理机构通过向公交运营企业发放特许经营权、进行服务质量监督的方式，实现对公交市场的监管。以总成本合约的特点构架禅城区公交经营管理结构共分为三个层次，分别为政府层、管理层和运营层。政府层由区交通局作为实施单位，负责协调各有关部门，指导管理层工作；成立隶属于交通局的公共交通共同体管理中心作为管理层，负责公交运营有关的各项具体工作；运营层由现有的三家运营公司组成，实施公交线路经营并受公共交通共同体管理中心的严格监管。

三、思考与展望

展望 2009 年，国家政策的导向将成为本年度的主题，而城市交通规划行业的特点恰恰博弈于集体利益和个体选择之中，可以预计 2009 年对于城市交通行业的发展将是一个加速发展和回归本源的机会。

（一）城镇化空间布局的调整

在国家基础设施建设投资拉动的背景下，以高速铁路、城际轨道、高速公路为代表的城际之间的交通基础设施的突飞猛进将不仅仅改善城市之间的交通联系，更为重要的是区域经济发展的空间布局模式、城镇群层次的功能分工、城市内部居住就业布局模式都将发生重大的变化，这些变化不仅给城市交通规划工作提出了特殊的要求，同时也带来了新的挑战。

（二）交通可持续发展理念的推进

在国家节能减排政策的指引下，城市交通层面的节能减排将不可避免地被提到重要地位，如何构筑和谐、绿色的城市交通系统，实现城市交通的可持续发展，仍是当前和今后一个时期内，全体城市交通规划、建设和管理者亟待思索和探讨的问题。可持续发展的概念将使我们对城市交通的认识进一步扩大到资源、生态、社会、经济等领域，促使我们研究交通对于实现经济效益、社会公平、维护生态平衡的相互作用，以及资源分配和利用的原则。在城市交通规划理论上将进一步研究符合可持续发展原则的交通需求分析和路网规划技术，探讨交通资源的合理分配及评价原则，研究交通需求管理的机制和措施等。

（三）城市交通规划方法的创新

在发展城市交通规划理论和技术的同时，还应推进城市交通理念的创新。长期以来，城市交通规划建设管理以方便小汽车交通为目的是步行和非机动交通出行环境不断恶化的重要原因。城市机动车道的宽阔程度、机动车数量的多少，某种程度上体现着一个城市的经济发展水平，然而，经济之上还有环境、宜居、和谐的要求。因此，今后城市道路交通规划建设和管理理念必须向优化公共交通、非机动车以及行人交通为目标的转变，促进城市交通发展模式趋向合理化。

（四）交通需求管理策略的实施

有关城市交通需求管理的内涵也将扩大到政策、经济、用地、行为等更广阔的领域，人们将从单纯的“交通总量控制”的手段，逐步利用经济杠杆的作用，以调控城市交通的构成，进一步理顺汽车产业发展、城市用地发展和交通发展的关系。

（撰稿人：殷广涛，中国城市规划设计研究院交通规划研究所，副所长，高级工程师；王海英，《城市交通》杂志社，编辑）

焦点篇

Focus

住房“保障新政”的再强化

一、纷乱迷离的市场——不只是信心问题

2008年3月16日，摩根大通宣布，收购濒临倒闭的美国第五大投资银行贝尔斯登，标志着起于2007年的美国次贷危机演变成了金融危机。这场金融危机愈演愈烈，在下半年，随着雷曼兄弟申请破产保护、美国保险巨头AIG陷入困境等众多金融巨头纷纷卷入，使得美国的金融危机演变成了全球性的“金融海啸”。

此次危机深刻地影响着全球经济，也不可避免地波及中国，对中国住房市场（特别是房价）的影响甚至强于以往任何一次的政府宏观调控。房改10年，中国房价持续上涨，期间政府和金融部门虽多次出台政策和措施加以调控，但效果总是短暂而不显著，以至于一些开发商和所谓的学者预言中国房价要涨20年。2007年虽然有持续加息、提高准备金率、严控房地产信贷安全等金融措施，以及加强廉租住房制度建设等住房“保障新政”的出台，房价仍然持续地高速上涨，2008年1～4月全国70个大中城市房屋销售价格保持着2位数的增长。但是随着金融海啸的到来，5月份房价上涨速度跌破2位数，其后快速滑落，并于12月份首度出现负增长，结束了房价上涨的“黄金十年”（图1）。

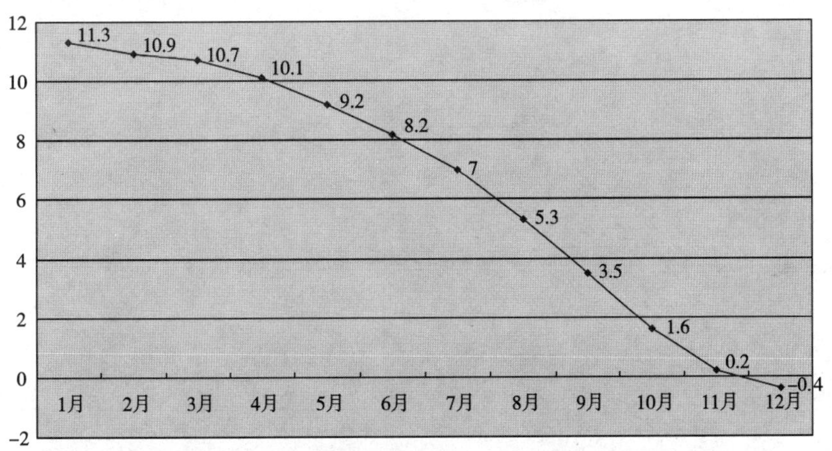

图1　2008年1～12月全国70个大中城市房屋销售价格指数变化情况

注：本图根据国家发改委公布的官方数据制作。

2008年9月24日下午，在纽约华尔道夫饭店，中国国务院总理温家宝，面对美国经济金融界知名人士，用斩钉截铁的声音说："在经济困难面前，信心比黄金和货币更重要。"

政府、开发商、购房者，这三者之间的关系在2008年显得很微妙，一些政府出手救市，而另一些则拒绝出手；一些开发商降价促销，而另有一些抱团取暖誓作"猪坚强"；购房者多数保持观望态度。有学者认为，目前国内住房市场并不缺乏"刚性"需求，而是缺乏信心。但如此纷乱迷离的市场恐怕并不能简单地用缺乏信心来概括。

现实的中国房产市场缺的并不只是信心，政府缺"信"——无法给购房者以较为明确的方向指引；开发商缺"心"——为了维持高额利润漠视严峻的时局；而对多数购房者来说缺的只有一项——"钱"。

• 救与不救——地方政府各行其是

在金融危机的波及下，我国的房地产市场迅速降温，虽然价格下降并不显著，但成交量却持续萎缩。2008年，全国完成商品房销售面积6.21亿m^2，比上年下降19.7%；商品房销售额2.41万亿元，比上年下降19.5%。2008年年末，全国商品房空置面积1.64亿m^2，比上年增长21.8%；其中，空置商品住宅9 069万m^2，比上年增长32.3%（中国人民银行《中国货币政策执行报告》，2008年）。面对降温的市场，救与不救，中央政府态度不明，而各地政府各行其是。一些政府出手救市，从放宽贷款额度、减免税费、降低首付比例到直接给予购房补贴、购房落户等，希望能够稳住住房市场，保住地方的GDP（同时保住"第二财政"）。而另一些政府则态度鲜明，不出手救市，例如，深圳市市长许宗衡就明确表态，深圳市政府不会出手救楼市（2008年11月27日《广州日报》）。

• 降与不降——开发商各怀心事

关于房地产市场将面临困境，开发商并不糊涂。SOHO中国董事长潘石屹2008年3月21日做客新浪聊天室，在接受《上海证券报》记者提问时认为：未来100天是很多房地产公司发生剧变的100天。此言论被简称为"百日剧变论"。深圳万科集团董事长王石抛出"我承认楼市确实出现拐点"的言论，引起了业内巨大争论，以至于在2008年央视专门组织了一场"消费者要不要买房"的对话。但是，是否降价过冬，开发商们却各怀心事。以万科为代表的一些房企，主动降价应对时局，被不少开发商称之为"搅局者"；而更多的开发商则更乐于自比"猪坚强"死顶硬抗，在2008年底更是出现了沈阳"72家房东不降价联盟"的怪现象（2008年11月18日央视《今日观察》）。

• 买与不买——购房者持币观望

虽然金融政策由从紧转向了宽松，又有不少地方采取了力度不小的救市措施，但是，普通购房者并不买账，商品房销售始终不旺。除了高房价降幅有限，对很多自住型购房者来说还是背离了自身的支付能力外，对政府救市的目的是否能真正惠及百姓，大家也心存疑虑。根据新华网的一项调查，78.32%的网友认为救市是救了房地产开发商，其次是地方政府，占15.49%。

二、出手快、力度大——4万亿元投向重点领域和薄弱环节

2008年第四季度，为了有效应对国际金融危机的冲击，保持经济平稳较快发展，中央出台了进一步扩大内需促进经济增长的十项措施，提出了扩大投资的重点领域和方向，主要有：加快建设保障性安居工程、农村民生工程、基础设施、社会事业、环境保护、自主创新和结构调整以及灾后恢复重建等方面。为加快这些重点领域的建设，从2008年四季度到2010年底，中央政府拟新增投资1.18万亿元，加上地方和社会投资总规模共约4万亿元（表1）。廉租住房、棚户区改造等保障性住房位列首位，强烈提示了住房保障属于薄弱环节。

4万亿元投资的重点领域和方向 **表1**

重点投向	资金测算
廉租住房、棚户区改造等保障性住房	约4 000亿元
农村水电路气房等民生工程和基础设施	约3 700亿元
铁路、公路、机场、水利等重大基础设施建设和城市电网改造	约15 000亿元
医疗卫生、教育、文化等社会事业发展	约1 500亿元
节能减排和生态工程	约2 100亿元
自主创新和结构调整	约3 700亿元
灾后恢复重建	约10 000亿元

资料来源：中央政府门户网站（www.gov.cn）.

住房保障的渐趋薄弱可以从各类商品住房的比例变化上得到印证。图2显示，1997～2007年，普通住宅增长了近9.7倍，别墅、高档公寓增长了18倍，而经济适用房仅增长了2.9倍。别墅、高档公寓销售面积于2006年首次超过经济适用房销售面积。图3显示，经济适用房占普通住房的比重从1997年的15.4%经过1999年和2000年的增长达到最高的22.7%之后，掉头快速下降，至2007年仅占5%；而同期的别墅、高档公寓则从3.2%上升到6.5%。

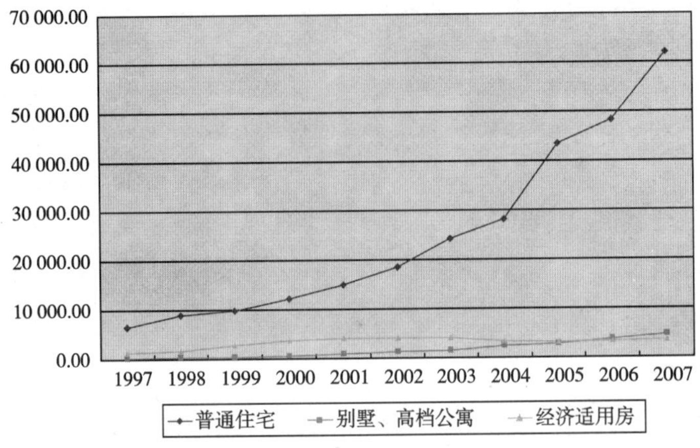

图 2 商品房销售面积

数据来源：《中国统计年鉴》。

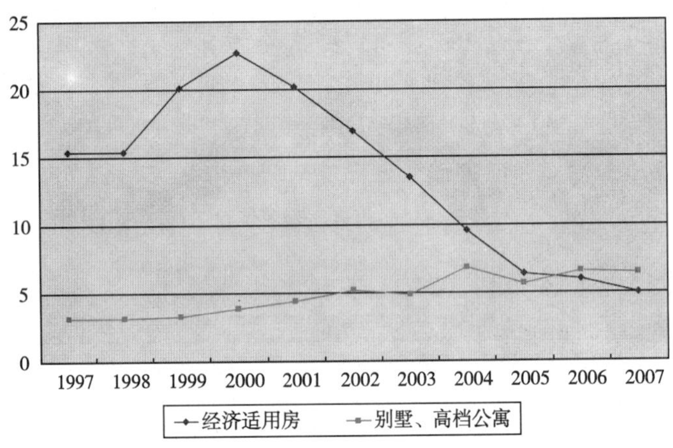

图 3 经济适用房与别墅、高档公寓占住宅总量的比重

数据来源：《中国统计年鉴》。

三、半空中的房价——想说爱你不容易

1. 房价是否过高？

关于房价是否过高，一直是购房者、学者、开发商争论不休的话题。除特困群体外的普通购房者根据切身体会，认为房价已越来越脱离自身的承受能力，一旦购买就有可能大半生成为“房奴”，更有人感慨“天堂向左，住房向右”。学者往往根据住房收入比、租售比等指标的计算和对比，认为中国当前的房价已经过高，存在“泡沫”。而开发商则认为，随着城市化的推进，城市人口将不断增加，而我国的土地又是稀缺资源，住房需求客观上存在“刚性”，房价高低只是市场的选择。

实际上，房价是否过高，10 年前《国务院关于进一步深化城镇住房制度改革加快住房建设的通知》（国发［1998］23 号）中就已经间接提及：（六）停止住房实物分配后，房价收入比（即本地区一套建筑面积为 60m² 的经济适用住房的平均价格与双职工家庭年平均工资之比）在 4 倍以上，且财政、单位原有住房建设资金可转化为住房补贴的地区，可以对无房和住房面积未达到规定标准的职工实行住房补贴。住房补贴的具体办法，由市（县）人民政府根据本地实际情况制订，报省、自治区、直辖市人民政府批准后执行。分析我国 10 年来房价收入比的变化（图 4），我们发现，1998～2003 年间，全国平均房价收入比呈现了逐步下降的趋势。但是自 2003 年以后，又有掉头向上的趋势。如果按分组家庭收入分析，80％的家庭至今房价收入比没有降到 4 倍以下，占总户数 20％的最低收入和低收入家庭房价收入比不仅没有改善，反而有所恶化！

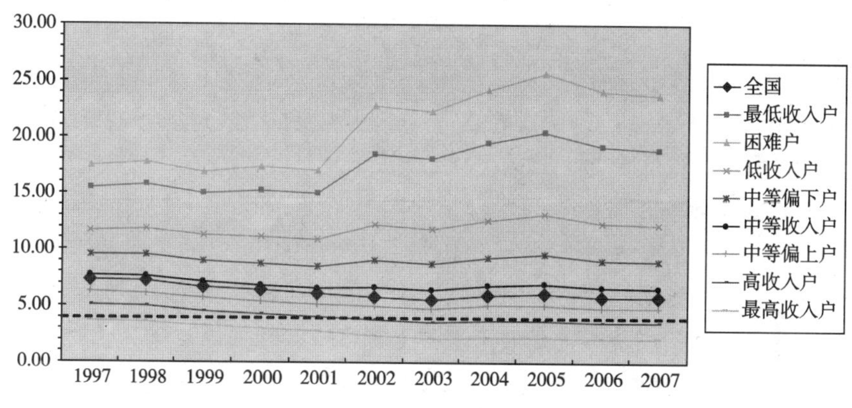

图 4　分类别房价收入比（60m²/户）

数据来源：《中国统计年鉴》。

用房价收入比来衡量房价是否合理是有参考依据的。例如，英国 1969～2002 年 30 多年间，虽然房价也上下波动比较大，但是房价收入比始终都没有超过 4（图 5）。

房价收入比过高，一方面使得购房者负担过重，有的甚至无力购房；另一方面，住房消费过大势必挤占居民的其他消费，使国家的经济不能均衡发展。根据国家统计局的数据计算，住房消费占城镇居民家庭可支配收入比例从 1997 年的 6.9％，到 2007 年已经达到 31.2％（图 11）。这一比例快速上升的时段也出现在 2003 年之后。

另外，开发商提及的所谓“刚性需求”是忽略了边界的。为什么被反复强调的“刚性需求”在短短的时间内就不那么“刚性”呢？有两点原因是最值得关注的：第一，过去几年过于旺盛的需求里面有一定的投机成分；第二，不少有真正需求的人，其收入水平无法承担目前的房价水平，只有通过银行借贷透支未来

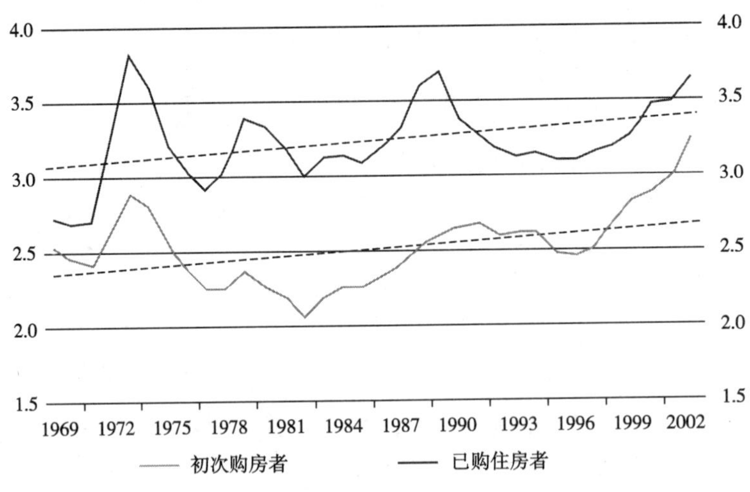

图 5 英国的房价收入比

资料来源：ODPM，Survey of Mortgage Lenders.

(其中有些人根本不具备按期偿还的能力)，一旦金融及经济形势趋向恶化，所谓的“刚性需求”也自然变为无效的需求。

2. 什么因素推高了房价?

第一，是土地购置费用的上涨。在实行用地招拍挂以后，土地成本逐级上涨，提高了商品房的最终成本。但是，根据国家统计局的数据，房地产企业每年花在土地购置上的费用基本上是处于平稳上涨之中，与商品房竣工价值基本上是平行增长。而商品房的销售额增长速度在 2003 年之后明显快于前两者（图 6)。开发商取得的超额利润在图 7 中明显显现出来。

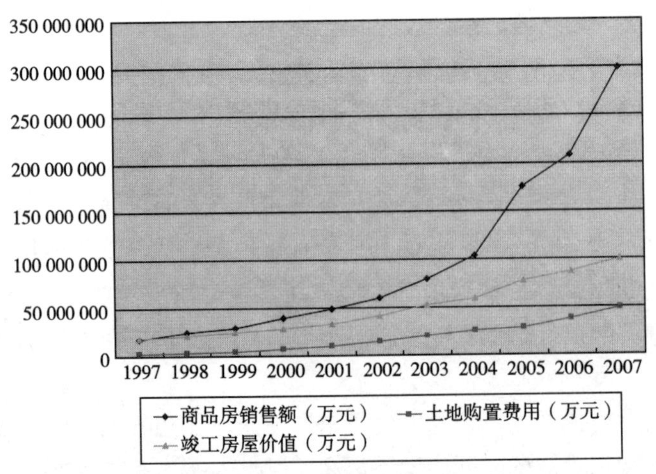

图 6 商品房基本费用构成

数据来源：《中国统计年鉴》。

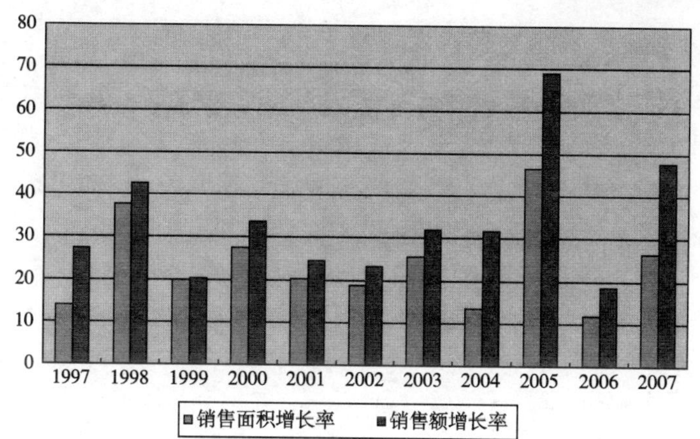

图 7　商品住宅销售面积增长率与销售额增长率

数据来源：《中国统计年鉴》。

第二，是银行信贷使高房价得到了支撑。中国人民银行《中国货币政策执行报告（2003—2008）》显示，商业性房地产贷款余额从 2003 年的 1.85 万亿元上升到了 2008 年的 5.28 万亿元；购房贷款余额从 2003 年的 1.18 万亿元上升到了 2008 年的 2.98 万亿元（图 8）。开发商大量从银行借钱“圈地”、盖房，增加了成本；购房者大量从银行借钱买房、炒房透支未来，助推房价。如果按照这样的速度和方式来维持房地产市场的高增长、高房价，中国版的房贷危机谁敢保证不会发生？

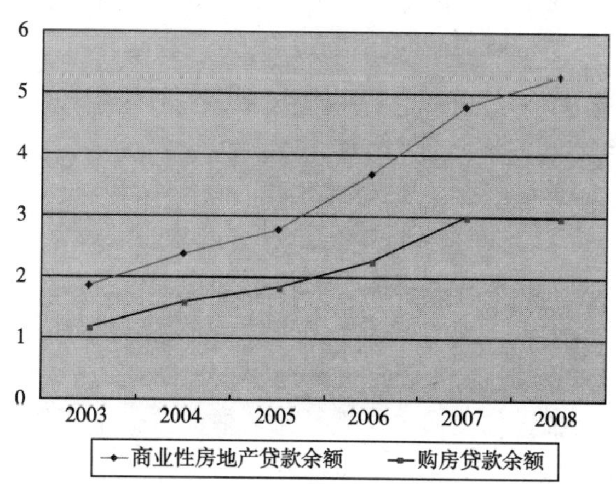

图 8　全国房地产贷款余额变化情况（单位：万亿元）

数据来源：中国人民银行《中国货币政策执行报告（2003—2008）》。

第三，腐败也是高房价的推手之一，行贿人一方面将行贿成本转嫁到房价之中，同时，肆意提价也会得到受贿人的庇护。

在房地产行业腐败主要表现在3个方面：

(1) 土地出让环节：2008年1月31日，合肥市中级人民法院依法对江苏省人大常委会原副主任王武龙受贿案做出一审判决，以受贿罪判处其死刑，缓期两年执行，剥夺政治权利终身。王武龙案的特点就是，在收受贿赂后，以免费划拨或者低价协议出让的形式为行贿人取得土地使用权。

(2) 规划审批环节：规划审批环节的腐败案以调整容积率为多。作为2008年曝光的重庆规划腐败窝案就属此类。重庆市规划局原局长蒋勇因受贿1 796万余元，被一审判处死缓，重庆市规划局原副局长梁晓琦受贿金额超过1 589万元，已于2008年底被一审判处死缓。

(3) 土地用途转换：将销售利润低的土地转换为住宅用地，2001～2004年间，主管城建工作的姜人杰利用职务便利，先后收受多家房地产公司贿赂，折合人民币1亿余元，其中最高单笔受贿达8 000余万元，创造了贪官受贿总金额、单笔受贿金额的两个“新高”。2008年4月，姜人杰被法院一审判处死刑。

四、GDP的游戏——仍难割舍的“支柱产业”

房改促进了中国房地产业的发展，这是毋庸置疑的事实。但是，房改后由于政策等原因造成的困难群体保障能力的下降以及高房价造成普通购房者支付能力不足、挤占居民其他消费能力的问题也日趋严重。政府之所以在高房价问题上态度犹疑，很重要的原因是顶在房地产业头顶上的光环太过耀眼——“支柱产业”。

1. 中国房改历程简要回顾

(1) 探寻住房问题出路

1978年9月，中央召开的城市住宅建设会议传达了邓小平同志的一次重要谈话，大体精神是：解决住房问题能不能路子宽些，譬如允许私人建房或者私建公助，分期付款。把个人手中的钱动员出来，国家解决材料。建筑业是可以为国家增加收入、增加积累的一个重要产业部门。在长期规划中，必须把建筑业放在重要位置。邓小平所描述的住房产业概括起来是金融＋建筑业的模式。

(2) 住房商品化

1998年《国务院关于进一步深化城镇住房制度改革加快住房建设的通知》(国发［1998］23号）发布，希望在制度上建立市场化住房体制。该文件主旨是要建立和完善以经济适用住房为主的住房供应体系，其核心是对不同收入家庭实行不同的住房供应政策：最低收入家庭租赁由政府或单位提供的廉租住房；中低收入家庭购买经济适用住房（利润控制在3%以下）；其他收入高的家庭购买、租赁市场价商品住房。这一政策体制是以保障多数城市家庭居住条件为前提的住房商品化体制（按照国家统计局收入划分标准，最低收入家庭10%，低收入户10%，中等偏下户20%，中等收入户20%，中等偏上户20%，高收入户10%，最高收入户10%）。

（3）住房市场化

2003年《国务院关于促进房地产市场持续健康发展的通知》（国发［2003］18号），首次明确提出了房地产业“已经成为国民经济的支柱产业”，强调了“要坚持住房市场化的基本方向，不断完善房地产市场体系，更大程度地发挥市场在资源配置中的基础性作用”，在住房政策上要“逐步实现多数家庭购买或承租普通商品住房”。这一文件使得我国住房政策从保障为主转向了市场调控为主，同时赋予了房地产业巨大的经济功能。地方政府忽然间获得了一种可以促进GDP快速增长的模式。地方政府热衷于批租土地，包括农地征用用于大规模的房地产开发建设。依靠房地产投资来带动当地经济发展，并通过土地收益、房地产税费来直接填充地方财政。2004年8月31日起，所有六类土地全部实行公开的土地出让制度，采取公开招标、公开拍卖、公开挂牌的方式出让土地，住宅用地价格逐级上涨，房地产开发商也借机托市，使得住房价格一路飙升，商品房的产值在国内生产总值中所占的比重也加速上升（图9）。

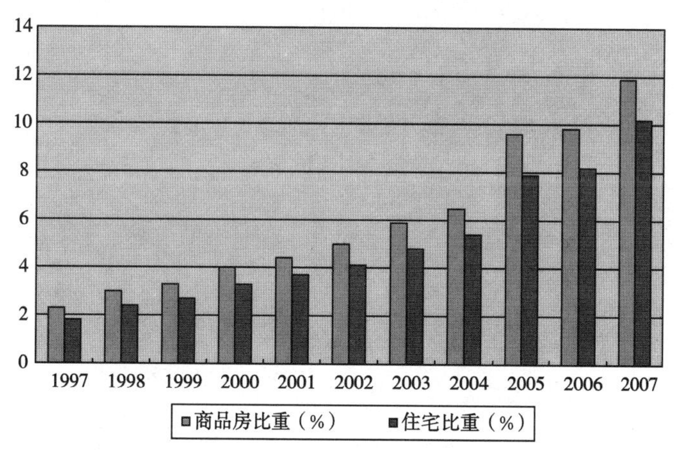

图9　商品房销售额占国内生产总值比重

数据来源：《中国统计年鉴》。

2. GDP的游戏

今天我们所说的“房地产业”实际上并不是一个真正的产业，它是由地产业、建筑业和中介服务业（开发商和销售商）三方面构成。地产业一级市场是由政府垄断的，通过征用农地和城市拆迁所得到的土地，经过招拍挂的形式出让给开发商，征地拆迁款与出让款的差价纳入地方财政，这项收入十分可观，例如，

2005年，全国土地出让金总价款高达5 505亿元，占同期地方本级财政收入15 092亿元的1/3还强，土地收益在一些地区已成为典型的“第二财政”。开发商拿到土地后进行策划、建筑设计、多渠道融资，然后寻找建筑企业实施建设，形成的房屋加价销向市场。房地产开发商以运用土地和资金进行房屋建设、商品房屋倒卖为主的企业模式，实质是中间服务商。到2004年底，我国房地产开发和经营法人企业已达5.9万家，已经形成一个异常庞大、整体性获取超额垄断利润的利益集团，而且在政府政策决策中取得了越来越重要的话语权，左右甚至“要挟”政府决策行为。在整个链条中，真正创造物质财富和大量吸纳就业的是建筑业，而建筑在这个链条中获取的收益却最少，这从房屋造价变化上就可以看出（图10）。经过10年的发展，全国平均房屋造价上升了33%，而平均售价却上涨了74%。2003年以后，平均房屋售价明显快于造价的增幅。而一直被开发商拿来说事儿的土地购置费用其实也只是平稳地增长（不管怎样，这块收益还是以这样或那样的方式多数用到了城市发展中），将开发商与地产业及建筑业捆绑称之为“房地产业”，客观上为开发商“搭车涨价”提供了掩护。建筑业创造了财富和就业，开发商和地方政府实际上是在重新分配财富。但是，只要消费者口袋中的钱放入开发商和政府的口袋，GDP就顺利产生了。这种模式虽然是以牺牲农民利益和住房消费者利益为代价，但是，既能快速吹大GDP泡泡，又能极大地充实地方财政，地方政府真是很难割舍这样的“支柱产业”。

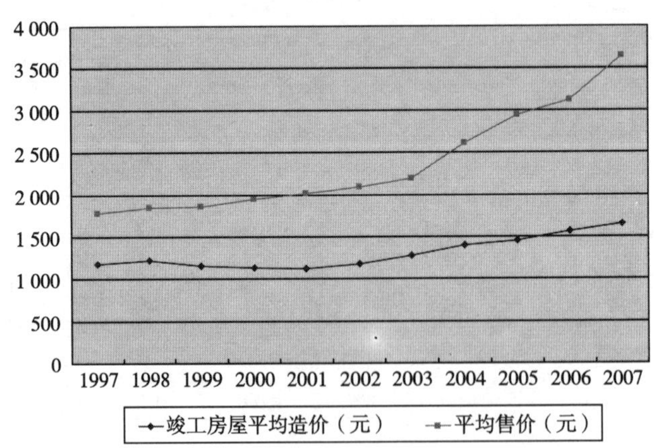

图10　竣工房屋平均造价与商品房平均售价

数据来源：《中国统计年鉴》。

3. “支柱”顶破屋顶的后果

过度强调房地产行业的“支柱”性质，用高房价来吹大GDP泡泡是很危险的。首先，购房占去居民过多可支配收入，必然挤占居民的其他消费和自我保障的能力，特别是在教育和医疗费用也同步快速增长的情况下，有可能会导致社会的不稳定。从住宅年销售额占当年城镇居民家庭可支配比例的变化可以看出，1997年比例为6.9%，到2007年已经达到了31.2%，挤占效应十分明显（图11）。

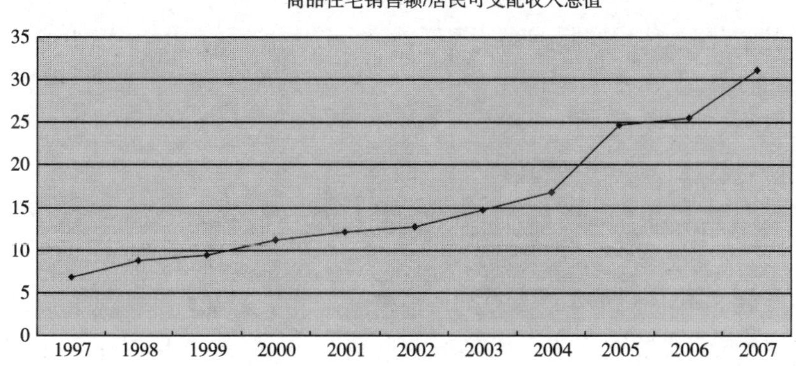

图11　住宅年销售额占城镇居民家庭可支配收入比例（%）

数据来源：《中国统计年鉴》。

其次，虽然中国CPI计算中并不包含住房消费（有观点认为购买住房应算作投资），但是我国房价的涨跌却与CPI变化保持了很好的同步，只是CPI高企时，房价上涨率更高（图12）。到底是通胀引起了房价上涨，还是房价上涨制造出的虚拟财富引起了通胀，恐怕只能由经济学家们去解释了。

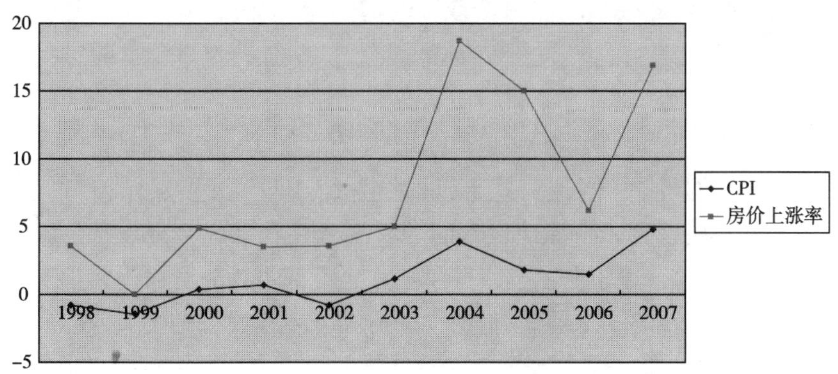

图12　CPI变化与房价上涨率变化

数据来源：《中国统计年鉴》。

五、“保障新政”再强化——政府的声音很重要

反观2003年以后的住房政策，有几点需要引起思考：

第一，过度地赋予了住房的经济发展功能。试图通过逐级推高房地产的价格来增加GDP，拉动经济的增长，而忽视了对住房作为人们生活基本需求的保障功能。同时，主要消费比重过大所带来的“挤出效应”也损害着其他消费行业的发展。

第二，过分地夸大了住房的投资功能，助长了投机炒作。按现行中国的住房和土地制度，购买住房实际上就是签订了一个较为长期的“租赁”协议，随着住房的逐年折旧以及土地租期的逐步缩短，住房的价值一定是呈现逐级衰减的态势，从这个意义上来说，中国的住房实际上是消费品。因此，将购买住房作为一个长期保值投资对象是不适合的。

第三，不动产税。一路飙升的住房价格已经与多数家庭的承受能力背离得越来越远，特别是很多低收入家庭几乎完全丧失了通过市场获取住房的能力。在2005年和2006年针对市场的一系列调控措施不能显著奏效的情况下，中央又把目光从市场下的调节转回了“保障下的市场”。2007年8月7日，国务院发布《国务院关于解决城市低收入家庭住房困难的若干意见》(24号文)，该文件被认为是对10年房改的总结。2007年8月24～25日全国城市住房工作会议在北京召开，曾培炎在会议上指出，住房问题是重要的民生问题，要积极采取措施，加强廉租住房制度建设，解决好城市低收入家庭住房困难。虽然此次会议仅将廉租房的保障范围从城市最低收入家庭扩大到了城市低收入家庭，但业界普遍认为住房“保障新政”某种程度上是1998年政策的“回归”。

如果说2007年是住房“保障新政”的起始年，那么2008年就是“保障新政”的强化落实年。

1. 机构强化

2008年3月15日，第十一届全国人民代表大会第一次会议批准了国务院机构改革方案，并发布了《国务院关于机构设置的通知》(国发［2008］11号)，设立住房和城乡建设部，将原建设部的职责划入住房和城乡建设部。2008年7月10日，国务院办公厅印发了《住房和城乡建设部主要职责内设机构和人员编制规定》(国发［2008］11号)，确定了住房和城乡建设部的主要职能和内设机构。职责调整方面：取消了住房和城乡建设领域个人执业资格行政审批的审查事项；将指导城市客运的职责划给交通运输部；将城市管理的具体职责交给城市人民政府，并由城市人民政府确定市政公用事业、绿化、供水、节水、排水、污水处理、城市客运、市政设施、园林、市容、环卫和建设档案等方面的管理体制；强调了加快建立住房保障体系，完善廉租住房制度，着力解决低收入家庭住房困难问题的主要职责。在机构设置方面，设立了住房改革与发展司（研究室)、住房保障司、房地产市场监管司和住房公积金监管司，极大地强化了住房方面的职能。

2. 政策强化

今年的政府工作报告中，温家宝总理用大量篇幅谈到抓紧建立住房保障体系问题，并提出“健全廉租住房制度，加快廉租住房建设，增加房源供给，加强经济适用住房的建设和管理，积极解决城市低收入群众住房困难”等具体举措。

住房和城乡建设部部长姜伟新提出 2008 年的三项重要任务，一是抓紧完善住房保障体系；二是在着力解决低收入家庭住房困难的同时，把帮助中等收入家庭解决住房问题作为一项重要任务；三是坚决贯彻落实国务院关于宏观调控的各项部署，抑制房价过快上涨。

3. 资金强化

政府巨资投向廉租住房、棚户区改造等保障性住房建设。2008 年 7 月住房和城乡建设部、国家发改委、财政部联合印发《2008 年廉租住房工作计划》，提出了 2008 年廉租住房工作目标、任务和政策措施，并分解到各省（区、市）。计划提出，2008 年年底前，所有县城及以上城市都要根据国务院规定，对低保家庭中的住房困难户做到应保尽保，有条件的地区要逐步扩大保障范围。2008 年，新增廉租住房保障户数 250 万户（其中实物配租户数 40 万户），加上以前年度保障户数，累计廉租住房保障户数将达到 350 万户。

住房和城乡建设部有关负责人 2008 年 11 月 12 日表示，今后三年内要新增加 200 万套廉租房、400 万套经济适用房，并完成 100 多万户林业、农垦和矿区的棚户区改造工程，总投资将达到 9 000 亿元，平均每年 3 000 亿元。其中，对廉租房投资 2 150 亿元；棚户区改造投资 1 015 亿元；经济适用房投资 6 000 亿元，综合约 9 000 亿元。中央在第四季度追加的 1 000 亿元投资中，已经确定分配给住房保障领域的投资资金是 75 亿元。

4. 尚需警惕的问题

政府强力注资虽然可以较快地改善低收入群体的居住条件，同时有力地拉动经济。但是，此项措施并不能改善占人口多数的中等收入人群的购房压力问题。要实现全体国民“住有所居”的目标，需要科学系统的住房政策和制度，靠一场轰轰烈烈的“运动”或放任市场的“盲动”都是无法实现的。

住房商品化是房改的正确方向，但是住房商品化并不等同于住房商品无约束的市场化。如果现行的住房市场化政策不加以改革，政府与开发商的利益链条不切断，开发商隐形垄断房产开发的局面不改变，暴利不能得到有效的制度监管和遏制，房价再次飙升也是可能的结果。

5. 政府的声音很重要

要强化住房的保障新政，除了机构、政策、资金配合以外，政府向民众传递正确的声音十分重要。目前的状况是，各类媒体充斥的各类房地产“大腕”、“大嘴”和所谓的“专家”对楼市和房价预测和判断，他们代表着各自的利益群体，各色言论真假莫辨，有时甚至荒诞不经，而政府的声音很弱，令人们感到迷茫。例如，关于高房价问题，开发商在多种场合宣称，政府卖地、征税拿去了大头，推高了房价，并“言之凿凿”地拿出些数字；反观政府，要么顾左右而言他拿不出令人信服的数字，要么三缄其口，使政府的公信力大为降低。当然，发出正确的声音需要有科学的、细致的研究，这或许是政府今后需要进一步强化的工作。

参考文献

[1] 贾康，刘军民. 中国住房制度改革问题研究：经济社会转轨中“居者有其屋”的求解. 北京：经济科学出版社，2007.

[2] Kate Barker. Review of Housing Supply. ODPM Literature，2004.

[3] 国务院关于进一步深化城镇住房制度改革加快住房建设的通知，1998.

[4] 国务院关于促进房地产市场持续健康发展的通知，2003.

[5] 中国统计年鉴. 北京：中国统计出版社，1998～2008.

[6] 国务院关于解决城市低收入家庭住房困难的若干意见，2007.

[7] 住房和城乡建设部主要职责内设机构和人员编制规定，2008.

[8] 中国人民银行. 中国货币政策执行报告，2003～2008.

[9] 江苏省人大原副主任王武龙受贿 683 万被判死缓. 新华网，2008-02-01. http：//news. xinhuanet. com/legal/2008-02/01/content _ 7537050. htm.

[10] 重庆三厅官“规划腐败”窝案 城市宪法频遭践踏. 人民日报，2008-05-22.

[11] 苏州市原副市长姜人杰受贿过亿 一审被判处死刑. 西部网，2008-10-23. http：//news. cnwest. com/content/2008-10/23/content _ 1491913. htm.

[12] 潘石屹：未来 100 天内中国房地产企业将发生剧变. 新浪博客，2008-03-21 . http://blog. sina. com. cn/s/blog _ 4679dbbf01008xe5. html.

[13] 央视对话王石、潘石屹、任志强：消费者要不要买房子. 新华网，2008-02-03. http://news. xinhuanet. com/house/2008-02/03/content _ 7559088. htm.

[14]《今日观察》：沈阳“72 家房东”不降价联盟 注定会土崩瓦解. 搜狐网，2008-11-18. http：//business-sohu-com/20081118/n260703981-shtml.

[15] 地产变局中开发商暂要做“猪坚强” （组图）. 新浪网，2008-07-07. http：//cq. house. sina. com. cn/news/2008-07-07/180610218. html.

[16] 邓小平讲话拉开中国住房改革序幕（图）. 新浪网，2007-11-03. http：//book. sina. com. cn/excerpt/eduhissz/2007-11-03/1206223329. shtml.

（撰稿人：金晓春，中国城市规划设计研究院学术信息中心主任工程师）

城乡土地利用的统筹

一、城乡土地利用的统筹的意义、背景与历史演变

当前，城乡统筹是国家和全社会的关注重点，也是当前我国工业化、城镇化、农业现代化建设进程中具有战略性意义的重大举措。近两年，为了缩小城乡差距，打破城乡二元结构，国家在加强乡村地区的国家基础设施建设和社会事业建设、推进城乡基本公共服务均等化等方面的投资力度不断加强。乡村地区的建设发展正面临新一轮的热潮。土地是一切建设活动的空间载体，土地问题无疑成为当前的热点和焦点所在。随着《物权法》、《行政许可法》、《城乡规划法》等新的法律法规的出台，如何有效引导乡村建设行为、保护耕地，有序推行多元城镇化模式，有力协调城乡建设进程，有效维护农民土地权益等问题正在被不断热议。

实际上，中央对城乡土地制度改革的关注，自 20 世纪 80 年代已经开始。

1988 年 4 月《土地管理法》第一次修订，删除了“禁止出租土地”的内容，并增加规定“国有土地和集体所有的土地的使用权可以依法转让”、“国家依法实行国有土地有偿使用制度”等内容。

20 世纪 90 年代末期，我国耕地保护面临的形势十分严峻，开发区热、房地产热导致耕地面积锐减，人地矛盾日益尖锐。1988 年版《土地管理法》对建设用地的法律限制和监管力度不足，已经不能适应需要。1997 年 4 月国务院下发了《关于进一步加强土地管理切实保护耕地的通知》（即通称的中央 11 号文件）。在这个文件中，中央提出了一系列加强土地管理和耕地保护的措施，决定冻结非农业建设占用耕地。1990 年《城镇国有土地使用权出让和转让暂行条例》和《外商投资开发经营成片土地暂行管理办法》发布。1994 年 7 月《城市房地产管理法》正式出台，对土地有偿使用制度作了较为全面的规定。

1998 年《土地管理法》第二次修订，并于 1999 年 1 月 1 日施行。这次修订为农村集体土地的“非农化使用”提供了法律依据，显现了农村集体土地的市场价值❶。

---

❶ 袁奇峰，杨廉，邱加盛，魏立华，王欢. 城乡统筹中的集体建设用地问题研究——以佛山市南海区为例. 规划师，2009，25（160）：5-13.

2002年8月，九届全国人大常委会通过了《中华人民共和国农村土地承包法》，其意义不仅在于对农村土地承包经营权制度做出了明确、详细的规定，而且在于它标志着物权法律制度的立法进入了一个以土地利用为中心的用益物权制度的新阶段。同年12月23日，全国人大第一次公布《中华人民共和国物权法(草案)》，至2007年10月1日，《物权法》正式开始实施。

2004年3月，全国人大通过《宪法修正案》。同年8月，全国人大修改《土地管理法》，明确了“国家为了公共利益的需要，可以依法对土地实行征收或者征用并给予补偿”❶。

2007年12月30日，国务院办公厅发布《关于严格执行有关农村集体建设用地法律和政策的通知》(国办发［2007］71号)。

2008年1月1日，《城乡规划法》正式开始实施。新的规划法加强了对“耕地、自然资源、文化遗产资源、风景名胜资源的保护❷”，明确了以镇、乡和村庄规划的方式对乡村地区各类用地予以具体有效的布局指导。同一日，国务院颁布第511号令《中华人民共和国耕地占用税暂行条例》。1月3日，国务院颁布《关于促进节约集约用地的通知》(国发［2008］3号)。《通知》就提高土地节约集约利用提出“提高建设用地利用效率、发挥市场配置作用、健全节约用地长效机制、强化农村土地管理、加强监督检查”5项要求，23项具体措施。

2008年6月27日，国土资源部发布《城乡建设用地增减挂钩试点管理办法》(国土资发［2008］138号)，进一步加强和规范城乡建设用地增减挂钩试点工作。10月23日，新华社获授权发布《全国土地利用总体规划纲要(2006－2020年)》。《纲要》要求，全国耕地保有量到2020年为12 033.33万hm^2(18.05亿亩)，全国新增建设用地585万hm^2(8 775万亩)。

至2008年10月，十七届三中全会对以往中央在土地改革方面的政策主张作了进一步的总结与提升，通过了《中共中央关于推进农村改革发展若干重大问题的决定》。在非建设用地方面，《决定》主要涉及耕地保护制度、永久基本农田保护、土地整理复垦开发、土地承包经营权流转等问题。并明确提出现有的农村土地承包关系要保持稳定，并长久不变。在建设用地方面，《决定》主要包括以下5个方面：

(1) 实行最严格的节约用地制度，从严控制城乡建设用地总规模。

(2) 完善农村宅基地制度，依法保障农户宅基地用益物权。

(3) 改革征地制度，严格界定公益性和经营性用地，依法征收农村集体土

---

❶ 《中华人民共和国土地管理法》三次修订回顾. 焦点房地产网 http：//house.focus.cn/news/2008-10-09/543735.html.

❷ 刘泉. 建设部副部长仇保兴解读《城乡规划法》. 人民日报海外版，2008-01-02.

地，明确提出要保障农民的权益。

（4）允许在城镇建设用地范围外，经批准占用农村集体土地；非公益性项目建设开发，应允许农民集体土地参与开发和经营，并且要保证农民收益。

（5）逐步建立城乡统一的建设用地市场。对依法取得的农村集体经营性建设用地，必须通过统一有形的土地市场，以公开规范的方式转让土地使用权。

2009 年《土地管理法》再次开始修订。据悉，《土地管理法修订草案征求意见稿》已送全国人大法工委审核，其内容新增 49 条新规，涵盖了农村集体土地权利、承包经营权流转、土地督察、土地使用权到期处置、宅基地权利、土地交易、征地及其补偿、土地调查登记、耕地保护等多方面的内容。

应对中央的一系列重大决策变革，规划行业内部也对土地问题进行了积极的思考与探讨。2008 年 5 月 17 日，由中国城市规划学会、中国土地学会共同主办的城乡统筹与“两规”协调高层论坛在北京召开。此次论坛旨在贯彻落实《城乡规划法》和科学发展观的要求，通过学术讨论，分析城市规划与土地利用规划两种规划的异同点，探索实现两种规划相互衔接的途径与方法，促进城市化健康发展，实现节约集约利用土地资源的目标。

2009 年 4 月 25 日，中国城市经济学会主办的统筹城乡发展论坛暨江苏武进经验总结会议在中央党校举行。会议认为十七届三中全会提出的依法保障农民的宅基地物权，除所有权之外，还包含占有权、使用权、收益权、转让权、继承权等所有权利，实际上为农户宅基地抵押探索方面留下了政策空间，扩大贷款抵押物范围、农用地流转、允许农民以土地入股参与经营，以及“同地同价”等政策的出台，已经为城乡土地利用的统筹发展奠定了进一步探索的基础。

二、当前城乡土地利用统筹的关注重点

（一）农地流转众所瞩目

现行的农村集体土地所有制只能单项向城镇国有土地转移，造成了农业耕地资源大量流失和浪费；此外，由于土地制度中隐含着土地产权模糊和集体成员权利的平分机制，造成了地权分散化和经营细碎化的趋势不断加剧，严重地影响了现代农业的发展。集体土地的所有权不能跨越本集体转移，农民的土地承包权不得超过承包期转让，集体外成员不能直接承包土地，限制了人们对土地的长期投资，特别是限制了城市资本向农村的转移❶。

当前，城乡产业互动的增加与非农产业的发展为农民的转移与再就业提供了

❶ 刘文革，关立新. 土地流转——深化农地制度改革新探索. 人民网-《市场报》. 2009-02.

机会，对当前人地关系的制度变革将有利于改善土地资源配置效率，进一步解决农村剩余劳动力积压、农业生产低效率等问题。从国家层面构建和规范农村集体建设用地的流转机制，可以使农民更充分地参与分享城市化、工业化的成果，显化集体土地资产价值，促进农民获得财产性增收；有利于规范集体建设用地市场秩序、缓解经济建设对国有土地的需求压力，减少建设占用农用地的冲动❶。事实上，在我国实行第一轮联产承包责任制后，就已经出现了土地使用权流转的现象。在第二轮承包后，土地的流转变得广泛而多样。近几年，河南、湖南、浙江、江苏、天津、广东等地在土地流转方面的尝试和经验为社会各界所关注。

土地流转将开启城乡一体化的新路径。一方面 适当的集中与合理的土地置换有利于引导农村居民点进一步集中建设、节约土地，推进新农村建设；另一方面“宅基地换住房，承包地换社保”，有利于提高农民非农转移的稳定性，从而有利于弱化城乡二元体制并推进城乡一体化进程。此外，当前农村经济发展的一个重要瓶颈是农村金融服务严重滞后，而宅基地及其建筑物的流转和抵押，无疑会有力推进农村金融及农村土地的资本化与市场化。

（二）人地矛盾日益凸显

从 20 世纪 90 年代至今，尽管从国家到地方对土地问题极为重视并做出了诸多努力，但是我国的土地问题仍极为严峻。根据国土资源部 2006 年公布的数据，我国人均耕地面积降至 1.41 亩，仅相当于世界平均水平的 40%，1/3 的省份人均耕地面积不足 1 亩，666 个县人均耕地面积低于联合国确定的 0.8 亩的警戒线，463 个县低于人均 0.5 亩的危险线，人地关系呈现出从未有过的紧张局势。秦晖教授则认为：“目前条件下我国多数农区农业经营的不经济已使土地丧失了产生‘农业利润’的资本功能，而成为一种生存保障手段。”❷ 随着人地矛盾的不断加剧，由土地承载的城乡利益分配问题将更为突出。

（三）地权改革方兴未艾

“三农”问题是我国当前面临的世纪性难题，已经成为制约我国社会经济全面发展的瓶颈。农村现行土地经营制度是以按人口均分土地为基本特征的家庭联产承包责任制。土地既是制约劳动者离农的客观因素，又是兼业得以存在的前提。在当前农村社会保障机制不健全的情况下，土地是农民最后的避难所，也是农民社会福利、生活保险的主要依托之一。农村土地制度与农民权益、农民负担、农村社会保障制度、农村公共服务、社会公平公正、贫困等一切问题相关。

---

❶ 土地流转：城乡一体化新路径. 南方日报，2008-10-15.

❷ 秦晖. 农民中国：历史反思与现实选择［M］. 郑州：河南人民出版社，2003：49.

"三农"问题的核心是土地问题❶，土地问题又主要表现为土地权益问题。而农民在土地上的权益就集中表现为农村土地承包经营权，这是农民的核心权利。当前，农村土地产权制度的改革涉及农村社会保障制度、户籍制度、就业制度、农村金融制度、税费制度以及工业化、城镇化等多个方面❷。"作为一项地权制度变革的土地使用权流转实践正在深刻地重构当前中国社会阶层结构，并将久远地影响其未来变迁的态势。"❸

三、城乡土地利用统筹的案例介绍

1986～2008 年，涉及城乡土地制度改革的一系列法律、法规及政策不断颁布完善，激发了城乡土地使用的活力，加强了对城乡土地的监管，提高了农民的集体土地所有权主体资格，承认了并不断维护着农民对集体土地拥有的发展权和利益。

实际上，早在这些政策法律出台之前，许多地方已经开始在土地利用管理方面（尤其是集体土地流转方面）进行了一系列的大胆尝试，为国家层面的政策改革积累了大量的实证经验。这些改革尝试各不相同，本文从区位条件差异和主导改革的主体差异两个方面进行适当的总结。

（一）土地的区位条件差异

1. 城市地区——广东番禺：城市的利益如何与乡村分享

作为珠三角发展外向型经济的前沿地区，番禺的城市空间扩张速度极快，城市用地与乡村用地大量间杂，导致了地权关系复杂、城市空间布局不合理。在这种情况下，延续传统的城乡二元利益分配模式极易引起社会冲突，城市必须与乡村进行利益的重新分配。为此，番禺提出：在征用农村建设用地的过程中，除了提供原村民的基本社会保障和土地征用补偿之外，返还部分国有地权的建设用地给村集体经济组织，作为村庄后续发展的产业用地。由于土地权属为国有土地，城市部门更便于对其进行相应的建设支持与管理。而且在城市规划的整体调控引导之下，这些产业用地多布局于区位和交通条件较好的地段，可用于具有较高投资回报的二、三产业开发。这种利益分配方式也减轻了城市化过程中城市政府的资金压力。

❶ 张厚安. 农民问题与土地——中国农村土地制度的三次大变革. 中国农村研究网.

❷ 解安. 发达省份欠发达地区土地流转及适度经营问题探讨. 农业经济问题，2002 (4).

❸ 陈成文，罗忠勇. 土地流转：一个农村阶层结构再构过程. 长沙：湖南师范大学社会科学学报，2006 (4).

广东南海丹灶镇则采取了一种被称为“613”的利益共同体模式❶，即在成片的工业园区土地开发中镇政府征用60%，村委会留10%，村民小组留30%。相对一般的“政府征地—给予补偿—村集体自留15%～20%”的模式，这种模式使政府的征地负担更小，而政府的收益更多来自于企业入驻之后的财税收入。专门给村委会（股份合作经济联社）保留的土地（10%）用于长期收租，收入用于支付日常管理费用和村庄公益事业投资。给村民小组的土地则直接对应着农户利益。这种利益分配方式更为细致，也更易于被各方接受。

2. 城市近郊地区——北京北坞村❷❸：城市与乡村的求变合作

北坞村位于北京市海淀区城乡结合部和市政府确定的第一道绿化隔离带内，紧邻上地信息产业组团。由于交通和区位的优势，大量外来人口聚集在北坞村，村内外来人口与本地人口之比高达7∶1。村民获得了可观的房屋租赁收益，但是村庄环境问题突出，现有市政设施不堪重负。村民急于进行村庄改造却面临着现实困难：由于在绿化隔离带范围内，村庄大量土地已被征为绿地，农民第一次回迁住房建设依靠房地产开发商投资，大量土地出让只换了少部分住房，加上近几年村民自建房的大量增加，现有土地无法进行新一轮村庄改造周转。

而随着城市空间拓展的需要，北京市政府同样急于解决北京近郊地区的发展改造难题。在北京市十三届人大常委会第六次会议上提出了“农民整体拆迁，并在新区域建设集中回迁楼；拆除后的区域除了引进房地产开发外，其他面积用于回迁楼住户进行农村产业化项目建设”的设想。为此，市政府采用了如下引导措施：

（1）鼓励集体经济组织自行开发配建商品房；

（2）利用村庄现有产业用地筹措一部分建设资金，集体经济组织进行适当投入；

（3）提高绿化占地补偿，财政预付代征绿地补偿款，调整绿化隔离带建设规划；

（4）加大政府支持力度，完成基础设施建设，建设教育、卫生、环卫及生活配套服务设施；

（5）补偿农民上楼后的资金损失，落实集体经济组织产业发展用地，通过土地入股、合作分成、定向就业安置、招商引资，实现农民就业增收；

---

❶ 袁奇峰，杨廉，邱加盛，魏立华，王欢. 城乡统筹中的集体建设用地问题研究——以佛山市南海区为例. 规划师，2009，25（160）：5-13.

❷ 郭爱娣. 村生产合作社可开发商品房 海淀北坞村首试点. 京华时报，2009-02-04. http：//www.jinhua.com.

❸ 李天际. 海淀北坞村试点城乡一体化改革. 北京青年报，2009-01-08. http：//bjyouth.ynet.com/article.jsp?oid=47618345.

(6) 按照城乡衔接的社会保障制度，农民根据自身经济实力，自愿选择参加城镇职工或城乡居民社会保险。

土地利益分配问题是此次城市政府与村民改造合作的核心问题。城市政府和村民也各自为此作了较大的让步。北坞村的问题比一般的城中村更为突出，促使了政府与村民必须选择放弃相当的利益而选择合作。以村庄集体经济合作组织为单位进行商品房开发，在北方地区尚属首例，其具体运作成效尚待观察。

(二) 主导改革的主体差异

1. 政府主导：河南沁阳❶——效果尚待观察

政府主导下的沁阳市农地流转直接指向农业产业化、标准化、农民组织化和农村工业化、城镇化。从 2008 年 3 月开始，沁阳市委市政府出台了一系列政策文件并着手推进试点，成立了市乡村三级农村土地流转服务平台，村庄设立农村土地流转服务站负责接受农户申请托管的土地。截至 2008 年初，沁阳市农地流转总面积超过 3 万亩，占全市耕地面积的 7%，涉及 12 个乡镇办事处、175 个村、近万名农户家庭。农地流转以亩为单位，由政府提前设定均等的承包费用。村民通过土地流转服务站可申请流转土地和承包土地。

对这种政府主导的土地流转方式，各方面评价尚不一致。有人认为此举能够迅速提升农业生产效率，值得全面推广；另有学者则认为以大规模土地流转引导现代农业发展是一种对“建设现代化农业的认识误区”❷。

此外，大规模土地流转的问题也正开始逐渐显现。同样在河南，由于土地租金不合理、租期过长、农民再就业问题不能合理解决等原因，部分政府在推动土地流转的过程中遭遇村民激烈反对。一些地方在土地流转中，甚至绕开农民，把“净地”整体流转给企业经营，虽然迅速形成规模化种植，企业效益猛增，但出租土地的农民却因此收入下降。

2. 村民主导：小岗村——从“分田到户”到土地流转❸❹

小岗村曾经因实行“分田到户”掀起了中国农村土地改革的热潮，“家庭联产承包责任制”的实行为推动当时的农村生产力发展奠定了制度基础。“土地流转、规模化经营”再次使小岗村成为关注热点。小岗村的土地流转主要包括两种类型：一是由村民富余土地向村内能人流转，由农户实行规模化经营；另一种是

---

❶ 周政华. 河南沁阳：土地流转来自政府力推 效果尚待观察中国新闻周刊 38 期，2008-10-20.

❷ 刘奇. 土地流转：热现象中的冷思考. 中国发展观察，2009，5（6）. http：//news.xinhuanet.com/theory/2009-05/06/content_11321125_2.htm.

❸ 李鹏. 光明网——光明观察 2008-05-12. http：//guancha.gmw.cn/content/2008-05/12/content_772141.htm.

❹ 鲍小东. 小岗村土地流转背后的故事. 南方都市报，2008-10-13.

由村民自愿将土地租赁给公司进行现代农业经营。小岗村耕地面积大约 2 000 亩，至今已经有 60%的土地被流转集中。小岗村的土地流转主要由村民自主进行，能反映村民自身的利益选择，但是也存在一定的问题。一方面，以村内能人带头的土地流转具有较大的经济风险，由于个体农户的农业规模化经营面临着农产品市场的巨大风险，极易亏损，因此“一旦发生经济纠纷，租赁户和被租赁户的利益都得不到保障”❶；另一方面，农户与公司合作的流转则难以保证农民的权益，很可能由于不对等的力量关系而使农民土地权益受到侵犯。

3. 乡村经济合作组织主导

土地股份合作社是当前获得较多肯定的一种引导土地流转、规模化经营的模式。江苏是实行土地股份合作社较早的省份。其主要形式是在明确土地承包经营权归农民所有的前提下，以土地承包经营权入股，土地不折价，对外招租。合作社每年将租金按股分红。在苏州，这种形式的合作社目前约占已有土地股份合作社的 70%❷。此外，另一种合作社模式可以让农民在土地承包经营权入股后直接参与土地经营开发，或者将土地与社区集体资产统一入股或量化，由合作社进行资产运作经营。后一种方式以江苏上林村为代表❸。在村委会的组织和推动下，将农地集中作为资本入股，自发成立土地股份合作社，并取得了工商执照。农户将土地承包经营权作价入股，作价方式由农户协商确定，经会计师事务所验资、工商部门确认，注册资本全部由入股社员的土地承包经营权构成。这种土地股份合作模式既保留了土地的原有利用形式，又以获得工商执照的方式使合作社如同企业一样直接面对市场。合作社的日常经营管理也完全按照现代企业制度下的公司制度进行。

土地股份合作社既是一种土地承包经营权的流转形式，也是对农民在农地流转过程中如何分配净收益的一种积极探索。土地股份合作社可以把集体资产产权量化到每个农民，使农民依靠土地获得稳定的财产性收入，释放了农村的剩余劳动力，促进了农业规模化经营。但是，土地股份合作社目前还存在着政社不分、股份集中度低、股权封闭性强、入股要素及其用途单一、收益分配制度尚待完善等诸多问题❹。

---

❶ 殷建光．“小岗村”是对土地流转制度的预防针．中国宁波网，2008-10-23．http：//www.cnnb.com.cn.

❷ 陈大斌．苏州农村兴起土地股份合作社．记者观察，2009（3）．

❸ 王海平．江苏上林村土地股份合作社的“账本”：农民有了财产性收入．21 世纪经济报道，2008-10-23．http：//www.nanfangdaily.com.cn/epaper/21cn/content/20081023/ArticelJ07001FM.htm.

❹ 张笑寒．农村土地股份合作社：运行特征、现实困境和出路选择——以苏南上林村为个案．中国土地科学，2009，23（2）．

四、城乡土地利用统筹的趋势及其对城乡规划的影响

（一）城乡利益分配的新格局即将出现

近几年，政府在基础设施和公共服务设施等方面的持续巨资投入，带来了大量农地的持续升值。土地新政逐渐推广之后，作为社会各级空间利益的协调者，规划师将面对更为复杂的城乡空间的利益分配格局。随着农民对集体土地所有权地位的不断提升：

一方面，基于农民利益的集体土地开发形式问题将成为规划的重要组成部分。新政策表明：在符合规划的条件下，可以通过有形土地市场取得农民集体土地使用权，进行经营性项目开发，符合规划的集体建设用地可通过土地市场获得合理流转价格。

另一方面，对涉及集体土地征用的规划问题将更为谨慎。根据中央精神，土地征收可能仅限于公共利益需要使用农村集体土地时，也要逐步实现与市场价格接轨；对经营性用地，将不再启动国家征地权，征地“行政化”与供地“市场化”的双轨制将被打破[1]。

近几年，随着城乡土地问题的逐渐复杂化，各地纷纷开始编制城乡全覆盖的用地规划。规划必然带来乡村土地用途的差异化，可以预见，今后在乡村地区由于规划导致的利益分配矛盾将不亚于城市。

（二）城乡规划与土地利用规划进一步强化协调的要求日益迫切

目前，虽然城市规划与土地利用规划在努力进行衔接，但成效有限。新的土地制度出台后，需要对集体土地的建设活动进行更为细致的、规范的引导和约束。虽然土地利用规划在农用地转为建设用地、农民实现集体建设用地权益等方面具有重要作用，但是其对具体建设活动的调控能力尚嫌不足。城乡规划管理可以为土地利用规划提供实施的基础性依据，与土地利用规划互为补充。如何在与土地利用规划的协调中，发挥城乡规划的技术优势？通过对建设用地具体用途、使用强度的规定和安排，以及相应的规划实施管理，统筹土地利用和城乡规划，合理安排市县域城镇建设、农田保护、产业聚集、村落分布、生态涵养等空间布局。

---

[1] 赵永革．农地新政对城乡规划编制实施的影响分析．城市规划，2009（2）：15-19．

（三）城乡规划编制的技术手段亟待提升

1. 城乡规划的基础信息管理系统亟待提升

城乡土地统筹布局客观要求城市规划掌握更为全面、准确、详细的土地信息。目前，国内部分经济发达地区开始着手或者已经初步建立了城乡全覆盖的土地信息管理系统。但是，要真正建立一套能够为城乡一体化的土地市场服务的规划管理信息系统，尚需要更多的探索和研究。

2. 城乡规划的土地用途分类方式亟待改进

目前的城乡规划的土地用途分类方式所依据的是城市建设的使用功能分类，对乡村功能的发展和城乡统筹考虑不足，不能满足城乡一体化的规划管理需要。其具体表现在如下两个方面：

一是缺乏区域层面的分类，无法实现城乡用地全覆盖管理，目前城镇体系规划虽然能够实现规划空间范围的全覆盖，但其深度不足，不足以对城乡建设行为提供控制与引导。

二是目前的分类尚难以直接界定公益性用地与经营性用地。随着土地新政的逐步推广，集体土地将获得更多的开发机会，利益驱动力增加，不符合规定的土地流转与开发建设行为必然增加。为此，城市征地和农用地保护的困难都将有所增加。今后，集体土地能否征收或者能否从非建设用地转变为建设用地，都要先依据科学合理的用地规划。鉴于当前集体建设用地比国有土地有着更为复杂的土地权利分配关系，根据土地新政策，对公益性用地和经营性用地的区分将明确影响规划对每一块土地的开发利用模式的判断。区分公益性、经营性用地，有助于规划更好地服务于城乡统一的建设用地市场，辅助集体建设用地合理流转，保护农村宅基地物权，协助完善征地补偿机制。

（四）村镇规划管理体系的建构刻不容缓

农村集体土地进入城乡建设用地市场后，村镇规划实施管理能力将成为依法控制和管理集体土地利用的关键。然而，当前村镇规划管理力量极为薄弱，一方面，大量村镇规划编制时期已经严重滞后于发展现实。截至 2007 年年末，全国有总体规划的建制镇占统计总数的 83%，乡仅有 52.3%，村仅有 34%。规划覆盖率低、质量不高、深度不够的问题普遍存在。另一方面，当前村镇规划管理机构和人员普遍缺乏，甚至一些地方的村庄规划管理机构编制都被取消。规划部门要真正有能力应对即将出现的集体建设用地管理需要，加快建设一套完善的村镇规划管理体系将是当前的重要工作。

五、与城乡土地利用统筹相关的改革尝试和行业动态

（一）行业探索的基本方向

1. 积极探索城乡建设用地增减挂钩试点

根据国土资源部《城乡建设用地增减挂钩试点管理办法》，城乡建设用地增减挂钩是指依据土地利用规划，将若干拟整理复垦为耕地的农村建设用地地块和拟用于城镇建设的地块等面积共同组成建新拆旧项目区，通过建新拆旧和土地整理复垦等措施，在保证项目区内各类土地平衡的基础上，最终实现增加耕地有效面积、提高耕地质量、节约集约利用建设用地、城乡用地布局更合理的目标。

2. 农村集体建设用地流转

据悉，国土资源部即将出台《农村集体建设用地使用权流转管理办法》，而河北、广东等地已经出台了本地的试行办法。根据广东省的相关规定，农村集体建设用地经依法批准使用，符合土地利用总体规划和城、镇建设规划，依法办理土地登记，领取土地权属证书，界址清楚没有权属纠纷的，可以以出让、转让、出租和抵押等形式流转农村集体建设用地使用权。

3. 努力建立城乡统一的建设用地市场体系

城乡统一的土地市场和房地产市场在客观上要求集体建设用地与国有土地“同地、同权、同价”，使农村经营性集体建设用地享有与国有土地平等的权益，发挥市场对土地的基础性配置作用，从而规范市场行为，防止权利扭曲，最终建立统一、开放、有序的城乡建设用地市场体系和管理机制。

（二）改革政策探索

1. 重庆城乡统筹改革试验区

土地制度改革是统筹城乡的突破口，《国务院关于推进重庆市统筹城乡改革和发展的若干意见》（国发［2009］3号）涉及以下几方面：

（1）建立统筹城乡的土地利用制度，保障农民的土地承包经营权，积极推进征地制度改革。

（2）继续推进集体林权制度改革。严格执行耕地占补平衡制度。尽快划定永久性基本农田，建立基本农田的保护补偿机制。

（3）按照依法自愿有偿原则，允许农民以转包、出租、互换、转让、股份合作等形式流转土地承包经营权。设立重庆农村土地交易所，开展土地实物交易和指标交易试验，逐步建立城乡统一的建设用地市场。稳步开展城乡建设用地增减挂钩试点。

(4) 严格农村宅基地管理，保障农户宅基地用益物权，创新土地整理复垦开发模式。

(5) 加快重庆土地利用总体规划修编，在近期新增建设用地总规模不变的前提下，试行近年增加、逐步减少的土地利用年度指标管理方式。

2.《珠三角地区改革发展规划纲要》

《珠三角地区改革发展规划纲要》提出：深化征地制度改革，逐步缩小征地范围，完善征地补偿机制，按照同地同价原则合理补偿农村集体组织和农民，解决好被征地农民保障。加快推动农村集体建设用地使用权流转，建立城乡统一的土地市场。创新宅基地管理制度，严格宅基地管理，依法保障农户宅基地用益物权。开展城乡建设用地增减挂钩试点，优化土地利用结构和布局。

3. 长株潭"两型"社会试验区

《国务院关于长株潭两型社会试验区综合配套改革方案》要求创新土地管理体制机制，具体包括：

(1) 创新节约集约用地管理制度。实行城市土地投资强度分级分类控制，建立工业用地预申请制度；探索城乡建设用地增减挂钩；探索公益性用地有偿使用；开展节地模式试点；实施"城中村"改造；健全土地利用动态监测体系，对严重污染地区的耕地依法变更土地地类。

(2) 创新耕地保护模式。制定耕地和基本农田分区保护规划，探索农用地分类保护和耕地有偿保护，建立省内跨区域耕地占补平衡机制，完善耕地复垦制度。

(3) 完善征地用地制度。对长株潭土地利用专项规划确定的集体用地，依法纳入政府土地储备；探索建立征地协议制度，采取公寓式安置、集体建设用地土地使用权入股、土地股份合作等多种安置形式。

(4) 创新土地市场机制。建立统一的土地市场信息平台和集体建设用地流转交易平台，探索建立集体建设用地使用权出让（出租）、划拨、转让、抵押等制度；探索土地粮食生产能力的定级分类办法；建立宅基地退出机制，稳步推进合理的迁村并镇工作。

(三) 建设行业动态

建设主管部门和各相关部委和科研院校围绕城乡土地制度的统筹展开了一系列的研究工作。比较代表性的有如下成果：

1. 国家标准《城乡建设用地分类和标准》

住房和城乡建设部城乡规划司组织2008年下达的任务，目前已经完成初稿。

2. 农村集体建设用地分类标准研究

是住房和城乡建设部村镇司组织下达的任务，研究在总结分析国内外案例的基础上，对现行村镇建设用地分类标准进行了评价，并提出了将建设用地功能与建设用地属性相结合的分类方式。研究根据相关使用评价，对现行用地分类提出了修改意见，并试图将村镇用地分类对接土地利用规划的土地分类与城市规划用地分类。

3. 适应农村改革发展要求的镇、乡、村庄规划编制方法研究

是住房和城乡建设部村镇司组织下达的任务，研究剖析了当前我国乡、镇、村庄规划编制面临的问题，结合国内外案例的分析，分别从编制体系、编制内容、规划运作和保障措施等四个方面提出了变革对策，为村镇规划编制方法的改进提供了依据和建议。

4. 村镇建设规划许可证制度研究

是住房和城乡建设部村镇司组织下达的任务，研究依据《行政许可法》、新版《城乡规划法》和《村庄和集镇规划建设管理条例》，在总结当前乡村建设管理的一些实践案例的基础上，提出了乡村建设规划许可的基本设定和前提，并对管理主体和管理对象进行了界定，提出了乡村建设规划许可的管理流程、乡村建设规划许可证的发放方式、对建设行为的行政监督检查的主要内容与方式、处理结果等。并对乡村建设规划许可证的使用范围、乡镇政府在乡村建设规划许可地位、县级以上城乡规划主管部门监督检查权限、强化乡镇政府规划管理力量、乡村建设规划许可证的时限等重要问题进行了研究探讨。

5. 集体建设用地流转与规划管理对策研究

是住房和城乡建设部村镇司组织下达的任务，研究对当前国内集体建设用地流转的案例进行了深入的分析，对当前集体建设用地的流转类型及动力、流转的主要形式与管理模式、土地流转的利弊关系、土地流转在法律法规和具体操作层面存在的现实矛盾等方面进行了研究。研究针对建立城乡统筹的建设用地管理体制，加强对集体建设用地流转的管理等重要问题提出了相应的对策建议。

6. 村镇建设规划与土地规划关键技术研究

是教育部和科技部、住房和城乡建设部等多家部委联合下达的国家科技支撑计划课题，本研究针对目前我国村镇规划与土地利用规划相互脱节、不协调等问题，从村镇空间规划的层次结构以及其目标与作用出发，研究村镇规划与土地利用规划协同耦合技术、乡镇土地利用总体规划关键技术、村镇体系规划关键技术、村镇建设规划关键技术、村镇规划与土地规划公众参与系统、村镇规划与土地规划技术标准与规范、村镇空间规划智能化辅助设计系统关键技术、三维模拟与演示系统开发、村镇规划与土地规划关键技术集成应用，为市、县建设部门编制村镇建设规划提供简单实用的模块化技术工具和应用系统；为市、县国土部门编制乡镇土地利用总体规划提供技术保障；为促进社会主义新农村建设，建设资源节约、环境友好型的社会主义和谐社会提供技术支撑。

7. 城乡一体化规划尝试

除了对城乡土地统筹的相关研究，有鉴于本地的实际发展需要，各地纷纷开始着手编制城乡空间全覆盖的城乡一体化规划（或者市域规划、县域规划等）。从2008年正式施行《中华人民共和国城乡规划法》一年来，除了江苏、三亚、深圳、北京等沿海发达地区的城乡一体化改革之外，中西部地区也不甘于后，武汉、乌鲁木齐、成都、重庆、山东等地纷纷启动城乡一体化规划编制工作。尤其是长株潭地区，自去年长株潭城市群“两型社会”建设改革方案获批之后，长沙、株洲、湘潭三市纷纷启动城乡一体化规划工作，如湘潭市于2008年编制完成了湘潭市域规划、长沙县于2009年开始编制长沙县城乡一体化规划，三市的城乡规划与土地利用规划的衔接工作也在有序开展之中。

参考文献

［1］秦晖. 农民中国：历史反思与现实选择［M］. 郑州：河南人民出版社，2003.

［2］张厚安：农民问题与土地——中国农村土地制度的三次大变革 中国农村研究网.

［3］袁奇峰，杨廉，邱加盛，魏立华，王欢. 城乡统筹中的集体建设用地问题研究——以佛山市南海区为例. 规划师，2009，25（160）：5-13.

［4］赵永革. 农地新政对城乡规划编制实施的影响分析. 城市规划，2009（2）：15-19.

［5］解安. 发达省份欠发达地区土地流转及适度经营问题探讨. 农业经济问题，2002（4）.

［6］陈成文，罗忠勇. 土地流转：一个农村阶层结构再构过程. 长沙：湖南师范大学社会科学学报，2006（4）

［7］张笑寒. 农村土地股份合作社：运行特征、现实困境和出路选择——以苏南上林村为个案. 中国土地科学，2009，23（2）.

［8］《中华人民共和国土地管理法》三次修订回顾. 焦点房地产网 http：//house. focus. cn/news/2008-10-09/543735. html.

［9］刘泉. 建设部副部长仇保兴解读《城乡规划法》. 人民日报海外版，2008-01-02.

［10］刘文革，关立新. 土地流转——深化农地制度改革新探索. 人民网－《市场报》，2009-2.

［11］土地流转：城乡一体化新路径. 南方日报，2008-10-15.

［12］郭爱娣. 村生产合作社可开发商品房　海淀北坞村首试点. 京华时报，2009-02-04. http：//www. jinhua. com.

［13］李天际. 海淀北坞村试点城乡一体化改革. 北京青年报，2009-01-08. http：//bjyouth. ynet. com/article. jsp? oid=47618345.

［14］周政华. 河南沁阳：土地流转来自政府力推效果尚待观察. 中国新闻周刊38期，2008-10-20.

［15］刘奇，土地流转：热现象中的冷思考 中国发展观察，2009，5（6）. http：//news. xinhuanet. com/theory/2009-05/06/content _ 11321125 _ 2. htm.

［16］李鹏：光明网——光明观察，2008-05-12. http：//guancha. gmw. cn/content/2008-

05/12/content _ 772141. htm.

[17] 鲍小东. 小岗村土地流转背后的故事. 南方都市报，2008-10-13.

[18] 殷建光. “小岗村”是对土地流转制度的预防针. 中国宁波网，2008-10-23. http：//www.cnnb.com.cn.

[19] 陈大斌. 苏州农村兴起土地股份合作社. 记者观察，2009（3）.

[20] 王海平. 江苏上林村土地股份合作社的“账本”：农民有了财产性收入. 21世纪经济报道，2008-10-23. http：//www.nanfangdaily.com.cn/epaper/21cn/content/20081023/ArticelJ07001FM.htm.

（撰稿人：蔡立力，中国城市规划设计研究院城市与乡村规划设计研究所所长，教授级高级城市规划师；许顺才，中国城市规划设计研究院城市与乡村规划设计研究所，教授级高级城市规划师；曹璐，中国城市规划设计研究院城市与乡村规划设计研究所，城市规划师；谭静，中国城市规划设计研究院城市与乡村规划设计研究所，城市规划师）

武汉城市圈空间规划的“多规”协调探索

2007年12月，经国家正式批准，武汉城市圈成为全国资源节约型和环境友好型（以下简称“两型”）社会建设综合配套改革试验区。为综合协调武汉城市圈内各项建设，突出“两型”社会建设要求，湖北省政府提出了同步编制空间规划、产业规划、交通规划、生态环境规划、社会事业规划等5个规划，并以空间规划作为统筹各项规划的“总体规划”的规划工作思路。在《武汉城市圈“两型”社会建设综合配套改革试验区空间规划》（以下简称“《武汉城市圈空间规划》”）编制过程中，规划编制单位在厘清各种规划的关系，协调区域内各种空间的规划布局上进行了系统研究，有效地整合了各种规划，也为武汉城市圈实施“两型”社会建设提供了一个共同的技术平台。

一、武汉城市圈“多规”协调的总体思路

（一）武汉城市圈概况

武汉城市圈地处长江中游，位于湖北省东部地区，包括武汉和周边的黄石、鄂州、黄冈、孝感、咸宁、仙桃、潜江、天门等9个城市行政区域范围，亦称“1＋8”城市圈。武汉城市圈国土面积约5.80万km^2，现有各类城镇444个，其中建制城市16个。2007年常住人口2 987.65万，占全省总人口的52.5％，统计口径城镇人口1 399.17万，人口城镇化率46.8％，按照建设部“城市人口规模预测规程”测算，人口城镇化率56.64％。武汉城市圈各项主要经济指标一般占全省的60％左右，是湖北经济和人口最为密集的地区。

武汉城市圈空间发展特征鲜明，基础优势较为突出，主要表现在：土地类型多样，地域分异明显，呈“一水、两山、三丘、四原”的基本格局；水资源优势突出，土地资源相对丰富，生态、人文资源较具特色；交通区位优越，产业基础较好；城镇布局与经济格局的圈层特征显著，沿长江、汉江以及京珠、沪蓉高速等轴线拓展趋势明显，其中沿沪蓉高速公路和长江的城镇产业发展轴具有相当的发展优势与潜力。

（二）武汉城市圈“多规”协调的基本思路

武汉城市圈空间规划作为一种典型的区域空间规划，是一种以空间为主线的区域综合规划类型。在当前的各种规划范畴内，与区域规划有着紧密关联的城乡规划、土地利用规划，以及近年来新推进的主体功能区规划，形成了交叉和重叠的复杂关系。同时，在同一区域范围内，由行业主管部门主导的产业、交通、生态环境等规划，以及较为单纯的农业、林业、水利等规划，也对同一空间提出了不同的要求。为此，以区域空间规划为纽带，综合协调各类规划，科学、合理使用区域空间，形成各有侧重、相互支撑的规划格局，成为《武汉城市圈空间规划》工作的一个重要课题。

在湖北省政府组织开展的武汉城市圈 5 个规划中，空间规划由建设厅牵头，发改委、国土厅、农业局、林业局、水务局 5 个部门共同组织，并委托武汉市城市规划设计研究院承担编制任务。这一工作部署，为《武汉城市圈空间规划》整合各种规划，协调各种空间提供了良好基础。《武汉城市圈空间规划》利用其“总体规划”地位，尝试进行主体功能区规划、城乡规划和土地利用规划之间的“三规”协调。在此基础上，向内整合农业、林业、水利等专项规划，形成“六规”协调的整体规划。同时，向外协调产业规划、交通规划、生态环境规划和社会事业规划，并将其核心内容纳入空间规划中，成为空间规划的重要组成部分。

二、武汉城市圈“多规”协调的基本框架

（一）重叠空间的“三规”协调

1.“三规”协调的基础解析

在各种规划的空间协调关系中，主体功能区规划、城乡规划和土地利用规划都是综合各种发展要求、平衡各种利益的综合性规划，都是对区域空间发展进行的统筹性安排。从理论上讲，三个规划都是对规划区域的全覆盖，各规划的技术手段和表现形式可以因规划内容和实施手段的差异而有所区别，但在核心概念上尤其是空间布局上应高度一致。

主体功能区规划是按照国发［2007］21 号文的要求建立的，以实现人口、经济、资源环境以及城乡、区域协调发展为目标的规划，但还不具备城乡规划和土地利用规划的法律地位。主体功能区规划将国土空间划分为四类主体功能区，并按照主体功能定位调整完善区域政策和绩效评价，规范空间开发秩序，形成合理的空间开发结构。其重点是明确主体功能区的范围、功能定位、发展方向和区域政策。

城乡规划是按照《城乡规划法》规定，协调城乡空间布局，改善人居环境，促进城乡社会经济全面协调可持续发展，指导和调控城乡建设和发展的基本手段。在区域规划中实际上是城镇体系和农村居民点体系规划，由于农村居民点比较分散，点多面广，因此区域规划重点编制城镇体系规划，对城镇功能定位、发展规模、空间布局等进行规划确定。

土地利用规划是按照《土地管理法》规定，为保护、开发土地资源，合理利用土地，切实保护耕地，促进社会经济的可持续发展而编制的全面规划。其重点是依据国民经济和社会发展规划、国土整治和资源环境保护的要求、土地供给能力以及各项建设对土地的需求，加强土地管理。

2. "三规"协调的"政策空间—支撑空间—指标空间"逻辑

以上三个规划在内容上，都强调对城乡开发建设的区域及其功能进行指导和控制。其中，城镇空间作为人类生产生活的主要空间，由于其稀缺性、排他性和增值性特点，决定了其在当前快速城镇化进程中成为各方关注的焦点，也成为"三规"协调的重点。同时，三个规划在技术手段和重点上是有明显差别的，这也为规划之间的支撑与协调提供了基础。其协调的实质应是如何理顺三者的逻辑关系，做到从不同的层面解决空间对象的部署和调控。

基于上述三个规划的差异，《武汉城市圈空间规划》在进行主体功能区、城镇体系、土地利用三个规划的空间协调过程中，重点是形成"政策空间—支撑空间—指标空间"的协调关系，以主体功能区划作为区域空间发展的政策基础，以城镇体系规划整合各类型空间进而形成区域空间的支撑体系，以土地利用规划作为空间发展的指标保障（图1）。

（二）交错空间的"多规"协调

1. 建立均衡的空间发展战略

在区域内各种规划的协调中，核心还是各种矛盾的综合协调和各种利益的整体平衡。其中，在矛盾的综合协调上，重点是发展与保护、开发与治理的矛盾协调；在利益的整体平衡上，重点是综合与专业，以及专业部门之间的协调。体现在区域空间上，主要有城镇建设与设施支撑的协调、空间布局与土地指标的协调。为此，必须确立共同的区域空间发展战略，作为区域各类空间发展的战略前提。《武汉城市圈空间规划》首先确立武汉城市圈空间发展的整体战略，提出空间集约化开发战略、区域发展交通先导战略、产业空间集群化战略、生态空间网络化战略等四大战略，相应开展各类规划要素的系统布局，进行各类规划的空间协调。

2. 突出三种交错空间的协调

在区域各类规划的空间发展中，由于各种矛盾和利益争夺，形成了各种交错空间。产业规划、交通规划、生态环境规划是满足不同发展要求，实现发展、保护空间的对立统一，其协调的实质是做到各有侧重，相互支撑。而农业、林业、水利等专业规划，是对空间需求的不同要求，其协调的实质是解决空间重叠，缓解空间冲突，进而达到空间统一和相互支撑。

在武汉城市圈的交错空间协调过程中，《武汉城市圈空间规划》把各类空间分解为“交叉一整合”式、“综合一分解”式、“发展一保护”式三种交错空间。其中，“交叉一整合”式交错空间的协调主要解决城镇与农业、林业、水利的空间协调，以及交通与农业、林业、水利的空间协调。“综合一分解”式交错空间的协调主要解决产业与农业、林业、水利的空间协调，以及生态环境与农业、林业、水利的空间协调。“发展一保护”式交错空间的协调主要解决产业与生态环境的空间协调（图 1）。

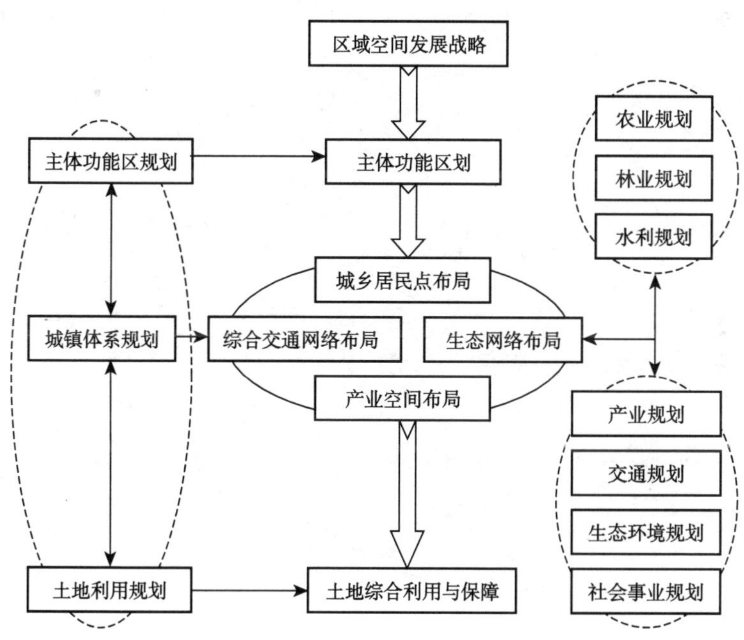

图 1　武汉城市圈规划协调框图

三、武汉城市圈“多规”协调的重点内容

（一）城乡发展格局的统一

1. 建立区域空间的整体框架

按照武汉城市圈空间发展战略的基本要求，基于发展与保护并重的思路，规划上应建立统一的区域空间整体框架，以此作为区域空间利用的基础。武汉城市

圈以新型工业化、新型城镇化和生态化发展为主线，优化区域空间布局，规划构建了“一核一带三区四轴”的区域发展框架和“一环两翼”的区域保护格局（图 2）。

其中，“一核”是作为城市圈发展极核的武汉都市发展区。“一带”是以武汉东部组群、鄂州市区、黄石市区、黄冈市区为主体，共同构成的武鄂黄城镇连绵带，这是武汉城市圈城镇化的主体和核心密集区。“三区”是西部仙潜天、西北孝应安、南部咸赤嘉 3 个城镇密集发展协调区，作为武汉城市圈的重要支撑。“四轴”是以武汉为起点、以交通为导向、以城镇为依托、以产业为支撑的 4 条区域发展轴，以此促进产业空间集聚，成为区域发展的脊梁。

“一环”是围绕一核的城市圈区域生态环，主要由梁子湖、斧头湖－西凉湖、刁汉湖、野猪湖－王母湖地区、涨渡湖等大型湿地板块串联形成。“两翼”是以大别山脉和幕阜山脉为基础的生态区域，是武汉城市圈的重要生态屏障，在水土涵养、资源保护、气候调节和区域生态稳定性维护方面具有不可替代的作用。

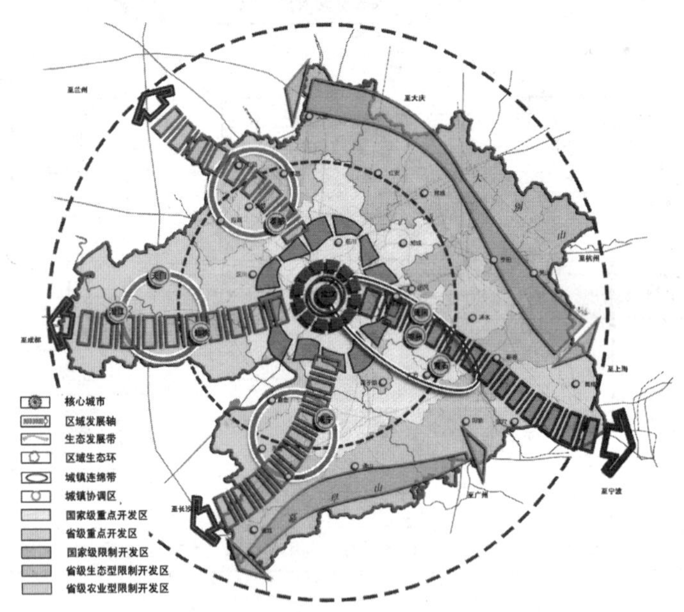

图 2　武汉城市圈空间结构图

2. 突出主体功能区的空间政策保障

主体功能区规划基于武汉城市圈各次区域的资源环境承载能力、发展潜力的评价，按照节约和集约利用国土空间资源的基本原则，构建形成了“中心集聚，轴向辐射，成片开发，功能突出”的主体功能区布局。按照主体功能区规划的技术规范，以武汉城市圈 40 个县（市、区）行政区域为基本单元，划分了重点开发区域、限制开发区域两级 5 类主体功能区域；以自然保护区、风景名胜区、森林公园、地质公园等为重点，划定了禁止开发区域。

其中，重点开发区域是武汉城市圈工业化和城镇化的优先地区，保证了城市圈“一核一带三区四轴”的发展空间。限制开发区域为城市圈“一环两翼”的区域保护格局奠定了政策基础（图 2）。

3. 突出城镇体系的空间支撑保障

城镇体系规划突出新型城镇化发展的新途径探索，重点促进各级城镇协调发展，提高整体发展水平。基于武汉城市圈区域发展“一核一带三区四轴”的整体框架，规划通过产业结构的调整和升级，实施中心城市武汉的现代制造业和现代服务业的双支撑发展；通过规模集聚、功能优化、分工协作，促进中小城市的差异化发展。同时，规划通过资源特色发挥和农业产业化发展，培育集约发展型小城镇。

规划在城镇等级体系上分为城市圈核心城市（即武汉）、城市圈副中心城市（即黄石）、地区性中心城市（即鄂州、黄冈、孝感、咸宁、仙桃、潜江、天门、麻城等 8 市）、县（市、区）中心城市（包括汉川、红安、前川等 24 个城关镇）、新沟等 40 个重点镇和 334 个一般镇等 6 个等级。在规模结构体系上，规划形成“一超一特七大十二中”为主导的城镇规模序列（图 3）。

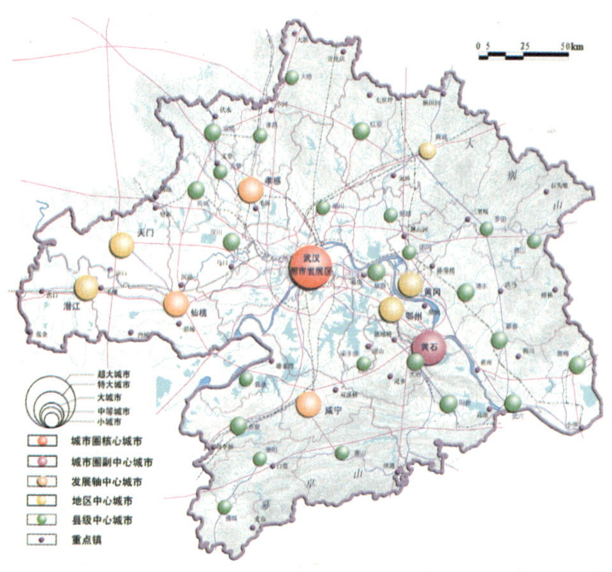

图 3　武汉城市圈城镇体系规划图

（二）用地规模和发展标准的协调

1. 用地规模的协调

在武汉城市圈各类用地规模协调上，规划突出了以耕地保护为前提，以节约集约利用土地为核心出发点，统筹安排城乡各类用地，协调行业用地矛盾，协调土地利用与生态环境建设，加强土地资源特别是耕地和基本农田的保护，搞好土地后备资源的开发利用，落实耕地占补平衡。

在土地调控目标上，规划确保了武汉城市圈生产总值年均增长10%的用地需求，并重点确保了“一核一带三区四轴”区域的建设用地和新增用地指标。同时，规划还通过约6万hm^2城乡建设用地增减挂钩、约80万hm^2土地整理重大项目工程，以充分利用闲置和低效建设用地，有效控制耕地减少过多状况。

2. 发展标准的建立

按照“两型”社会建设的要求，规划通过城乡空间的集约布局、产业结构的优化调整、基础设施的共建共享、生态环境的保护控制，借鉴城乡规划的有关标准和规范，参考国内外先进地区的经验，制定了武汉城市圈“资源节约、环境友好”的空间发展指标体系。这一指标体系分为4大类、26项，涵盖了城镇规划、交通规划、生态环境规划等外部规划的主要约束指标，也落实了农业、林业、水务规划中的主要控制指标（表1）。

武汉城市圈空间发展基本指标 表1

指标分类		指标名称	单位	指标类型
经济发展		三次产业结构	%	引导型
		农产品加工转化增值率		引导型
社会发展	人口发展	人口规模	万人	引导型
		城镇化率	%	引导型
	居住指标	低收入家庭保障性住房面积	m^2/人	控制型
		城镇人均居住建筑面积	m^2/人	引导型
	公共交通	绿色出行率	%	引导型
		公路网密度	km/百平方公里	引导型
资源节约	水资源利用	万元GDP耗水水平	m^3/万元	控制型
		水平衡（用水量与可供水量之间的比值）	—	控制型
	土地资源集约利用	耕地保有量	万hm^2	控制型
		基本农田保护面积	万hm^2	控制型
		单位建设用地二、三产业增加值	亿元/km^2	控制型
		单位建设用地固定资产投资额	万元/hm^2	引导型
		城镇人均建设用地	m^2/人	控制型
		城镇建设用地综合容积率	—	控制型
		土地闲置率	%	控制型
	能源利用	万元GDP能耗水平	吨标准煤	控制型
		可再生能源使用比例	%	引导型

续表

指标分类		指标名称	单位	指标类型
生态环境保护	绿化	森林覆盖率	%	控制型
		水土流失率	%	控制型
		城市人均公共绿地面积	m^2/人	控制型
	废物处理	城镇生活污水处理率	%	控制型
		工业固体废物综合利用率	%	控制型
		生活垃圾无害化处理率	%	控制型
		到2012年SO_2、CO_2排放削减指标	%	控制型

（三）生态保护格局的协调

1. 区域生态网络建设

武汉城市圈具有优越的生态环境基础，需通过大区域的生态保育和跨区域的生态网络建设，强化其自然山水特色，调控区域生态结构，形成武汉城市圈保护与开发相结合的总体格局。规划基于区域生态格局以及城镇发展状况，提出了以山脉、水系为骨干，以山、林、江、湖为基本要素，构建“一线、两带、五片、网状廊道”的区域生态网络（图4）。同时，规划明确了高效利用水资源，建设完善水系连通网络、水利安全防护网络和水资源调配网络等生态网络建设。

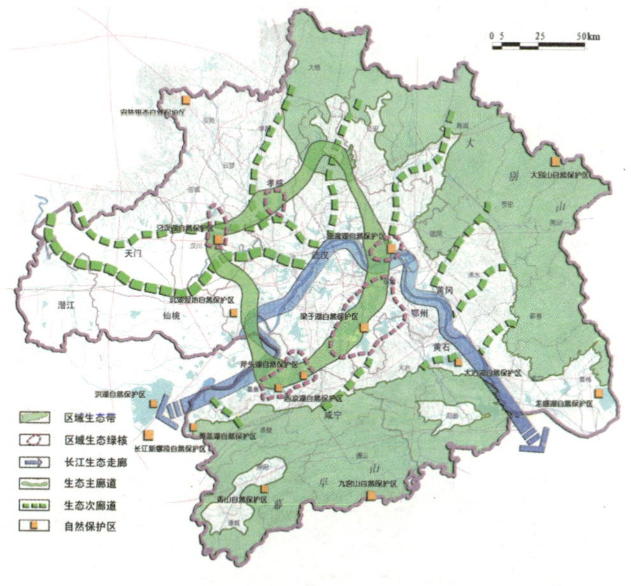

图4　武汉城市圈生态框架规划图

2. “蓝网”、“绿网”建设

规划通过区域生态网络，将重要的绿化走廊联结成“绿网”，江河湖泊水系联结成“蓝网”，以实现区域生态要素一体化整合与联结，并有效分隔不同的人为活动影响区域（特别是分隔城市轴向扩展的城镇连绵空间）。规划调整城市及农业地区的景观多样性和复杂性，以显著提升各类屏护性生态系统的生态服务功能和对各种人为影响的抵抗及缓冲能力。

（四）交通系统的支撑协调

1. 区域交通体系的建设支撑

交通是城镇建设和产业发展的引导和依托。与武汉城市圈城镇产业空间布局相适应，规划构筑了一体化交通体系，并建成以武汉为主枢纽，开放式、多样化、网络化、高效快捷的城市圈综合交通运输网。其中，公交化的快速轨道交通和高速（快速）公路交通形成的城市圈“双快”交通走廊，对城市圈东西向产业经济走廊和城镇连绵带形成有力的支持。

2. “一小时交通圈”建设

规划明确了以武汉为核心的“一小时交通圈”建设目标，强调加强各种交通方式的无缝衔接，推进铁路与城市轨道交通的融合、长途交通与城市公共交通的融合、公路与城市道路的融合、不同行政区之间交通网络的融合。在此基础上，形成城市圈“123”交通圈，即地区性中心城市与武汉市一小时到达，地区性中心城市之间两小时到达，县（市、区）城市之间三小时到达（图5）。

图5 武汉城市圈综合交通规划图

（五）产业布局的内在协调

1. 产业空间集聚带与产业链建设

武汉城市圈的经济发展将主要依托沿长江和沿京广两条国家一级经济发展带。为此，规划强化以武汉为中心向外辐射的东向、西向、西北、西南 4 条产业空间聚集带，集聚产业发展区和综合性的工业城镇，以此引导主要产业链（集群）的空间选择。在产业发展上，着力完善和延伸 6 条重点产业链，壮大 5 个产业集群，推进金融、商贸市场、物流、旅游等重点服务业的空间整合（图 6）。

2. 农、林业发展空间布局

武汉城市圈还是我国重要的粮食基地和林特产品基地，发展现代农业和特色林业产业，也是区域产业建设的重点之一。规划中重点建成 6 大优势农产品产业带和 8 大特色农产品基地，促进其进一步上规模、上档次，提高市场化程度，并引导形成相适应的农副产品加工布局，建成一批有实力、在全国有一定影响的农产品加工龙头企业和知名品牌。

同时，在武汉城市圈内规划形成 5 个林业空间发展区，即大别山水土保持和工业原料林区，平原农田防护和工业原料林区，鄂东丘陵平原工业原料、果树林区，湿地保护及城市环境保护林区，幕阜山低山丘陵工业原料及油料林区。规划对各区林业面积和森林覆盖率也提出了具体目标。

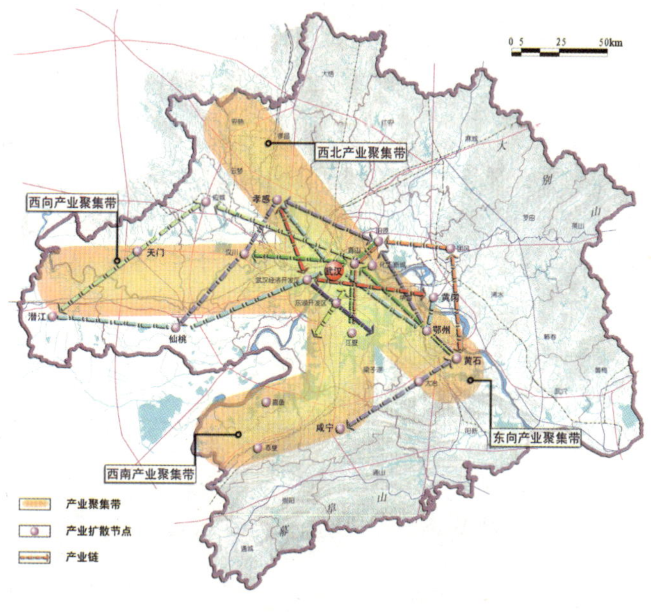

图 6 武汉城市圈产业规划图

（六）空间发展保障政策的协调

政策的制定主要是落实空间规划的战略部署，形成空间引导和空间调配的政策机制。在政策选择上，既注重跨部门、综合性机制的建立，也注重各部门分别落实规划，实施规划的政策选择。在空间引导机制建设上，规划主要提出了建立合理的规划体系、建立基于主体功能区的利益导向和协调机制、实施土地集约利用和城市圈耕地占补平衡机制、实施城镇建设用地增加与农村建设用地减少挂钩机制等。在空间调配机制建设上，规划主要提出了建立武汉城市圈空间规划决策和协调机制、建立促进结构升级和布局优化的产业发展政策、建立促进城乡一体化和人口转移的政策、推行加快小城镇发展的政策、推行加快新农村建设发展的政策等。

四、武汉城市圈“多规”协调的经验与反思

（一）通过规划协调实施“多规”一图化

在当前城市区域化和区域城市化发展的时代背景下，形成了各种关于区域发展要素和内涵的新区域观。中央提出的“坚持以人为本，树立全面、协调、可持续的发展观，促进经济社会和人的全面发展”的科学发展观成为整合各种发展观的核心思想。其中区域统筹和城乡统筹的基本要求，是当前开展区域规划特别是区域空间规划的主要思路。在规划手段上相应形成了城乡一体化和区域一体化两个方向。城乡一体化作为特定行政区域内的城乡统筹手段，努力形成城乡一体化的交通、供水供电、通信邮电、垃圾处理、污染治理和生态建设。区域一体化以各种跨越行政区的区域统筹手段，系统整合区域内外产业空间、综合交通运输体系、城镇体系组织、生态环境保护与资源节约利用等。

按照城乡一体化和区域一体化的统筹思路，在区域空间规划的“多规”协调上，必须依托各部门，通过部门衔接和规划协调，进一步解决各种要素的空间矛盾，对各种要素和主要设施进行空间落实。《武汉城市圈空间规划》通过规划编制部门提出初步方案，交各相关部门征求意见并进行校核，再汇总意见综合方案，制定了各部门都基本接受的空间布局规划，基本实现了“多规”一图化（图7）。

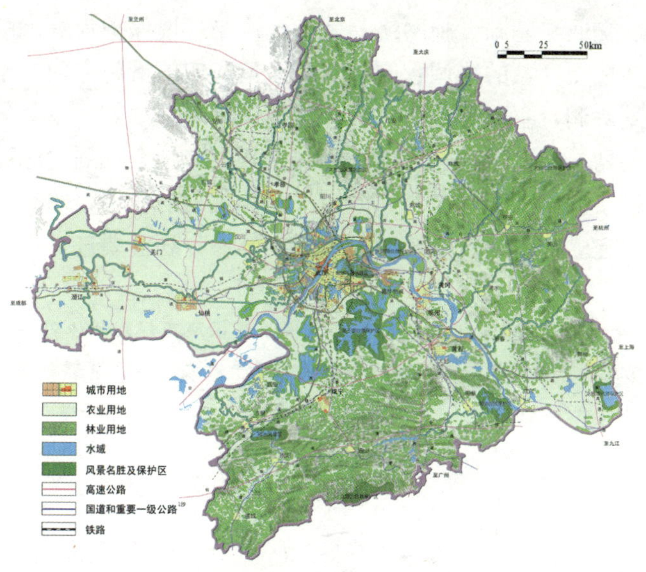

图 7　武汉城市圈空间一体化布局图

（二）通过部门协商推进先导工程和示范项目

区域建设千头万绪，各部门在建设上也有自身独立要求。如何突出主题，凝聚各部门力量，开展一批建设的重点工程项目，也是区域空间规划协调的重点课题。武汉城市圈建设涉及 5.8 万 km^2 广阔区域内的建设，同时，按照“两型”社会建设的目标要求，其建设发展突破了一般意义上的城乡建设范畴。在工程项目选择上，需要通过部门协商，既强调工程的先导作用，也强调项目的示范效应。《武汉城市圈空间规划》在综合各部门意见基础上提出的 8 个先导性工程项目，得到了各方的认可，并得到了切实推进。这 8 个项目包括，大武汉新港、武鄂黄循环经济发展区、武汉现代服务业中心区、大东湖生态水网构建工程、武汉新区和鄂州市城乡一体化示范区、梁子湖区域生态保护与建设示范区、特色农林产业化示范工程、风电核电新能源建设工程。

（三）探索科学、系统的空间规划体系

在科学发展观的指导下，必须逐步摈弃传统的开发主导、区内封闭平衡、平均主义等区域规划理念，按照区域空间整体协调的理念、以约束条件为前提的有限发展理念、区域协商协调的平等规划理念等新理念，统一协调区域内不同层次的空间关系和发展步骤，并实现区域性设施的共建共享、资源分配的协商互惠、区域污染的共同治理和区域环境的共同协商保护。

在当前各种城市群规划的“多规”协调上，已经逐步建立起以城市群发展战

略与空间组织、交通与基础设施网络、生态建设与环境保护为重点的内容上的整体协调。而且在重点区域的协调管制、实施政策和实施措施方面，也建立了协调思路。这种规划协调，主要是基于以综合规划领导专项规划，以新的综合规划取代主体功能区规划、城乡规划、土地利用规划等现有综合规划的思路。需要强调的是，如何推进多部门共同参与，充分发挥各类规划的作用，明确各种规划的地位和重点，进而建立起科学、系统的国家规划体系，还需要进一步研究探索。

（撰稿人：刘奇志，武汉市规划局副局长，教授级高级城市规划师；胡忆东，武汉市城市规划设计研究院副院长，教授级高级城市规划师；胡跃平，武汉市城市规划设计研究院副总工程师，高级城市规划师）

“两型社会”建设规划的探索

一、“两型社会”建设规划的背景

建设“资源节约型、环境节约型”社会（以下简称“两型社会”），是我国总结过去、展望未来，为落实科学发展观、全面建设小康社会、实施可持续发展战略而确立的重大举措。党的十七大报告提出，要加强能源资源节约和生态环境保护，并强调必须把建设资源节约型、环境节约型社会放在工业化、现代化发展战略的突出位置。同时，为支持国家中部崛起战略的具体实施，2007年12月国家正式批准武汉城市圈和长株潭城市群为“两型社会”建设综合配套改革试验区，一方面是将中部的两大城市群纳入国家战略视野，促进其加快发展；另一方面是促进转型发展，鼓励这两个地区走出一条低投入、高产出，低消耗、少排放，能循环、可持续的发展道路，为落实科学发展观和构建社会主义和谐社会建立健全体制机制，为全国的改革和发展提供借鉴，发挥示范作用。从北京市城市总体规划（2004～2020年）起，国务院在近年来审批城市总体规划的文件中都无一例外地明确提出建设资源节约型和环境友好型城市的目标要求。

武汉城市圈和长株潭城市群在获批综合配套改革试验区之后，两省政府明确提出编制“两型社会”建设规划，探索未来可持续发展的道路。2008年5月国务院批准《武汉城市圈“两型社会”建设综合配套改革试验区改革方案》。2008年12月国务院批准《长株潭城市群两型社会建设综合配套改革试验总体方案》和 附件《长株潭城市群区域规划（2008—2020年）》。

“两型社会”建设涉及社会的各个方面，因此规划的内容涵盖面较广。长株潭城市群两型社会建设规划由《长株潭城市群区域规划（2008—2020年）》、《长株潭城市群两型社会建设综合配套改革试验总体方案》组成。武汉城市圈“两型社会”综合配套改革试验区的规划则由五个专项规划共同组成，分别是空间、产业发展、综合交通、社会事业和生态环境规划。

其中，《长株潭城市群区域规划》是由湖南省人民政府长株潭两型社会建设领导小组办公室（设在省发改委）委托中国城市规划设计研究院做的综合性规划，不同于传统的偏重于空间布局的城市规划，内容涵盖产业发展、社会事业、生态建设、土地使用等多方面，是区域发展的一个综合指南。

相比较而言，由湖北省建设厅负责编制的《武汉城市圈“两型社会”建设综合配套改革试验区空间规划》（以下简称《武汉城市圈空间规划》）侧重于探索建立有利于“两型社会”建设的城市圈空间统筹机制，指导武汉城市圈的空间发展和重大项目建设。

在武汉城市圈和长株潭城市群内部，武汉、长沙、湘潭、株洲等地级市和湘潭县、长沙县、株洲县、宁乡县、醴陵县等县级行政单位也纷纷开展了有关两型社会规划的探索，力图和顶层的区域规划进行对接。

二、“两型社会”建设规划的特点

（一）“两型社会”建设的内涵

“两型社会”建设的核心是把经济社会发展所耗费的资源环境代价降到最低，实现全社会的可持续、科学发展。“两型社会”建设对“资源节约”和“环境友好”两个领域提出了并重的发展要求。建设“资源节约型”社会是要求整个社会经济的发展建立在节约资源的基础上，通过对资源的综合利用，提高资源利用效率，以最少的资源消耗获得最大的经济和社会效益。建设“环境友好型”社会则是要求整个社会经济的发展以环境承载力为基础，大力推动环境治理和生态保护，呈现一种人与自然和谐共生的社会形态。

（二）规划的目标导向性

“两型社会”建设规划是典型的目标导向型的规划，因此“两型社会”建设的理念直接落实在规划的目标定位和发展战略中，从而指引整个区域的发展方向和道路。

国务院批复的长株潭城市群的战略定位是：全国“两型”社会建设的示范区；中部崛起的重要增长极；全省新型城市化、新型工业化和新农村建设的引领区；具有国际品质的现代化生态型城市群。在这一定位的基础上，长株潭城市群区域规划提出了城市群发展的六大战略重点，分别是：在空间上坚持核心带动，促进跨越发展；加快产业“两型化”，推进新型工业化；强化生态格局和湘江治理，塑造宜居环境；发展社会事业，推动城乡和谐；坚持集约发展，促进能源资源节约利用；建设综合交通体系，提高城乡运行效率。

武汉城市圈“两型”社会建设空间规划中确定的城市圈定位是：我国“两型”社会建设的示范区；中部崛起的战略支点和我国新型工业化的先行区域；富有活力和竞争力的区域联合体。规划继而提出了城市圈空间发展的四大战略重点，分别是空间集约化开发战略、区域发展交通先导战略、产业空间集群化战略、生态空间网络化战略。

（三）规划的约束性和创新性

在充分认识"两型社会"建设的内涵后，必须要对武汉城市圈和长株潭城市群的发展现实和未来需求有一个审视和判断。武汉城市圈地处长江中游，位于湖北省东部地区，包括武汉和周边的黄石、鄂州、黄冈、孝感、咸宁、仙桃、潜江、天门等 9 个城市行政区域范围，国土面积 5.78 万 km^2，2006 年户籍人口 3 131.2万，亦称"1+8"城市圈。2007 年实现地区生产总值 5 557.24 亿元，人均 GDP 为 18601 元，城镇化率为 55.6%。长株潭城市群地处我国中南部，包括长沙、株洲、湘潭三市所辖行政区域，国土面积 2.8 万 km^2，2007 年年末总人口 1 325.6 万。2007 年实现地区生产总值 3 462 亿元，人均 GDP 为 26 116 元，城镇化率为 53.5%。武汉城市圈和长株潭城市群在全省的经济社会发展中都起着排头兵、领头羊的作用，其中武汉城市圈的地区生产总值占全省的 60.7%，人均 GDP 是全省平均水平的 1.26 倍。长株潭城市群是以全省 13.3%的土地、19.5%的人口，实现了全省 37.9%的 GDP。同时，人均 GDP、三次产业比重等数据显示，武汉城市圈和长株潭城市群正处于工业化的中期阶段，发展是当前和相当长一段时间的必需和趋势。国家"中部崛起"战略的实施、沿海地区产业向内陆的转移，也为武汉城市圈和长株潭城市群提供了巨大的发展机遇。但是，伴随着经济社会的迅猛发展，困境和挑战接踵而来，最直接的表现为资源利用的低效、无序扩张以及生态环境的破坏，这显然是和"两型社会"建设的要求有较大差距的。

地区现实存在的发展机遇、要求和困境、挑战之间的矛盾，也正是规划所力图破解的。因此，"两型社会"建设规既是一个"发展规划"，又必须体现约束性和创新性。

三、规划技术方法的探索

约束性和创新性是"两型社会"建设规划区别于其他类型规划最主要的特点。其中，约束性体现为较为强制和硬性的规划措施，包括对区域内资源环境容量的盘点，对规划期内不能使用资源的界定，对规划期末在若干指标特别是和两型挂钩的指标上的考核等。创新性主要指针对资源的利用方式提出新的思路、新的方法，涵盖面比较广，涉及产业发展、空间利用等各个方面。

（一）规划的约束性

1. 指标体系的建立

《长株潭城市群区域规划》中确定的“两型”社会建设的目标体系由环境友好型指标、资源节约型指标、社会经济和人文建设指标三大类组成，包括自然环境友好、人工环境协调、环境污染控制、节地、节能、节水、经济发展、科技人文发展、社会和谐建设 9 个方面 68 个典型指标。在指标类型中，约束型的指标和引导型的指标各有 29 个和 39 个。在环境友好型和资源节约型的大类中，约束型的指标占据主导地位。

《武汉城市圈空间规划》也建立了一个空间发展的基本指标体系，由经济发展、社会发展、资源节约、生态环境保护 4 大类 26 项指标组成，其中引导型的指标 10 项，约束型的指标 16 项。

不仅在两大城市群宏观层次的规划中，指标体系成为谋划区域发展的基础，市县一级的中观层次规划也都对指标体系的建立有一定的探索。如长沙市河西先导区专门委托国家发改委宏观经济研究院编制了两型社会建设规划的指标体系研究课题，中国城市规划设计研究院在空间规划中充分运用了这些课题研究的成果。

2. 承载力的测算

“两型社会”建设规划高度关注资源环境条件，力求使发展与资源环境相协调，因此摸清支撑区域发展的资源条件很重要。在长株潭城市群区域规划中，城市群核心区的人口测算方法在传统的综合增长率法、非农人口比例法和经济关联法基础上，增加了水资源和土地资源承载力的测算，作为对该地区人口发展规模的约束和校核。

湘潭市域规划分析了包括水、绿色空间、土地、能源在内的各种资源对城市发展的有利和限制因素，提出若不改变现有的“高消耗、高污染、低产出”的发展模式，可利用土地资源、环境和水资源将纷纷告急，因此改变经济增长模式成为必然之路。

3. 区域空间管制

《长株潭城市群区域规划》在城市群核心区内进行了空间管制的区划，将核心区 8 400 多平方公里的土地划分为禁止开发地区、限制开发地区、优化开发地区、重点开发地区四类功能区。并且，规划在技术上探索了将禁止开发地区和限制开发地区的内容作为强制性内容的做法，成为最终获国务院批复正式成果的组成部分。

《武汉城市圈空间规划》也将空间管制作为规划的一项重要内容，规划按照严格保护生态区域，有效控制重点建设区域，积极引导一般地区的区域管制思路，将圈内用地具体划分为优化开发区域、重点开发区域、引导开发区域、限制开发区域和禁止开发区域等不同类型的空间分区，并实施有针对性的战略性政策引导和综合管制。

（二）规划的创新性

1. 空间建设策略的创新

（1）开放空间系统与多层面空间协调

无论是城市群还是城市圈都是跨行政区划在政治、经济、社会、文化等多方面多层次都有密切联系的巨系统，强化区域内部的系统性建设是这一类规划必需秉承的理念。

《长株潭城市群区域规划》充分考虑到长株潭城市群经济联系、未来粮食、能源原材料等供给关系及大生态、大交通格局建设的需要，构建了一个内聚外联的开放空间系统，包括三个层次，由内到外分别是城市群核心区、功能拓展区域、外围城镇密集地区，从不同层面来具体落实湖南省梯度发展的战略。规划对不同层次的重点空间要素进行协调。

该规划在核心区构建了“一心双轴双带”紧凑发展的空间结构。三市结合部的绿心地区将建设成为“两型”社会创新发展的窗口，南北两条重点发展轴作为城市和产业区一体化建设的综合廊道，东西两条发展带是城镇和产业聚集发展的复合走廊。除此之外，核心区内划分七类功能区，对于每一类功能区规划提出功能定位和建设重点。

在核心区周边规划构建由北、西、东、南四区组成的功能拓展区域，承担起核心区向外的功能扩散和对核心区功能进行补充的作用，涉及产业、交通、生态、生活和生产物资供给等各个方面（图1）。

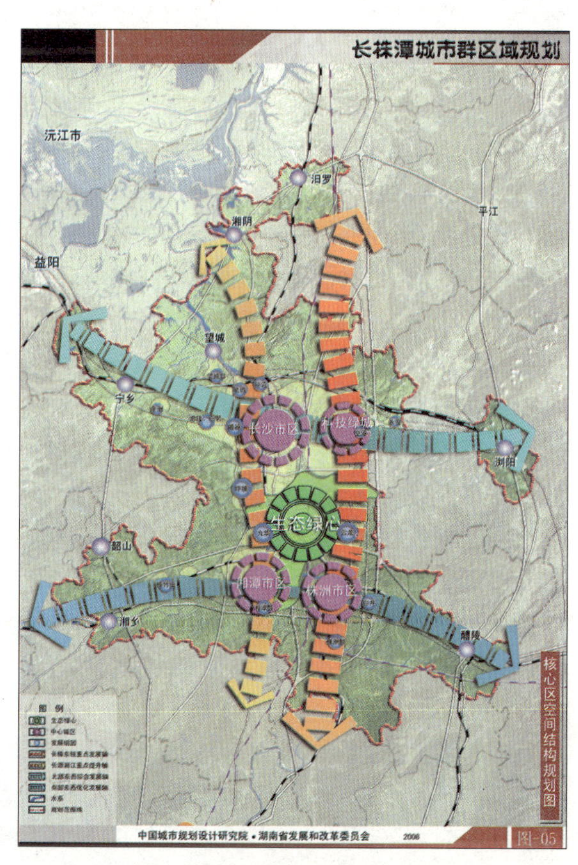

图1　长株潭核心区空间结构图

在湖南省东部城镇密集地区内，规划构建了“一核三带辐射联动”的空间发展构架，提出带上的城镇未来的成长势头较好，也应当成为湖南省市政府重点扶持和引导的对象，并且明确了8个主要城市的定位。这个层次的区域协调主要包括三个方面，即产业组织、交通和生态建设。

《武汉城市圈空间规划》的区域空间也是分层次的，其中区域发展的核心是三镇和周边地区组成的大武汉都市区，继而发展以武汉－鄂州（黄冈）－黄石为基础的城镇密集地区，最终通过武汉向北、西、南三个方向的城镇产业轴来组织整个城市圈的发展空间。空间系统的开放性则体现在规划打破城市圈发展的封闭观念，强化城市圈与外部区域的交通、生态、功能等方面的联系，实现城市圈与湖北省乃至中部地区的整体协调发展。

（2）空间发展机制与利用方式创新

《长株潭城市群区域规划》提出了在核心区范围内提升存量空间、创新增量空间的空间发展机制，推进空间高效利用。通过整合现有工业园区和建立产业退出机制，淘汰“两高”、“五小”企业，实现存量空间的优化提升发展。重点提升制约“两型”社会建设的“门槛地区”（如污染严重的株洲清水塘和湘潭竹埠港下摄司工业区等），加快旧城和城中村改造，整合乡村居民点。引导增量空间创新发展，主要探索土地、能源、水资源节约和生态建设、环境保护、城乡统筹发展的空间利用新模式，重点创新发展利用绿心、湘江西岸、长株潭东部、湘潭西部四大地区，形成符合“两型”社会要求的新型城乡空间形态。

提升存量空间、创新增量空间的发展机制普遍适用于武汉城市圈和长株潭城市群地区。武汉为优化利用主城区的存量和增量空间开展了若干项研究。其中，为了提高土地资源的利用率并提升城市人居环境品质，武汉开展了《主城区开发强度规划研究》，研究中提出将主城区的建设用地依据强度进行分区，分区内的不同性质用地确定基准容积率，具体建设项目用地在基准容积率基础上进行调节后作为管理的依据。除此之外，武汉还编制了主城区地下空间总规，促进地上、地下土地资源的复合利用。

对于存量空间的再利用，武汉提出了建设都市工业园的设想，即利用主城区闲置的工业厂房，广泛吸引社会投资，以产品设计、技术开发和加工制造为主体，发展产业关联度高、与城市功能和生态环境相协调的，有就业、有税收、有环保、有形象的中小企业集聚的制造业基地，规划在主城区形成7处都市工业园。

对于增量空间的创新利用，长株潭城市群上上下下都提出了很多创新的思路。如对于位于长株潭三市结合部的生态敏感地区（简称绿心地区），《长株潭城市群区域规划》区别于传统单一保护的方式，提出了在保护中发展的理念。规划充分利用绿心地区丘陵与盆地交错、田园与湖泊青山交织的良好生态环境，在保护好生态基底、发挥生态屏障功能的前提下，建立严格的项目准入制度，适度发展生态旅游、体育休闲、园艺博览、文化创意等环境友好型的产业，提升“绿心”的综合价值，逐步将绿心地区从目前的三市“边缘”地带建设成为城市群的重要功能区与三市的功能联系纽带。

对于丘陵地貌特色明显、尚处于开发初期的湘江西岸地区，长沙大河西先导区规划提出引导科技研发、生态居住、城乡服务等建设用地向丘陵岗地拓展，作为解决建设用地快速增长与耕地资源急剧减少矛盾的重要举措。同时，也探索了一种产业和空间耦合的新形态，即“第三空间”的新型城市化概念构想。这一构想最终也得到了国务院批复文件的采纳，即在最大程度保护农田、农村居民点的基础上，结合特色丘陵地貌布局三次产业，实现交叉相融。第三空间和第一空间城市、第二空间乡村的最大区别在于其综合发展水平远高于“第二空间”，建设模式又区别于“第一空间”。

(3) 创新土地配套政策，整合城乡用地

针对城乡建设用地和农用地的整合，不同层次的“两型”社会建设规划也给出了一系列的探索。如株洲市“两型社会”综合改革配套试验区发展战略规划研究通过对国内其他城市和地区有关土地配套政策改革的案例分析，总结了包括用地计划一次上报模式、承包权使用权流转模式、放弃—退出模式、集体土地国有化模式在内的一系列改革模式。并结合株洲的现状特点提出有针对性的改革探索方向，建议结合不同区域、不同城镇的产业结构特点，选择不同的城乡统筹土地改革模式，如对于工业型的城镇，进行集体建设用地集中经营的试点，对于农业型的城镇，进行引入农业大户实现农业规模化经营的试点等。

2. 产业发展策略的创新

(1) 建设两型产业体系

《长株潭城市群区域规划》提出“立足两型、促进两新、自主创新、循环集约、高端带动、重点突破”的产业发展思路。在产业选择上，区别于传统规划侧重于一个区域或城市主导产业发展的思路，城市群区域规划构建了一个两型产业体系。在这个体系中，不仅包括重点发展和积极培育的主导、先导产业，也包括需要转型提升的基础产业和限制、退出的劣势产业。

(2) 产业发展和布局一体化

《武汉城市圈空间规划》提出，建立循环经济和各具特色的产业集群是实现新型工业化的重要途径。规划以循环经济为切入点，加快传统产业改造，以优势支柱产业为主导，延伸产业链，大力发展各具特色的产业集群，构建区域、园区、企业的多层次循环经济体系，进而带动和支撑生态农业、现代服务业的全面发展，建立全社会的资源循环利用体系和新型的产业空间集聚格局。如针对第二产业发展，规划就提出以空间集聚带和产业链（群）为主要的空间载体，包括四条产业空间聚集带、六条重点产业链和五大产业集群。

湘潭市域规划中，将产业“两型化”转型与空间动态拓展挂钩，梳理产业发展与空间建设之间的内在逻辑关系，按照近期、中远期、远景以后的三级发展阶段，推演空间增长路径，统筹考虑用地拓展、设施建设、交通骨架搭建、生态环境保护与景观环境建设、历史文化资源保护与挖掘等问题，明确提出不同发展阶段的空间建设重点。

(3) 以政策引导产业发展和布局

产业发展主要是一个市场行为，但同时政府对于产业发展担负着非常重要的引导、扶持和监督、保障作用，制度建设是保障产业发展方向的重要手段。《长株潭城市群区域规划》提出了针对引导产业两型发展的若干土地政策，包括用产业导向引导供地、工业项目的供地准入制、工业项目的用地实行限期建设、落实建设用地核查制度等。具体举例来说，如在产业导向引导供地制度中，规划提出对高新技术产业项目、符合产业规划的重点领域、关键技术及产品导向目录产业用地给予优先供地；对产业目录中禁止类项目不予供地；对限制类产业项目限制供地。推行项目准入评估制度，将产业政策、投资密度、资源消耗、环境影响等作为项目准入评估的重要依据。

3. 交通建设策略的创新

(1) 区域交通的一体化

《长株潭城市群区域规划》改变了长沙、株洲、湘潭三市各自总体规划中以自我为中心组织交通的思路，而是把核心区作为一个整体（长株潭三市市区之间的距离在30km左右）、从增加城市间联系从而促进三市联动的角度来考虑交通的组织。在公路网建设上，规划打破三市各自建环路的方式，将穿越城区的国道调整到城市外部，和长株东外环、长潭西外环、株潭南外环、长常长浏高速共同组成一个高等级公路的外环，来分流过境交通。而三市市区之间的联系主要通过快速路和轨道来实现。在枢纽建设方面，协调是最主要的思路，如规划提出在三市交界部的九华地区建设区域型的客运枢纽，组织地铁和地面公交的转乘。在港口建设方面，体系建设是最主要的思路，规划提出形成以岳阳港、长沙港为核心，湘潭、株洲、衡阳等港口为基础和补充，功能明确、层次分明的港口体系，满足长株潭乃至3+5地区经济发展和外贸物资尤其是集装箱运输的要求。

(2) 城乡交通的一体化

针对交通相对便捷、农业基础条件较好、人口较为密集、以河谷与浅丘陵为主要地貌特征的湘潭西部地区，湘潭市域规划形成以交通轴贯穿城镇增长空间，以功能化的绿色空间间隔城市组团的整体空间格局。在城市交通向农村延伸方面，规划以城市主要交通轴支撑村镇交通网络构建，以村镇公共交通网络支持形成半小时就业圈来覆盖整个规划区，从而引导农业劳动力进城就业，形成“工作在城市、居住在乡村"的城乡功能组织模式，探索新型城镇化途径。

（3）公共交通引导城市紧凑发展

对于区域性交通设施密集分布的长沙东部地区，长沙星沙新城概念规划提出为了应对城市与产业的大规模集聚发展，探索公共交通导向的城市集约创新发展模式，具体措施包括：建立融入长株潭区域的便捷完善的公共交通体系；以轨道交通和快速公交为城市空间拓展的主轴；采用 TOD 模式，围绕公共交通站点提高土地开发强度和混合使用程度；创造适合步行和自行车出行的城市交通功能分区，建设"短距离出行城市"。根据测算，星沙新城规划范围内城市生活区的公交覆盖率达到 90％以上。这种规划布局可以在不降低城市可达性与机动化水平的基础上，尽量降低对小汽车的使用，提高资源的使用效率，努力实现"短距离出行城市"的结构与 TOD 模式的完美契合，建设公交引导的紧凑型城市（图 2）。

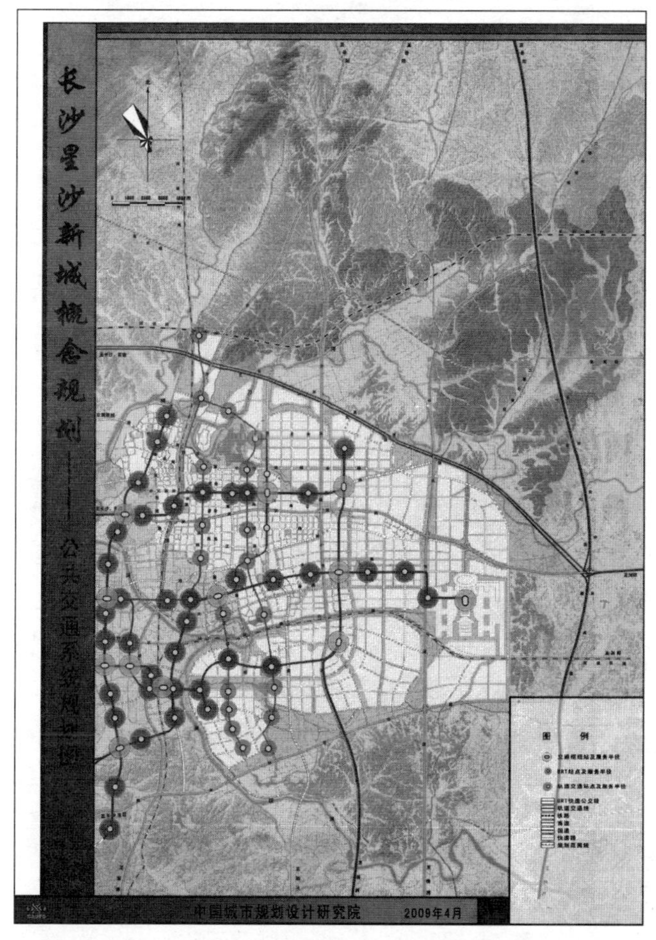

图 2　长沙星沙新城公共交通系统规划图

4. 生态环境建设策略的创新

(1) 生态网络建设

“点、线、面”的生态网络建设是规划的一般做法，武汉针对自身河湖密布的特点，创新了生态保护和建设的思路，编制了《大东湖生态水网建设规划》、《汉阳地区六湖联通生态水系规划》等一系列专项规划，创新治水理念。首先，联通水系，促进水体流动，提升和改善水质。其次，控制形成完善的滨水空间体系，彰显武汉碧水青山的滨江滨湖特色。再者，布置生态化水处理设施，尝试人工生态湿地治污，采取自然水渠为主体的生态化雨水排放模式，在降低建设成本的同时，形成生态化的空间景观环境（图 3）。

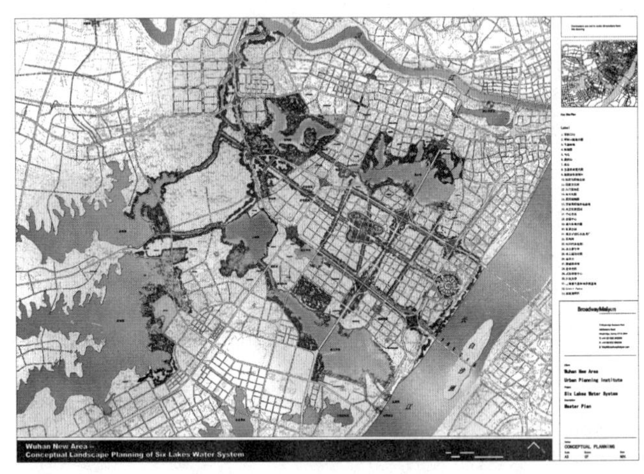

图 3　武汉六湖联通概念设计

(2) 生态环境保障体系建设

《长株潭城市群区域规划》提出生态环境建设的五道保障，分别是法规保障、行政保障、政策保障、经济保障、技术保障。在法规保障中，规划提出完善相关法规，将资源利用、城乡建设与生态环境保育纳入法制化轨道。在行政保障中，规划提出了多部门的协调和各种规划的协调，并建议建立生态环境的目标责任考核机制。在政策保障中，规划建设严格的生态环境准入制度，设立技术落后、污染严重的生产工艺、设备、产品和企业淘汰名录。在经济保障中，健全环境投融资机制，完善生态补偿机制，多渠道筹措资金，增加生态环境建设和保护投入。在技术保障中，积极开发、引进、推广先进适宜技术，促进清洁生产，组建循环经济产业园区。

5. 社会建设方面的规划探索

《长株潭城市群区域规划》将社会建设的重点放在了文化事业、教育事业和医疗卫生事业发展规划上。文化资源的保护和发扬是文化事业发展规划的主要内容，规划提出重点保护岳麓山历史文化区等集中反映湖湘文化传统的地区和建设省府文化活动中心、金鹰影视基地等区域大型文化服务设施和文化产业园。教育事业发展规划秉承区域统筹的原则，提出优化高校空间布局，在长株潭核心区内形成以岳麓山文教科研区为代表的7大相对集中的教育科研区，促进产学研一体化。医疗卫生事业发展规划则突出了城乡统筹的思想，提出加强城市社区卫生服务机构和县乡村医疗卫生机构业务用房建设及设备配置，不断改善市、县、乡、村四级医疗卫生服务条件。

四、规划实施机制的创新

（一）应对实施的规划编制创新

针对地方管理条块结合、以块为主的特征，《长株潭城市群区域规划》既从发改委、交通局、环保局等业务系统的事权出发，提出建设“两型”特色的项目库，如包括机场扩建、国道外迁、启动轻轨在内的重大综合交通工程，包括城乡电网改造、饮水工程建设、信息同网工程建设在内的重大综合基础设施工程。除此之外，规划还从省市县各级政府的事权出发，提出“一江五区”（一江即湘江生态经济带，五区分别是大河西、云龙、昭山、天易、滨湖五大示范区）的近期建设重点地区，作为各级政府启动“两型社会”建设的重要抓手。

出于相似的考虑，《武汉城市圈空间规划》确定的先导性项目中，既包括大武汉新港、大东湖生态水网构建工程、特色农林产业化发展示范工程、新能源建设工程四项工程；也包括大武东（武鄂黄）循环经济核心发展区、武汉现代服务业中心区、大武汉新区和鄂州市城乡一体化发展示范区、梁子湖区域生态保护与建设示范区四个示范区。

（二）规划实施的机构组织创新

湖南省结合长株潭城市群两型社会建设综合配套改革试验区的机构建设，组建了长株潭城市群两型社会建设综合配套改革试验区领导协调委员会，简称长株潭“两型办”，下设“一局三处”，即规划局，综合处、改革处、建设处，在“省统筹、市为主、市场化”的原则下，统一规划和推动城市群建设，强化省级事权的协调管理。“两型办”具体肩负以下五大职能，即研究、协调服务、实施、考核评价、示范借鉴。长株潭“两型办”设立的规划局已经率先开始运转，各市县政府也相应成立了“两型办”，协调推进两型社会建设综合改革试验工作。

2008年以来为了加强对武汉城市圈“两型社会”建设的组织领导，湖北省委、省政府在省推进武汉城市圈建设领导小组及其办公室的基础上组建了省推进武汉城市圈“两型社会”建设综合配套改革试验区领导小组及其办公室，由省委常委、常务副省长任办公室主任，为常设正厅级单位，挂靠省发改委。目前，省直有关部门和圈内9市也都在积极筹备组建相应的领导机构和工作专班。

在市县一级推进两型的组织机构创新上，株洲市走得最远。株洲市人民政府在住房和城乡建设部的指导下，与中国城市规划设计研究院、英国伦敦大学学院进行了初步协商，拟在中英两国政府最高层“中英可持续发展对话与合作”总体框架下，全面开展株洲两型示范区城市发展的研究与实践，合作项目包括云龙生态新城中英共建、清水塘循环经济示范区建设、旧城更新、绿色减排示范社区等。

五、“两型社会”建设规划的展望

（一）作为顶层设计的规划定位

包括《武汉城市圈空间规划》和《长株潭城市群区域规划》在内的两大试验区综合改革配套方案被称之为试验区改革建设的顶层设计，都成为两型社会建设的纲领性文件。其重要内涵就是规划跳出局部环境的束缚和影响，站在全局的高度上，去分析、决定区域发展的方向、道路。

与此同时，该类型的规划跨度也是非常大的，在政策设计层面，上至区域的发展目标、发展战略的确定，下至重大项目的建设、配套制度的改革；在空间布局方面，上至整个区域空间结构的确定，下至对区域内部分重点地区发展指引的给出都有覆盖。

（二）与相关规划的协调

《武汉城市圈空间规划》本身就是一个不同层次、不同方面的空间相关规划协调的成果，一是立足“三规协调”，对城镇体系规划、土地利用规划、主体功能区规划的内容进行整合，形成城市圈空间布局的“一张图”；二是进行横向规划协调，与武汉城市圈总体规划、城市圈综合交通发展规划等相关专项规划和各市的总体规划进行合理衔接。在形成成果之后，《武汉城市圈空间规划》又紧接着面临和产业发展、综合交通、社会事业和生态环境其他四个专项规划的衔接。

《长株潭城市群区域规划》在纵向上要考虑和湖南省城镇体系规划、和三市的总体规划相协调，在横向上要考虑和区域专项规划的协调。湖南省委、省政府进一步提出要求在完善区域规划的同时，针对建设重点，尽快编制土地、交通、产业、环境治理等重点行业专项规划。城市群各市要尽快修改、提升城市总体规划、分区规划和详细规划，将区域规划落地、深化、细化。

（三）规划实施的制度建设

对于跨行政区域的《武汉城市圈空间规划》和《长株潭城市群区域规划》而言，实施的难度非常大，通过法律、法规等制度建设来强制性保障规划的实施是湖南省探索的一条道路。如湖南省人大着手根据已经出台的《长株潭城市群区域规划条例》、国务院新批准的长株潭城市群改革方案和区域规划，推出条例修改稿，确立了区域规划的法律框架，并将出台《条例实施细则》，将条例的相关规定落实到市县和部门的工作程序。规划中确定的强制性内容，将以规划红线的方式落实到空间版图；重大规划衔接、项目规划审核、规划督察、实施报告等制度也将被建立并执行，从而推进规划实施的规范化、程序化，确保规划的严肃性和权威性。与此同时，政绩考核体系和干部考核制度也被列入改革之列，方向是加大生态环保、节能降耗、耕地保护、公共服务等领域指标权重，突出“两型”的考核。

武汉“两型社会”综合配套改革试验区规划的实施则以点上的试验为突破口，如湖北省今年将进行 20 个省级改革项目的试验，主要集中在资源节约、环境保护、“两型”产业发展、城乡统筹、土地集约节约利用、财税金融等 6 个重点领域。仅土地集约节约利用方面的试点就包括咸宁开展的低丘岗地改造试点、武汉开展的城中村改造试点、黄冈开展的农村土地整理试点和黄石开展的资源枯竭城市转型土地方面的试点等。除此之外，规划的实施还和国家 4 万亿的投资紧密结合，在省里成立了联合发展投资公司，设立了“两型社会”建设的项目库，将规划付诸于实施。

但是也毋庸讳言，“两型社会”的建设还任重道远，专家学者与中央政府、地方政府三者对“两型社会”建设的具体路径和看法还有差距。地方政府还是更多地关注发展的机遇和平台，中央政府更多还是关注发展模式的转型和社会发展理念的转变，要实现两者的结合还需要更多实践的艰苦探索。在探索过程中，应谨防某些城市政府假借“两型社会”示范区建设之名，展开新一轮“圈地”、消耗大量资源、破坏生态环境的行为。

参考文献

［1］湖南省人民政府．长株潭城市群“两型社会”建设综合配套改革试验区改革方案和区域规划（2008—2020 年）．

［2］武汉市规划设计研究院．武汉城市圈“两型”社会建设综合配套改革试验区空间规划．

［3］中国城市规划设计研究院．长株潭城镇群湘潭市域规划．

［4］中国城市规划设计研究院．长沙星沙新城概念规划．

［5］中国城市规划设计研究院．长沙大河西先导区规划．

[6] 中国城市规划设计研究院．株洲市“两型社会”综合改革配套试验区发展战略规划研究.

[7] 中国城市规划设计研究院．湘潭县城总体规划（2008—2020年）.

[8] 刘奇志，何梅，汪云. 面向“两型社会”建设的武汉城乡规划思考与实践. 城市规划学刊，2009（2）.

（撰稿人：蔡立力，中国城市规划设计研究院城市与乡村规划设计研究所所长，教授级高级城市规划师；许顺才，中国城市规划设计研究院城市与乡村规划设计研究所，教授级高级城市规划师；谭静，中国城市规划设计研究院城市与乡村规划设计研究所，城市规划师；曹璐，中国城市规划设计研究院城市与乡村规划设计研究所，城市规划师；赵明，中国城市规划设计研究院城市与乡村规划设计研究所，城市规划师）

基于社区视角的城市规划

一、基于社区视角的城市规划的发展背景

（一）“和谐社会”成为社会的核心发展目标

自改革开放以来，社会已由相对均质社会向多元化社会转变，经济由计划经济体制向市场经济体制转变，社会生活发生了巨大而深刻的变化。

在社会层面上，渐进的市场化进程带来社会利益分化和主体多元化，同时也引发了政府寻租、分配不公、贫富差距、传统伦理瓦解、个体信仰缺失等不和谐因素，特别是贫富差别问题已引发了社会高度关注。目前有统计报告显示，2007年我国基尼系数已达到0.48❶。另据抽样调查，我国人均月收入在1 000元以下的城镇中低收入家庭占城市家庭总量的50%以上，人均月收入在1 800元以下的中低收入家庭则占城市家庭总量的80%以上❷。城市低收入群体覆盖面广，包括在职中低工资收入者、低保收入者、下岗职工、进城农民工、较早退休人员、失业人员以及非正规就业者（如打零工和摆小摊的）、无生活能力的残疾人、孤寡老人等。他们的居住、就业、交通需求得不到有效供给，由此衍生了许多严重社会问题，造成社会结构紧张，加剧了社会对立。

“和谐社会”的理念就在这样的背景中应运而生。“和谐社会”是“民主法治、公平正义、诚信友爱、充满活力、安定有序、人与自然和谐相处”的社会。我国已经进入了以“和谐社会”为社会主要发展目标的时代，和谐社会的总体目标应该是：“扩大社会中间层，减少低收入和贫困群体，理顺收入分配秩序，严厉打击腐败和非法致富，加大政府转移支付的力度，把扩大就业作为发展的重要目标，努力改善社会关系和劳动关系，正确处理新形势下的各种社会矛盾，建立一个更加幸福、公正、和谐、节约和充满活力的全面小康社会”❸。

在这种背景下，城市规划要在为经济增长服务的同时，关注弱势，重视民

---

❶ 杨宜勇．中国收入分配新动向、新趋势和新思路//汝信，陆学世，李培林（主编）．2008年中国社会形势分析与预测．北京：社会科学文献出版社，2007.

❷ 见《中国统计年鉴》2008。

❸ 见中国社会科学院社会学研究所组织编写的《2005年社会蓝皮书》。

生，维护社会公平。

（二）“市民社会”已发展到一个新阶段

经过改革开放，中国已经初步建立起了市场经济体系，市场化程度日益加深，私营经济迅速崛起，私有财产已颇具规模。由此带来了公民权利意识的增强，为了维权而出现大量社会非政府组织和中介组织，公民自主组织和管理的能力不断增强。2004年的修宪，不但使私有财产权在宪法上得以确立，而且对人权保护作了提纲挈领的规定，表现了国家对私有权的鼓励和支持态度；2007年的《物权法》进一步将产权的平等保护作为基本原则。

自上而下的放权让利与自下而上的权利诉求，使市民社会的成长充满了动力。中国的市民社会初现端倪，代表着社会经济活动中市场和政府力量之外的“第三股力量”崛起，并为公共领域的成长提供了空间。虽然，我国市民社会的发展还处于萌芽阶段，社会团体、非政府组织发育尚不完全，真正的“公共领域”还不成熟，但是市民社会的发展已经逐步迈上正轨。

市民社会的出现必然为“公共管理社会化”提出必然要求。随市民社会不断成熟，城市规划必然要面对市民社会所崇尚的一些准则，即“公平、平等、参与、协商”和“尊重社会生活的多样性、差异性”等。同时，也要将社会对话、公开讨论和公众参与纳入到规划过程中。

（三）城市规划正在寻求新的转变

西方城市规划经过100多年的发展历程，20世纪60年代以前西方国家在凯恩斯主义影响下，国家权力日益向行政部门集中，大企业集团和行政部门所组成的利益同盟通过对知识精英和信息流通的掌控支配着规划决策过程。20世纪60年代民主和民权活动高涨，城市规划基本价值观在短期内发生了根本性转变，社会公正成为城市规划所关注的焦点之一❶，规划师从公共利益的代言人转变成城市中弱势阶层利益的倡导者。城市规划界普遍认识到，单靠规划师难以保证城市规划的公共性，公共利益要在政治进程中通过讨论与协商确定，因而城市规划实践中出现了倡导性规划、分离—渐进规划、联络性规划等多种规划模式，市民在规划中的公共参与得到了强化。

中国的城市规划曾多年致力于为国家和地方经济建设服务，并做出过卓越贡献。近些年，城市规划界也在不断探索改革更新之路，以使城市规划不断适应改

---

❶ 在20世纪60年代，由于普通大众被排斥在公共决策之外，引发了普遍的市民运动。在这样的现实情况下，随着70年代后接踵而至的全球经济结构调整，市场化和民主化进程的逐步推进，以及市民社会思潮的复兴，迫使规划师认识到只有投身到市民运动中才能实现公正的城市。

革开放的新形势需要。但在目前阶段中，城市规划仍然具有明显的工具理性特点，规划编制过程完全依靠自上而下的程序。规划工作者仍然扮演“精英主义”规划专家的角色，缺乏基层视角，缺乏公众参与。因此，城市规划多表现为追求效率的经济增长工具。有些规划甚至被地方政府官员的个人意志所主导，为少数官员的政绩工程和形象工程而服务，甚至成为个别官员的寻租工具。城市规划也因此脱离了庞大的基层群体的需求和利益，造成规划的公共性失落。在规划实践中，规划师常轻视不同阶层和群体的多样需求，过于强调规范指标和公建配置标准，习惯于以“一刀切”的方式面对基层社会的住房、就业、公共服务设施和社区环境需求。例如，城市改造多注定为大刀阔斧和大拆大建的形式，从而加速邻里社区社会纽带和文化传统的丧失，加剧了社会不公和社会矛盾；而新的建成区则缺失了社区精神纽带。

我国正面临着由初步建立市场经济体制向完善市场经济体制转变的关键时期。构建社会主义和谐社会已成为全社会的共识和奋斗目标，规划工作者肩负着落实科学发展观和构建社会主义和谐社会的历史使命。作为深化体制改革和完善市场经济体制的要求，推进政府职能转变的重要内容，城市规划也应面对公共治理的发展要求，逐渐从政府实现经济增长目标的技术工具，向完善市场经济条件下政府的公共政策转变。因而，加强社会参与，推进社会主义民主与建设，也应是城市规划的重要任务，这就要求城市规划必须重视民众参与，通过民众参与，强化互动学习，加强基层社会的能力建设，进而强化规划的编制和实施效果。2008 年新版的《城乡规划法》就强调公众在城市规划的参与，城乡规划报送审批前和需要修改时，组织编制机关应当依法将城乡规划草案予以公告，并采取论证会、听证会或者其他方式征求专家和公众的意见。

同时，作为政府公共政策的城市规划应将维护社会公平与社会公正作为根本主旨和目标，这体现在诸多方面，如：保障城市公共资源的分配效率与公平、保持自身的公正性、保证公众的权利和利益不受侵害。关注社会弱势群体的保护，注重社会合作协调及利益均衡，保障公众参与规划决策的权利。2005 年重修的《城市规划编制办法》认为：“城市规划是政府调控城市空间资源、指导城乡发展与建设、维护社会公平、保障公共安全和公众利益的重要公共政策之一”。这意味着我国城市规划从计划经济时期作为国民经济计划的延续和深化的“建设性规划”，转变为强调战略研究和控制引导作用的“发展性规划”。

新时期的城市规划要不断扩展人文内涵。“以人为本”的原则作为城市规划的要旨之一，要在人性尊承、社会需求、习俗文化、社会保障、社会环境，以及社会发展等多层面加以体现。与“重整体，重物态，重生产”的规划原则相比，新时期的规划应更重视社会、生活和消费，更重视场所精神和情感空间的建设，更注重安全和健康（包括交通安全、人身安全和公共健康）、环境条件（包括空气质量和水质)、社会交往质量（包括邻里和谐、公平交流、相互尊重、社区特征和对社区的自豪感)、享受休闲娱乐、美学和现存的独特的文化和环境资源等，从而可更好地保护城市文化的多样性。这也要求规划师必须深入到基层社区，了解社区住民的多种需要。

二、基于社区视角的城市规划的内涵

“基于社区视角的城市规划”是强调民生和尊重基层民权的“以人为本”的规划。基于社区规划具有以下两个含义：①以社区为导向进行规划：即以保护发展社区利益为核心原则编制规划，强调规划的价值取向是以充分尊重社区利益为根本来制定相应的城市规划。它不仅仅指社区规划等微观规划，也涵盖城市总规等宏观规划。强调宏观层面规划要与微观层面的社区规划想结合。②以社区为主体进行规划：通过社区参与，使社区成为规划主体，即促进社区成为规划编制、审查和实施的主体之一。

基于社区视角的城市规划实际上强调对基层问题的关注视角。要求我们在城市规划调研时要加强基层调研，特别是对基层社区的基本需求；同时，加强对不同阶层的民众的调查，而不是仅仅跑跑政府机构便了之。要求规划师深切关注基层的主要问题，涉及家庭概况、住房设施情况、家庭环境状况、小区环境状况、邻里关系与社会保障、教育与医疗、日常生活与休闲、社区意识、基层管理、服务及保障、非政府服务等方面。

社区作为地域性社会单元，是城市规划与社会发展规划最富内涵和可有作为的交会点。基于社区视角的城市规划强调了社会问题的分析视角。要求城市规划能从单纯关注物质形态空间环境建设，逐步转向偏重于社会分析和内在社会机能构建，从而使城市规划成为物质规划、经济规划、社会规划三者相结合的多元化综合规划。

基于社区视角的规划是与传统的自上而下城市规划相对立而出现的，它强调在传统规划中引入自下而上的规划机制。它要求城市规划师把“自下而上”和“自上而下”的两种工作路径相结合，强调规划是一个互动或滚动的学习过程。城市规划师在规划工作中，要掌握自下而上的工作方式，摒弃高高在上的理性优势心理，积极主动地听取人们的意见，勤奋观察和思考问题，在与人们交流中构思和交换方案。在规划中要培育、指导、发挥社区工作人员包括社区管理人员和社区服务人员参与规划的积极性和主动性，由于他们代表的是当地居民的切身利益，对社区的情况和问题有比较全面的了解，能切实地发现并指出其存在的主要问题，并提出相应的解决策略。规划编制人员应以积极主动的态度去接触社区的方方面面，全面掌握相关信息，及时与各方沟通，收集反馈意见，然后从技术理性工作的层面统筹考虑各要素间的均衡发展，从而确定规划方案。调查方法包括实地观察、访谈、抽样调查等。例如，在公共服务设施规划上，通过对基层的走访来了解商业设施、教育设施、文化娱乐设施、体育设施、医疗设施等公共服务设施的现状，调查居民对这些设施的需求程度、便利程度的要求，借以指导规划阶段公共服务设施的配置数量和配置区位，并通过听证会等民主参与机制来验证有关规划建设是否远离民生和民权。

三、基于社区视角的城市规划典型案例

目前基于社区视角的城市规划可以根据社区参与情况分为非参与式规划与参与式规划。非参与式规划主要是规划师从社区利益出发，针对社区特点制定促进社区合理发展的规划，其关键在于规划师对社区的认识；而参与式规划主要是居民与规划师共同进行城市规划编制，其关键在于社区居民参与的力度以及规划师与居民沟通的程度。

（一）苏州总体城市设计社区研究

《苏州市总体城市设计》是2008年由苏州市规划局委托中国城市规划设计研究院编制的。该项目是通过大量的基层社区调研来增加社区视角的。

其下的社区研究包括两个部分：社区普勘和个案调研。社区普勘是对苏州市中心城区范围内的社区进行了普勘调研，确定各社区准确边界、社区大致建成年代、社区人口规模、用地规模和社区类型。并根据可获得资料判定苏州社区分类，总结各类社区特点及现状问题，提出宏观层面上的城市设计策略，为苏州市总体城市设计提供支撑。个案调研是以苏州市金阊区石路街道办事处彩香一村三区、四区和南区社区为例，进行深入个案分析，调查现有社区服务设施和公共空间供给与居民需求的匹配度，探索公众参与城市设计的机制，提出微观层面上的城市设计原则。

研究在第一部分对老新村改造、背街小巷改造、城中村改造等苏州市近年实施的社区改造进行回顾，提出其重物质、轻社会的改造过程。随后以形成年代、空间环境、配套设施和建筑品质为标准，将苏州社区空间环境大体上分为七类：第一类，历史街区；第二类，老街巷；第三类，改造街巷；第四类，20世纪80年代的老新村住区；第五类，20世纪90年代的大型住区；第六类，1998年住房商品化后的商品房住区；第七类，老村（无地队）。通过梳理苏州住区空间环境发展演变过程和对现有住区空间环境进行分类，研究发现每一类型住区的发展都存在不同的问题。同时，这七类住区空间环境并没有随着城市发展呈现出“此消彼长”的继起式形态，而是同时存在于现在的城市空间之中。因此，研究提出对

于苏州社区的规划设计不能“一刀切”，而是要逐一分析每一代住区存在的问题，并从建筑环境、公共空间、交通出行、基础设施、绿化景观、环境卫生、配套设施、城市安全、历史保护、相关政策10个主要相关方面制定了相应对策。

研究在第二部分首先对彩香一村社区整体状况进行了综述。通过问卷、访谈和观察等实地调研的结论，首先摸清彩香社区居民的各类特征和普遍观点（包括人口结构、住房状况、社区意识、参与意识、环境满意度、行为模式等）。然后从公共空间、设施配套、建筑环境、社区管理和社区机制5个方面发现和归纳社区问题。在社区居民特征基础上，有针对性地结合社区居民特点和需求指定相应对策，而不是简单的“头痛医头、脚痛医脚”，保证了社区城市设计的针对性和整体性。

实际工作中，项目组就个案调研部分展开了为期接近一个月的实地调研。其间不仅运用传统城市设计调研手段，进行道路空间出行统计并绘制“蚂蚁图”，还广泛采取社会学方法，大量发放问卷，对金阊区政府、石路街道办事处相关领导、各居委会主任、不同类型的居民和人群（老村民、老苏州人、新苏州人、外来务工人口、外来无业人员等）开展座谈和访谈，并先后两次召开社区会议，第一次社区会议主要为座谈并听取居民意见，第二次社区会议主要为交流规划设计方案。

苏州总体城市设计社区研究在普勘阶段采取非参与式的做法，而在个案阶段则采取了参与式的做法。两种方法的结合，为大尺度下基于社区视角的城市规划提供了创新思路。

（二）上海闵行区龙柏社区控制性详细规划的社区参与

龙柏社区位于上海西南城郊结合部，行政建制上为龙柏街道和虹桥镇。龙柏街道是市中心动迁居民的人口导入区，且外来人口比例较高，因此社区构建的意义和作用格外重要。

龙柏社区的控制性详细规划编制过程中，积极引入社区参与的手段，提高城市规划的民主化决策水平。该公众参与的组织机构由三家单位构成，包括上海市城市规划管理局、闵行区城市规划管理局以及上海市城市规划设计研究院。其中市规划局负责整个公众参与过程的协调与指导工作；闵行区城市规划管理局负责组织公众座谈会，听取和整理公众意见以及向公众反馈意见等；规划院则负责提供规划的内容、民意调查表以及对公众进行规划方案介绍和专业咨询。

公众参与主要集中在规划初步方案形成以后、提交预审之前的阶段。突破旧有规划社区参与主要停留在规划方案审批以后的公示环节的做法，提高了社区参与的地位并增强了社区参与的能动性。规划方案公示要求在准确、全面的基础上，重点对公众关注的、与市民生活密切相关的（如社区公共服务设施配置、轨道交通及站点规划、公交换乘枢纽等）内容进行了详细介绍。在公示手段上，采取展板和宣传册结合的方式进行宣传。在规划公示的同时，还在现场发放公众意见调查表，听取公众对方案的意见。发放调查表共 100 份，回收 62 份。公众反馈意见集中于改善社区交通、绿化和公共服务设施的配套等方面。规划对具有建设性的意见、建议加以吸收，并对方案进行了调整和优化。对部分公众意见的采纳情况，区规划局还向提议人作了反馈。

龙柏社区控制性详细规划是较早进行的参与式规划案例。虽然社区参与城市规划获得了一定程度的成功，但在参与过程中，仍然存在一些问题。首先在公示内容上，公众希望规划公示的内容尽量详细，但规划部门因为考虑到方案调整的可能性，倾向于公示概念化方案，因此部分规划内容或指标难以具体化。其次在参与调查人群上，参与调查提议的人群年龄偏高，职业构成较为单一，退休人员占到 1/3 以上。再次在公众代表的选择上，代表中带有政府管理背景的仍占据较高比重，一定程度上削弱了公众参与的力度和深度❶❷。

（三）伊宁南市区旧城保护性改造

伊宁市南市区旧城保护改造工作起步于 2006 年，由中国城市规划设计研究院与伊宁市规划局协作完成。南市区的旧城保护性改造规划针对原城区基础设施严重匮乏、街巷道路长年失修、环境卫生设施滞后的现状制定了相应的改造措施，完好地保存了其原有的建筑形式，目的是在改善居民生活条件的同时，将南市区改造建设成为具有原有民居建筑特色和充分体现民族文化风韵的历史文化保护区，也为今后该区的旅游业以及第三产业的发展打好坚实的基础。

面积约 12.4km^2、人口近 10 万的南市区，是始建于 1762 年的伊宁市的最早城区之一，是维吾尔族、回族等少数民族群众的主要聚居区。城区内拥有清朝乾隆年间建造的陕西大寺、拜图拉大寺，分布有不同时期建造的古建筑 300 多幢，同时还有 2 万多户具有浓郁伊犁地方民族特色的居民住房。从建筑形式和价值上来讲，南市区建筑蕴涵着深厚的少数民族历史文化底蕴及宗教特色，从人群特征上来讲，南市区展示了显著的民族多样性，因此在规划中需考虑其特殊的民俗以及生活习惯需求。

作为中国旧城保护性改造的成功范例，本次规划采取全程公众参与，共分为四个阶段：①问卷调查与座谈会。针对该地区维吾尔族居民居多的特点，问卷使

---

❶ 程蓉，顾军．上海：公众参与闵行区龙柏社区控制性详细规划编制实例．北京规划建设，2005 (6).

❷ 李宪宏，程蓉．控制性详细规划制定过程中的公众参与——以闵区龙柏社区为例．上海城市规划，2006 (1).

用汉、维两种语言，旨在了解居民基本生活情况和意向，然后通过居民的回馈再结合现状的问题进行分析，制定出规划要求。②初步方案展示。通过对居民需求的了解与分析制订出初步的方案，并通过路演、展览、公示等方法进行展示，收集居民对保护和改造的具体意见，结合科学的分析，完善方案。③初步成果展示。通过开规划成果介绍会的方式向居民讲解规划，进一步听取群众对规划及起步区实施过程中出现的问题的意见。④建立建设模式库，建立公众自觉执行和监督体系。制作本次规划成果宣传手册，通过居委会等渠道进行下发，对广大居民进行公示与宣传，针对建设行为形成共同遵守的市民公约与准则，将公众参与的内容进行存档，形成有效管理与监督机制。

同时，本次规划还以其他社区参与方式为辅助，比如召开记者招待会、中学作文比赛、小学绘画比赛以及通过电视、报纸等媒体宣传等，除了解参与者的价值观外，更大的意义在于促进南市区这样一个相对落后的地区普及规划和法律知识，增加公众关注程度，将居民切实引入到规划中去，亲身体验规划。

在南市区旧城保护改造规划中，公众参与相比龙柏社区控制性详细规划大大增强，对规划的制定和实施也起到了关键作用。但该项规划主要内容为基础设施改造，较少涉及拆迁与房地产开发，未体现旧城改造中的普遍问题和矛盾焦点。

（四）北京酒仙桥危改中的社区参与

北京朝阳区酒仙桥街道地处朝阳区，国有企业较为集中，人口密度大。该地区街道房屋建筑大批建于 20 世纪五六十年代，属于苏式筒子楼和平房，墙体、市政设施老化严重。2003 年，这一地区二、四、六、七、十一街坊和十街坊的一部分被批准列入危旧房改造范围，涉及约 5 473 户，企事业单位 18 家。规划建筑面积 84 万余平方米，是北京市一次动迁居民数目最大的危改项目。

为了体现搬迁工作的透明度和公平性，本次危改拆迁并未采取签一户、搬一户的方式，而是采取了“同步拆迁”。所谓“同步拆迁”，就是居民中达到一定比例的人都签订协议之后，所有的人就得同步搬走。在倡导建设和谐社会的今天，本次危改拆迁亦在此基础上采取了民主投票方式，让公众参与到规划之中。2007 年 6 月 9 日，被称为“票决”的就危改意见的投票完成。5 473 户中，赞成 2 451 票，反对 1 228 票，无效 32 票，弃权 1 700 票。

在拆迁决策过程中，采用投票的方式来了解公众的看法和利益诉求，提高公众在公共事务中的参与，并赋予决策权，无疑是公共参与中的一个进步。但从另一个方面看，约占 1/3 的 1 700 张弃权票并非表现出居民对自身利益的不关心，而恰恰体现居民对投票决策本身的不信任。因此，有人认为，由于投票前信息透明度不足，规划师与市民互动不足，投票仅仅体现了民主形式而未表现出民主实质。该案例也说明了社区参与的复杂性。

（五）《北川新县城灾后重建总体规划》的社会调研

《北川新县城灾后重建规划》作为灾后重建的重点以及唯一一个迁址异地重建的规划，受到各方的广泛关注。北川新县城选址公众意见收集工作，是根据《汶川地震灾后恢复重建条例》第三十一条的要求，开展的选址公众意见收集。而《北川新县城灾后重建总体规划》社会工作组调研则是向灾民宣传《北川新县城总体规划》，听取灾民意见，并通过社会调查，为下一阶段的北川重建规划收集基础资料。

北川重建规划选址意愿调查的目的为：①支撑北川重建选址和规划的技术工作；②为政府有关选址决策提供更多补充信息和评估依据；③为规划师和灾区人民的沟通和学习架设平台，增强规划师对公众参与的理解和认识，促进灾区人民了解、认识和积极参与灾后重建规划。

其访谈和问卷调查主要针对被访者的个人意愿和要求，包括以下六项内容：①对北川县城搬迁的意愿；②新县城选址的原则和意向；③个人既有就业能力和对未来就业培训的要求；④安置中社区纽带和关系的维护意愿；⑤对永久性安置住房的期望；⑥对选址的补充性意见和建议。

虽然访谈和问卷调查工作过程是在北川县城重建的选址方向还存在诸多不确定因素的背景下进行的，例如各级政府、社会各界及北川县域的群众对选址意向还存在一些分歧；新选址很可能涉及行政区划和管辖权限调整；灾后重建中各利益攸关方的具体利益诉求尚不明确等。但在搬迁意愿、选址原则、灾民未来就业、维持与重新构建原有邻里关系、永久性住房安置的思考与建议等方面都获得了有效的结论，为合理规划选址建设提供了依据。

《北川新县城灾后重建总体规划》社会工作组调研则通过对《北川新县城灾后重建总体规划》的内容宣讲，并发放问卷，收集、整理和总结居民对总体规划的意见和建议。无论在访谈还是宣讲过程中，北川灾区的群众对总体规划反应热烈，两场宣讲会共计吸引了1 000余人次参加。他们对与自身利益密切相关的住房、就业、公共服务配置、城市安全和生态环境等方面均表现出极大的关注。从调查中可以看出，灾区群众对规划方案所展现的新县城发展前景多表示认同，特别对公共服务、城市安全、生态环境和就业等方面表示出很高的满意度，希望规划能得到顺利实施。但是本次调查也发现了一些在本次规划和未来详规中急需解决的问题，这些问题包括：①住房配置结构问题；②原有社区纽带的维系及新社区的构建问题；③加强弱势群体就业机会的问题；④扶持原有工商企业恢复生产经营的问题；⑤面向低收入者的服务设施问题；⑥社区中心建设的问题；⑦保护文化多样性的问题；⑧安昌镇与新县城的一体化问题。这些问题的发现有利于城市总体规划的进一步完善。

正由于北川的重建规划包含了广泛的公众参与和基层视角，为最后的决策提供了“以民为本”的基调。除了顺应民意所做出的选址地的调整之外，还具体体现在：

(1) 近人尺度的规划设计：合理的住宅户型与风貌设计为灾民们提供了舒适安居的条件与生活基础；工业区以及民族手工业区的设置，为灾民解决生计问题，顺利过渡，增强生活信心提供了有力的保障；社区中心与配套设施的设立为灾民提供了交流的空间，并为抗震提供了新的平台；无障碍设计保障了残障人士的出行便利，将关怀落到生活点滴；大量的绿地与社区公园美化了生活，创造了适宜的人居环境，并为紧急避灾提供了充足安全的场所。

(2) 对弱势群体的关注：规划还特别注重对弱势群体的关怀，特别加强社区医疗服务中心、老年活动中心、青少年活动中心和残疾人专用设施建设。为解决40～50岁人员未来的就业难度，规划了专门的就业培训中心。

(3) 对社区纽带的维系：对社区纽带的维护和构建的重视尤为值得一提。考虑到灾民的生活习惯与根深蒂固的传统文化，灾后重建规划特别重视社区建设，维护固有邻里关系，加强新社区关系的融入，促进社区文化发展。保留其社区原有街道名称，尽可能维持原有的社区结构，提高灾民对新县城新生活的认同感与归属感。

总之，由于北川重建规划广泛听取和融合了更多的群众意见，使得规划更贴近群众生活和他们的根本利益，也使得规划的科学性和合理性得到了很大的加强；公众参与的规划过程也进一步加强了规划师和灾区群众的沟通，扩大了双方对现实工作基础的认知和主观能动性，并不断促使更多群众参与到规划过程中来；公众参与的规划过程还加深了规划师对自身角色及公众参与的理解和认识，转变了规划师对原有规划理念和方法的认识，突出了规划的协调作用，促使政府决策与公众意愿相结合，从而推动了社会和谐发展。

四、目前不足和未来发展建议

目前国内基于社区视角的城市规划在实践历程来看尚处于起步阶段，因此基于社区视角的城市规划目前还主要停留在概念阶段，为数不多的实践案例虽然在一定程度上推动了社区视角下城市规划的发展，但由于种种主客观原因，仍普遍存在着不尽如人意的地方。主要表现在：

(1) 目前基于社区视角的规划理论和方法仍然严重滞后，有关其规划内容、规划程序、制定主体、评审、实施等规划理论体系尚未建立和完善。目前，有关理论和方法均来自国外，缺少针对我国具体国情的规划理论和方法，因而需要大量的理论和对我国的实践研究。

（2）目前社区视角的规划并未纳入到强制性规范的范畴。由于操作复杂，工作量大，规划进度慢，因此规划师很少主动深入社区探索社区视角。尤其是在面对项目压力和城市规划固有思路惯性阻力的情况下，在实际工作中更不可能进行社区视角的深入尝试，有些项目即使涉及社区，也仅是一笔带过，有名无实。甚至有些规划仅仅重视社会参与的形式，而不重视社会参与的实质，其目的只是通过"参与"来"绑架"民意，借以使规划"合理化"，增加规划的"权威性"。

（3）即使许多城市规划师在实际规划中并不缺乏社区视角和社会价值观，但由于理论水平和知识结构的限制，城市规划师还不善于发现和解决社会问题。

为此，我们提出以下三点建议：

1）加强基础理论的研究：基于社区视角的规划所带来的创新，涉及规划原则、规划程序、规划内容、编制主体、评审体系和设施方法等多个环节，如在规划内容上，城市规划并不是仅仅在物质规划基础上附加"社会规划"，而是应建构"社会和物质规划行动的综合体"❶；在规划程序上则是将自下而上的决策过程与自上而下的决策过程融为一体，强调互动循环过程；在编制主体上，强调基层社区的参与；在规划评审上，需要纳入社会发展指标；在规划实施上，强调社会的监控。另外，基于社区视角的规划还涉及社区规划与城市规划体系中其他不同类型规划的结合程度和方式问题和如何更有效地组织公共参与问题等。这些关键问题都需要有关城市规划理论和实践进行回答。

2）加强法律和法规建设，强化"规划编制办法"等行业规范的更新和改进：要通过法律和行业规范建设，加强制约机制的建设，保证城市规划的透明度。

3）加强城市规划界与社会学界的沟通和交流，在城市规划课程中加强社会学理论知识的培训，吸纳社会学系毕业生进入城市规划界。这样才能使规划师熟悉社会调研方法，敏锐地发现、判断和解决城市社会问题。

（撰稿人：黄鹭新，中国城市规划设计研究院国际城市规划研究室主任，高级城市规划师；胡天新，中国城市规划设计研究院国际城市规划研究室，高级城市规划师；杜澍，中国城市规划设计研究院国际城市规划研究室，助理城市规划师）

❶ 刘佳燕. 我国城市规划工作中的社会规划策略研究//中国城市规划年会编. 和谐城市规划——2007中国城市规划年会论文集，2007.

动态篇

Trends

2008年城市规划行业管理动态

2008年是一个极不平凡的年份，我国城乡规划行业经历了“5·12”汶川大地震、北京奥运会和纪念改革开放30周年等重大事情，经受了锻炼、考验和检阅。这一年，中国城市规划协会在住房和城乡建设部的关心指导和全行业的支持下，紧紧以贯彻《城乡规划法》、《历史文化名城名镇名村保护条例》为中心，加强行业法制建设；以积极参与抗震救灾和灾后重点规划为重心，努力提高行业的凝聚力和战斗力；以开展规划设计评优创新为抓手，促进行业技术进步；以纪念改革开放30周年为契机，进一步推动行业发展建设；以认真参加深入学习实践科学发展观活动为动力，进一步加强协会自身建设，为加强城乡规划行业管理做了大量的工作，取得了明显的进展和成绩。

一、以贯彻实施《城乡规划法》、《历史文化名城名镇名村保护条例》为中心，加强行业法制建设

2008年1月1日起施行的《中华人民共和国城乡规划法》和2008年7月1日起施行的《历史文化名城名镇名村保护条例》，不仅为我国城乡规划事业的发展提供了有力的法律保障，也为促进规划行业的改革和发展指明了方向，是加强法制建设和行业管理的保证和动力。

（一）围绕《城乡规划法》的贯彻实施开展活动

《城乡规划法》是一部体现科学发展和城乡统筹思想，提高城乡发展水平，规范城乡规划建设行为，保护公共利益，促进城乡健康发展的重要法律。它是在总结20年来《城市规划法》和《村庄和集镇规划建设管理条例》实施经验的基础上，在总结改革开放以来特别是近10年来我国城乡规划管理工作经验的基础上，以科学发展观为指导所制定的法律。《城乡规划法》的施行，对于推动城镇化发展进程，促进城乡统筹和人口、资源、环境相协调，逐步改变城乡二元结构，加快小康社会建设，具有深刻的现实意义，尤其对完善城乡规划工作的体制机制，规范政府和城乡规划部门行政行为，切实加强城乡规划管理，都将产生深远的影响。

《城乡规划法》是全行业共同努力的结果，它继承了《城市规划法》的优点，

又在新形势下对《城市规划法》进行了进一步拓展和完善。宣传贯彻实施《城乡规划法》是我协会作为全国性行业组织应尽的义务。为贯彻《城乡规划法》实施，协会配合住房和城乡建设部积极组织开展了一系列宣传、学习活动。2008年1月中旬，协会在深圳召开了关于贯彻实施《城乡规划法》的座谈会。会议认真学习讨论了《城乡规划法》对于建立新的城乡规划体系，坚持城乡统筹、合理布局、节约土地、集约发展和先规划后建设原则，加强城乡规划制定、实施、修改和监督检查的内容，以及依法行政中相应的法律责任，并对《城乡规划法》实施后面临的主要问题给予高度重视，提出许多建设性的策略、措施和建议。在会上，各级城乡规划主管部门，如天津市规划局、山东省建设厅、厦门市规划局等单位对如何认识实施《城乡规划法》的重要性和紧迫性，如何依法加强城乡规划管理等分别作了专题报告。报告以明确职责、加强领导、做好宣传、统一部署、研究具体办法等为主要内容，提出并对各自如何保证《城乡规划法》的贯彻施行的宣贯计划、深化部署和有效措施等，进行了大会交流。与会人员一致认为座谈会开得及时，针对性很强，切合实际，未雨绸缪，受益很大，为促进《城乡规划法》的贯彻实施做出了积极贡献。

协会还配合规划管理专业委员会、规划设计专业委员会、信息管理专业委员会和城市勘测专业委员会等就贯彻实施《城乡规划法》开展有关活动，并参加地方协会贯彻实施《城乡规划法》的有关活动，为全行业宣传贯彻实施《城乡规划法》，加强法制建设发挥了应有的作用。

（二）围绕《历史文化名城名镇名村保护条例》的贯彻实施开展活动

历史文化名城、名镇、名村是我国历史文化遗产的重要组成部分，是我国城市规划必须考虑的重要内容。《历史文化名城名镇名村保护条例》是《城乡规划法》的配套法规。国务院于2008年4月2日第三次常务会议通过了《历史文化名城名镇名村保护条例》，并于2008年7月1日起施行。自此，历史文化名城、名镇、名村的保护规划工作将有法可依，纳入法制化轨道。

认真贯彻落实《历史文化名城名镇名村保护条例》，为加强对历史文化名城名镇名村的保护与管理，根据住房和城乡建设部城乡规划司和全国城市规划职业制度管理委员会的有关要求，协会举办了《历史文化名城名镇名村保护条例》培训班，2008年7月和9月分别在绍兴和开封成功开办两期，每期40个学时，聘请有关领导和专家学者授课，全国20多个省（自治区）市近170多名学员参加了培训。培训同时作为注册城市规划师继续教育的选修课程，注重了法规解析和技术规范相结合，理论阐述和实例经验相结合，对加强《历史文化名城名镇名村保护条例》知识的普及，提高城乡规划从业人员对历史文化名城、名镇、名村的保护意识和依法行政起到了促进作用。

二、以积极参与抗震救灾和灾后重建规划为重心，努力提高行业的凝聚力和战斗力

5月12日，四川汶川发生里氏8.0级强烈地震。这次地震是新中国成立以来继1976年唐山大地震后又一次损失惨重的地震灾害。面对受灾面积大、受灾人口众多、自然条件复杂、基础设施损毁严重的困难局面，汶川地震灾后恢复重建是一项十分艰巨的工作，任务异常繁重，这就给城市规划行业工作者带来严峻挑战。

（一）住房和城乡建设部组织规划队伍及时进行灾后恢复重建规划工作

地震发生后，国家、地方各级政府和规划建设主管部门在做好抗震救灾工作的同时，紧急启动了灾后恢复重建规划工作。2008年5月14日，住房和城乡建设部城乡规划司迅速组织中国城市规划设计研究院、清华大学、同济大学等多个单位的权威专家带队的技术力量，成立援建四川地震灾区规划工作队。5月23日，国务院抗震救灾总指挥部成立由国家发改委、四川省政府、住房和城乡建设部以及其他有关部门负责人组成的灾后重建规划组。6月6日，国家灾后重建规划组公布《国家汶川地震灾后重建规划工作方案》，明确重建规划包括1个灾后重建总体规划和城镇体系建设、农村建设规划、城乡住房建设规划、基础设施建筑规划、公共服务设施建设规划、土地布局和产业调整规划、市场服务体系规划、防灾减灾和生态修复规划、土地利用规划等9个专项规划。6月8日，国务院颁布《汶川地震灾后恢复重建条例》，对重建规划组织、编制及实施进行了明确规定。从此，灾后重建规划工作全面展开。

（二）凝聚行业力量，积极组织参与抗震救灾和灾后重建活动

2008年5月20日，协会携同各专业委员会向行业发出了抗震救灾倡议书；6月12日，向四川省各级会员单位及奋战在救灾一线的规划工作者发出了慰问信。6月18日协会组织召开了“汶川地震的启示和思考座谈会”。会议围绕“城乡规划在灾害中的工作进展情况、灾后重建意见和建议以及汶川地震对城乡规划、城市勘察、测量现状的反思”等主题进行了积极探讨。曾参与唐山地震灾后重建规划的原唐山市规划局局长赵振中同志结合唐山地震城市重建规划的相关实践对四川灾区重建工作提出了许多有益的建议。本次会议为地震灾区和全国其他地区今后的规划工作提供了宝贵的启示和思考。

国务院办公厅印发《汶川地震灾后恢复重建对口支援方案》后，协会按照

《方案》的指示精神，积极响应，于7月5日在成都召开了“灾区对口支援规划院长现场交流座谈会”。会议认为，这次恢复重建规划工作是新中国成立以来，首次由上百个规划院，近千名规划工作者在同一个时间集中，在同一个地区开展的规划编制工作，是对我国规划行业的考验，加之受援地政府对此非常重视，因此大家参与热情高涨，迎难而上，积极投身到恢复重建规划工作中来。这也充分反映出我国规划行业的凝聚力和战斗力。

协会还受住房和城乡建设部委托，于11月3日，围绕第四届世界城市论坛的主题，在南京举办了“汶川地震灾后启示与思考”合作伙伴活动，组织专家作报告和进行国际性学术交流，并集思广益，为灾后重建规划工作建言献策，受到了与会者的好评。

（三）赵宝江会长向国务院有关部门反映有关灾后重建规划问题

在2008年6月和7月两届座谈会获得良好效果的基础上，协会以赵宝江会长的名义，向国务院有关领导提交了《关于地震灾区城市规划工作的有关情况和建议》的报告，就灾区重建规划过程中出现的一些问题提出了三点建议。信中表示，灾后的恢复重建工作要按照国务院《汶川地震灾后恢复重建条例》和《城乡规划法》的要求，加强相关规划的协调，尽快完成灾后重建总体规划，防止急于求成、形式主义，确保灾区的恢复重建工作能够在科学合理的规划指导下，按照中央的要求在三年之内高效完成。

该报告得到了国务院有关部门的高度重视，国务院副总理回良玉还在信件上作了批示，迅速派遣有关部门进行调研，深入落实，对促进规划行业做好灾后重建规划工作发挥了积极的指导作用。

（四）对抗震救灾先进单位及个人进行表彰

大地震发生后，全国各地规划管理、编制、勘测、地下管线单位和地方规划协会勇担社会责任，积极响应党中央、国务院以及住房和城乡建设部的号召，迅速派遣技术骨干力量奔赴灾区，涌现出了一批先进集体和个人。为表彰抗震救灾事迹，协会在这个大背景下，积极组织开展了“推荐抗震救灾先进单位及个人活动”。之后，对抗震救灾中有突出表现的106个先进单位和443名先进个人进行了表彰，在行业中产生了较大反响。

同时，协会还在网站论坛开辟“抗震救灾专版”，不断地收集整理各对口支援单位在一线反馈回来的消息以及专家学者对灾后重建的见解，促进各单位之间的交流，也为宣传规划行业抗震救灾先进事迹提供了直接、形象的窗口。

三、以开展规划设计评优创新为抓手，促进行业技术进步

自1985年城乡建设环境保护部正式将“优秀规划设计奖”评选工作纳入全国设计创优评优活动和1998年建设部在建设［1998］34号文中规定中国城市规划协会负责优秀规划设计奖评选活动的具体工作以来，近10年，协会已相继组织并完成了5届优秀规划设计奖的评选工作，累计各届参选的规划设计单位近万个，参选人次近10万人，共评选出获奖项目393项，获奖人次达11 300余人。

“全国优秀城乡规划设计奖”的评选活动已成为全国规划设计单位和广大规划设计工作者展示自己、交流学习的良好平台，极大地调动了行业的积极性和创造性。2008年，协会继续组织了关于开展2007年度全国优秀城乡规划设计奖的评选活动。

（一）加强制度建设，保证评优工作健康有序发展

遵循实事求是、科学严谨、鼓励创新的原则，制定评选规则和制度，是保证评优工作公开、公平、公正的前提。

协会在历届评选活动的基础上不断改进评选方法，完善制度，2008年3月制定了《全国优秀规划设计奖评选管理办法》，明确了评选范围、申报条件、评选标准、评审机构、推荐制度以及奖惩办法。并规定了《全国优秀城乡规划设计评选优秀成果评选条件》，以便科学规范、严格把关、认真对待。同时还成立了“全国优秀城乡规划设计奖”评选组织委员会，制定了《全国优秀城乡规划设计奖评选组织委员会工作规则》。由于建立评审制度，在专家库遴选评审专家，采取专业评审与综合评审两个阶段，实行公开的评审标准、评审程序、评审监督机制，必将使评审工作更加科学、严谨、透明和规范化。

协会还运用现代化手段，建立和推行优秀规划设计奖项目网上申报、网上公示评审结果和征询意见制度，提高了评选工作水平，对科学规范全国城乡规划设计评优活动起到了推动作用。

（二）认真组织宣传，做好规划评选准备工作

根据评选工作的要求，协会不失时机地开展了各项宣传准备活动。2008年3月5日组织召开了“全国优秀城乡规划设计奖评选工作汇报会”，在会上提出了《关于开展评选全国优秀城乡规划设计奖的实施意见》，提交了《全国优秀城乡规划设计奖评选管理办法（讨论稿）》和《全国优秀城乡规划设计奖评选组织委员会工作规则（讨论稿）》两个文件。3月18日，在烟台市召开了“全国优秀城乡规划设计评选工作会议”。针对新形势下参评项目、评审体系的新特点，会议对

《关于开展评选全国优秀城乡规划设计奖的实施意见》、《全国优秀城乡规划设计奖评选管理办法》、《全国优秀城乡规划设计奖评选组织委员会工作规则》进行了讨论和修改。随后，协会下发了《关于开展二〇〇七年度全国优秀城乡规划设计评选活动的通知》，统筹考虑了各地规划设计奖的评选工作进度，确保全国城乡规划设计评优工作能够顺利进行。

（三）评选工作得到各地规划部门的积极响应

自组织2007年度全国优秀城乡规划设计奖评选工作以来，评优工作受到各省市、自治区、直辖市的热烈响应，截至2008年10月，各省将本省获得二等奖以上的项目报送到协会秘书处，共收到涉及全国27个省、自治区、直辖市申报的城市规划400项，村镇建设规划192项，成为历届评优以来范围最广、数量和类别最多的一届。经全国优秀城乡规划设计评选组织委员会组织专家进行专业评审、综合评审、公示和组委会会议审定，共评出优秀城市规划项目174项，其中一等奖13项，二等奖41项，三等奖80项，表扬奖40项；优秀村镇建设规划项目54项，其中一等奖2项，二等奖17项，三等奖35项。

20多年来所开创的“优秀规划设计”评选活动，追求和倡导科学规划理念创新、技术进步和提高了规划设计水平，积极地发挥了行业的导向性作用，使资源保护、环境友好理念更加突出，城乡统筹、区域性发展水平更加深化。从评选内容的增加，到获奖面的扩大，显示了行业“争优、创优”的积极性不断高涨，切实为全国广大规划设计工作者提供了一个展示自己、交流学习的平台，对加强国家、省、市各级规划行业管理，提高设计质量水平，具有引导和推动的重要意义，起到了积极的作用。

四、以纪念改革开放30周年为契机，进一步推动行业的发展建设

2008年是全面贯彻落实党的十七大精神的第一年，是贯彻施行《城乡规划法》的第一年，也是改革开放30周年。改革开放以来，在邓小平理论和“三个代表”重要思想的指引下，全国人民认真贯彻落实科学发展观，万众一心，锐意进取，我国经济社会发展取得了举世瞩目的成就，城镇化进程进一步加快。

协会顺应我国城乡规划行业改革与发展的需要，本着为行业发展和会员单位服务、为政府决策服务的精神，重视履行代表、协调、服务、自律的职能，团结广大会员单位和规划工作者，围绕我国规划建设领域的中心工作、行业发展中出现的问题和会员诉求，开展各种有益活动，为促进规划行业的不断改革和发展及技术进步取得了显著的成绩。

（一）举办第三届会员代表大会暨改革开放30周年纪念活动

协会以纪念改革开放30年为契机，为充分发挥行业协会的特殊作用，整合行业各专业资源，根据行业发展的需要，于2008年11月中旬，在南京举办了第三届会员代表大会暨改革开放30周年纪念活动。来自全国各地的代表参加了会议。

1. 改革开放与城市规划——30年城市规划行业建设与发展报告会

报告会以论坛的方式进行，采取主题报告会与分论坛相结合的方式，从30年来中国城市发展与城市规划进程的回顾与展望；城市规划法制建设；管理体制与队伍建设；信息化建设与应用；城市规划教育与人才培养等五个方面入手，对改革开放30年以来城市规划管理、编制、信息、女规划师等领域的工作历程进行了回顾和展望。

住房和城乡建设部城乡规划司司长唐凯、住房和城乡建设部村镇建设司司长李兵弟、中国城市规划设计研究院书记陈锋、天津市规划局局长尹海林、广州市城市规划局局长王东、同济大学城市规划系教授赵民、原上海市规划局局长夏丽卿等人分别在会上作了专题报告。陈锋书记的报告以“改革开放三十年我国城镇化进程和城市发展的历史回顾与展望”为题，对改革开放以来我国城镇化的发展、成效、经验及出现的问题等方面进行了回顾和深入的探索，并对我国城镇化进程未来的发展进行了展望。尹海林局长作了“改革开放三十年城市规划管理体制改革的回顾与展望”的报告。报告结合30年来我国规划编制单位、规划管理体制、规划者队伍的建设和发展现状，从指导思想、观念、制度、方法上全面提出了城市规划管理体制和改革发展的新要求，对新时期中国城市规划管理体制改革和城乡规划事业的发展寄予了极大的希望。原上海市规划局局长夏丽卿以“自尊、自信、自立、自强——中国女规划师成长历程回顾”为题所作的报告，充分展现出改革开放以来女规划师们巾帼不让须眉，始终将促进我国城市规划事业的发展作为义不容辞的责任，表现出以实际行动为国家社会主义现代化建设作出贡献的高尚情怀和业绩。

同时，二级专业委员会承办了城市规划管理、城市规划设计、城市规划信息、城市勘测和地下管线、省规划院院长论坛等5个分报告会。

2. 开放与城市规划——全国规划行业摄影大赛暨第三届“规划师”杯摄影大赛

30年的改革开放使中国的城市建设取得了巨大的进步，在城乡发展和城乡规划事业上也带来了翻天覆地的变化。随着社会的发展与进步，人们更加关心自身的生存空间以及城乡建设事业的发展。为形象地反映改革开放以来我国城乡规划所取得的巨大成就，反映中国城乡规划工作者辛勤工作，特别是积极参与

“5·12”四川汶川地震的抗震救灾与灾后重建工作的成果，协会邀请到全国规划行业内的摄影爱好者参加第三届会员代表大会暨改革开放30周年纪念活动期间组织的“改革开放与城市规划——全国规划行业摄影大赛暨第三届‘规划师’杯摄影大赛”活动。

本次大赛以“改革开放与城市规划”为主题，涵盖城乡规划建设重大内容与规划行业活动动态、城乡规划建设成就两大类内容，从2008年4月开始征稿，在“5·12”四川汶川特大地震灾害发生后，及时追加了突出反映城乡规划工作者积极参与抗震救灾与灾后重建工作的内容。共收到我国28个省、市、自治区431位作者的各类作品3 037幅。邀请到7位专家组成评选委员会，由中国工程院院士、中国勘察设计大师、中国建筑学会副会长马国馨担任评委会主任。大赛评委本着公平、公正的原则，以投票和评议相结合的方式，评出55项获奖作品。其中特别奖1名，一等奖2名，二等奖4名，三等奖8名，佳作奖40名。

图1　特别奖《邓小平同志从天津规划预见到滨海地区将有大发展》
（作者：原天津市规划局局长赵友华）

图2　原天津市规划局局长赵友华（前）和中国工程院院士、
中国勘察设计大师、中国建筑学会副会长马国馨在观看参赛作品

值得一提的是，这次大赛收到一幅十分珍贵的历史照片（图 1），它是由原天津市规划局局长赵友华同志提供的（图 2）。这是 1986 年 8 月，我国改革开放的总设计师——邓小平同志视察天津，在视察滨海地区（后改称滨海新区）前，时任天津市市长的李瑞环同志向邓小平同志汇报了天津市城市总体规划，重点介绍了滨海地区的情况。邓小平同志 8 月 20 日视察滨海地区，并在天津经济技术开发区题词："开发区大有希望"。在返回市区的路上，邓小平同志说："你们在港口和市区之间有这么多荒地，这是很大的优势，我看你们潜力很大，可以胆子大点，发展快点"。20 多年后，滨海新区发生了翻天覆地的变化，现今又被纳入了国家发展战略。这幅照片正是邓小平同志高瞻远瞩地预见滨海地区将有大发展的真实写照和历史证明。

会议还提供了中国城市规划协会第三届会员代表大会暨改革开放 30 周年纪念活动《论文集》和《真情留言集》，分别收录了 27 篇优秀文章、32 名领导和资深规划专家的亲笔留言。

（二）召开第三届会员代表大会，顺利完成换届工作

2008 年，换届工作是协会工作的重点。经过精心组织、全面协调、积极筹备，换届条件已经具备和成熟。于是在第三届会员代表大会暨改革开放 30 周年纪念活动中，组织召开了中国城市规划协会第三届会员代表大会。会议通过了第二届理事会工作报告和财务工作报告、修改后的《中国城市规划协会章程》、《二级专业委员会管理办法》、《会费管理办法》等有关文件。选举产生了第三届理事会会长、副会长、秘书长，理事 226 人，常务理事 105 人。新一届领导班子工作成员进一步专业化、年轻化，为协会的发展和成长注入了新鲜血液。

在行业队伍建设方面也大为加强。到 2008 年底，协会已经拥有城市规划管理、城市规划设计、城市勘测、女规划师、信息管理、地下管线、规划展示等 7 个专业委员会，会员单位由 400 多个迅速增加到 800 多个。业务由规划管理、规划设计、城市勘测扩大到地下管线、规划展示等专业，形成了多学科、各专业交叉的综合性行业协会。

五、以认真参加深入学习实践科学发展观活动为动力，进一步加强协会自身建设

党的十四、十五、十六、十七大都指出要积极探索协会发展模式的内涵和要求，以便科学地把握协会工作规律，推进发展创新，规范发展协会，健全信用体系，发挥行业协会在扩大群众参与、反映群众诉求方面的积极作用，不断强化协会作为行业代表，协调、服务、自律的职能。2008 年 10 月以来，协会结合参加

深入学习实践科学发展观的活动，进一步加强了自身建设。

（一）努力建设学习型行业协会

协会认真学习了党的历次代表大会对协会发展提出的基本要求、精神、方针政策和法律法规，通过深入学习实践科学发展观活动，决心建设学习型行业协会，于是适时地举办多种形式的培训班、学习班、研讨会、专题讨论会、经验交流会等，加强了行业的思想政治和业务素质教育，切实提高了科学发展观念和法制观念，端正了价值取向，提高了在复杂形势下辨别是非的应对能力，带动和促进了整个行业思想政治和业务水平的不断提升和进步。

（二）加强了与行政主管部门的联系

协会是政府行政部门与行业会员单位加强联系和沟通的桥梁和纽带，要做好协会工作和促进行业改革和发展，不能脱离行政主管部门的指导和支持。协会主动加强了与行政主管部门的联系，争取行政主管部门的指导和支持，承担行政主管部门委托的任务和科研课题，并围绕住房和城乡建设部在城乡规划方面开展了各项活动，起到了有的放矢、因势利导地促进规划行业的改革、发展和进步的作用。

（三）深化与地方协会与会员单位的联系

协会坚持每年举办协会的秘书长联席会议，加强与地方协会的联系和配合，并进一步加强了各会员单位的联络员制度建设，形成联络员信息网络，通过各种途径切实深化与会员单位的联系，从而能够及时了解和掌握行业发展动态，迅速反应会员单位诉求，知道会员单位对协会的期待和意见，从而不断适时改进和调整协会的工作，提高协会的工作和服务水平。

（四）进一步完善和践行行业自律制度

协会把加强行业自律放在重要位置上来抓，在认真践行《中国城市规划行业自律公约》和《全国城市规划编制单位自律公约》的基础上，进一步完善行业自律机制建设，针对当前城乡规划编制管理、实施的问题，加强协会对行业的社会管理和监督作用，建立了城市规划单位诚信记录档案和监管制度，以便切实发挥协会在行业自律建设中的能动作用。

（五）加强协会秘书处自身建设

协会工作千头万绪，都要依靠秘书处的具体工作，因此，加强协会秘书处的自身建设，提高秘书处的整体工作能力和服务水平至关重要。随着行业的改革与发展，秘书处工作日益繁重，协会在认真参加深入学习实践科学发展观活动的过程中，加强了对秘书处的领导，落实了秘书处的学习计划，以国务院《关于加快推进行业协会商会改革和发展的若干意见》为指导，以《中国城市规划协会章程》为核心，进一步完善了秘书处的各项规章制度，完善了“三会一课”制度，并在监管上下工夫，堵住财务、外事、培训等方面的漏洞。同时，鼓励工作人员发挥聪明才智，充分调动秘书处每一个工作人员的积极性。如今，基本上做到权责明确、分工合理、协调配合，能够高效地完成各项工作任务。

协会学习贯彻落实科学发展观活动取得了明显成效。协会仍将继续以深入学习实践活动为动力，在落实整改方案和今后的工作中，坚持以科学发展观指导协会的各项工作，促进协会各项活动的有效开展，争取协会工作更上一层楼。

（撰稿人：任致远，中国城市规划协会副会长；王燕，中国城市规划协会副会长兼秘书长；曹雪，中国城市规划协会秘书处编辑）

2008 年城市规划行业学术动态

2008 年，围绕《中华人民共和国城乡规划法》颁布实施一周年、“5·12”灾后重建规划和中国城镇化 30 年等城市规划行业的重大事件，以中国城市规划学会、中国城市科学研究会等机构为核心，组织和举办了大量高质、全面的学术交流活动，尤其是 9 月召开的 2008 中国城市规划年会和第 44 届国际规划大会，对总体规划、城市基础设施与公共安全、城市生态规划、历史文化保护与城市更新、规划管理、城市道路与交通规划等 12 个城市发展热点问题进行了探索和讨论，对以上重大事件和行业热点进行了战略性研究和针对性探索。现综述如下。

一、贯彻实施《中华人民共和国城乡规划法》

2008 年 1 月 1 日，《中华人民共和国城乡规划法》开始实施。3 月 14 日，建设部在天津召开城乡规划执法工作座谈会，针对《城乡规划法》的行政执法和执法处罚的有关规定进行了交流，特别是对执法实践中出现的新情况如何适用法律的问题进行了探讨，并就规划执法体制、行政处罚标准、行政执法责任、执法方式方法、制定实施细则五个方面展开了深入的研究。来自北京、上海、天津、重庆 4 个直辖市的相关部门和建设部政策法规司、城乡规划司有关负责同志参加了座谈。5 月 5～12 日，由中共中央组织部、住房和城乡建设部、中国科学技术协会联合举办的全国特大城市城乡规划专题研究班在北京开办，针对 100 万人口以上特大城市的规划管理工作展开培训和座谈，以落实《城乡规划法》，强化规划意识，提高领导城市科学发展的能力。由住房和城乡建设部城乡规划司和中国城市规划学会分别在南京、武汉、长春等城市举办《城乡规划法》培训班，共计七期，系统了解了《城乡规划法》的立法背景、立法原则和法律的主要内容，为贯彻实施《城乡规划法》打下坚实基础。

二、关注灾后重建

“5·12” 汶川地震灾后恢复重建是一项十分艰巨的工作，国家、地方各级政府和规划建设主管部门在做好抗震救灾工作的同时，紧急启动了灾后恢复重建规划工作。如何做好灾后恢复重建规划、尽快投入到重建工作中，是我国规划师面临解决的难题。

2008年5月18日下午，中国城市规划学会召开“山地城乡规划与防灾减灾专家座谈会”，就如何发挥规划“龙头”作用，做好山地城乡规划以及防灾减灾工作，协助汶川灾区受灾群众建设安全便利的新家园展开专题讨论。5月29～30日在广东省肇庆市召开的中国城市规划学会风景环境规划设计学术委员会年会，讨论了包括城镇绿地防灾避险及灾后重建在内的多个问题。6月11～12日，中国城市规划学会城市生态规划建设学术委员会在苏州工业园区举行城市生态规划建设学术研讨会上，邹德慈院士结合四川汶川大地震，分析了生态系统的脆弱性，认为需要从这次地震灾害中反思现行城市规划、建设中存在的问题，研究灾后重建规划，促进灾区生态系统的修复和改善。6月17日，中国城市规划学会和国家汶川地震专家委员会在京联合召开汶川大地震灾后重建规划专家座谈会，指出重建工作中最核心的问题是规划，规划工作中最重要的问题是界定适宜建设的区域和不适宜建设的区域，其中最关键的问题是要圈出不适宜建设区。7月17～18日在北京召开的中日城乡灾后重建相关问题学术研讨会上，在日本被誉为灾害恢复重建第一人的室崎益辉教授提出，汶川地震灾后重建工作应具备团结一致的重建之心、工程技术与规划制定和中央与地方政府合作体制的建立三个重要要素。9月19日召开的2008中国城市规划年会全体大会上，住房和城乡建设部副部长仇保兴博士作了题为《借鉴日本经验，求解四川灾后规划重建的若干难题》报告。2008年中国城市安全减灾与工程规划学术研讨会11月10～12日在重庆召开，来自全国各地的抗震防灾和工程规划领域的120多名专家学者参加了会议。研讨会的主题是“城市安全减灾与工程规划”。2008年12月27～29日在四川成都召开“第二次中国四川大地震住宅·生活复兴中日学术交流圆桌会议”，交流了中国和日本地震灾后复兴的经验，认为，灾后重建是非常复杂的长期性的系统工程，除了住宅、学校、医院等公共设施等物质层面的重建，还有居民生活信心、社会关系、社会结构等非物质层面的重建。2008年7月14～19日，2008“CPN中国周”在北京举办，就快速城市化地区的城市综合抗灾减灾系统及灾后重建展开了交流和讨论。

三、改革开放30年我国城镇化和城市发展

在纪念改革开放30年之际，认真回顾、梳理和总结30年来的城镇化历程，对于更加自觉地求索中国特色的城镇化道路，科学认识和把握城镇化的未来走向，引导城镇化的健康发展，具有重要意义。

2008年11月14～16日，“中国城市规划协会第三届会员代表大会暨改革开放30周年纪念活动”举办了“改革开放与城市规划”报告会，纪念改革开放30

周年，展示城市规划行业成就，增强城市规划工作者使命感，并就行业共同关注的问题进行充分研究和探讨，促进广泛交流，加快行业建设与发展。中国城市规划设计研究院陈锋书记作了《改革开放三十年城镇化和城市发展的历史回顾与展望》的报告。11 月 21～23 日在厦门市召开由中国城市规划学会国外城市规划学术委员会与《国际城市规划》杂志编委会共同主办的“国际视角下的中国城市规划 30 年”。国内外 270 多位代表参加了年会，就过去 30 年我国城市规划取得的成就和问题阐述了各自的观点，内容涉及规划体系、法律法规、公众参与、城市更新、节能减排等。

四、编制机构主要重要学术活动一览

1. 中国城市规划学会[1]

2008 年 4 月，由中国城市规划学会历史文化名城学术委员会主办的《首届古镇保护与发展周庄论坛》在周庄举行。来自全国人大、教科文组织和相关方面的专家学者出席了会议。会议讨论了文化遗产保护转型期周庄创新发展的模式与措施等方面的议题。

2008 年 5 月，由中国城市规划学会、中国土地学会共同主办的城乡统筹与“两规”协调高层论坛在北京召开。此次论坛旨在贯彻落实《城乡规划法》和科学发展观的要求，通过学术讨论，分析城乡规划与土地利用规划两种规划的异同点，探索实现两种规划相互衔接的途径与方法，促进城市化健康发展，实现节约集约利用土地资源的目标。

2008 年 6 月，中国城市规划学会城市生态规划建设学术委员会在苏州工业园区举行城市生态规划建设学术研讨会。与会专家就城市生态规划的定位、规范标准、规划编制等话题展开了研讨和交流。

2008 年 6 月，中国城市规划学会和国家汶川地震专家委员会在京联合召开汶川大地震灾后重建规划专家座谈会，指出重建标志着灾害的结束和新生活的开始，重建工作中最核心的问题是规划，规划工作中最重要的问题是界定适宜建设的区域和不适宜建设的区域，其中最关键的问题是要圈出不适宜建设区。

2008 年 9 月 19～21 日，2008 中国城市规划年会在大连隆重举行。年会分别就总体规划、城市基础设施与公共安全、城市生态规划、详细规划与城市设计、历史文化保护与城市更新、风景与旅游、小城镇与村镇规划、规划管理、城市道路与交通规划、产业园区规划、城市规划理论、区域规划等 12 个城市发展热点问题开设了专题会场进行研讨，有 153 篇论文在会上进行了宣读和讨论。年会由中国城市规划学会主办，大连市人民政府和辽宁省建设厅协办。

2008 年 9 月 20～23 日，由国际城市与区域规划师学会（ISOCARP）和中国城市规划学会主办，大连市人民政府协办的第44届国际规划大会在大连召开。本届大会的主题是“集约增长——可持续的城市化之路”。参会代表就城市蔓延经济学、公共交通、抑制城市蔓延的理念和政策、大都市管理、生态管理与文化传承、介于城市蔓延和紧凑城市之间的城市形态等六个方面的议题展开了热烈的讨论。来自国内外的规划师们强调，面对目前环境恶化、资源短缺的现状，城市发展应当采取集约紧凑的发展模式，倡导土地的混合利用，减少城市对小汽车的依赖，构筑多样性的城市公共交通体系等。会议期间，国际城市与区域规划师学会与中国城市规划学会还联合举办了“总体规划：城市可持续发展战略”和“海域规划”两场专题研讨会。国际城市与区域规划师学会向获奖者颁发了2008年度葛德·阿尔伯斯奖。

2008年10月，由中国城市规划学会主办、江苏省建设厅协办、江阴市人民政府承办的可持续发展的小城镇规划、建设与管理专题学术论坛暨2008中国城市规划学会小城镇规划学术委员会年会在江苏省江阴市召开。

2008年10月，中国城市规划学会历史文化名城规划学术委员会2008年年会在南京市召开。学委会主任委员王景慧作了主题发言，介绍了国际上对文化遗产的认识的变化，总结了我国文化遗产保护的最新发展动向，提出落实科学发展观，加强国际国内学术交流具有重大意义，有助于激发和促进我国遗产保护规划实践的进一步发展。

2008年11月，2008年中国城市安全减灾与工程规划学术研讨会在重庆召开。会议由中国城市规划学会工程规划学术委员会、城市安全与防灾规划学术委员会、中国勘察设计协会抗震防灾分会主办。研讨会的主题是“城市安全减灾与工程规划”，主要内容涉及城市安全减灾的理论及方法、城市抗震防灾与工程设施系统的防灾抗灾技术、资源合理利用的工程规划研究、新农村市政基础设施规划等若干方面。

2. 中国城市科学研究会[2]

2008年，中国城市科学研究会围绕“科学发展观”与“节能减排”的主题，开展多渠道、全方位的学术交流活动，通过多层次、多类型的学术会议，积极推进城市科学的普及，更好地为会员服务，为城市服务，为建设工作服务。

2008年3月31日，第四届国际智能、绿色建筑与建筑节能大会暨新技术与产品博览会在北京国际会议中心举行。中国城市科学研究会作为承办单位参与了本次会议。

2008年6月19日，由住房和城乡建设部、河北省人民政府共同主办，中国城市科学研究会参与承办的“2008城市发展与规划国际论坛”在廊坊国际会展中心隆重开幕。胡春华省长到会并致辞。本次论坛主题为“灾后重建·生态城市——我们共同的家园”，与会专家就灾后重建、城市规划、生态城市、城市防灾减灾、绿色交通等议题进行了研讨。

由中国城市科学研究会常务理事邹德慈院士为名誉团长、中国城市科学研究会秘书长李迅同志为团长的中国城市科学代表团一行17人，于2008年7月27日至8月3日在台湾出席了第十五届海峡两岸城市发展研讨会并进行了会后参访和交流活动。来自中国大陆与台湾的学者围绕“健康城市”、“节能减排与绿色交通”、“城市更新与创意城市”、“城市规划与生态城市”四个议题，分单元进行了专题研讨，台湾方面安排大陆代表团对台湾省的台北、台中、台南、高雄等县（市）进行了考察。

2008年7月17～18日，中国城市科学研究会、中国城市规划学会、中国城市规划设计研究院共同举办了中日城乡灾后重建相关问题学术研讨会。会议邀请日本关西学院大学室崎益辉教授、神户大学院工学研究科盐崎贤明教授等日方专家，与中方专家共同探讨关于城乡灾后重建的相关技术问题，为城乡重建规划提供相关技术政策支持，也为城乡防灾减灾常态建设提供有价值的技术建议。两院院士周干峙、中国工程院院士邹德慈到会并作相关学术总结。

2008年9月17～19日中国科协2008学术年会在河南郑州市召开，我会与风景园林学会共同承办第14分会场。会议从生态文明与生态城市建设、城市生态修复与生态重建、风景园林与城市自然文化遗产保护、风景园林与城市水环境、风景园林与城市工业废弃地改造、风景园林与城市物理环境的改善、风景园林与城市开放空间系统规划、复合生态系统中的风景园林规划等议题展开学术讨论。

2008年9月18日，由中国城市科学研究会参与协办的中国科协2008学术年会“新时期河南土地供需态势与城乡统筹发展论坛”在郑州召开。与会代表围绕生态环境建设与人类健康关系；发展模式转型与土地利用及管理；产业群集与欠发达地区发展的辩证关系研究；中原城市群土地资源综合利用的整合；城市工业用地集约利用微观评价研究；河南省城乡统筹发展面临的土地问题及对策等议题展开讨论，为河南土地的利用与城乡统筹的发展建言献策。

2008年9月25～26日，由中国城市科学研究会参与协办的“第四届中国生态健康论坛——生态健康与生态文明建设”在山东青州召开。论坛围绕生态文明的体制、法规和宣传途径、环境和人群健康的关系和促进生态健康的科学方法、产业发展的生态转型途径和循环经济技术、资源节约型、环境友好型社会建设、生态健康与宜居城市建设、生态健康与抗震救灾等议题展开讨论。

2008年11月3～6日，第四届世界城市论坛在南京国际博览中心举办。中国城市科学研究会作为本届世界城市论坛的承办单位主要负责其中合作伙伴论坛之一“生态城市分论坛”的组织、协调以及服务工作。邀请了5位国内在生态城市规划、建设以及管理方面（北京、天津、上海、重庆四个直辖市）的专家，到会作专题演讲，会议讨论的议题引起境内外学者的高度关注，大家热烈讨论，为创建可持续发展的城市提供了多项导向性建议。

2008年11月5～7日，中国城市科学研究会与北京城市管理科技协会共同在京举办“奥运场馆环境卫生保障交流研讨会”，会议总结交流各举办城市奥运场馆环境卫生保障的成功经验和教训，探讨如何建立长效管理机制指导今后重大活动的环境卫生保障工作，共有来自全国各地的城市环卫行业管理部门、作业单位、场馆业主，技术、装备、产品供应商等80余位代表参与了会议的交流。

2008年11月7～9日，由中国城市科学研究会参与承办的“第三届中国城镇水务发展国际研讨会暨水处理新技术与设备博览会”在北京国际会议中心隆重召开。本次论坛围绕城镇水务行业发展战略与政策、城镇节水减排与生态治理、城镇供水安全与应对自然灾害应急管理、城镇污水处理厂运行优化与升级改造技术、水生态修复技术与水景观的设计与管理等议题展开讨论。

3. 中国城市规划设计研究院

建院55年来，中国城市规划设计研究院一贯重视学术交流活动，不仅坚持“传帮带”的优良传统，更注重营造浓郁的学术氛围。即便规划编制任务十分繁重的情况下，中国城市规划设计研究院也坚持举办一年一度的业务技术交流会，至今已有5届。

2009年2月11～13日，中国城市规划设计研究院举办2008年全院业务技术交流会。根据全院承接和完成的规划设计与咨询项目的特点，以及我院主要业务领域的覆盖面，共有53个报告在会上进行了交流。全国人大环境与资源保护委员会主任委员、住房和城乡建设部原部长汪光焘与住房和城乡建设部副部长仇保兴分别作了报告。

业务交流共分四个单元展开。第一单元以区域规划、城市总体规划为主题，针对我院主持编制的太原、郑州、福州、洛阳、绍兴、张家界城市总体规划工作以及《长株潭城市群区域规划（2008—2020）》进行了交流。第二单元的主题是城市发展战略、新城规划、片区规划，先介绍《天津空间发展战略研究》、《重庆都市区空间发展战略》、《石家庄城市空间发展战略》和《南昌城市发展战略》项目，还有中新天津生态城、上海长宁临空园区、广州科学城和沿海中小岛屿规划4个项目，以及海外新城规划咨询项目的介绍，共9项内容。第三单元是7项科研和专题，包括深圳市城市更新制度建设、社区规划、城市总体规划与规划环评、空间技术在城市规划中的应用、中规院计算机网络建设、课题《城乡规划技术标准体系研究》以及国标《城市用地分类与规划建设用地标准》修订。第四单元介绍我院参与的13项灾后重建规划工作，包括北川、青川、汶川等重灾区从调研选址、总体规划、保护规划到水质检测的工作介绍。第五单元重点交流8个专项规划的项目，涉及交通、市政、风景区、历史名城保护、旅游等。第六单元为详细规划、城市设计，包括长沙大河西区、高铁周边地区、青川中心区等9个项目。

中国城市规划设计研究院主编的行业刊物《国际城市规划》，经过多年潜心的努力和精心耕耘，逐渐获得更大范围的认可。2008 年初入选“中文社会科学引文索引”（CSSCI）2008～2009 年度来源期刊，2008 年 6 月被收录为“中国科技论文统计源期刊”（中国科技核心期刊），2008 年 12 月被收录为“中文核心期刊”。2008 年 11 月 21～23 日在福建省厦门市，杂志与国外城市规划学委会联合举办了题为“国际视角下的中国城市规划三十年”的学术研讨会。年会邀请了包括约翰·弗里德曼（John Friedmann）和彼得·霍尔（Peter Hall）在内的九位境外专家学者一起交流和研讨，国内外专家学者及学生共计 270 多人参加了此次年会，共有 19 位专家学者在年会上作了学术报告。期间，第二届《国际城市规划》编委会第三次工作会议顺利举行。

中国城市规划设计研究院定期组织学术讲座和沙龙，延伸学术交流的氛围。2008 年 2 月，举办梁鹤年教授的《西方社会、经济和政治的文化基因（Cultural DNA of Western Society，Economy and Politics)》和《“公共利益”还是“公众利益”（Common Good vs. Public Interest)》讲座。5 月，举办《城市设计、环境美学、遗产保护》讲座。6 月，利用美国波特兰州立大学访华的机会，在院里交流《美国和俄勒冈州的土地利用规划》、《波特兰地区的可持续交通规划》、《公共低收入住房的重建：哥伦比亚区——新哥伦比亚区》和《美国及俄勒冈州的公众参与》。9 月和 10 月邀请梁鹤年教授举办以《全球化与中国城市》和《西方社会、经济与政治的文化基因》为题的学术讲座。11 月，又邀请约翰·弗里德曼教授作了《社会与邻里规划（Social and Neighborhood Planning)》的学术报告。

4. 其他学术交流活动[3]

中国城市规划行业信息网（www. china-up. com）继续秉承“服务于决策、服务于生产、服务于科研、服务于公众”的宗旨，发挥行业权威资讯中心、专业数据中心及专业服务中心的作用，逐步成为结合传统行业学术活动、集成专业学术信息的数字化平台，利用自身的规划背景和技术优势，密切跟踪报道行业内大型的专业的学术交流活动，并长期存储在网站上供社会共享。

以下为 2008 年度中国城市规划行业信息网参加、报道的学术交流活动。

2008 年 6 月 19～21 日，由中华人民共和国住房和城乡建设部、中华人民共和国河北省人民政府主办，中国城市规划设计研究院、中国城市规划协会、中国城市规划学会等单位协办的“2008 城市发展与规划国际论坛暨中国河北城市规划建设博览会”在河北廊坊召开。中国城市规划行业信息网负责整个大会的视频录制工作，整合入库，并根据会议主题制作了相关专题。

2008 年 7 月 14～19 日，由中国发展与规划国际论坛（China Planning Network，CPN）联合麻省理工学院（MIT）及清华大学相关院系等共同主办的

2008“CPN中国周”在北京举办。中国城市规划行业信息网积极配合，在对上届CPN论坛内容回溯入库的基础上，及时提供网上信息发布、会议视频录制等全程跟踪报道。

2008年9月19～21日，由中国城市规划学会主办、大连市人民政府协办的2008中国城市规划年会在大连举行。同时，由国际城市与区域规划师学会(ISOCARP)、中国城市规划学会主办的第44届国际规划大会也在当地举办。中国城市规划行业信息网积极配合，从会议准备到结束，进行了网上信息发布、会议视频录制等全程跟踪报道工作。

2008年10月25～26日，由金经昌城市规划教育基金会、《城市规划学刊》编辑部、同济大学建筑与城市规划学院、上海同济城市规划设计研究院联合主办的“第五届中国城市规划学科发展论坛”在上海同济大学举行。中国城市规划行业信息网在与同济大学连续四届论坛合作报道的基础上，再次参与论坛全程录制报道，制作相关专题。

2008年11月14～16日，由中国城市规划协会主办、江苏省建设厅和南京市规划局承办的“中国城市规划协会第三届会员代表大会暨改革开放30周年纪念活动”在南京举办。中国城市规划行业信息网参与全程报道，制作相关专题。

2008年11月20～22日，由中国城市规划学会国外城市规划学术委员会、《国际城市规划》杂志主办的“国外城市规划学术委员会及《国际城市规划》杂志编委会2008年会”在福建厦门召开。中国城市规划行业信息网在对前四届活动跟踪录制的基础上，继续对此次盛会进行全程报道和网上发布。

参考文献

[1] 中国城市规划学会. 中国城市规划学会2008年大事记.
[2] 中国城市科学研究会. 2009年规划年度报告用稿.
[3] 中国城市规划设计研究院. 中国城市规划行业信息网2008盘点.

(撰稿人：胡文娜，中国城市规划设计研究院信息中心)

2008 年中国城市规划学会工作动态

中国城市规划学会成立 50 余年来，发挥知识密集、智力密集、人才济济的优势，采取研讨会、学术论坛、座谈会、研讨班、培训班、论文竞赛等多种形式，积极开展各类学术活动。学会逐渐成为城市规划行业学术活动的核心组织者，确立了其在全国城市规划行业不可替代的主导地位。

一、发挥优势、找准位置，积极服务抗震救灾工作

汶川大地震震撼了学会全体领导和各级机构工作人员的心，许多工作人员表示，只要需要，随时听候召唤，奔赴抗震一线。学会领导因势利导，把救灾激情转化为科学规划建设的动力，发挥学术组织的作用，踏踏实实为抗震救灾作贡献。

倡 议 书

四川省汶川县发生强烈地震，给人民群众的生命财产造成巨大损失，举国上下齐心协力，帮助灾区人民抗震救灾。在此，我们特向学会全体会员和全国城市规划工作者发出如下倡议：

一、规划师作为一份崇高的职业，历来肩负着光荣的社会责任。大难当前，我们应当立即行动起来，以规划师职业的名义，义不容辞地为抗震救灾工作做出一份贡献，让我们和灾区人民携手并肩，共渡难关。

二、以各种方式送温暖，献爱心。发扬“一方有难、八方支援”的中华民族优良传统，尽我们所能，向灾区人民奉献一份真情，请通过中华慈善总会、当地红十字会或民政部门，积极为灾区捐赠救灾款物，为灾区人民义务献血。

三、按照国家主管部门的统一安排，各地规划编制单位、规划院校积极主动地为灾区重建提供义务规划设计技术服务，帮助灾区人民尽快重建家园，恢复生活秩序。学会各专业委员会和工作委员会、各地方规划学会、各团体会员单位应当主动配合政府有关部门，组织规划工作人员，参与到抗震救灾工作中。

四、在灾后向灾区规划管理部门、规划设计机构和规划院校免费提供技术培训、技术资料和技术设备，协助当地规划师恢复工作秩序，重新担负当地规划工作的责任。

五、收集相关技术信息，认真总结汶川大地震的经验教训，踏踏实实地开展综合防灾减灾规划研究，为应对各种灾害提供理论和技术支撑，为人民群众提供更安全的家园。

六、切实转变观念，把人民群众的生命财产安全放在规划工作的核心位置，更多地关注乡村和边远地区人居环境建设，真正承担起保障公共安全与公共利益的历史责任。

各位会员，各位同行，让我们坚守岗位，做好本职工作，与全国各行各业一道，共同夺取抗震救灾斗争的胜利。

中国城市规划学会

2008年5月14日

1. 坚守岗位，履行职责，配合政府做好行业动员

2008年5月14日，中国城市规划学会率先向全国城市规划者发出倡议，动员全国规划师关心灾区、投身抗震救灾，倡议书通过有关媒体很快传达到全国各地。

倡议书在行业内引起强烈反响。西安市规划局、江苏省建设厅、天津市规划局、哈尔滨市规划局、香港规划师学会等多家单位均立刻表示积极响应。除捐款捐物外，均表示要积极主动地为灾区重建提供义务规划设计技术服务，帮助灾区人民尽快重建家园，恢复生活秩序。

倡议书也产生了积极的国际反响。联合国人居署官员和世界银行官员称赞学会的倡议“非常好”，国际城市与区域规划师学会呼吁其世界各地的会员，动员各种力量，通过中国城市规划学会，为中国政府提供力所能及的帮助，并表示愿意给予协助。

这些回应深深感动着学会全体工作人员。当住房和城乡建设部党组和中国城市规划设计研究院号召为灾区捐款时，学会工作人员积极响应，踊跃为灾区人民捐款，学会有的理事长在原单位捐款后，又通过学会向灾区人民捐款。

2. 主动服务，统筹协调，服务救灾一线

为了配合住房和城乡建设部对灾区安置和重建工作的统筹安排，学会收集各地自愿参与灾后规划工作的人数及专业结构的信息，统计报名参加赴灾区一线工作的各地方专业人员名单，统一上报部有关部门，为实施抗震救灾计划作了技术

力量的储备。

与此同时，为支援救灾第一线的工作，组织有关人员收集整理了大量技术资料，供从事重建规划的技术人员查用和参考。香港规划师学会还将美国、日本等地抗震救灾的技术资料摘译成中文，通过中国城市规划学会提供给一线的技术人员。

3. 组织研讨，集思广益，提供决策参考

发挥社会团体的优势，帮忙不添乱，做好研究与协调工作，在救灾、安置、重建等不同阶段及时为有关决策部门提供专业的见解，得到有关领导和专家的高度好评。

(1) 在救灾初期，及时就救灾及重建工作各阶段的特点提出建议

2008年5月18日，紧急召开“山地城乡规划与防灾减灾专家座谈会”，就如何发挥规划龙头作用，做好抗震救灾和山地城乡规划工作，协助汶川灾区受灾群众建设安全便利的新家园展开专题讨论，专家献计献策，特别是针对不同阶段工作的重点与难点，如何做好安置工作等问题，提出了很多宝贵建议。为了能让更多的规划工作者更专业地投入灾区建设，此次会议成果进行了广泛的宣传，新华社、中国新闻社、中国建设报、住房和城乡建设部网站纷纷发表会议内容，社会反响强烈。此外，为了更好地汲取汶川大地震的教训，学会向住房和城乡建设部有关部门和部领导提出四条工作建议，得到有关领导的重视。

做好地震灾区的安置和重建工作的四条建议

一是抓紧组织力量研究川西地区居民点体系的规划问题。重点对那些不适宜建设地区的居民点和产业发展提出具体安排，对那些原址存在重大地质隐患的城镇不能原地重建，对那些人口聚居规模过大且对当地生态环境造成巨大影响的城镇居民点，应该控制发展规模。

二是组织力量对城市防灾规划和生命线系统进行监督检查。重点检查城市综合防灾减灾规划的编制情况，城市生命线工程的安全设防标准，城市避难场所建设情况，以及城市详细规划编制、房地产开发、基础设施和公共设施建设中是否存在违反总体规划中有关城市防灾减灾要求等。

三是组织力量修订相关技术标准。尤其是学校建筑的设防标准偏低、医院建筑密度过大、开敞空间不足等问题，应从技术标准和标准的具体执行上加以严格控制。

四是鼓励研究山地城乡规划建设问题。从科技进步的角度加大对山地城镇化建设问题的投入。

（2）在转入重建工作阶段，及时指出重建工作的关键问题

6月17日，学会和国家汶川地震专家委员会在京联合召开汶川大地震灾后重建规划专家座谈会，出席座谈会的有国家汶川地震专家委员会主任马宗晋院士，委员杨秀敏院士、谢礼立院士、苏经宇研究员，学会理事长周干峙院士，副理事长邹德慈院士、王静霞教授、陈为邦教授，学会城市安全学术委员会主任周锡元院士等。

专家们指出，重建工作中最核心的问题是规划，规划工作中最重要的问题是界定适宜建设的区域和不适宜建设的区域，其中最关键的问题是要圈出不适宜建设区。专家们认为，必须异地重建城镇主要包括大规模滑坡地区和地震端裂带地区。目前人类很难利用现有技术防止滑坡，这些地方绝对不能重建。地震中受灾程度严重的地区未必就是不宜建设的地区。关于设防标准，专家们认为应根据新的地震烈度区划图，一些特定的建筑，如学校、医院、敬老院、孤儿院、养老院、托儿所等应该高于地区设防标准。

专家们提出，可以考虑适当减少这个地区的人口总数，特别值得研究的是外出打工人员的安置，这些人员如果能够在工作地点落户，有助于疏解灾区的人口压力。

专家们强调，救灾期间主要是政府行为，无偿调拨，进入灾后重建以后应该是政府行为跟市场机制相结合，政府主要是提供基础设施，市场能力的调动非常重要。要注意循序渐进，不可急功近利，寄希望一蹴而就。专家们还指出，政府规划的协调十分重要，在就生产生活设施恢复重建的同时，应该加强研究生态恢复问题。

（3）在恢复重建过程中，突出强调了重建工作中需要注意的问题

2008年7月17～18日，学会联合中国城市科学研究会、中国城市规划设计研究院在北京共同举办中日城乡灾后重建相关问题学术研讨会。应学会理事长周干峙院士邀请，日本灾害复兴学会会长室崎益辉等4名专家代表应邀来华。

针对此次四川大灾，在分析国内外地震灾后重建得失基础上，室崎教授提出汶川地震灾后重建工作应具备三个重要要素：团结一致的重建之心，工程技术与规划制定，中央与地方政府合作体制的建立。同时，他特别指出了1995年日本神户灾后重建工作中的教训和不足。

2008年12月27～29日，学会和日本社会事业大学和日本灾害复兴学会共同在成都主办了第二次研讨会。国内外十余位专家出席了这次研讨会。与会专家认为，灾后重建是非常复杂的长期性的系统工程，除了住宅、学校、医院等公共设施等物质层面的重建，还有居民生活信心、社会关系、社会结构等非物质层面的重建。

(4) 及时总结，与世界同行交流经验

第四届世界城市论坛期间，由住房和城乡建设部城乡规划司和学会联合举办的合作伙伴活动“城市：安全的家园”于2008年11月5日下午举行，重点从城市规划的角度探讨“如何建设一个安全的城市”，倡导城市安全作为城市规划的首要和基本目标，倡导城市生活智慧地避灾减灾。

(5) 发挥专业优势，协同解决重建技术难题

2008年11月10～12日，学会工程规划学术委员会、城市安全与防灾规划学术委员会等在重庆联合主办了中国城市安全减灾与工程规划学术研讨会，研讨会的主题是“城市安全减灾与工程规划”，主要内容涉及城市安全减灾的理论及方法、城市抗震防灾与工程设施系统的防灾抗灾技术、资源合理利用的工程规划研究、新农村市政基础设施规划等若干方面。

(6) 全面深入研究，为国家决策提供咨询

2008年7月10日，一份由学会组织承担的中国工程院院士咨询项目“汶川地震灾后重建的对策与建议——灾害重建规划专题”提交中国工程院，供国家有关决策部门参考。专家们在咨询报告中强调了汶川特大地震的特殊性，指出不能简单地照搬国内外重建规划的经验，咨询报告就重建规划中的城址选择、城乡重建模式等一系列问题提出了咨询意见。同时专家们指出，要发挥城市规划的综合协调作用，指导重建工作。

此外，2008中国城市规划年会上学会专门安排了有关防灾减灾及灾后重建的主题报告，设置了专门的专题会场；风景环境规划设计学术委员会、城市生态规划建设学术委员会分别在其年会上对防灾避险和生态系统的脆弱性进行了论述。学会会刊《城市规划》杂志专门开辟专栏，刊登有关学术文章。为表彰学会在抗震救灾工作中的突出贡献，住房和城乡建设部授予石楠秘书长“抗震救灾先进个人”称号。

二、繁荣学术，大力推进学科建设和行业科技进步

学会的工作始终注意围绕行业发展需要，加强前瞻性研究，保持学术前沿地位，做好政府决策参谋。

1. 以完善城市规划法制为重点，积极组织城市规划法制研究与交流活动

为配合《城乡规划法》的实施，受住房和城乡建设部城乡规划司委托，2008年年初至5月分别在南京、武汉、长春、厦门、昆明联合举办了五期《城乡规划法》培训班，共3 200多位规划管理和规划设计专业人员聆听了来自全国人大法工委经济法室主任黄建初、国务院法制办农业资源环保法制司处长阎东星、住房和城乡建设部城乡规划司司长唐凯、副司长孙安军和学会石楠秘书长的授课，使学员们系统了解了《城乡规划法》的立法背景、立法原则和法律的主要内容，为《城乡规划法》实施奠定了基础。

2008年10月27日，学会联合江苏省城市规划设计研究院在南京召开了全国控制性详细规划研讨会，来自全国各地的300余名规划专家学者共同研究探讨了《城乡规划法》贯彻实施以来，控制性详细规划在编制和管理过程中遇到的新问题、新挑战，探索应对思路、方法和途径。

2. 以发现问题为着眼点，加强前瞻性研究

做好规划部门与学术研究之间的沟通，要求学会始终站在学科的前沿，发挥学术先导作用。学会受有关部门委托，开展了一系列前瞻性专题研究。

按照住房和城乡建设部的要求，学会承担了中英可持续发展对话项目中“老工业城市更新发展的理论与实践”研究项目。经中英双方商定，选定我国的武汉和南京、英国的曼彻斯特和设菲尔德进行案例研究，指定学会作为项目执行单位。2008年6月23～27日英方有关专家访问考察了北京，以及案例城市武汉和南京。11月17～22日，以学会石楠秘书长为团长的中方代表团一行12人访问了英国。代表团听取了英国有关政府部门关于老工业城市更新、保障性住房规划建设方面的介绍，考察了设菲尔德和格拉斯哥城市更新与保障性住房建设项目。该项研究不仅比较了中英两国在老工业城市更新方面不同的做法，而且还针对两国不同的制度特点、发展阶段，分析了值得对方学习和借鉴的经验。

此外，学会先后开展的有关城市规划新技术应用、城市生态规划、小城镇规

划等领域的研究在全国都是处于前沿和领先地位。

3. 追踪国际思潮，为国内同行提供交流和学习的机会

为了进一步深入了解欧美等国近年来风行的城市精明增长理念，学会专门组织了“城市空间扩展与精明增长”培训团，于 2008 年 1 月 15 日～2 月 4 日赴美参加了培训。目的在于深入了解精明增长、紧凑城市理论的基本内涵，学习借鉴美国在城市化历程中的经验教训，研讨快速城镇化时期如何通过规划手段实现土地等资源的集约利用，控制城市蔓延。

结合全球化进程中民族文化、地域文化遭受严峻挑战，城市特色趋同的现象，中国城市规划学会组织了“城市文化和城市特色”考察团，于 2008 年 4 月 8～19 日专程赴国际化程度较高、但仍能较好保持本民族文化特色的德、法、意三国进行专题考察。在欧期间，考察团与德国欧博赛尔市政府及当地规划建设主管部门就城市文化特色的保护、保护与发展的关系、规划的拟定与执行、土地使用与开发策略以及其作为卫星城与主城法兰克福之间的关系等方面进行了深入的讨论和交流。

三、开展形式多样的学术活动，讲求学术交流的效果

在总结多年开展学术活动的基础上，结合不同层次的需求，积极创新活动形式，创建学会品牌，已经形成了以“中国城市规划年会”为龙头，各种专题研讨会相结合的格局，2008 年参加学会各类学术活动的人数达六七千人。

1. 重点抓好一年一度的中国城市规划年会

2008 中国城市规划年会 9 月 19～21 日在大连隆重举行。来自国际、国内的规划大师、各级领导、专家学者约 2 000 人参加了会议。

年会的主题是“生态文明视角下的城乡规划”。在 19 日的全体大会上，住房和城乡建设部副部长仇保兴博士，中国科学院院士叶嘉安教授，国务院发展研究中心农村经济研究部副部长谢扬研究员，两院院士、武汉大学教授李德仁，中国城市规划设计研究院院长李晓江，环境保护部环境影响评价管理司巡视员牟广丰和中山大学中国第三产业研究中心主任李江帆等嘉宾分别作了题为《借鉴日本经验，求解四川灾后规划重建的若干难题》、《土地利用与城市交通》、《城乡统筹与环境友好》、《论多系统集成的城市信息系统》、《5·12

特大地震灾后重建规划——实践与思考》、《战略环评与环境友好型城市建设》和《现代服务业与城市经济发展》的学术报告。

9月20～21日，年会分别就总体规划、城市基础设施与公共安全、城市生态规划、详细规划与城市设计、历史文化保护与城市更新、风景与旅游、小城镇与村镇规划、规划管理、城市道路与交通规划、产业园区规划、城市规划理论、区域规划等12个城市发展热点问题开设了专题会场进行研讨。年会还分设了6个自由论坛，与会者就城乡住房问题中的责任与角色，城市规划实施的机制和探索，重大事件带来的机遇和创新，城市安全面临的挑战和对策，改革开放30年的恢复发展和展望，控制性详细规划的问题和应对等业内热议的问题畅所欲言、激烈交锋、谋求共识。年会期间，还举办了以生态文明与城市未来为题的主题展览，国内外诸多知名规划设计机构参加了展览。年会共征集学术论文1 092篇，其中的569篇论文入选了会前出版的《2008年中国城市规划年会论文集》。

2. 组织形式多样的专题研讨会、研讨班和论坛

学会举办的专题研讨会、研讨班和论坛具有选题新颖、反馈迅速、实用性强的特点，满足从业人员知识更新的需求，从科技进步的角度，致力于提高行业的知识水平，推动了规划界形成良好的学习风气。

(1) 首届古镇保护与发展周庄论坛

2008年4月19～20日，学会历史文化名城学术委员会主办的“首届古镇保护与发展周庄论坛”在周庄举行。来自全国人大、教科文组织和相关方面的专家学者出席了会议。会议讨论了文化遗产保护转型期周庄创新发展的模式与措施等方面的议题。

(2) 历史文化名城保护与城市特色学术研讨会

学会青年工作委员会以“历史文化名城保护与城市特色”为主题，在山西平遥召开了年会。代表们就城乡历史文化资源特色及保护方法、古城保护规划等进行了深入探讨。

(3) 风景城镇规划设计研讨会

学会风景环境规划设计学术委员会于2008年5月29～30日在广东肇庆市以“风景城镇规划设计”为主题召开年会。学术委员会主任委员谢凝高教授就“保护国家风景遗产，复兴中华山水精神”作了主题发言。会议特别增加了防灾避险的论题，由四川省城乡规划设计研究院黄喆总风景师介绍风景区的灾后重建工作。

(4) 城市生态规划建设学术研讨会

2008年6月11～12日，学会城市生态规划建设学术委员会在苏州工业园区举行城市生态规划建设学术研讨会。与会专家就城市生态规划的定位、规范标准、规划编制等话题展开了研讨和交流。

（5）可持续发展的小城镇规划、建设与管理专题学术论坛

可持续发展的小城镇规划、建设与管理专题学术论坛暨2008中国城市规划学会小城镇规划学术委员会年会于2008年10月14～15日在江苏省江阴市召开。来自全国各地的18位小城镇规划、建设与管理专家作了学术报告。

（6）学会历史文化名城规划学术委员会2008年年会

中国城市规划学会历史文化名城规划学术委员会2008年年会于10月28～31日在南京市召开。

（7）2008中国城市规划信息化年会

中国城市规划学会、中国城市规划协会和南宁市人民政府联合主办的“2008中国城市规划信息化年会”于11月7～8日在南宁市召开。专题发言内容涉及城市规划行业的信息整合、信息要素标准化、信息管理制度化，以及各种高新技术在规划编制和规划管理中的应用等。

（8）“国际视角下的中国城市规划30年”学术年会

学会国外城市规划学术委员会与《国际城市规划》杂志编委会共同主办的题为“国际视角下的中国城市规划30年”的年会于2008年11月21～23日在厦门市召开。会议就过去30年我国城市规划取得的成就和问题进行了阐述。

3. 举办各种类型的竞赛

（1）求是理论论坛论文竞赛

学会先后举办了九届青年城市规划论文竞赛，三届“求是理论论坛”，参加竞赛的论文达1 000多篇。目前两个奖项每两年交叉举办。

2008年进行的第三届“求是理论论坛”按作者背景分为专业组和学生组，评委会专家分别对论文选题、观点、论证和文字等方面进行盲审，确定4篇论文获奖，并在2008中国城市规划年会上颁发证书和发放奖金。

（2）2008年“金经昌中国城市规划优秀论文奖”

由学会和金经昌城市规划教育基金会联合主办的2008年“金经昌中国城市规划优秀论文奖”评选活动邀请8家具有正式刊号并在国内城市规划研究领域内具有较强影响力和代表性的学术期刊共同参与，评选出获奖论文16篇，代表了国内规划学术领域的最高水平。

（3）中国美丽乡村绿色建筑设计竞赛

学会与浙江省建设厅合作组织了中国美丽乡村绿色建筑设计大赛，希望通过大赛倡导乡村绿色建筑设计的理念，鼓励乡村建筑设计最大限度地节约资源、减少污染、保护环境，在新农村建设中推广使用高品质、新风格、低消耗的绿色建筑，提升新农村建设水平。

（4）2008年全国人居经典建筑规划设计方案竞赛

中国城市规划学会、中国建筑学会和中国风景园林学会共同主办的2008年

全国人居经典建筑规划设计方案竞赛10月26日揭晓。本年度的竞赛强调了项目的规划、设计、建设过程中，必须结合我国人口、资源、环境的现实要求，切实贯彻可持续发展理念，保护环境，保护生态，节约资源、能源。

4. 与相关单位合作，开展地区性、行业性或跨学科学术研讨会

开展跨行业、跨学科的合作研究，是学会的优势之一，2008年这一领域的学术活动受到了热烈欢迎。

(1) 城乡统筹与“两规”协调高层论坛

2008年5月17日，中国城市规划学会与中国土地学会合作主办的城乡统筹与“两规”协调高层论坛在北京召开。此次论坛旨在贯彻落实《城乡规划法》和科学发展观的要求，通过学术讨论，分析城乡规划与土地利用规划两种规划的异同点，探索实现两种规划相互衔接的途径与方法，促进城市化健康发展，实现节约集约利用土地资源的目标。

(2) 转型期城市规划与公共政策国际研讨会

学会和中国人民大学公共管理学院联合主办的“转型期城市规划与公共政策国际研讨会”于2008年10月21日在中国人民大学举行。研讨了公共政策与城市规划的关系、地方政府职权结构与城市空间形态、规划创新与公共政策、住房问题与规划政策导向、公共政策的空间性与城市空间政策体系、规划教育等问题。

(3) 城市特色专家研讨会

学会与山东省建设厅共同主办的城市特色专家研讨会于2008年10月22～23日在山东东营市召开。会议专家就城市规划设计及管理中如何挖掘当地自然环境、人文资源建设特色城市，在城市定位、产业结构调整、城市景观建设、生态环境保护等方面如何反映城市特色等展开了讨论。

(4) 圆明园保护规划学术研讨会

中国城市规划学会与中国圆明园学会等于2008年10月19日在圆明园遗址组织召开了纪念圆明园罹难148周年暨圆明园保护规划学术研讨会，会议就圆明园的发掘、保护、整修、利用进行多学科研讨，旨在为落实《圆明园遗址公园规划》提供科学判断和依据。

(5) 株洲市旧城更新规划研讨会

2008年4月26日，学会城市设计学术委员会与株洲市规划局联合组织了株洲市旧城更新规划研讨会，会议邀请学术委员会的委员和有关专家就株洲市城市更新的总体思路进行了研讨，对国内外四家规划设计与咨询机构提出的方案进行了评审。

5. 探索与境外学术机构合作组织有关学术交流活动

加强与国外同行的合作和交流是中国城市规划学会的重要工作。中国城市规

划学会是我国在国际城市与区域规划师学会的官方代表，学会与英国、美国、日本、韩国等国的国家规划组织保持着良好的业务联系，国际学术交流活动日益频繁。

（1）第44届国际规划大会

2008年9月19～23日，中国城市规划学会承办了国际城市与区域规划师学会第44届国际规划大会。这是国际规划届最高级别的会议，每年在不同的国家举行，第一次在我国举办，来自世界其他国家和地区的190多位规划师和国内70多位规划师参加了此次学术盛会。会议以“城市集约增长——可持续的城镇化之路”为主题，交流了各国在控制城市蔓延、提高城市土地利用效率方面的经验。

大连市市长夏德仁、国际城市与区域规划师学会会长皮埃尔·拉孔特、中国城市规划学会常务副会长邹德慈、联合国人居署代表沈建国等在大会上致辞。住房和城乡建设部副部长仇保兴、欧洲环境署空间分析部部长罗曼·尤尔、大都市基金会主席阿方索·维拉加、澳大利亚佩斯科廷大学教授杰夫·肯沃西分别作了主题报告。

会议期间，国际城市与区域规划师学会与中国城市规划学会还联合举办了“总体规划：城市可持续发展战略”和“海域规划”两场专题研讨会。介绍了大连、重庆、天津、杭州、华沙、安特卫普等中外城市的规划。会前，国际城市与区域规划师学会在大连理工大学建筑与艺术学院举办了“青年规划国际设计坊”，17个国家的青年规划师参加了这一活动。

（2）城市规划与公共政策研讨会

2008年12月11日，学会与澳门特别行政区运输工务司、澳门城市规划学会联合在澳门召开“城市规划与公共政策研讨会”。研讨会邀请了住房和城乡建设部城乡规划司孙安军副司长、学会常务副理事长邹德慈院士、秘书长石楠（教授级高级规划师）、中国城市规划设计研究院陈锋书记、同济大学建筑与城市规划学院赵民教授、北京市规划委员会黄艳主任和武汉市

规划局刘奇志副局长参加研讨会，澳门特别行政区运输工务司还邀请了邻近的广东省建设厅蔡瀛副厅长、李永洁副处长，香港特别行政区规划署黄伟民助理署长，香港规划师学会谭宝尧理事。

与会专家畅所欲言，在相关专题报告中专门根据澳门的需求提出具体的工作建议，以使澳门社会各界更好地认识城市规划与公共政策的关系、城市规划的公共政策特征、现代化的城市规划体系的组成与特征、构建现代城市规划体系的重要意义与发展方向等，为下一步推动实质的工作打下基础。

(3) 第四届城市论坛

为配合住房和城乡建设部做好联合国人居署第四届世界城市论坛的筹备工作，学会负责组织了2008年11月4日下午的"城市集约增长"合作伙伴活动、5日下午的"城市：安全的家园"合作伙伴活动。推荐哈尔滨市规划局局长俞滨洋、中国城市规划设计研究院书记陈锋和学会秘书长石楠作为主办国代表，分别参加了"城市发展中的区域平衡"、"促进社会平等和包容"、"有效兼顾公平的城市建设"三个对话活动。学会的英文会刊《中国城市规划》参加了"可持续发展城市实践展"。

此外还与日本都市计划学会联合举办了"东亚国家城市区域规划新趋势国际研讨会"等学术活动。

6. 发挥传统优势，做好学术出版，促进学科建设

(1) 做好《城市规划》杂志的编辑出版工作

会刊《城市规划》保持了较高的学术质量和影响力，相继入选各类核心期刊，较好地反映了城市规划学术领域的研究进展，具有较强的学术敏感性。

(2)《城市规划（英文版）》正常出版

在清华大学的支持下，《城市规划（英文版）》顺利按预期出版发行，2008年按计划编辑出版4期杂志，无论是刊登的学术内容、刊物的装帧设计，还是印刷质量，都达到较高水平，受到国外学者和同行的一致好评。

(3) 编辑出版《全国乡镇长培训班教材》

学会小城镇规划学术委员会组织编写了《全国乡镇长培训班教材》，该教材共分为三篇，分别就小城镇规划、管理和建设进行详细的阐述。

此外，学会还通过技术咨询、组织城市规划方案征集等形式，为地方政府提供技术服务，通过这些活动，带动地方规划主管部门与编制单位从学术的角度对待日常规划工作，在城市规划行业内弘扬学术风气。

（在本报告撰写中，学会各二级组织、学会秘书处各部门提供了宝贵的资料，在此表示衷心感谢！）

（撰稿人：曲长虹，中国城市规划学会副秘书长、高级工程师）

附　录

Appendix

2008年度中国城市规划大事记

2008年1月1日，《中华人民共和国城乡规划法》开始实施。该法有利于正确处理近期建设和长远发展、局部利益与整体利益、经济发展与环境保护、现代化建设与历史文化保护等的关系，促进合理布局，节约资源，保护环境，体现特色，充分发挥城乡规划在引导城镇化健康发展、促进城乡经济社会可持续发展中的统筹协调和综合调控作用。该法共分7章70条。

2008年1月1日，《湖南省长株潭城市群区域规划条例》开始实施。《条例》明确，长株潭城市群区域是指长沙市、株洲市、湘潭市城市规划区及其周边地区。《条例》规定：长株潭城市群区域规划是长株潭城市群经济和社会协调发展的综合性规划；长株潭城市群区域专项规划和长沙市、株洲市、湘潭市市域规划的制定，应当以长株潭城市群区域规划为依据；长株潭城市群区域内的各项建设，应当符合长株潭城市群区域规划。《条例》同时规定：湖南省人民政府负责组织长株潭城市群区域规划的编制、调整和实施；监督长沙市、株洲市、湘潭市人民政府实施长株潭城市群区域规划；协调和决定长株潭城市群区域规划实施中的重大事项。该条例共21条。

2008年1月6日，由中国国际城市化发展战略研究委员会主办的“首届中国城市化国际峰会”在北京召开。大会对“城市化进程中企业家的社会责任”以及“土地制度创新与中国城市化道路”等话题进行了主题交流，对中国城市化进程的客观形势和政策走向、城市化进程中企业家的社会责任等热点问题进行了全方位的沟通。同时，针对“十一五”期间宏观调控的科学性、新农村建设、如何保护农民工在城市化进程中的合法权益以及如何让全体人民共享城市化成果等问题进行了深入浅出的分析和探讨。本次峰会是在我国城市化进程加速推进的大背景下召开的。

2008年1月7日，国务院向各地发出《关于促进节约集约用地的通知》（国发〔2008〕3号）。《通知》要求审查调整各类相关规划和用地标准；充分利用现有建设用地，提高建设用地利用效率；发挥市场配置土地资源基础性作用，健全节约集约用地长效机制；强化农村土地管理，稳步推进农村集体建设用地节约集约利用；加强监督检查，全面落实节约集约用地责任。

2008年1月7日，全国城市抗震防灾规划审查委员会成立。该委员会在建设部领导下工作，受建设部委托，负责起草、修改有关城市抗震防灾规划审查的技术规定，参加各地建设、规划主管部门组织的城市抗震防灾规划技术审查。第一届委员会设主任委员1名，委员36名，主任委员、委员由建设部聘任，任期3年。

2008年1月13日，建设部下发了《关于贯彻实施〈城乡规划法〉的指导意见》(建规［2008］21号)，对深入贯彻实施《城乡规划法》提出了具体的要求：①充分认识《城乡规划法》的重要意义；②坚持遵循《城乡规划法》的基本原则；③落实《城乡规划法》当前要做好的工作；④认真抓好《城乡规划法》的学习和培训工作；⑤有效开展《城乡规划法》执法检查。

2008年1月15日，国土资源部“全国土地执法百日行动”胜利结束。自2007年9月15日开始的“全国土地执法百日行动”取得了明显成效，摸清了三类违规违法用地情况，纠正和查处了三类违法违规用地行为，分别遴选了土地执法正反两方面的典型，探索构建土地执法长效机制的工作取得了成效。

2008年1月16日，国家批准实施《广西北部湾经济区发展规划》，这标志着广西北部湾经济区开放开发纳入国家发展战略，是广西发展史上的重要里程碑。《规划》明确提出北部湾经济区的功能定位是：立足北部湾、服务“三南”(西南、华南和中南)、沟通东中西、面向东南亚，充分发挥连接多区域的重要通道、交流桥梁和合作平台作用，以开放合作促开发建设，努力建成中国—东盟开放合作的物流基地、商贸基地、加工制造基地和信息交流中心，成为带动、支撑西部大开发的战略高地和开放度高、辐射力强、经济繁荣、社会和谐、生态良好的重要国际区域经济合作区。

2008年1月18～19日，第四届中国人居环境高峰论坛在武汉举办。本次论坛以“绿色——建筑与城市的未来”为主题，紧密结合我国人居环境建设的实际情况和发展趋势，针对我国城市进程和人居环境建设发展中遇到的实际问题，进行科学理论与实践研究的全方位探讨，努力探寻中国人居环境实现可持续发展的新思路，推进中国人居环境事业的健康发展。会上建设部发布了科研课题《城镇规模住区人居环境评估指标体系研究》的研究成果。

2008年1月30日，全国国土资源管理工作会议确定了2008年国土资源工作重点。①严格土地调控和监管，监守18亿亩耕地红线；②巩固整顿规范成果，促进矿产资源合理开发利用；③切实加强地质工作，努力实现找矿重大突破；④大力推进基础基层建设，不断增强支撑保障能力；⑤全面加强干部队伍建设和党风廉政建设，进一步增强执行力和公信力。

2008年1月31日，国土资源部发布了新修订的《工业项目建设用地控制指标》(国土资发［2008］24号)。新修订的《控制指标》由投资强度、容积率、建筑系数、行政办公及生活服务设施用地所占比重、绿地率五项指标构成。规定，工业项目的建筑系数应不低于30%。工业项目所需行政办公及生活服务设施用地面积不得超过工业项目总用地面积的7%。严禁在工业项目用地范围内建造成套住宅、专家楼、宾馆、招待所和培训中心等非生产性配套设施。工业企业内部原则上不得安排绿地。

2008年2月1日，建设部、财政部联合发布的《住宅专项维修资金管理办法》(第165号令) 2月1日起实施。

2008年2月1日，由国土资源部发布的《土地登记办法》(第40号令) 开始施行。《办法》共10章79条，包括总则、一般规定、土地总登记、初始登记、变更登记、注销登记、其他登记、土地权利保护、法律责任及附则。该办法所称土地登记，是指将国有土地使用权、集体土地所有权、集体土地使用权和土地抵押权、地役权以及依照法律法规规定需要登记的其他土地权利记载于土地登记簿公示的行为。

2008年2月1日，建设部命名石家庄市等34个城市为“国家园林城市”，天津市塘沽区等三个城区为“国家园林城区”，北京市密云县等20个县城为国家园林县城，上海市青浦区朱家角镇等10个镇为国家园林城镇。

2008年2月3日，建设部办公厅、民政部办公厅、中国残疾人联合会办公厅、全国老龄工作委员会办公室联合发布《2008年创建全国无障碍建设城市工作要点》(建办标［2008］7号)。《工作要点》要求各地结合本地区的实际情况进一步安排好今年的无障碍建设工作，包括：①积极营造全社会关注无障碍建设的良好氛围；②系统科学规范推进无障碍建设；③加强无障碍建设的监督检查；④召开创建无障碍建设城市经验交流会议；⑤为奥运会、残奥会成功举办提供无障碍建设保障；⑥启动制定《无障碍建设条例》；⑦推进信息无障碍建设；⑧开展残疾人家庭和残疾人综合服务设施无障碍建设和改造工作。

2008年2月4日，建设部公布了2007年中国人居环境奖获奖城市（项目）的名单。经中国人居环境奖领导小组办公室初审、现场考察和专家评审，经中国人居环境奖工作领导小组研究批准，授予江苏省昆山市、山东省日照市、河北省廊坊市2007年“中国人居环境奖”；授予“北京市北二环城市绿化建设项目”等25个项目为2007年“中国人居环境范例奖”。

2008年2月7日，国务院发布《土地调查条例》(国务院令第518号)。《条例》共分7章36条，包括总则、土地调查的内容和方法、土地调查的组织实施、调查成果处理和质量控制、调查成果公布和应用、表彰和处罚以及附则。《条例》要求科学、有效地组织实施土地调查，保证土地调查数据的准确性和及时性。

2008年2月15日，建设部发布《房屋登记办法》(第168号令)。该《办法》共分6章98条，包括总则、一般规定、国有土地范围内房屋登记、集体土地范围内房屋登记、法律责任及附则。《办法》确认房屋的归属，明确房屋的所有权和他项权利，依法保护权利人的权益，意义重大。《办法》自7月1日起施行。

2008年2月18日，中国文化遗产研究院在京成立。中国文化遗产研究院是国家级文化遗产保护科学技术研究机构，主要承担开展国家文化遗产资源的调查、登录工作；承担文化遗产科学的基础研究、专项研究，开展文化遗产保护应用技术研究，推广科学技术研究成果；承担国家重要文化遗产保护项目的有关具体工作等职责。

2008年2月19～20日，建设部召开“十一五”国家科技支撑计划“新型城市轨道交通技术”项目工作会议。会议认为，自项目启动以来各课题承担单位和项目组织单位紧紧围绕着力解决我国城市轨道交通规划、设计、建设、运营和管理中的突出问题，形成具有中国特色城市轨道交通政策、法规和标准体系这一目标，做了大量扎实有效的工作。据初步统计，已发表26篇研究论文（其中向国外发表4篇）；出版了61万字的科技著作；申请14项专利（其中10项为发明专利）；正在编制1项国家标准和6项行业标准；有关研究成果在北京地铁十号线、南京地铁一号线以及广州地铁等在建工程得到应用；开展城市轨道交通新技术评选工作，发布了32项创新技术和先进施工工法并推广应用；初步完成了完整的CBTC系统、中低速磁浮交通试验线、100％低地板轻轨车辆总体技术条件等，具有自主创新能力的技术装备研究取得新进展。

2008年2月22日，建设部出台《关于做好损毁倒塌农房灾后恢复重建工作的指导意见》（建村［2008］44号）、《关于印发〈南方农村房屋灾后重建技术指导要点〉的通知》（建质函［2008］48号）和《关于做好城镇市政公用设施灾后恢复重建工作的指导意见》（建城［2008］43号）。要求做好农村损毁倒塌房屋的灾后加固和重建工作，尽快改善受灾农户居住条件，充分认识做好灾后农房恢复重建工作的重要意义，并提出灾后农房恢复重建工作的指导思想和基本要求。

2008年2月25日，建设部出台《关于做好住房建设规划与住房建设年度计划制定工作的指导意见》（建规［2008］46号）。意见指出，制定和实施住房建设规划与住房建设年度计划，是国务院做出的重要部署，是改善人民群众生活，提高住房保障水平的重点工作，是落实科学发展观、引导建立符合国情的住房建设和消费模式的重要措施，是完善住房供应政策和调整住房供应结构、推进住房保障体系建设的重要手段。

2008年2月25日，针对1月上旬至2月上旬在我国南方连续发生的低温雨雪冰冻灾害，国务院批转煤电油运和抢险抗灾应急指挥中心《低温雨雪冰冻灾后恢复重建规划指导方案》的通知（国发［2008］7号），明确以电网为重点，加紧修复受损基础设施；以修复农田水利等设施为重点，尽快恢复农业生产，以修复倒塌民居为重点，尽快恢复灾区群众生活等方面的工作。各地灾区分别制定灾后重建规划。

2008年2月26日，国务院批复同意海河、太湖、辽河、松花江流域防洪规划。四大流域防洪规划的实施，将进一步提高大江大河防洪标准，完善城市防洪体系，对保障流域人民群众生命财产安全，具有十分重要的意义。

2008年2月29日，建设部在上海召开“全国优先发展城市公共交通示范城市座谈会”。北京、上海、天津、深圳、沈阳、济南、合肥、杭州、郑州、贵阳、常州作为11个“国家优先发展城市公共交通示范城市”，围绕进一步优先发展城市公共交通，进行了交流发言。

2008年3月3日，财政部、国家税务总局下发《关于廉租住房、经济适用住房和住房租赁有关税收政策的通知》。《通知》对支持廉租住房、经济适用住房建设以及住房租赁市场发展的有关税收政策做出具体规定。

2008年3月6日，建设部印发《南方雨雪冰冻灾害地区建制镇供水设施灾后恢复重建技术指导要点》。《要点》包括指导思想、取水工程、处理设施、输配设施、运行管理、应急预案等6部分，要求各地政府要充分发挥灾后恢复重建工作的主导作用，以供水单位为主体，积极利用国家支持政策，组织多方力量进行建制镇供水设施的恢复重建。各地要根据当地的经济社会发展水平，因地制宜，首先恢复现有供水设施供水能力，适当提高供水设施新建的建设标准，增强抵御雨雪冰冻等极端自然灾害和各种风险的能力。

2008年3月10日，中国社会科学院发布2008年《中国省域竞争力蓝皮书(2006—2007)》。蓝皮书指出，在对全国31个省、自治区、直辖市的资料分析基础上得出的全国省域经济综合竞争力排名中上海、北京、广东居前三位。全国省域经济综合竞争力评价体系包括八大指标体系，分别为：宏观经济竞争力、产业经济竞争力、可持续发展竞争力、财政金融竞争力、知识经济竞争力、发展环境竞争力、政府作用力竞争力、发展水平竞争力和科学和谐发展竞争力等指标。

2008年3月11日，建设部发出《关于做好2008年国家级风景名胜区监管信息系统建设暨推进数字化景区试点工作的通知》（建办城函［2008］116号)。《通知》指出，根据有关风景名胜区工作的总体要求，今年国家级风景名胜区监管信息系统暨数字化景区试点工作的目标是：以国家级风景名胜区监管信息系统管理平台为依托，积极推进部、省、景区三级监管信息系统的网络化、规范化运行，强化遥感监测核查在风景名胜区规划实施和资源保护方面的技术支撑和应用，加快推进数字化景区试点建设工作，促进风景名胜区的健康发展。

2008年3月14日，由建设部组织的城乡规划执法工作座谈会在天津市召开。座谈会针对《城乡规划法》的行政执法和执法处罚的有关规定进行了交流，特别是对执法实践中出现的新情况如何适用法律的问题进行了探讨，并就规划执法体制、行政处罚标准、行政执法责任、执法方式方法、制定实施细则五个方面展开了深入的研究。来自北京、上海、天津、重庆4个直辖市的相关部门和建设部政策法规司、城乡规划司有关负责同志参加了座谈。

2008年3月17日，国务院批准了《天津市海洋功能区划》，为加强天津市海域使用管理和海洋环境保护、促进海洋经济可持续发展提供了重要依据，也为滨海新区未来发展提供了广阔的空间。《区划》遵循科学确定海域功能、统筹安排各有关行业用海、保障海域可持续利用、保障海上交通及防洪安全、保障国防安全等基本原则，重点保障交通基础设施和重大项目用海，将天津市海域划分为10个一级类型（港口航运区、渔业资源利用和养护区、矿产资源利用区、旅游区、海水资源利用区、工程用海区、海洋保护区、特殊功能区、保留区、其他功能区），共121个功能区，实现了对天津市所辖海域的全面覆盖。

2008年3月17日，国务院批复《滨海新区综合配套改革试验方案》。《方案》包括金融改革试验、土地管理体制改革、行政管理体制改革、科技体制改革、涉外经济体制改革、土地管理制度改革、城乡规划管理体制改革、社会公共服务改革、农村体制改革、循环经济试验等。

2008年3月18日，国家发改委发布《可再生能源发展“十一五”规划》（发改能源［2008］610号）。《规划》提出，到2010年我国可再生能源在能源消费中的比重将达到10%，全国可再生能源年利用量达到3亿t标准煤，我国将充分利用可再生能源，解决偏远地区无电人口的供电问题，增加农村清洁生活燃料供应，促进农村能源建设。

2008年3月20日，中国房地产业协会发布关于2007年中国房地产市场运行情况及2008年房地产市场预测分析的报告。报告指出，我国住房需求将保持旺盛，房地产业将实现理性回归。

2008年3月21日，根据国务院机构改革方案和《国务院关于机构设置的通知》（国发［2008］11号），建设部将更名为住房和城乡建设部，明确职责调整、主要职责、内设机构、人员编制等事项。

2008年3月21日，住房和城乡建设部发出《关于加强廉租住房质量管理的通知》（建保［2008］62号）。《通知》指出，廉租住房制度是解决城市低收入家庭住房困难的主要途径。《通知》提出四项措施，①严格建设程序，加强建设管理；②落实有关方面责任，确保工程质量；③强化竣工验收工作，保证使用功能；④加强监督检查工作，建立长效机制。

2008年3月26日，国务院通过《2008年工作要点》（国发［2008］15号）。《要点》提出十项工作：①搞好宏观调控，保持经济平稳较快发展；②加强农业基础建设，促进农业发展和农民增收，③推进经济结构调整，转变发展方式；④加大节能减排和环境保护力度，做好产品质量安全工作；⑤深化经济体制改革，提高对外开放水平；⑥更加注重社会建设，着力保障和改善民生；⑦深化文化体制改革，推动文化大发展大繁荣；⑧加强社会主义民主法制建设，促进社会公平正义；⑨加快行政管理体制改革，加强政府自身建设；⑩加强民族宗教侨务、港澳台、国防外交工作。《要点》要求，由住房和城乡建设部牵头抓紧建立住房保障体系，制定住房规划和政策，重点发展面向中低收入家庭的住房。

2008年3月22～24日，由国务院发展研究中心主办的“中国发展高层论坛2008年会”在北京召开。本届年会的主题为“中国2020：发展目标和政策取向”。会上，住房和城乡建设部部长姜伟新对建立和完善中国住房政策体系提出三点思考：①坚持从我国人多地少的基本国情出发，建立科学合理的住房建设和消费模式；②坚持正确发挥政府和市场的作用，建立和完善市场调节和政府保障相结合的住房政策体系；③坚持城乡统筹原则，加强对农民住房的政策研究和引导。

2008年3月27日，联合国亚洲及太平洋经济社会委员会发布《2008年亚洲及太平洋经济社会概览》。该报告以“持续发展、分享繁荣”为主题，提出中国实施近10年的西部大开发战略不仅正在缩小省际经济差距，还惠及了西部地区邻近的国家。

2008年3月28日，国务院发布《关于促进残疾人事业发展的意见》。《意见》指出，我国新建改建城市道路、建筑物等必须建设规范的无障碍设施，已经建成的要加快无障碍改造。

2008年4月10～11日，“2008中国文化遗产保护无锡论坛”在江苏无锡召开。本届论坛以“中国二十世纪遗产保护”为主题，旨在加强对1901～2000年中国近百年文化遗产的保护，重点为近代工商业、红色革命抗日战争、社会转型、解放初期经济复苏、公社运动、大跃进运动、文化革命运动、改革开放等时期的代表性、典型性的建筑物、构筑物，讨论通过了国内首个关于20世纪遗产保护的纲领性文件——《20世纪遗产保护无锡宣言》。

2008年4月11日，国土资源部下发《关于在建设项目用地预审中做好实地踏勘和论证工作有关问题的通知》(国土资厅发［2008］41号)。《通知》就明确论证范围、突出论证重点、规范论证程序、加强组织领导等四个方面做出明确规定。

2008年4月12日，“21世纪展望，人与世界——中法文化遗产保护论坛”在浙江桐乡乌镇举行。该论坛以“经济社会发展中的文化遗产保护”为主题。

2008年4月15日，国家发改委、财政部联合审批并印发《国家环境监管能力建设“十一五”规划》(发改投资［2008］639号)。《规划》总投资149.59亿元，其中中央投资78.47亿元，共安排重点项目50个。《规划》以建设先进的环境监测预警体系和完备的环境执法监督体系为重点，统筹环境监测、环境监察、核与辐射、环境科研、环境信息与统计、环境宣教等各个领域。

2008年4月17日，中华人民共和国住房和城乡建设部正式挂牌成立。这对于加快建立住房保障体系，加强城乡建设统筹，促进城镇化健康发展具有重要意义。

2008年4月18日，京沪高速铁路全线开工。京沪高铁纵贯河北、山东、安徽、江苏四省，途经北京、天津和上海三个直辖市，连接环渤海和长三角两大经济圈，在人员、资金、信息流动方面进一步加强长三角地区的经济辐射作用，推动环渤海以及沿线地区的联动发展。

2008年4月22日，国务院通过《历史文化名城名镇名村保护条例》（国务院令第524号）。《条例》是切实保护历史文化遗产、保持民族文化传承、增强民族凝聚力的重要文化基础，也是建设社会主义先进文化、深入贯彻落实科学发展观和构建社会主义和谐社会的必然要求。《条例》将于2008年7月1日起施行。

2008年4月22日，由中华环境保护基金会、上海世博会事务协调局、杭州市人民政府共同举办的“2008中华城市生态论坛”在杭州西溪国家湿地公园召开。今年主题是：城市生态和谐，让生活更美好。论坛围绕全国不同地域的城市发展范例进行了研讨，探索城市环境保护多样化、打造环境友好型社会、建设人居城市等方面的经验和做法。

2008年4月23日，住房和城乡建设部发布《关于贯彻落实〈中共中央、国务院关于促进残疾人事业发展的意见〉的通知》（建标［2008］77号）。《通知》要求进一步加快无障碍建设和改造，新建、改建、扩建的公共建筑、住宅建筑、社区、城市道路、地铁和公园景区等场所要配套建设无障碍设施，做好做实100个全国无障碍建设城市的创建工作，将住房困难残疾人家庭全部纳入住房保障制度的范围。

2008年4月25～26日，住房和城乡建设部、监察部城乡规划效能监察领导小组办公室在山东省新泰市组织召开了全国城乡规划效能监察联系点工作经验交流会。住房和城乡建设部进一步扩大派出规划督察员试点的覆盖范围，陆续向国务院审批城市总体规划的所有省会城市派出城乡规划督察员。

2008年5月5～12日，由中共中央组织部、住房和城乡建设部、中国科学技术协会联合举办的全国特大城市城乡规划专题研究班在北京开办。研究班针对100万人口以上特大城市的规划管理工作展开培训和座谈，以落实《城乡规划法》，强化规划意识，提高领导城市科学发展的能力。

2008年5月6日，中新天津生态城总体规划正式向外公告并征询公众意见。中新天津生态城总体规划确定了中新天津生态城具体选址在滨海新区海滨休闲旅游区内，位于汉沽和塘沽两区之间，距滨海新区核心区15km、距天津中心城区

45km、距北京150km，总面积约30km²。这里将成为非常理想的居住区，能分流未来在滨海新区工作、生活的150万人口居住的需求，同时将为整个天津市提供更好的服务，还能对环渤海湾周边省市地区起到良好的发展带动作用。

2008年5月6日，住房和城乡建设部要求加快推进数字化城市管理试点工作。2008年是试点工作最后一年，根据全国建设工作会议要求和数字化城市管理试点工作安排，住房和城乡建设部提出：①加快进度，确保今年内完成试点城市系统建设并通过验收；②组织评估，不能按期完成试点工作的城市将被取消试点资格；③结合实际，鼓励数字化城市管理新模式的推广；④认真总结工作经验，形成数字化城市管理理论基础；⑤强化领导，保证试点工作健康发展。

2008年5月6日，住房和城乡建设部下发《房屋登记簿管理试行办法》(建住房［2008］84号)。《办法》的颁布规范了房屋登记簿管理，保障房屋交易安全，保护房屋权利人及相关当事人的合法权益。

2008年5月6日，国务院批复《西安市城市总体规划(2008—2020年)》(国函［2008］44号)，原则同意修订后的西安总规，明确西安的四大定位：陕西省省会，国家重要的科研、教育和工业基地，我国西部地区重要的中心城市，国家历史文化名城。

2008年5月11～17日，2008年“全国城市节约用水宣传周”活动举办，宣传周的主题是“加大节水减排力度，迎接绿色奥运”。住房和城乡建设部提出，各地要大力提倡再生水等非常规水源的科学开发和利用。加强城乡供水、节水、污水处理及再生利用的统筹规划和协调实施。严格执行城镇污水处理再生利用技术标准和规范，科学引导工业、农业、城市绿化、市政环卫、生态景观以及公共建筑等加人使用再生水力度。

2008年5月12日，四川省汶川县发生里氏8.0级大地震，地震最大烈度11度，破坏特别严重的地区超过10万km²。受灾最严重的地区是四川省北川、什邡、绵竹、汶川、彭州等地，地震波及的有感范围包括四川、宁夏、甘肃、青海、陕西、山西、山东、河南、湖北、湖南、重庆、江苏、北京、上海、贵州、西藏等16个省、自治区、直辖市。

2008年5月12～13日，中共中央总书记胡锦涛召开中共中央政治局常务委员会会议，全面部署当前抗震救灾工作。会议强调，灾区各级党委、政府和中央各有关部门一定要紧急行动起来，把抗震救灾作为当前的首要任务，不怕困难，顽强奋战，全力抢救伤员，切实保障灾区人民群众生命安全，尽最大努力把地震灾害造成的损失减少到最低程度。13日，中共中央政治局常委、国务院总理、国务院抗震救灾指挥部总指挥温家宝在列车上召开国务院抗震救灾指挥部会议，强调以人为本是救灾的核心，要抓住时机、抓紧时间抢救人员，这是整个抗震救灾工作的重中之重。

2008 年 5 月 12～15 日，中央和国家机关有关部门按照中共中央办公厅、国务院办公厅有关通知精神，紧急行动起来，以对人民群众高度负责的精神，纷纷采取各项紧急措施，全力以赴投入到抗震救灾工作中。

2008 年 5 月 12～14 日，住房和城乡建设部迅速启动应急预案，研究部署抗震救灾工作。会议决定采取以下紧急措施：①迅速启动《建设系统破坏性地震应急预案》一级响应。②立即开展灾区灾情调查工作，建立信息报告制度。③抓紧组织做好技术支持准备工作。④加强组织领导和工作部署。⑤迅速开展市政公用设施的抢险抢修，确保供水、供气和城市道路畅通。⑥迅速开展应急评估和震害调查，防止发生二次人员伤亡。住房和城乡建设部城乡规划司、中国城市规划设计研究院的规划专家在重灾区察看受灾严重、建筑物受到破坏的学校、政府机关，为灾后重建规划组织方案的制订奠定基础。

2008 年 5 月 13 日，住房和城乡建设部、教育部联合下发《关于推进高等学校节约型校园建设进一步加强高等学校节能节水工作的意见》(建科［2008］90 号)。《意见》提出“十一五”期间的总体节约目标是：实现已有用能项目人均用能在 2005 年所耗能量的基础上降低 15%；已有用自来水项目人均用量在 2005 年所耗水量的基础上降低 15%。

2008 年 6 月 1 日，国家发改委成立国家汶川地震灾后重建规划组。规划组主要负责组织灾后恢复重建规划的编制和相关政策的研究。规划组第一次全体会议研究讨论了《国家汶川地震灾后重建规划工作方案》，明确了灾后重建规划编制工作的主要任务、责任主体和进度要求。

2008 年 6 月 1 日，环境保护部表示，在灾区重建的工作中要将生态环境指标作为灾区生产力布局的基础考量，推进规划环评，让灾区重建保证生态和谐。地震导致了山体滑坡、泥石流等次生地质环境灾害，同时产生了严重的水环境安全隐患。地震还破坏了当地生态系统的平衡，将改变部分珍稀动物的食物结构和生活习性，土壤和地下水污染隐患也已存在，生态系统的基础可能受到严重损害。

2008 年 6 月 1 日，监察部、人力资源和社会保障部和国土资源部联合公布的《违反土地管理规定行为处分办法》(第 15 号令) 开始施行。《办法》对应受处分的违反土地管理规定行为及其处分等作了明确规定，任免机关、监察机关和国土资源行政主管部门建立案件移送制度。该办法对防止、制止行政机关及其公务员行政不作为、行政乱作为，减少土地违规违法行为起到重要作用。

2008 年 6 月 2 日，住房和城乡建设部召开全国住房和城乡建设系统电视电话会议，进一步部署过渡安置房建设工作。会议提出，目前过渡安置房建设开局良好，希望住房和城乡建设系统再接再厉、继续努力，确保完成首批 100 万套过渡安置房建设任务，让灾区人民尽快住有所居，恢复正常的生产与生活。

2008年6月8日，国务院公布《汶川地震灾后恢复重建条例》（国务院令第526号），自公布之日起施行。这是我国首个专门针对一个地方地震灾后恢复重建的条例，将灾后恢复重建工作纳入法制化轨道。《条例》共9章80条，确立了灾后恢复重建工作的指导方针和基本原则，规定了一系列制度和措施，是各地区各部门开展灾后恢复重建工作的行动指南和重要法律依据。

2008年6月18～20日，由中国民族建筑研究会主办的“全国城乡规划设计论坛”在南京召开。本次论坛的主题是“城乡统筹·和谐发展”。论坛对“搞好城乡规划统筹、保护自然资源、历史文化遗产，保持地方特色、民族特色和传统风貌”进行研讨，对如何加强民族建筑遗产的保护、开发和利用提出建议。

2008年6月19～20日，由住房和城乡建设部及河北省人民政府共同主办的“2008城市发展与规划国际论坛暨首届河北省城市规划建设博览会”在河北省廊坊市召开。本届论坛的主题为“灾后重建——生态城市，我们共同的家园”。论坛就灾后重建、城市规划、生态城市、生态防灾减灾、绿色交通等重要议题进行研讨，旨在寻找解决保护生态环境与城市发展供应的良策，建设适宜人类生存发展的城市。

2008年6月26日，温家宝主持召开抗震救灾总指挥部第22次会议。会议指出，灾后重建工作的6大任务是：①要把修复重建城乡居民损毁住房摆在突出位置。②基础设施的恢复重建，要把恢复功能放在首位。③重视优先安排与群众生活密切相关的学校、医院等公共服务设施的恢复重建。④要以市场为导向，根据环境承载能力、产业政策和就业需要，合理安排受灾企业的原地重建、异地迁建或关停并转，发展特色优势产业。加快恢复农业、林业、畜牧业生产，发展服务业。⑤优先恢复重建对保障灾区群众基本生活和恢复生产具有重要作用的市场服务设施。⑥坚持尊重自然、尊重规律、尊重科学，建立完善防灾减灾体系，加强生态保护和环境治理，促进人口、资源、环境协调发展。

2008年6月26日，住房和城乡建设部批准吉林省镇赉县南湖、江苏省昆山市城市生态公园、江西省新余市孔目江和广东省湛江市绿塘河4处湿地公园为第五批国家城市湿地公园。至此我国国家城市湿地公园总数已达30个。

2008年6月27日，国土资源部下发《城乡建设用地增减挂钩试点管理办法》（国土资发［2008］138号）。城乡建设用地增减挂钩，是统筹城乡发展、促进节约集约用地的重要制度创新。《办法》规定，项目区应在试点市、县行政辖区内设置，优先考虑城乡结合部地区；项目区内建新和拆旧地块要相对接近，便于实施和管理，并避让基本农田。项目区内建新地块总面积必须小于拆旧地块总面积，拆旧地块整理复垦耕地的数量、质量应高于建新占用耕地。拆旧地块整理的耕地面积，大于建新占用的耕地的，可用于建设占用耕地占补平衡。《办法》标志着挂钩试点工作已纳入依法管理的轨道。

2008 年 7 月 1 日，我国开始采用 2000 国家大地坐标系。

2008 年 7 月 3 日，国务院发出《关于做好汶川地震灾后恢复重建工作的指导意见》(国发［2008］22 号)。《意见》明确灾后恢复重建工作的指导思想为：深入贯彻落实科学发展观，坚持以人为本、尊重自然、科学重建。优先恢复灾区群众的基本生活条件和公共服务设施，尽快恢复生产条件，合理调整城镇乡村、基础设施和生产力的布局，逐步恢复生态环境。坚持自力更生、艰苦奋斗，以灾区各级政府为主导、广大干部群众为主体，在国家、各地区和社会各界的大力支持下，精心规划、精心组织、精心实施，又好又快地重建家园。基本原则是：科学规划、有序推进。因地制宜、分类指导。自力更生、艰苦奋斗。一方有难、八方支援。《意见》保证国家和各级政府有力、有序、有效地进行灾后恢复重建各项工作，力争用三年左右时间完成灾后恢复重建的主要任务。

2008 年 7 月 4 日，首都绿化委员会办公室宣布，2001 年北京申办奥运会时我国向世界做出的七项绿化美化环境指标已全部兑现。北京分别在山区、平原和城市中间构建起三道绿色生态屏障。

2008 年 7 月 10 日，国务院办公厅关于印发住房和城乡建设部主要职责内设机构和人员编制规定的通知（国办发［2008］74 号)，确定住房和城乡建设部主要职责，①承担保障城镇低收入家庭住房的责任。②承担推进住房制度改革的责任。③承担规范住房和城乡建设管理秩序的责任。④承担建立科学规范的工程建设标准体系的责任。⑤承担规范房地产市场秩序、监督管理房地产市场的责任。⑥监督管理建筑市场、规范市场各方主体行为。⑦研究拟定城市建设的政策、规划。⑧承担规范村镇建设、指导全国村镇建设的责任。⑨承担建筑工程质量安全监管的责任。⑩承担推进建筑节能、城镇减排的责任。⑪负责住房公积金监督管理，确保公积金的有效使用和安全。⑫开展住房和城乡建设方面的国际交流与合作。住房和城乡建设部设 15 个内设机构，新设公积金监管司、房地产监管司、村镇建设司。原来外事司与计划财务司合并为外事计财司。

2008 年 7 月 14～19 日，由中国发展与规划国际论坛（China Planning Network，CPN）联合麻省理工学院（MIT）包括副校长办公室（MIT Chancell or Office）在内的与城市及可持续发展相关的 12 个院、系、研究中心，及清华大学相关院系等共同主办的 2008“CPN 中国周”在北京举办。论坛包括四个部分，城市化国际高层论坛、快速城市化地区的城市综合抗灾减灾系统及灾后重建、中国城市住宅国际高层论坛、第二届中国城市交通国际高层论坛和中国城市规划教育及实践国际交流合作高层论坛。

2008 年 7 月 18 日，住房和城乡建设部机构改革方案获批。机构改革后，住房和城乡建设部的主要任务是承担保障城镇低收入家庭住房、推进住房制度改革等责任，部门内机构设置增设房地产监管司、公积金监管司和村镇建设司。

2008 年 7 月 21 日，国务院批复《长江流域防洪规划》（国函［2008］62 号）和《黄河流域防洪规划》（国函［2008］63 号）。两《规划》的实施对保障黄河流域和长江流域人民群众生命财产安全，促进经济社会又好又快发展，构建社会主义和谐社会，具有十分重要的意义。

2008 年 7 月 22 日，环境保护部审议并原则通过《汶川地震灾后生态修复规划》。《规划》提出了修复重建的规划目标，到 2010 年完成灾区环境保护基础设施和企业治污设施恢复重建。

2008 年 7 月 23 日，住房和城乡建设部召开全国住房和城乡建设系统电视电话会议。会议通报了前一阶段的主要工作，并就下一阶段的工作任务进行了部署。各地要做好城市供水系统、燃气热力设施、轨道交通、集中居住区、风景名胜区及重点重大工程 6 个方面的安全保障工作，保证北京奥运会的顺利召开。修订《建筑抗震设计规范》，加强廉租住房建设和相关的政策研究，抓好城市污水处理厂和垃圾处理场的建设工作。

2008 年 7 月 25 日，国家发改委批准了住房和城乡建设部房地产预警预报系统初步设计概算，标志着囊括全国 40 个城市的房地产预警系统迈出了关键性的一步。

2008 年 7 月 28 日，在 2008 北京国际新闻中心举行的“中国文化遗产与自然遗产的传承和保护”新闻发布会上，文化部、国家文物局、住房和城乡建设部发布关于非物质文化遗产保护工作、文化生态保护区、自然遗产保护工作方面的相关情况。

2008 年 7 月 31 日，环境保护部和中国科学院在北京联合发布《全国生态功能区划》。该区划首次对中国的生态空间特征进行了全面分析，对生态敏感性、生态系统服务功能及其重要性进行了评价，确定了不同区域的生态功能，提出了中国生态功能区划方案。

2008 年 8 月 1 日，《村庄整治技术规范》（GB 50445—2008）实施。该规范是指导社会主义新农村建设村庄整治工作的国家标准，是村镇建设技术法规的基础成果，结束了村庄整治参照城市居住区规范执行，没有自己标准的历史，对推动村庄整治工作深入开展，把握改善农村人居环境工作的方向和力度，将起到十分重要的作用。

2008 年 8 月 1 日，我国第一条具有自主知识产权、具有国际一流水平的高速城际铁路——京津城际铁路正式开通运营。京津城际铁路连接北京、天津两大直辖市，全长 120km，设计最高时速为 350km。

2008 年 8 月 2 日，国务院发布《关于深入开展全民节能行动的通知》（国办发［2008］106号）。《通知》要求各省份、国务院各部门和各直属机构进一步增强能源忧患意识和节能意识，开展十大全民节能行动，缓解能源供应紧张状况，保护生态环境。

2008年8月4日，由陕西省建设厅组织编制的《关中城市群建设规划》、《西咸一体化建设规划》、《陕南地区城镇体系规划》获得原则通过。关中城市群为“一轴一环三走廊”的城镇空间格局，重点支持西安做大做强，加快推进西咸一体化进程，把西安都市圈建设成为关中率先发展的核心板块。

2008年8月5日，交通运输部和辽宁省人民政府联合批复《大连港总体规划》。《规划》突破原有港口发展范围的局限，在渤海岸线开发建设长兴岛临港工业港区，形成大连市黄、渤海两岸大型港口比肩共进的发展态势，填补了大连市在渤海沿岸没有大型港口的空白。

2008年8月8日，历经一年时间修缮整治的前门大街正式对外开放。前门大街定位为地标性的步行商业街，两侧建筑恢复清末民初风貌。前门大街工程是抢救、保护、振兴古都历史文化风貌的重要工程，对于实现传统“南中轴线”，实践“人文奥运”起到关键作用。

2008年8月9日，天津市与国土资源部在天津签署《关于共同推进天津市国土资源工作，促进滨海新区开发开放合作备忘录》。天津市将在国土资源部的指导帮助下，以优化土地利用结构、改革土地管理方式、创新土地管理机制为重点，统筹国土资源开发利用和保护，进一步推进滨海新区土地管理改革。《合作备忘录》涉及12个方面的内容，包括推进土地利用规划、计划管理，创新耕地保护模式，改革农转用和征地制度，完善征地补偿机制，推进集约节约利用国土资源，改革集体建设用地管理和收益分配制度，加强地质灾害防治和人才智力交流等。

2008年8月11日，辽宁省发布《沈抚连接带总体发展概念规划》。《规划》要求加速沈抚同城化进程，是全国第一个同城化总体发展概念规划。

2008年8月13日，国务院审议并原则通过《全国土地利用总体规划纲要（2006—2020年）》。土地利用总体规划是落实土地宏观调控和土地用途管制、规划城乡建设的重要依据，是实行最严格土地管理制度的一项基本手段。《纲要》突出了对耕地的严格保护和对土地的节约集约利用，强调统筹土地利用与经济社会协调发展，不断提高土地资源对经济社会全面、协调、可持续发展的保障能力。

2008年8月29日，住房和城乡建设部、财政部、国土资源部联合发布《关于汶川地震灾区城镇居民住房重建的指导意见》（建法［2008］151号），要求四川、陕西、甘肃等受灾省份组织建设安居房，加大廉租住房保障力度，优先安排除险加固，积极推进原址重建，并确保灾后住房工程建设质量。

2008年8月29日，十一届全国人大常委会通过《中华人民共和国循环经济促进法》（主席令第4号）。循环经济促进法共分7章59条，分别为总则、基本管理制度、减量化、再利用和资源化、激励措施、法律责任、附则。《循环经济促进法》有效结合开源、节流和保护环境三方面，既把握了我国资源和环境问题的实质，又创设了与经济、社会和环境保护规律相一致的综合性制度和机制，有效地缓解了我国的资源和环境问题。

2008年8月28～31日，中国城市科学研究会中小城市分会第十九次年会在新疆维吾尔自治区昌吉市召开。会议确定中国城市科学研究会中小城市分会第二十次年会由湖北省钟祥市承办。

2008年9月4日，住房和城乡建设部发布通报，命名敦化市、淮安市、上虞市、赣州市、长沙市、宜都市、南充市、西宁市等8个城市为国家园林城市。

2008年9月7日，国务院原则通过《进一步推进长江三角洲地区改革开放和经济社会发展的指导意见》（国发［2008］30号）。《意见》从12个方面提出促进长江三角洲地区经济、社会、文化等方面发展的重要意见。《意见》推进长江三角洲地区改革开放和经济社会发展，坚持走科学发展之路，加快经济发展方式转变和经济结构调整，显著增强区域综合实力、创新能力和可持续发展能力；全面深化改革开放，推进体制机制创新，增强发展的动力；加快推进区域一体化进程，促进区域协调和城乡统筹发展；强化服务和辐射功能，充分发挥对周边地区、长江流域及其他地区的带动作用；加强政治、经济、文化、社会建设，推动物质文明、精神文明、政治文明、生态文明共同进步。

2008年9月10日，《武汉城市圈资源节约型和环境友好型社会建设综合配套改革试验总体方案》获得国务院批复。这标志着武汉城市圈“两型社会”改革试验已进入全面实施阶段，对湖北的改革发展具有里程碑意义。《总体方案》确定改革试验的总体目标是：按照党中央、国务院部署，创新体制机制，增强可持续发展能力，实现区域经济一体化，把武汉城市圈建设成为全国宜居的生态城市圈，重要的先进制造业基地、高新技术产业基地、优质农产品生产加工基地、现代服务业中心和综合交通运输枢纽，成为与沿海三大城市群相呼应、与周边城市群相对接的充满活力的区域性经济中心，成为全国“两型社会”建设的典型示范区。

2008年9月11日，住房和城乡建设部嘉奖全国住房和城乡建设系统抗震救灾先进集体、全国住房和城乡建设系统抗震救灾先进个人。

2008年9月11日，住房和城乡建设部批准邯郸市丛台公园等26个公园为第二批国家重点公园。

2008年9月16日，住房和城乡建设部出台《关于加强城市绿地系统建设提高城市防灾避险能力的意见》（建城［2008］171号）。《意见》指出充分认识城市绿地系统在城市防灾避险中的重要作用，加快编制城市绿地系统防灾避险规划，尽快完善城市绿地系统防灾避险能力建设，努力做好城市绿地保护和防灾避险设施维护，切实加强对城市绿地防灾避险工作的组织领导。《意见》对进一步加强城市绿地系统建设，完善城市绿地系统的防灾避险功能，提高城市综合防灾避险能力起到推进作用。

2008年9月19～21日，由中国城市规划学会主办、大连市人民政府协办的2008中国城市规划年会在大连举行。本届年会的会议主题是“生态文明视角下的城乡规划”，涉及城市可持续发展、城市化、城乡统筹发展、区域发展、城乡规划管理、城市历史文化保护、城市安全、住房建设规划、控制性详细规划、城市设计、空间发展、综合交通、风景环境规划、新技术应用等多个话题。

2008年9月19日，国务院发布《国务院关于印发汶川地震灾后恢复重建总体规划的通知》（国发［2008］31号）以及《汶川地震灾后恢复重建总体规划》。《规划》提出，中国将用3年左右的时间，耗资1万亿元，完成四川、甘肃、陕西重灾区灾后恢复重建主要任务，使广大灾区基本生活条件和经济社会发展水平达到或超过灾前水平。《规划》共15章，涉及重建基础、总体要求、空间布局、城乡住房、城镇建设、农村建设、公共服务、基础设施、产业重建、防灾减灾、生态环境、精神家园、政策措施、重建资金、规划实施等。

2008年9月20～22日，由国际城市与区域规划师学会（ISOCARP）、中国城市规划学会主办的第44届国际规划大会在大连举办。国际城市与区域规划师学会是一个全球性资深职业规划师组织，其主办的国际规划大会是国际规划界最高级别的会议，每年在不同的国家举行。本届大会的主题是“集约增长——可持续的城市化之路”。大会就城市蔓延经济学、公共交通、抑制城市蔓延的理念和政策、大都市管理、生态管理与文化传承、间于城市蔓延和紧凑城市之间的城市形态6个方面的专题进行了研讨。来自世界各地的190多位规划师和国内的70多位规划师参加了此次学术盛会。由邵益生、石楠等编著的《Some Observations Concerning China's Urban Development》一书，获得了国际城市与区域规划师学会颁发的2008年度葛德·阿尔伯斯奖（Gerd Albers Award），这是我国学者首次获得该项国际大奖。

2008年9月20日，由世界华人建筑师协会城市特色学术委员会和太原市规划局组织的“世界华人建筑师协会城市特色学术委员会2008年太原学术研讨会”在太原市举行。本次会议主题是“历史文化名城与滨水城市特色”，旨在弘扬太原乃至山西的历史文化，突出城市风貌，传承中华民族的建筑特色。

2008年9月21日，国土资源部发出《关于加强建设用地动态监督管理的通知》（国土资发［2008］192号）。《通知》强调，对建设用地“批、供、用、补、查”等有关情况实行全面监管、全程监督，构建统一的网络监管平台，各级国土资源部门主要负责人是信息报备工作第一责任人。

2008年9月23日，深圳市政府联合国务院多个部门编制的《深圳国家创新型城市总体规划（2008—2015年）》完成，成为我国第一部国家创新型城市规划。深圳市是国家发改委批准的第一个创新型城市试点。《规划》明确了深圳创建国家创新型城市的总体目标：把自主创新作为深圳城市发展的主导战略，夯实创新基础，完善政策环境，增强创新能力，将深圳建设成为创新体系健全、创新要素集聚、创新效率高、经济社会效益好，辐射引领作用强的国家创新型城市。

2008年9月26日，住房和城乡建设部在京召开部机关和部属单位抗震救灾工作总结表彰大会，表彰了在抗震救灾中涌现出的27个先进集体和131名先进个人。

2008年10月1日，《公共机构节能条例》（国务院令第531号）施行。这部法规旨在推动全部或者部分使用财政性资金的国家机关、事业单位和团体组织等公共机构节能，提高公共机构能源利用效率，发挥公共机构在全社会节能中的表率作用。《条例》要求公共机构加强用能管理，采取技术上可行、经济上合理的措施，降低能源消耗，减少、制止能源浪费，有效、合理地利用能源。

2008年10月6日，“世界人居日”庆典暨“联合国人居奖”颁奖仪式在安哥拉举行。江苏省张家港市获得了2008年“联合国人居奖”荣誉奖，成为全国第一个荣膺“联合国人居奖”的县级市。南京市政府荣获本年度联合国人居奖特别荣誉奖，绍兴市获得联合国人居奖荣誉奖。

2008年10月7日，四川省政府召开专题会议，全面部署和启动汶川地震灾后城镇住房重建工作，力争通过3年努力，使城镇受灾群众住上符合国家居住区规划设计标准、安全可靠、经济适用、功能齐全、设施配套、环境优化的永久性住房，实现家家有房住的目标。

2008年10月8日，由全国人大环境与资源保护委员会牵头，宣传部、财政部、国土资源部等14个部门共同组织的“2008年中华环保世纪行”活动启动。今年的活动主题是“节约资源，保护环境”，全面宣传我国改革开放30年来在环境资源保护方面取得的成效，宣传《循环经济促进法》，为推进资源节约型和环境友好型社会建设创造良好的社会氛围。

2008年10月8日，中国生态文化协会在北京成立。中国生态文化协会是经国务院批准成立的全国性社会团体。该协会的宗旨是弘扬生态文化，倡导绿色生活，共建生态文明。

2008年10月13日，由国际地震工程协会主办，中国地震工程联合委员会承办的“第十四届世界地震工程大会”在北京召开。本届大会以“创新、安全、应用”为主题，体现了当今世界地震工程科技发展趋势和防震减灾要求。大会推动世界地震工程学及相关领域的发展，促进地震科技创新，对于提升世界工程抗御地震灾害能力发挥了重要作用。

2008年10月13日，国务院总理温家宝主持召开国务院常务会议，审议并原则通过《全国土地利用总体规划纲要（2006—2020年）》。《纲要》（规划范围未包括香港特别行政区、澳门特别行政区和台湾省）要求规划期内全国耕地保有量2010年和2020年分别保持在18.18亿亩和18.05亿亩，分为土地利用面临的形势、指导原则与目标任务、保护和合理利用农用地、节约集约利用建设用地、协调土地利用与生态建设、统筹区域土地利用、规划实施保障措施等七章。土地利用总体规划是落实土地宏观调控和土地用途管制、规划城乡建设的重要依据，是实行最严格土地管理制度的一项基本手段。

2008年10月14～15日，由中国城市规划学会、小城镇规划学术委员会主办、江苏省建设厅协办、江阴市人民政府承办的“可持续发展的小城镇规划、建设与管理”专题学术论坛暨2008年小城镇规划学术委员会年会在江阴召开。

2008年10月21日，国家“十一五”大遗址保护重点工程——西安大明宫国家遗址公园保护工程全面启动。到2010年10月，大明宫国家遗址公园将建成开放，成为我国大遗址保护的示范工程和未来西安的“城市中央公园”。大明宫国家遗址保护展示示范园区暨遗址公园保护工程规划占地面积19.16km^2，其核心区——大明宫国家遗址公园占地3.2km^2。

2008年10月24日，在国家文物局、联合国教科文组织下，由贵州省文化厅、北京大学、同济大学主办，贵州省文物局承办的“中国·贵州——村落文化景观保护与可持续利用国际学术研讨会”在贵阳开幕。这是一次以“村落文化景观”作为议题的国际学术会议。

2008年10月25～26日，由金经昌城市规划教育基金会、《城市规划学刊》编辑部、同济大学建筑与城市规划学院、上海同济城市规划设计研究院联合主办的“第五届中国城市规划学科发展论坛”在上海同济大学举行。该论坛以“促进学科发展，活跃学术研究”为宗旨，以前瞻性、科学性、开放性为特色，关注未来城市规划学科的发展方向及在新形势下城市规划如何发挥更大作用，促进城市和社会和谐发展等重大问题。

2008年10月28日，全国生态旅游发展工作会议在大连市召开。会议研究部署生态旅游发展工作，促进生态文明建设和环境友好型社会建设，出台了《全国生态旅游发展纲要》。

2008年11月3～7日，由住房和城乡建设部、联合国人居署主办的“第四届世界城市论坛”在南京市举办。该论坛以“和谐的城镇化”为主题展开，下设六个分议题：①社会和谐的城市，内容涉及公正、包容、收入、减贫、土地和社会住房等方面；②经济和谐的城市，内容涉及基础设施的建设与维护、城市发展融资、国外直接投资、城市非正式经济等方面；③环境和谐的城市，内容涉及气候变化、能源与资源节约、生物多样性、水与卫生、交通、绿色建筑与城市等方面；④空间和谐的城市，内容涉及城市规划、城乡协调发展、区域协调发展、土地的综合使用等方面；⑤历史和谐的城市，内容涉及遗产保护、城市文化、历史建筑、城市更新等方面；⑥城市的代际和谐，内容涉及青年、老龄化人口、网络与信息交流技术、教育与保健、运动与音乐等方面。

2008年11月5日，国家发改委会同多个部门联合发布7个汶川地震灾后恢复重建专用规划，涉及土地利用、市场服务体系、生态修复、农村建设和公共服务设施建设、城镇体系、城乡住房建设。这些规划包括《汶川地震灾后恢复重建土地利用专项规划》、《汶川地震灾后恢复重建市场服务体系专项规划》、《汶川地震灾后恢复重建生态修复专项规划》、《汶川地震灾后恢复重建农村建设专项规划》、《汶川地震灾后恢复重建城镇体系专项规划》、《汶川地震灾后恢复重建公共服务设施建设专项规划》和《汶川地震灾后恢复重建城乡住房建设专项规划》。根据上述规划，我国计划用3年左右的时间，耗资1万亿元，完成四川、甘肃、陕西重灾区灾后恢复重建主要任务，使广大灾区基本生活条件和经济社会发展水平达到或超过灾前水平，努力把灾区建设成为安居乐业、生态文明、安全和谐的新家园。

2008年11月7～9日，住房和城乡建设部以及国际水协会（IWA）中国委员会联合主办的"第三届中国城镇水务发展国际研讨会暨水处理新技术与设备博览会"在北京召开。大会的主题是"进一步推进节水减排、改善水环境、保障水安全"。大会旨在引进国际上水业发展的先进理念、技术和成功经验，扩大与世界各国水领域学术界和企业界的交流与合作，有效缓解我国面临的水资源短缺与水环境污染加剧的矛盾，进一步推进我国城市水务市场化改革和产业化进程，指导我国城镇供水、节水和污水处理及资源化工作的开展，加快我国水行业的技术进步和机制创新。

2008年11月14～16日，由中国城市规划协会主办，江苏省建设厅和南京市规划局承办的"中国城市规划协会第三届会员代表大会暨改革开放30周年纪念活动"在南京举办。本次会议举办"改革开放与城市规划"报告会，纪念改革开放30周年，展示城市规划行业成就，增强城市规划工作者使命感，并就行业共同关注的问题进行充分研究和探讨，促进广泛交流，加快行业建设与发展。

2008年11月27日，铁道部公布重新调整的《中长期铁路网规划》。规划到2020年，我国时速在250km以上的铁路里程将达1.6万km，将新增4万多公里营业里程。届时，我国铁路运营规模将在现在基础上再增长约50%，煤运通道年运输能力将达 25 亿 t 以上。

2008 年 12 月 15～16 日，由交通部科学研究院和中国交通运输协会主办的“中国城市交通可持续发展国际研讨会”在北京召开。本次研讨会旨在促进城市交通管理体制机制、公共交通优先发展、城乡交通一体化等方面的交流，推动中国城市交通的可持续发展。

2008 年 12 月 17 日，国务院总理温家宝主持召开国务院常务会议，审议并原则通过《珠江三角洲地区改革发展规划纲要》。会议指出，当前国际金融危机对我国经济的影响日益加深。珠江三角洲地区中小企业多，外向型企业多，对外依存度高，受到的冲击比较大，必须把保持经济平稳较快发展作为当前的首要任务，通过发展促增长、调结构、保民生，把扩大内需与经济增长、社会建设、民生改善更好地结合起来，进一步深化改革，提高开放水平，这是克服面临困难、实施规划纲要、保证珠江三角洲地区长远发展的基础。

2008 年 12 月 20 日，国务院办公厅发布《关于促进房地产市场健康发展的若干意见》(国办发［2008］131 号)。《意见》提出，争取用 3 年时间基本解决城市低收入住房困难家庭住房及棚户区改造问题。一是通过加大廉租住房建设力度和实施城市棚户区（危旧房、筒子楼）改造等方式，解决城市低收入住房困难家庭的住房问题。二是加快实施国有林区、垦区、中西部地区中央下放地方煤矿的棚户区和采煤沉陷区民房搬迁维修改造工程，解决棚户区住房困难家庭的住房问题。三是加强经济适用住房建设，各地从实际情况出发，增加经济适用住房供给。意见明确，2009 年是加快保障性住房建设的关键一年。到 2011 年年底，基本解决 747 万户现有城市低收入住房困难家庭的住房问题，基本解决 240 万户现有林区、垦区、煤矿等棚户区居民住房的搬迁维修改造问题。2009～2011 年，全国平均每年新增 130 万套经济适用住房。

2008 年 12 月 21 日，《北川新县城灾后重建总体规划》通过了住房和城乡建设部、四川省建设厅的联合技术审查。规划目标为“再造一座安全、宜居、特色、繁荣、文明、和谐新北川”。5 月 22 日，温家宝总理在北川老县城视察时提出“再造一个新北川”；11 月 6 日，温家宝总理听取北川新县城规划情况汇报后指出，新县城要按照“安全、宜居、特色、繁荣、文明、和谐”的 12 字标准进行建设，努力使新北川县城成为“城建工程标志、抗震精神标志和文化遗产标志”。

2008 年 12 月 22 日，由住房和城乡建设部、国家文物局共同举办的“第四批中国历史文化名镇、名村授牌仪式暨历史文化资源保护研讨会”在北京举行。北京市密云县古北口镇、天津市西青区杨柳青镇等 94 个村镇当选为历史文化名镇、名村。至此，中国国家级历史文化名村、名镇已达 251 个。

2008年12月23日，由中国城市发展研究院编著的《2008中国城市科学发展综合评级报告》在北京首发。《报告》在国家统计局公布的2006年数据的基础上，以《中国城市科学发展综合评级体系设计》为理论依据，将全国地级以上城市进行分析、评价和分级后，评出上海、杭州、无锡等10个城市为科学发展优秀城市，另外将其他城市分类归入A类、B类、C类、D类城市。《报告》从引导功能、预警功能、监督功能、促进功能等多角度去审视和评价每一个城市，通过分析以前连续发生的数据，揭示出城市可能发展的趋向。

2008年12月24日，十一届全国人大常委会第六次会议在人民大会堂举行第二次全体会议，审议国务院《关于"十一五"规划纲要实施中期情况的报告》、《关于积极采取措施应对国际金融危机确保国民经济平稳较快发展情况的报告》、《关于稳定物价工作的报告》、《关于水污染防治工作进展情况的报告》。

2008年12月30日，由四川省环保局组织的专家评审组一致通过《北川羌族自治县新县城灾后重建总体规划环境影响报告书》的审查。这是四川省通过的首个地震重灾区重建总体规划环评。

（中国城市规划行业信息网胡文娜编辑整理）

2008年度城市规划相关政策法规索引

名称	批号（文号）	发布机构	发布日期	实施日期
关于印发《国家酸雨和二氧化硫污染防治“十一五”规划》的通知	环发［2008］1号	中华人民共和国环境保护总局、发展和改革委员会	2008-01-03	2008-01-03
关于促进节约集约用地的通知	国发［2008］3号	中华人民共和国国务院	2008-01-03	2008-01-03
关于成立全国城市抗震防灾规划审查委员会的通知	建质函［2008］6号	中华人民共和国建设部	2008-01-07	2008-01-07
关于同意建立促进中部地区崛起工作部际联席会议制度的批复	国函［2008］2号	中华人民共和国国务院	2008-01-11	2008-01-11
转发环保总局等部门关于加强重点湖泊水环境保护工作意见的通知	国办发［2008］4号	中华人民共和国国务院办公厅	2008-01-12	2008-01-12
关于2007年中国人居环境奖获奖城市（项目）名单的通报	建城［2008］20号	中华人民共和国建设部	2008-01-13	2008-01-13
关于贯彻实施《城乡规划法》的指导意见	建规［2008］21号	中华人民共和国建设部	2008-01-13	2008-01-13
民用建筑节能工程质量监督工作导则	建质［2008］19号	中华人民共和国建设部	2008-01-29	2008-01-29
中华人民共和国注册建筑师条例实施细则	建设部令第167号	中华人民共和国建设部	2008-01-29	2008-01-29
关于命名国家园林城市（城区）的通报	建城［2008］30号	中华人民共和国建设部	2008-02-01	2008-02-01
关于命名国家园林县城、园林城镇的通报	建城［2008］31号	中华人民共和国建设部	2008-02-01	2008-02-01
关于印发《2008年创建全国无障碍建设城市工作要点》的通知	建办标［2008］7号	中华人民共和国建设部办公厅、民政部办公厅、中国残疾人联合会办公厅、全国老龄工作委员会办公室	2008-02-03	2008-02-03
土地调查条例	第518号	中华人民共和国国务院	2008-02-07	2008-02-07
关于海河流域防洪规划的批复	国函［2008］11号	中华人民共和国国务院	2008-02-16	2008-02-16

续表

名　称	批号（文号）	发布机构	发布日期	实施日期
关于太湖流域防洪规划的批复	国函［2008］12 号	中华人民共和国国务院	2008-02-16	2008-02-16
关于辽河流域防洪规划的批复	国函［2008］13 号	中华人民共和国国务院	2008-02-16	2008-02-16
关于松花江流域防洪规划的批复	国函［2008］14 号	中华人民共和国国务院	2008-02-16	2008-02-16
关于做好建设系统灾后恢复重建安全生产工作的通知	建质［2008］45 号	中华人民共和国建设部	2008-02-22	2008-02-22
关于做好损毁倒塌农房灾后恢复重建工作的指导意见	建村［2008］44 号	中华人民共和国建设部	2008-02-22	2008-02-22
关于做好住房建设规划与住房建设年度计划制定工作的指导意见	建规［2008］46 号	中华人民共和国建设部	2008-02-25	2008-02-25
中华人民共和国耕地占用税暂行条例实施细则	第 49 号令	中华人民共和国财政部、国家税务总局	2008-02-26	2008-02-26
中华人民共和国水污染防治法	主席令第 87 号	中华人民共和国全国人民代表大会	2008-02-28	2008-06-01
城市公共交通工程术语标准	CJJ/T 119—2008	中华人民共和国建设部	2008-02-29	2008-09-01
关于印发可再生能源发展“十一五”规划的通知	发改能源［2008］610 号	中华人民共和国发展和改革委员会	2008-03-03	2008-03-03
关于批准发布《城市轨道交通工程项目建设标准》的通知	建标［2008］57 号	中华人民共和国建设部、国家发改委	2008-03-04	2008-07-01
关于印发《全国饮用水水源地基础环境调查及评估工作方案》的通知	环办［2008］28 号	中华人民共和国国家环境保护总局办公厅	2008-03-06	2008-03-06
关于做好 2008 年第二次全国土地调查工作的通知	国土调查发［2008］1 号	中华人民共和国国土资源部	2008-03-11	2008-03-11
关于做好 2008 年国家级风景名胜区监管信息系统建设暨推进数字化景区试点工作的通知	建办城函［2008］116 号	中华人民共和国建设部	2008-03-11	2008-03-11
关于加快发展服务业若干政策措施的实施意见	国办发［2008］11 号	中华人民共和国国务院办公厅	2008-03-13	2008-03-13
关于加强廉租住房质量管理的通知	建保［2008］62 号	中华人民共和国住房和城乡建设部	2008-03-21	2008-03-21
村庄整治技术规范	GB 50445—2008	中华人民共和国住房和城乡建设部	2008-03-31	2008-08-01

续表

名 称	批号（文号）	发布机构	发布日期	实施日期
取水许可管理办法	水利部令第34号	中华人民共和国水利部	2008-04-09	2008-04-09
关于在建设项目用地预审中做好实地踏勘和论证工作有关问题的通知	国土资厅发［2008］41号	中华人民共和国国土资源部	2008-04-11	2008-04-11
历史文化名城名镇名村保护条例	第524号令	中华人民共和国国务院	2008-04-22	2008-07-01
关于印发《城市低收入家庭住房保障统计报表制度》的通知	建保［2008］79号	中华人民共和国住房和城乡建设部、民政部等	2008-04-23	2008-04-23
关于贯彻落实《中共中央、国务院关于促进残疾人事业发展的意见》的通知	建标［2008］77号	中华人民共和国住房和城乡建设部	2008-04-23	2008-04-23
关于施行中华人民共和国政府信息公开条例若干问题的意见	国办发［2008］36号	中华人民共和国国务院办公厅	2008-04-29	2008-04-29
关于西安市城市总体规划的批复	国函［2008］44号	中华人民共和国国务院	2008-05-06	2008-05-06
关于印发《房屋登记簿管理试行办法》的通知	建住房［2008］84号	中华人民共和国住房和城乡建设部	2008-05-06	2008-05-06
关于加快推进数字化城市管理试点工作的通知	建城容函［2008］70号	中华人民共和国住房和城乡建设部	2008-05-06	2008-05-06
高等学校节约型校园建设管理与技术导则（试行）	建科［2008］89号	中华人民共和国住房和城乡建设部、教育部	2008-05-13	2008-05-13
关于推进高等学校节约型校园建设进一步加强高等学校节能节水工作的意见	建科［2008］90号	中华人民共和国住房和城乡建设部、教育部	2008-05-13	2008-05-13
关于印发《地震灾区过渡安置房建设技术导则》（试行）的通知	建科［2008］94号	中华人民共和国住房和城乡建设部	2008-05-21	2008-05-21
批转国务院抗震救灾总指挥部关于当前抗震救灾进展情况和下一阶段工作任务的通知	国发［2008］16号	中华人民共和国国务院	2008-05-28	2008-05-28
关于印发《地震灾区建筑垃圾处理技术导则》（试行）的通知	建科［2008］99号	中华人民共和国住房和城乡建设部	2008-05-30	2008-05-30
关于印发地震灾区城市供水应对水源污染应急处理技术要点的通知	建城水函［2008］第109号	中华人民共和国住房和城乡建设部	2008-06-02	2008-06-02

续表

名　称	批号（文号）	发布机构	发布日期	实施日期
关于印发《地震灾区过渡安置房建设资金管理办法》的通知	财建［2008］360号	中华人民共和国财政部、住房和城乡建设部	2008-06-02	2008-06-02
关于公布第二批国家级非物质文化遗产名录和第一批国家级非物质文化遗产扩展项目名录的通知	国发［2008］19号	中华人民共和国国务院	2008-06-07	2008-06-07
汶川地震灾后恢复重建条例	第526号令	中华人民共和国国务院	2008-06-08	2008-06-08
关于做好汶川地震房屋倒损农户住房重建工作的指导意见		中华人民共和国民政部、财政部、住房和城乡建设部	2008-06-12	2008-06-12
关于印发《绿色建筑评价技术细则补充说明（规划设计部分）》的通知	建科［2008］113号	中华人民共和国住房和城乡建设部	2008-06-24	2008-06-24
关于发布《地震灾后新农村住房恢复重建技术要点》的通知		中华人民共和国国家减灾委员会、科学技术部	2008-06-25	2008-06-25
关于印发《民用建筑节能信息公示办法》的通知	建科［2008］116号	中华人民共和国住房和城乡建设部	2008-06-26	2008-07-15
关于印发《民用建筑能效测评标识技术导则》（试行）的通知	建科［2008］118号	中华人民共和国住房和城乡建设部	2008-06-26	2008-06-26
关于严格耕地占补平衡管理的紧急通知	国土资电发［2008］85号	中华人民共和国国土资源部	2008-06-26	2008-06-26
关于修订《中央廉租住房保障专项补助资金实施办法》的通知	财综［2008］48号	中华人民共和国财政部	2008-06-26	2009-01-01
城乡建设用地增减挂钩试点管理办法	国土资发［2008］138号	中华人民共和国国土资源部	2008-06-27	2008-06-27
关于支持汶川地震灾后恢复重建政策措施的意见	国发［2008］21号	中华人民共和国国务院	2008-06-29	2008-06-29
关于做好汶川地震灾后恢复重建工作的指导意见	国发［2008］22号	中华人民共和国国务院	2008-07-03	2008-07-03
关于进一步加快宅基地使用权登记发证工作的通知	国土资发［2008］146号	中华人民共和国国土资源部	2008-07-08	2008-07-08
关于长江流域防洪规划的批复	国函［2008］62号	中华人民共和国国务院	2008-07-21	2008-07-21
关于黄河流域防洪规划的批复	国函［2008］63号	中华人民共和国国务院	2008-07-21	2008-07-21

续表

名　称	批号（文号）	发布机构	发布日期	实施日期
对外承包工程管理条例	第 527 号令	中华人民共和国国务院	2008-07-21	2008-09-01
关于印发《地震灾后建筑鉴定与加固技术指南》的通知	建标［2008］132 号	中华人民共和国住房和城乡建设部	2008-07-23	2008-07-23
民用建筑节能条例	第 530 号令	中华人民共和国国务院	2008-08-01	2008-10-01
公共机构节能条例	第 531 号令	中华人民共和国国务院	2008-08-01	2008-10-01
关于深入开展全民节能行动的通知	国办发［2008］106 号	中华人民共和国国务院办公厅	2008-08-01	2008-08-01
关于加强汶川地震灾后恢复重建房屋建筑工程质量安全管理的通知	建质［2008］136 号	中华人民共和国住房和城乡建设部	2008-08-05	2008-08-05
风景名胜区分类标准	CJJ/T 121—2008	中华人民共和国住房和城乡建设部	2008-08-11	2008-12-01
关于推进县域村庄整治联系点工作的指导意见	建村［2008］141 号	中华人民共和国住房和城乡建设部	2008-08-15	2008-08-15
关于批准发布《乡镇卫生院建设标准》的通知	建标［2008］142 号	中华人民共和国住房和城乡建设部、国家发展和改革委员会	2008-08-18	2008-11-01
中华人民共和国循环经济促进法	主席令第 4 号	中华人民共和国全国人民代表大会	2008-08-29	2009-01-01
关于汶川地震灾区城镇居民住房重建的指导意见	建法［2008］151 号	中华人民共和国住房和城乡建设部、财政部、国土资源部	2008-08-29	2008-08-29
建设项目环境影响评价分类管理名录	第 2 号令	中华人民共和国环境保护部	2008-09-02	2008-10-01
关于批准发布《农村普通中小学校建设标准》的通知	建标［2008］159 号	中华人民共和国住房和城乡建设部、国家发展和改革委员会	2008-09-03	2008-12-01
关于加强汶川地震灾后恢复重建村镇规划编制工作的通知	建村［2008］161 号	中华人民共和国住房和城乡建设部	2008-09-04	2008-09-04
关于批准发布《综合医院建设标准》的通知	建标［2008］164 号	中华人民共和国住房和城乡建设部、国家发展和改革委员会	2008-09-05	2008-12-01
关于批准发布《市政公用设施建设项目经济评价方法与参数》的通知	建标［2008］162 号	中华人民共和国住房和城乡建设部	2008-09-05	2009-01-01
关于做好 2008 年建设领域节能减排工作的实施意见	建科［2008］160 号	中华人民共和国住房和城乡建设部	2008-09-05	2008-09-05

续表

名　称	批号（文号）	发布机构	发布日期	实施日期
关于印发《关于推进城市道路交通管理畅通工程的意见》的通知	公交管［2008］198号	公安部交通管理局、住房和城乡建设部城建司	2008-09-05	2008-09-05
关于进一步推进长江三角洲地区改革开放和经济社会发展的指导意见	国发［2008］30号	中华人民共和国国务院	2008-09-07	2008-09-07
关于印发《全国水土保持科技发展规划纲要》的通知	水保［2008］361号	中华人民共和国水利部	2008-09-08	2008-09-08
关于批准发布《流浪未成年人救助保护中心建设标准》的通知	建标［2008］174号	中华人民共和国住房和城乡建设部、国家发展和改革委员会	2008-09-16	2008-12-01
关于加强城市公共厕所建设和管理的意见	建城［2008］170号	中华人民共和国住房和城乡建设部	2008-09-16	2008-09-16
关于加强城市绿地系统建设提高城市防灾避险能力的意见	建城［2008］171号	中华人民共和国住房和城乡建设部	2008-09-16	2008-09-16
关于印发汶川地震灾后恢复重建总体规划的通知	国发［2008］31号	中华人民共和国国务院	2008-09-19	2008-09-19
关于加强建设用地动态监督管理的通知	国土资发［2008］192号	中华人民共和国国土资源部	2008-09-21	2008-09-21
市政公用设施抗灾设防管理规定	第1号令	中华人民共和国住房和城乡建设部	2008-10-07	2008-12-01
关于印发《绿色建筑评价标识实施细则（试行修订）》等文件的通知	建科综［2008］61号	中华人民共和国住房和城乡建设部	2008-10-10	2008-10-10
城市容貌标准	GB 50449—2008	中华人民共和国住房和城乡建设部	2008-10-15	2009-05-01
关于加强汶川地震灾后农房重建指导工作的通知	建村［2008］109号	中华人民共和国住房和城乡建设部	2008-10-15	2008-10-15
关于进一步加强学校及周边建筑安全管理的通知		中华人民共和国国务院办公厅	2008-10-15	2008-10-15
关于调整房地产交易环节税收政策的通知	财税［2008］137号	中华人民共和国财政部、国家税务总局	2008-10-22	2008-10-22
中华人民共和国消防法	主席令第6号	中华人民共和国全国人民代表大会	2008-10-28	2009-05-01
三峡水库调度和库区水资源与河道管理办法	第35号令	中华人民共和国水利部	2008-11-03	2008-11-03

续表

名 称	批号（文号）	发布机构	发布日期	实施日期
城市夜景照明设计规范	JGJ/T 163—2008	中华人民共和国住房和城乡建设部	2008-11-04	2009-05-01
关于印发中国西部小城镇环境基础设施技术政策和技术指南的通知	建办科函［2008］692号	中华人民共和国住房和城乡建设部	2008-11-13	2008-11-13
建设项目用地预审管理办法	第42号令	中华人民共和国国土资源部	2008-11-29	2009-01-01
关于做好国有林区棚户区改造试点工作的紧急通知	林计发［2008］251号	中华人民共和国林业局	2008-12-08	2008-12-08
关于促进房地产市场健康发展的若干意见	国办发［2008］131号	中华人民共和国国务院办公厅	2008-12-20	2008-12-20
关于个人住房转让营业税政策的通知	财税［2008］174号	中华人民共和国财政部、国家税务总局	2008-12-29	2009-01-01
关于调整部分地区土地等别的通知	国土资发［2008］308号	中华人民共和国国土资源部	2008-12-30	2008-12-30

（中国城市规划行业信息网胡文娜编辑整理）

2008年国务院批准的城市总体规划

名称	发布文号	发布机构	发文日期
关于西安市城市总体规划的批复	国函［2008］44号	中华人民共和国国务院	2008-05-06

2008年中国人居环境奖获奖城市(项目)名单

“中国人居环境奖”获奖城市

1. 江苏省南京市
2. 陕西省宝鸡市

“中国人居环境范例奖”获奖项目

1. 北京市奥林匹克公园环境建设项目
2. 北京市西城区金融街片区绿化建设项目
3. 上海市金山区廊下镇中华村村庄整治项目
4. 上海市闵行区市容环境综合建设和管理项目
5. 天津市桥园环境综合整治项目
6. 天津市外环线绿化带建设项目
7. 山西省晋城市城市东、南出入口生态修复工程
8. 吉林省长白山二道白河生态景观工程
9. 辽宁省大连市旅顺口区环境整治项目
10. 沈阳建筑大学新校区校园环境建设项目
11. 山东省莱芜市牟汶河城区段水环境综合治理工程
12. 江苏省淮安市中心城区物业管理与社区服务项目
13. 江苏省江阴市申港镇人居环境建设项目
14. 江苏省常熟市沙家浜镇生态环境建设项目
15. 江西省赣州市村庄环境整治项目

16. 安徽省芜湖市九莲塘地段棚户区环境综合整治工程
17. 安徽省合肥市清溪路垃圾填埋场综合整治工程
18. 安徽省池州市城区环境综合整治项目
19. 浙江省杭州市中山南路综合保护工程
20. 浙江省杭州市国家高新区（滨江）农村住房改善项目
21. 河南省新安县生态保护及城市绿化建设项目
22. 湖北省咸宁市淦河水环境治理项目
23. 湖北省钟祥市莫愁湖水环境治理项目
24. 湖南省长沙县城市管理与市容环境建设项目
25. 广东省梅州市城市公厕可持续发展新模式项目
26. 广东省湛江市生态保护及城市绿化建设项目
27. 广东省中山市村村通自来水工程建设项目
28. 四川省双流县城镇改造综合整治工程
29. 四川省遂宁市涪江（城区段）环境综合整治工程
30. 宁夏回族自治区石嘴山市北武当生态建设项目
31. 新疆维吾尔自治区伊宁市南市区历史文化遗产保护项目
32. 新疆维吾尔自治区布尔津县生态保护与城区绿化建设项目

2007年度全国优秀城乡规划设计获奖项目名单和案例选登

一、城市规划

一等奖（共13项）

1. 北京市限建区规划
   北京市城市规划设计研究院
2. 中国2010年上海世博会规划
   上海市城市规划设计研究院
   上海同济城市规划设计研究院
   上海现代建筑设计（集团）有限公司
3. 北京奥林匹克森林公园规划设计
   北京清华城市规划设计研究院
4. 重庆市城乡总体规划（2007—2020）
   重庆市规划设计研究院
   重庆市城市交通规划研究所
5. 拉萨市城市总体规划（2007—2020）
   江苏省城市规划设计研究院
6. 西安市城市总体规划（2008—2020）
   西安市城市规划设计研究院
7. 奥林匹克公园市政工程综合规划
   北京市城市规划设计研究院
8. 天津市城市总体规划（2005—2020）
   中国城市规划设计研究院
   天津市城市规划设计研究院
9. 京津冀城镇群协调发展规划（2008—2020）
   中国城市规划设计研究院
10. 广州市中心八区分区规划及控制性规划导则

广州市城市规划编制研究中心
广州市城市规划自动化中心
广州市城市规划勘测设计研究院

11. 深圳 2030 城市发展策略
中国城市规划设计研究院
深圳市规划局

12. 山东半岛城市群总体规划
北京大学
山东省建设厅
山东省城乡规划设计研究院

13. 新疆伊宁市南市区保护与更新规划
中国城市规划设计研究院

二等奖（共 41 项）

1. 深圳市近期建设规划（2006—2010）暨 2006 年度实施计划
深圳市城市规划设计研究院有限公司

2. 北京住房建设规划暨北京“十一五”保障性住房及“两限”商品住房用地布局规划
北京市城市规划设计研究院
北京市规划委员会

3. 北京轨道交通及沿线土地优化规划
北京市城市规划设计研究院

4. 上海市轨道交通 10 号线四川北路站地区城市设计
上海同济城市规划设计研究院

5. 北京商务中心区地下空间规划
北京市城市规划设计研究院

6. 衡阳市城市总体规划（2004—2020）
中国城市规划设计研究院
衡阳市城市规划局
衡阳市规划设计院

7. 杭州市城市总体规划（2001—2020）
杭州市城市规划设计研究院

8. 北京 2008 奥运环境建设规划
中国城市规划设计研究院
北京市城市规划设计研究院

北京清华城市规划设计研究院
北京“2008”环境建设指挥部办公室

9. 天津意式风貌建筑保护区的保护与整修规划
天津市建筑设计院

10. 深圳市整体交通规划
深圳市城市交通规划设计研究中心有限公司

11. 重庆市茶园城市副中心城市设计方案综合暨控制性详细规划
中国城市规划设计研究院

12. 杭州城区水系综合整治与保护开发规划
杭州市城市规划设计研究院
浙江省水利水电勘测设计院
杭州市河道整治工程指挥部

13. 汉口原租界风貌区青岛路历史文化街区保护规划
武汉市规划局
武汉市城市规划设计研究院

14. 2006年中国沈阳世界园艺博览会园区规划
沈阳市规划设计研究院

15. 嘉兴市环城河沿线景观城市设计
东南大学城市规划设计研究院

16. 宝安总体城市设计
中国城市规划设计研究院
深圳市规划局宝安分局

17. 亦庄新城规划（2005—2020）
北京市城市规划设计研究院
北京经济技术开发区城市规划和环境设计研究中心

18. 中国·长江三峡水利枢纽保护与利用规划
武汉市城市规划设计研究院
长江水利委员会长江勘测规划设计研究院

19. 苏州高新区狮山片控制性详细规划
江苏省城市规划设计研究院

20. 泸沽湖风景名胜区总体规划
中国城市规划设计研究院

21. 广州市生态区划政策指引与番禺片区生态廊道控制性规划
广州市城市规划勘测设计研究院
重庆大学城市规划与设计研究院

中国科学院生态环境研究中心

22. 安徽大学新校区修建性详细规划
    东南大学城市规划设计研究院
23. 重庆1小时经济圈空间发展战略研究
    中国城市规划设计研究院
24. 广州白云新城核心区控制性详细规划
    广州市城市规划勘测设计研究院
25. 福建省风景名胜区体系规划
    福建省城乡规划设计研究院
26. 西宁市城市总体规划（2001—2020）
    中国城市规划设计研究院
    西宁市城乡规划设计研究院
27. 宁波市城市总体规划（2004—2020）
    宁波市规划设计研究院
28. 哈尔滨市城市公共安全规划
    哈尔滨市城市规划设计研究院
29. 南京市域绿地系统规划
    南京市规划设计研究院有限责任公司
30. 江苏省沿江城市带规划
    江苏省建设厅
    江苏省城市规划设计研究院
    江苏省建设厅城市规划技术咨询中心
31. 诸暨市域总体规划
    浙江省城乡规划设计研究院
32. 成都市中心城非城市建设用地城乡统筹规划——成都市“198”地区控制规划
    成都市规划设计研究院
33. 南浔历史文化保护区控制性详细规划
    湖州市城市规划设计研究院
34. 天山天池国家级风景名胜区总体规划
    东南大学城市规划设计研究院
35. 天津临空产业区（航空城）总体规划
    天津市城市规划设计研究院
36. 梅州市客家公园（客家博物馆、黄遵宪纪念馆）规划设计
    华南理工大学建筑设计研究院

37. 广州从化温泉地区控制性详细规划、整体城市设计及道路交通和市政专项规划
    广东省城乡规划设计研究院
38. 济宁市城市总体规划（2004—2020）
    山东省城乡规划设计研究院
    济宁市规划设计研究院
39. 北京市山区协调发展总体规划（2006—2020）
    北京市城市规划设计研究院
40. 北京密云新城规划
    中国城市规划设计研究院
41. 南京老城控制性详细规划（2006深化版）
    南京市规划设计研究院有限责任公司

三等奖（共80项）

1. 青岛市近海岛屿保护与利用规划
   中国城市规划设计研究院
2. 武广高速铁路广州新客站地区规划
   广州市城市规划勘测设计研究院
   广州市交通规划研究所
3. 重庆市西永副中心城市设计
   哈尔滨工业大学城市规划设计研究院
   重庆大学城市规划与设计研究院
4. 吴江市城市总体规划（2006—2020）
   江苏省城市规划设计研究院
5. 武汉城市圈“两型”社会建设综合配套改革试验区空间规划
   武汉市规划局
   武汉市城市规划设计研究院
6. 山东省海岸带规划
   中国城市规划设计研究院
   山东省建设厅
7. 重庆市缙云山、中梁山、铜锣山、明月山管制区规划
   重庆市规划设计研究院
8. 重庆歌乐山烈士陵园红岩魂广场二期工程修建性详细规划
   重庆市规划设计研究院
9. 浦东新区城市雕塑规划

上海市浦东新区规划设计研究院

10. 南京市空间景观特色意图区规划研究

南京市规划设计研究院有限责任公司

11.《珠江三角洲城镇群协调发展规划实施条例》研究

广东省建设厅

深圳市城市规划设计研究院有限公司

12. 西藏雅砻河风景名胜区桑耶景区详细规划

四川省城乡规划设计研究院

13. 亳州北关历史文化街区保护规划

安徽省城乡规划设计研究院

14. 浙江省城乡建设用地结构和优化布局研究

浙江省城乡规划设计研究院

15. 绩溪历史文化名城保护规划

中国城市规划设计研究院

16. 江苏省区域安全供水规划

江苏省城市规划设计研究院

南京市市政设计研究院有限责任公司

17. 成都市新都区桂湖—宝光寺片区城市设计

重庆大学城市规划与设计研究院

18. 武汉新区六湖连通水系网络综合规划

武汉市城市规划设计研究院

19. 武汉·万科润园修建性详细规划

中南建筑设计院

20. 江阴市城市绿地系统规划（2005—2020）

江苏省城市规划设计研究院

21. 曲阜市明故城控制性详细规划

上海同济城市规划设计研究院

曲阜市规划局

上海三齐建筑规划设计有限公司

22. 广州南沙开发区大角山海滨公园园林景观设计方案

广州市城市规划勘测设计研究院

广州园林建筑规划设计院

23. 广州市居住区公共服务设施建设标准研究

华南理工大学建筑学院

广州市城市规划自动化中心

24. 武汉月湖文化艺术区规划
武汉市城市规划设计研究院
25. 杭州西北部生态带用地控制规划研究
浙江大学城市规划与设计研究所
26. 湖北梁子湖地区跨区域保护与协调发展规划研究
武汉市城市规划设计研究院
27. 杭州市域综合交通协调发展规划
中国城市规划设计研究院
杭州市综合交通研究中心
28. 富阳龙门镇城镇总体规划
浙江省城乡规划设计研究院
29. 福州三坊七巷历史文化街区保护规划
福州市规划设计研究院
同济大学国家历史文化名城研究中心
30. 江湾五角场市级副中心控制性详细规划
上海市城市规划设计研究院
德国 SBA 公司上海代表处
31. 合肥市城市危旧房改造规划——以存量土地挖潜促进城市节约集约用地
合肥市规划设计研究院
32. 温州市城市综合交通规划
中国城市规划设计研究院
温州市城市规划设计研究院
33. 西安市城市快速轨道交通用地控制性规划
西安市城市规划设计研究院
34. 海口市城市消防规划
重庆都会城市规划设计研究院有限公司
35. 大同市城市总体规划（2006—2020）
天津市城市规划设计研究院
大同市规划管理局
36. 北京市通州区综合交通规划
北京市城市规划设计研究院
北京中城通联智能交通科技有限公司
37. 宁洱县震后恢复重建规划
云南省城乡规划设计研究院
38. 厦门市城市综合交通规划

厦门市城市规划设计研究院
中国城市规划设计研究院

39. 安徽省沿淮城市群规划研究（2006—2020）
蚌埠市规划设计研究院
40. 中共五大会址周边历史地段综合规划
武汉市城市规划咨询服务中心
41. 中国药科大学江宁校区详细规划
江苏省城市规划设计研究院
42. 厦门市地下空间开发利用规划
厦门市城市规划设计研究院
清华大学
同济大学
43. 武汉铁路客运枢纽三大站区综合规划
武汉市城市规划设计研究院
44. 柳州市城市景观风貌规划
广东省城乡规划设计研究院
45. 哈尔滨市松北区城市规划管理单元规划
哈尔滨市城市规划设计研究院
46. 西藏自治区风景名胜体系规划
四川省城乡规划设计研究院
47. 宁波市北仑中片区空间环境特色规划
武汉华中科大城市规划设计研究院
48. 常州城市空间景观规划研究
东南大学建筑学院
常州市规划设计院
常州市测绘院
常州市城市规划管理信息中心
49. 株洲市城市总体规划（2006—2020）
株洲市规划设计院
50. 绍兴市区、绍兴县城乡公共交通一体化规划
同济大学建筑与城市规划学院
绍兴市城市规划设计研究院
51. 无锡市中心城区控制性详细规划
无锡市规划设计研究院
52. 三门峡市城市总体规划（2004—2020）

上海同济城市规划设计研究院
河南省城市规划设计研究院有限公司

53. 温州市规划管理单元总纲及试点单元控制性详细规划
温州市城市规划设计研究院

54. 深圳水战略
深圳市城市规划设计研究院有限公司

55. 三清山风景名胜区总体规划（2003—2020）
江西省城乡规划设计研究院

56. 长白山保护与开发总体规划
吉林省城乡规划设计研究院

57. 余慈地区城镇空间布局规划
宁波市规划设计研究院

58. 铁岭市凡河新区莲花湖国家湿地公园核心区景观设计
北京清华城市规划设计研究院
铁岭市规划设计研究院

59. 隆昌县云顶古寨修建性详细规划
四川省城乡规划设计研究院

60. 湖南城市学院（新区）修建性详细规划设计
湖南城市学院规划建筑设计研究院

61. 石家庄市总体城市设计
石家庄市规划设计院
清华大学建筑学院
北京都市原点建筑设计咨询有限公司

62. 上海市城市近期建设规划（2006—2010）
上海市城市规划设计研究院

63. 福州市区优秀近现代建筑保护规划
福州市规划设计研究院

64. 台州市城市总体规划（2004—2020）
广州市城市规划勘测设计研究院

65. 南水北调北京市水厂布局及新建、改扩建水厂工程规划
北京市城市规划设计研究院

66. 科学发展观指导下的节约型城市建设——安徽省城市规划节能省地对策研究
安徽省建设厅
合肥工业大学建筑与艺术学院

67. 开封古城水系二期工程环境景观设计
城市建设研究院
开封市规划勘测设计研究院
68. 青岛市城市地下空间开发利用规划（2006—2020）
青岛市城市规划设计研究院
清华大学
69. 新疆喀什地区旅游发展规划
天津市城市规划设计研究院
北京绿维创景规划设计院
70. 江北核心区控制性详细规划
宁波市规划设计研究院
71. 宜昌市中心城区抗震防灾规划
宜昌市城市规划设计研究院
72. 汾河太原城区段治理美化二期工程北延伸段修建性详细规划
太原市城市规划设计研究院
太原市建筑设计研究院
山西省建筑设计研究院
山西省城乡规划设计研究院
73. 雅安市城市总体规划（2001—2020）
自贡市城市规划设计研究院有限责任公司
74. 泉州市古城保护整治规划
泉州市城市规划设计研究院
清华大学建筑学院
泉州市城乡规划局
75. 温州历史名城文化保护规划
温州市城市规划设计研究院
同济城市规划设计研究院
76. 顺德中心城区道路交通专项规划
上海同济城市规划设计研究院
吴宋美加设计咨询（上海）有限公司
77. 宜昌都市区规划
湖北省城市规划设计研究院
78. 济宁市老运河城区段改造详细规划与现状调研
天津市城市规划设计研究院
济宁市规划咨询中心

79. 昆明主城东南二环路沿线控制性详细规划
昆明市规划设计研究院

80. 黄石市磁湖北岸滨水绿化景观带详细规划
黄石市城市规划设计研究院

表扬奖（共40项）

1. 深圳市信息管道及机楼“十一五”发展规划
深圳市城市规划设计研究院有限公司

2. 柳州市箭盘路奇石广场景观规划工程
广西城乡规划设计院

3. 长沙市三角洲地区城市设计
湖南阡陌设计有限公司

4. 泸西县阿庐文化中心片区修建性详细规划
云南汇景工程规划设计有限公司

5. 南宁市城市雕塑发展规划研究
南宁市城市规划设计院

6. 重庆市武隆县新农村总体规划（2006—2020）
重庆市规划设计研究院

7. 济南市古城片区（CGC）控制性详细规划
上海同济城市规划设计研究院

8. 菏泽市古城及周边地区控制性城市设计
菏泽市城市规划设计研究院
清华大学建筑学院
北京都市原点建筑设计咨询有限公司

9. 合肥市城市绿地系统规划
合肥市规划设计研究院
合肥市园林规划设计研究院

10. 福州城市历史文化中轴线概念规划设计
福州市规划设计研究院

11. 南京市城市照明专项规划（2006—2020）
南京市规划设计研究院有限责任公司

12. 大连市轨道交通线网规划（2206—2030）
大连市城市规划设计研究院
铁道第三勘察设计院
清华大学交通研究所

13. 湘西地区城镇体系规划
湖南省城市规划研究设计院
14. 济南市城市供热规划
北京清华城市规划设计研究院
济南市规划设计研究院
15. 日照市灯塔片区详细规划
日照市规划设计研究院
16. 福州市城市发展战略规划
深圳市城市规划设计研究院有限公司
17. 海口市长流起步区控制性详细规划
海口市城市规划设计研究院
18. 烟台市海岸带规划
中国城市规划设计研究院
19. 南宁市邕江两岸地区建设开发规划之邕江南岸东片区滨水地区控制性详细规划
达思建筑设计咨询（上海）有限公司
南宁市城市规划设计院
20. 海口市住房建设规划（2006—2010）
海口市城市规划设计研究院
21. 湛江市城市近期建设规划（2006—2010）
安徽省城乡规划设计研究院
湛江市规划局
湛江市规划勘测设计院
22. 国家铁路深圳新客站综合规划
深圳市城市规划设计研究院有限公司
深圳市城市交通规划设计研究中心有限公司
23. 青云映山小区修建性详细规划
大连市城市规划设计研究院
24. 荆州古城内环景观带规划
荆州市城市规划设计研究院
25. 天津市电力空间布局规划
天津市城市规划设计研究院
天津市电力公司
26. 襄樊市檀溪新区控制性详细规划
襄樊市城市规划设计研究院

27. 成都市沙河堡客运站片区城市设计
西南交通大学建筑勘察设计研究院
28. 川南城镇密集区规划
四川省城乡规划设计研究院
29. 成都市城乡医疗卫生资源布局规划（2005—2020）
成都市规划设计研究院
30. 虹口区凉城社区控制性详细规划
上海同济城市规划设计研究院
上海市城市规划设计研究院
31. 厦门市马銮湾核心区城市设计
厦门市城市规划设计研究院
32. 旅顺新区（水师营）城市设计
上海同济城市规划设计研究院
大连市城市规划设计研究院
33. 常州市万福路—常澄路城市设计与控制性详细规划
东南大学建筑学院
常州市规划设计院
常州市测绘院
34. 四川大学历史文化保护规划研究
成都市纵横规划设计院
成都市规划设计研究院
35. 哈尔滨市学府路地段城市设计
哈尔滨工业大学城市规划设计研究院
36. 大兴安岭地区城镇体系规划（2004—2020）
黑龙江省城市规划勘测设计研究院
37. 云南省昭通市太平组团东片区控制性详细规划
重庆仁豪城市规划设计有限公司
38. 厦门市岛外地区城市给水工程专项规划（2006—2020）
中国市政工程中南设计研究院
39. 菏泽市城市消防规划（2005—2020）
山东省城乡规划设计研究院
菏泽市城市规划设计研究院
40. 沈阳市沈河区发展战略规划
沈阳市规划设计研究院

二、村镇建设规划

一等奖（共 2 项）

1. 江西省宜春市高安市八景镇上保蔡家村新农村建设村庄整治规划与行动计划
   江西省城乡规划设计研究院
2. 海南省三亚市凤凰镇槟榔、鹅仔村联片新农村规划
   海南雅克城市规划设计有限公司

二等奖（共 17 项）

1. 北京市海淀区苏家坨镇管家岭村村庄规划
   中国城市规划设计研究院
2. 山西省阳泉市小河历史文化名村保护规划
   北京交通大学建筑与艺术系
   山西佰辰建筑规划设计有限公司
3. 北京市延庆县八达岭镇旧村改造 A 区—营城子村一村带三村详细规划
   中国建筑设计研究院城镇规划设计研究院
4. 北京市村庄体系规划
   北京市城市规划设计研究院
5. 江苏省镇村布局规划
   江苏省城市规划设计研究院
   江苏省村镇建设服务中心
6. 浙江省乐清市温州大桥工业园区村企共建社会主义新农村规划
   乐清市城乡规划设计院
7. 山东省青岛即墨市龙泉镇东西蒋戈庄村村庄规划
   青岛北洋建筑设计有限公司
8. 湖北省武汉市黄陂区蔡店乡刘家山村村庄规划
   武汉华中科技大城市规划设计研究院
9. 广东省广州市黄埔村黄埔直街、盘石大街重点地段保护规划
   广州市城市规划勘测设计研究院
10. 广西壮族自治区三江侗族自治县程阳八寨保护与发展建设规划
    广西华蓝设计（集团）有限公司
11. 重庆市永川区青峰镇社会主义新农村建设规划

重庆大学城市规划与设计研究院

12. 中国历史文化名镇（村）评价指标体系研究
南京大学

13.《广东省村庄整治规划编制指引》及试点规划
广东省建设厅
广东省城乡规划设计研究院

14. 北京市房山区青龙湖镇总体规划（2005—2020）
北京清华城市规划设计研究院

15. 广东省增城市新塘镇总体规划（2005—2020）
广东省城乡规划设计研究院

16. 河北省武安市域村庄空间布局规划
河北省城乡规划设计研究院

17. 广东省中山市翠亨村历史文化保护规划
华南理工大学建筑设计研究院

三等奖（共35项）

1. 安徽省巢湖市无为县二坝镇总体规划
中国建筑设计研究院城镇规划设计研究院

2. 北京市通州区西集镇镇域规划（2006—2020）
中国城市规划设计研究院
西集镇人民政府

3. 河北省村庄空间布局规划研究
河北省城乡规划设计研究院

4. 山西省汾阳市杏花村镇总体规划
山西省城乡规划设计研究院

5. 辽宁省沈阳市东陵区祝家树莓农业经济区区域规划
沈阳市规划设计研究院

6. 辽宁省阜新蒙古族自治县泡子镇村镇规划（2005—2020）
吉林省城乡规划设计研究院

7. 江苏省金坛市薛埠镇总体规划
江苏省城市规划设计研究院
金坛市规划设计院

8. 浙江省嘉善县西塘镇城镇总体规划
浙江省城乡规划设计研究院

9. 山东省淄博市村镇体系规划

淄博市规划信息中心

10. 广东省深圳市城中村（旧村）改造总体规划纲要（2005—2010）
深圳市城市规划设计研究院有限公司
11. 北京市顺义区北务镇道口村村庄规划
北京清华城市规划设计研究院
12. 北京市房山区张坊镇穆家口村庄规划
北京炎黄联合建筑设计有限公司
北京炎黄方圆城市规划设计院有限公司
13. 山西省晋中市夏门历史文化名村保护规划
西安建大城市规划设计研究院
14. 江苏省徐州市丰县大沙河镇陈庄村村庄建设规划
江苏省城市规划设计研究院
15. 江苏省丹阳市延陵镇九里村村庄建设规划
江苏省村镇建设服务中心
丹阳市规划局
16. 浙江省开化县何田乡禾丰村村庄整治规划
17. 浙江省温岭市石塘镇前红特色村建设规划
浙江省温岭市规划设计院
18. 安徽省凤阳县小岗村新农村建设规划
安徽省城乡规划设计研究院
19. 北京市农村居民点合理布局研究
首都经济贸易大学都市郊区发展研究中心
20. 北京市房山区窦店镇总体规划（2005—2020）
北京清华城市规划设计研究院
21. 江苏省常熟市梅李镇总体规划（2005—2020）
江苏省城市规划设计研究院
22. 广东省广州市花都区炭步镇总体规划
广州市城市规划勘测设计研究院
23. 云南省姚安县光禄镇总体规划修编
楚雄州勘测规划设计院
24. 上海市金山区金山现代农业园区（廊下镇）总体规划
上海市城市规划设计研究院
25. 内蒙古自治区巴彦淖尔市乌拉特后旗前山地区新农村发展规划（2006—2020）
内蒙古城市规划市政设计研究院

26. 江苏省东台市溱东镇草舍村村庄建设规划
江苏省村镇建设服务中心
27. 湖南省韶山市韶山村村庄规划
湖南省城市规划研究设计院
28. 湖南省益阳市社会主义新农村建设赤江咀示范片建设规划
湖南省益阳市城市规划设计院
29. 四川省成都市双流县黄龙溪历史文化名镇保护规划（2006—2020）
西南交通大学建筑勘察设计研究院
30. 云南省大理白族自治州国家级历史文化名城喜洲古镇保护规划
云南省城乡规划设计研究院
31. 北京市顺义区大孙各庄镇吴雄寺村村庄规划
清华大学建筑学院
北京清华城市规划设计研究院
32. 北京市历史文化资源整合调研
清华大学建筑学院
北京大学城市规划设计中心
33. 山西省古村镇普查
山西省建设厅
北京交通大学建筑与艺术系
34. 安徽省寿县合庙小学教学楼
合肥新站综合开发试验区规划建筑设计研究院有限公司
35. 乡村规划与建设研究
江西省赣州市城乡规划勘测设计研究院

北京市限建区规划

《北京城市总体规划（2004—2020 年）》坚持了“两个战略转移的方针”，带来了中心城以外地区的城乡建设热潮，不可避免对城市周边环境敏感地区造成威胁，因此迫切需要在总规指导下，将对城乡建设空间发展造成制约的生态敏感要素进行梳理，依据自然灾害易发的风险、资源环境保护的价值和污染源防护的影响等差异，划定禁止建设区和限制建设区，并制订相应的限建导则。

本规划是以科学发展观为指导，本着城市空间发展应以生态条件为制约的原则，为保护城市发展的重要资源和生态环境、合理避让灾害风险而编制的引导城市空间发展和建设行为的规划，是城乡建设发展的基础平台和决策参考依据。项目特点如下：

(1) 创新性：首次提出限建区规划这一侧重于区域非建设用地保护与风险避让，引导城市空间布局面向科学性发展的编制理论体系；提出并确定了较为系统的针对城镇建设的限制性要素的分类框架；提出了适应北京城城镇开发建设特点的限建分区模式及具体的分区方法；采用规划支持系统（Planning Support System，PSS)，应用于规划编制的各个阶段，并使之成为后续规划应用的主要载体。

(2) 系统性：本规划考虑了对城市开发建设存在潜在影响的资源保护类和风险避让类两类要素，覆盖 16 类 110 个限建要素，是北京市乃至全国、国际历次相关规划中最为全面的一次，系统的数据资料为今后北京市开展相关工作打下了坚实的基础。

(3) 专业性：本规划涉及多个专业的限建要素，组织了 9 个专题研究，由各专业的科研机构针对限建要素提出规划要求，最终由我院对各专业成果进行汇总。在规划编制过程中，加强与专业部门沟通，确保规划成果的专业内容科学合理，最终规划成果引用了 143 项法律、法规、规范和研究成果。

(4) 复杂性：本次规划现状数据基础较差，在确定 110 项限建要素时，对每一项的内容都进行了大量的调研工作，并充分征求与限建要素相关联的各级主管部门的意见。限建等级的最终确定往往与相应主管部门的切身利益挂钩，需要引进大量的部门之间的协调工作，这些都极大地增加了规划的复杂性。

本规划内容已经先后应用于诸多规划中，如北京市东部发展带协调规划、北京市西部发展带协调规划、中心城控制性详细规划、9 个新城规划、12 个镇域规划以及若干专项规划等。

北京市限建区规划的广泛应用，在很多方面具有良好的效益，如：进一步促进科学决策，强化城市管理，发挥城市规划的组织、协调、沟通和监督作用，发挥城市规划的服务职能与积极制约、引导作用；对与公共安全、公共利益相关，可能影响资源利用、环境保护、遗产保护、区域协调等问题提出预警（图 1～图 5）。

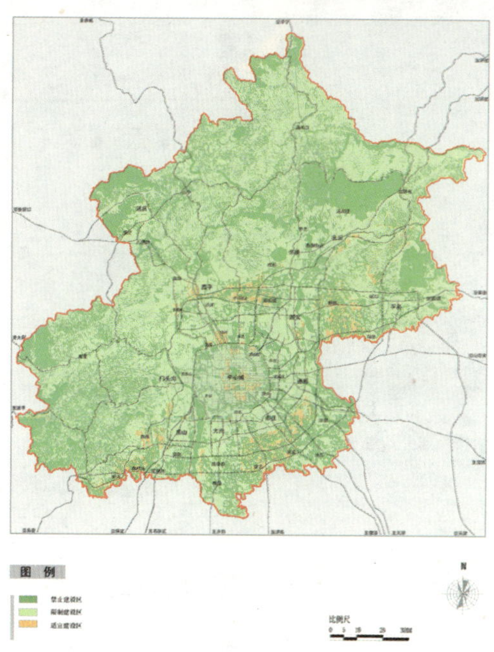

图 1　三级限建分区图

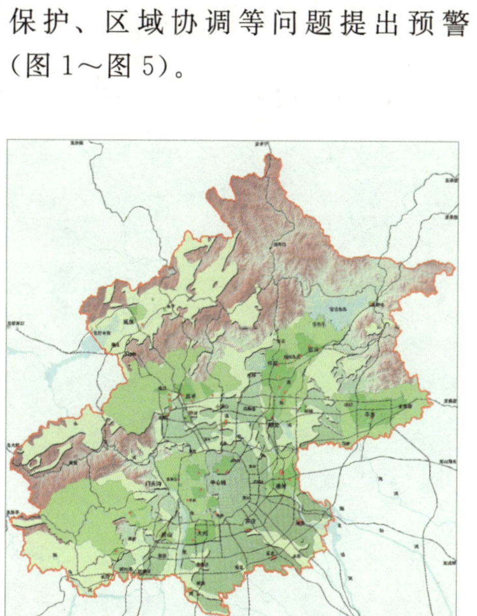

图 2　地下水源保护区

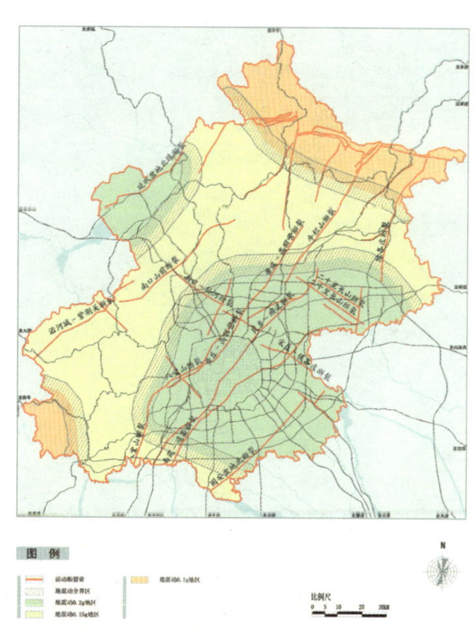

图 3　地震风险

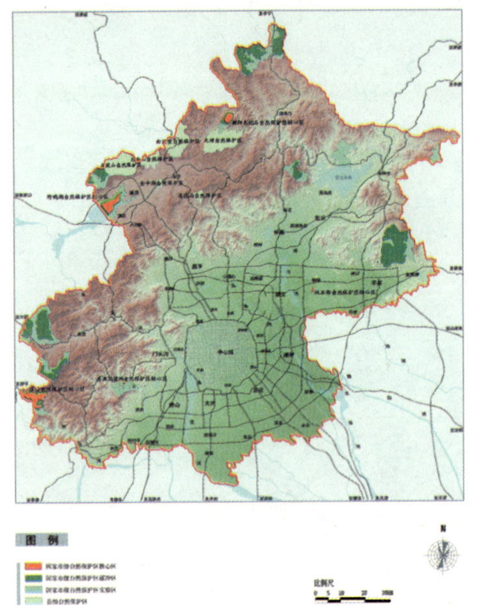

图 4 自然保护区

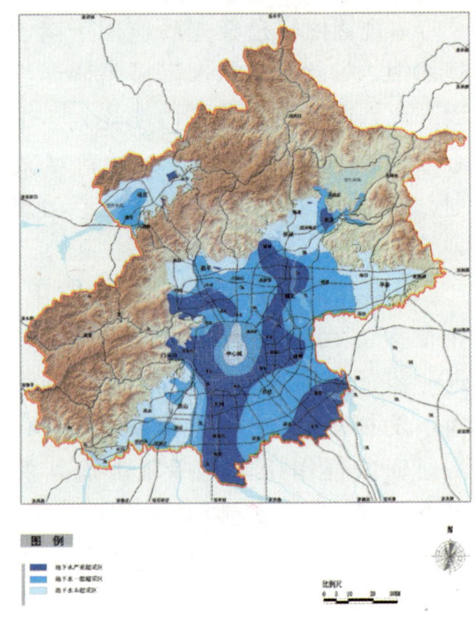

图 5 地下水超采区

（北京市城市规划设计研究院 提供）

北京奥林匹克森林公园

奥林匹克森林公园位于奥林匹克公园的北部，城市中轴线的北端，占地680hm^2，是奥林匹克中心区的重要景观背景，是北京市最大的公共公园。它以“通往自然的轴线”为规划设计理念——磅礴大气的森林自然生态系统使代表城市历史、承载古老文明的中轴线完美地消融在自然山林之中，以丰富的生态系统、壮丽的自然景观终结这条城市轴线。

奥林匹克森林公园的功能定位为“城市的绿肺和生态屏障、奥运的中国山水休闲后花园、市民的健康森林和休憩自然”，由于现状北五环路的存在而自然地形成了南北园两部分。北园占地 300hm^2，是以生态保护与生态恢复功能为主的自然野趣密林，尽量保留原有自然地貌、植被，尽量减少设施，限制游人量，为动植物的生长、繁育创造良好环境。南园占地 380hm^2，是以休闲娱乐功能为主的生态森林公园，以大型自然山水景观的构建为主，山环水抱，创造自然、诗意、大气的空间意境，兼顾群众休闲娱乐功能，设置各种服务设施和景观景点，为市民百姓提供良好的生态休闲环境（图 1、图 2）。

图 1

图 2

奥林匹克森林公园作为规模最大的在建奥运工程，从规划设计伊始，就将所有的工作纳入到“绿色奥运、科技奥运、人文奥运”三大理念体系中，以“绿色”为基础，展开全方位、近自然的生态体系规划，以“科技”为依托，展开各项综合课题的研究与实践，以“人文”为灵魂，营造富有中国文化气质的山水格局，架构现代公园多功能公共服务体系。

奥林匹克森林公园全面应用当代最先进的景观建造技术和生态环境科技，制定出一系列重要的生态战略，形成大量生态设计成果，用科技营造和谐自然的生态公园，力求达到中国传统园林意境、现代景观建造技术与环境生态科学技术的完美结合。

奥林匹克森林公园是国内第一个全面采用中水作为水系和主要景观用水补水水源的大型城市公园，特别设计的人工景观湿地系统和生态水处理展示温室，对进园的中水进行净化处理，使公园水系成为北京最大的再生水净化水系。奥林匹克森林公园将植物景观规划放在首要位置，通过植物和群落结构的多样性设计、乡土植被的恢复与重建等，把园区建成一个丰富的植物种源库，进而为其他生物提供良好的栖息环境，从而建立一个环境友好、可持续发展、人与自然高度和谐的生态系统。奥林匹克森林公园的物质循环与再利用系统、雨水收集系统、消防系统、智能化管理系统、生态节能建筑设计、结合太阳能光电板的景观廊架等规划设计，均为国内大型城市公园中的首创。奥林匹克森林公园还打造了国内第一座雨燕塔。

（北京清华城市规划设计研究院　提供）

重庆市城乡总体规划（2007—2020 年）

重庆是国家实施西部大开发和长江经济带战略的双重交汇点，肩负着探索统筹城乡综合配套改革试验的重任，需要科学的城乡规划来引导城镇化健康发展。2004 年初，重庆市启动总体规划修编工作。2007 年 9 月 20 日《重庆市城乡总体规划》获国务院正式批复。

一、重点内容

本次规划立足城乡统筹发展，注重生态、人文环境的保护和资源的集约利用，以强化中心城市职能、促进三峡库区全面、协调、可持续发展作为重点。

（一）城市性质

重庆是我国重要的中心城市，国家历史文化名城，长江上游地区的经济中心，国家重要的现代制造业基地，西南地区综合交通枢纽。

（二）市域城镇体系规划

1. 人口与城镇化

规划至 2010 年，全市总人口 3 000 万，城镇人口 1 615 万，城镇化水平达到 53.8%；至 2020 年，总人口 3 100 万，城镇人口 2 160 万，城镇化水平达到 70% 左右。

2. 区域协调发展

市域构建“一圈两翼”的区域空间结构，即以都市区为中心的 1 小时经济圈，带动以万州为中心的渝东北翼和以黔江为中心的渝东南翼发展。

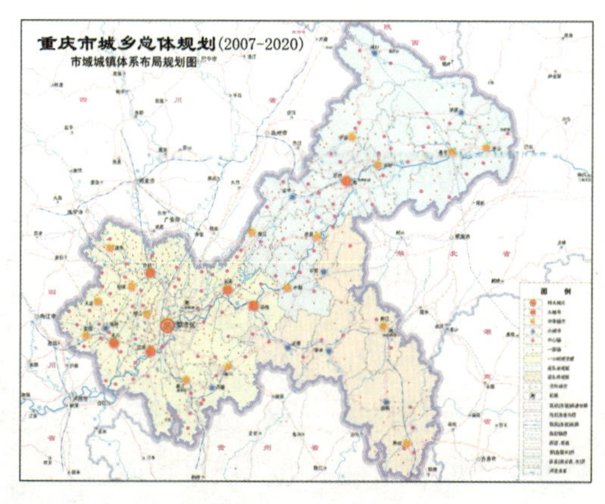

3. 城镇体系

规划至 2020 年，形成 1 个特大城市、6 个大城市、25 个中等城市和小城市、495 个左右小城镇。

（三）都市区城乡总体规划

1. 城乡空间结构

都市区在空间上分为主城区、郊区和中心城区三个层次。主城拓展的主要方向为内环线以北、中梁山以西以及铜锣山以东，空间结构为“一城五片、多中心组团式”。

2. 城市规模

规划至 2010 年，总人口 730 万，其中城镇人口 660 万；规划至 2020 年，都市区总人口 980 万，其中城镇人口 930 万。

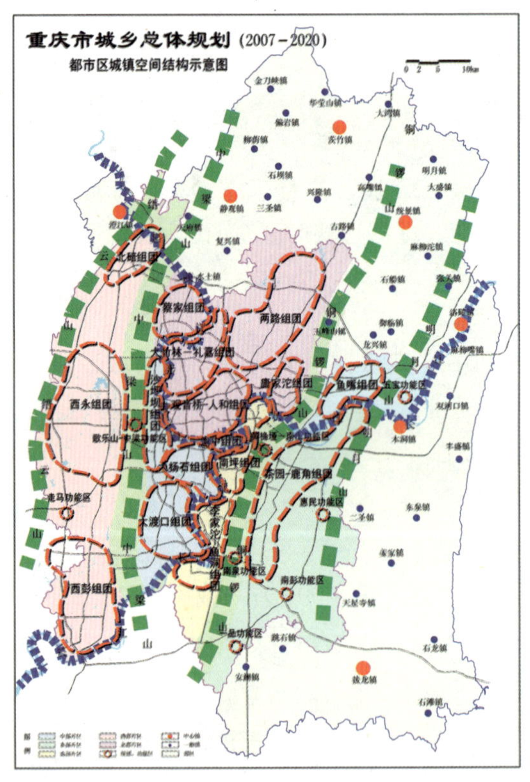

二、规划特色

（一）以资源环境条件为前提，构建“一圈两翼”的区域发展新格局，探索出适合于重庆区域协调和城乡统筹发展的新路

（二）以生态优先为前提，以综合评价为手段，合理引导城市空间拓展

（三）运用有机疏散、集中紧凑与多中心组团式的发展策略，构筑可持续的城市发展形态，科学组织城市功能

（四）借助空间地理信息技术，建立了持续有效的总体规划反馈与维护机制

三、实施效果

（一）在新总规指导下，重庆市城乡总体规划编制体系正在逐级分项完善，包括“一圈两翼”次区域规划、片区规划、分区规划、区县城乡总体规划、区县新农村总体规划、组团隔离带规划及各类专项规划。

（二）根据《城乡规划法》，为依法实施总规，重庆正在健全完善规划法规体系，新的《重庆市城乡规划管理条例》已上报市人大等待批准，正在完善《重庆市城市规划管理技术规定》，已出台《重庆市城乡规划导则（试行）》等。

（三）在新总规的指导下，都市区北部、东部和西部片区及西永、茶园两个新的城市副中心建设加快，工业园区发展迅速，新农村建设初见成效，一批重大基础设施建设启动。

（重庆市规划设计研究院、重庆市城市交通规划研究所　提供）

拉萨市城市总体规划（2007—2020）

规划特色与创新：

位于青藏高原的拉萨是一座具有1 300多年历史的古城，拥有举世闻名的布达拉宫、大昭寺、罗布林卡等世界文化遗产，独特的自然条件和悠久的传统文化赋予了拉萨特殊的魅力，成为世人向往的圣地。

本规划以“十七大”精神为指导，确立了“保障生态、保护文化、保持特色、健康发展”的规划理念，提出了建设“生态拉萨、人文拉萨、特色拉萨、现代拉萨”的发展目标，体现了科学发展观与拉萨实际紧密协调的结合，在编制方法、新技术运用等方面均有突出的创新性表现，主要总结如下。

1. 开创新地综合运用先进技术方法，重视生态约束条件分析

规划立足保护国家生态安全屏障的要求，针对拉萨脆弱敏感的特殊生态环境，在国内城市总体规划编制中开创性地综合运用遥感与GIS技术、生态足迹模型、环境容量分析等当前生态规划研究中较为先进的技术手段和方法，对资源、环境承载能力进行定量分析，通过市域生态功能分区和中心城区生态适宜性评价，确定与生态保护相适应的产业发展方向和城镇发展模式，引导城市科学布局，落实节能减排的相关要求，全面协调人口、资源和环境的关系，建设生态拉萨。

2. 与综合交通规划同步编制，相互反馈，充分发挥交通引导作用

规划提出交通分区的概念，针对不同的分区制定差异化的交通发展策略和路网密度要求，构筑符合拉萨特色需求的节约型综合交通体系。在交通分区基础上，落实公交优先布局，以公交走廊引导城市集约开发，发挥交通对城市空间布局、和谐社会构建、产业发展的引导作用。

3. 首次在城市总体规划中制定并贯彻停车调控政策

通过对国内外诸多城市先进停车管理经验的系统梳理和全面总结，制定了分区、分类、分时、分价的停车调控政策，并首次在城市总体规划中加以贯彻落实。

4. 强化城市设计手段，有效加强历史文化保护

规划引入城市设计方法，采用GIS技术和三维图像模拟技术分析全城建筑高度控制要求，通过视廊和视野的叠加控制，划分不同的建筑高度分区，建立建筑

高度控制体系，保证景观点和观景点均形成良好的观赏效果。以拉萨古城和布达拉宫、大昭寺、罗布林卡等世界文化遗产为重点，建立完整的保护体系，坚持物质文化与非物质文化并重，构筑有利于历史文化保护的城市空间结构，有序组织文化空间，保护传承底蕴深厚、特色鲜明的藏族优秀传统文化，并协调好保护与永续利用的关系，建设人文拉萨。

5. 分析不同群体行为特征，构筑特色空间体系

规划分析了不同群体在城市中开展的不同活动的行为特征，与城市功能结构有机结合，构建类型丰富、特色鲜明、方便市民、促进旅游的广场体系，塑造展示地区风情和民族风情的特色街道，共同形成彰显城市个性的特色空间体系，强化自然与人文相交融、传统与现代相辉映的高原城市特色，建设特色拉萨。

6. 以经济性分析提高规划的可实施性

通过对现状地籍、土地使用性质、开发强度等情况的深入调查分析，在保护文化、保护特色的前提下，区分不同地段，因地制宜地采用提升使用功能、提高开发强度、改善交通条件、完善设施配套、美化环境景观等措施改善经营性用地的经济性，校核建筑高度控制的可行性，增强规划的操作性，实现经济、社会、环境效益的统一。

7. 创新组织方法，相关层次规划及时协调反馈

总体规划与控制性详细规划、综合交通规划、城市设计等不同层次和类型的规划设计项目同期先后开展，通过不同项目之间的协调反馈和相互校核，从不同层面和不同深度全面落实保障生态、保护文化、保持特色、健康发展的创新理念，从而实现了规划编制组织方法的创新。

8. 广泛了解各族群众关注问题，开展拉萨历史上首次规划公示

针对各族群众尤其是藏族群众关注的问题、外来游客关注的问题，先后组织

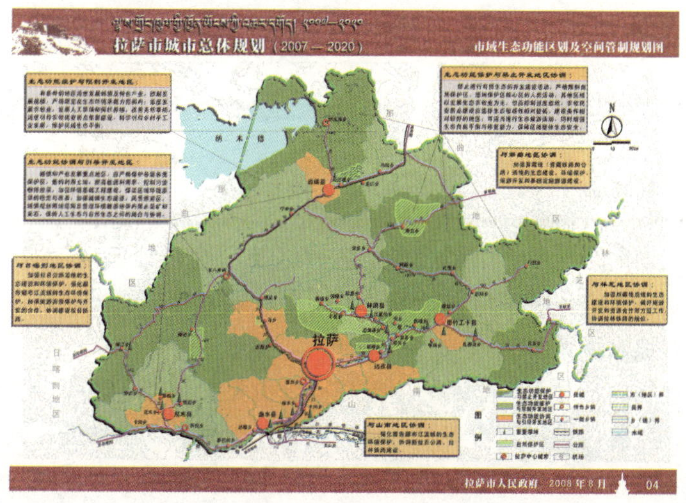

了近20场不同主题的座谈会，发放了2 000多份调查问卷，走访了区、市两级政府部门、学校、本地居民、外来人口，选择境内外游客进行了面谈，组织开展了拉萨历史上首次规划公示活动，全面了解社会各界对规划编制的建议，并分别在规划方案和成果中予以相应落实。

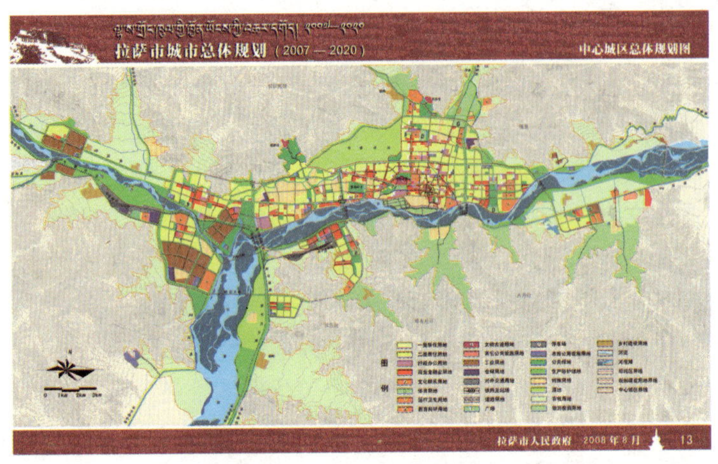

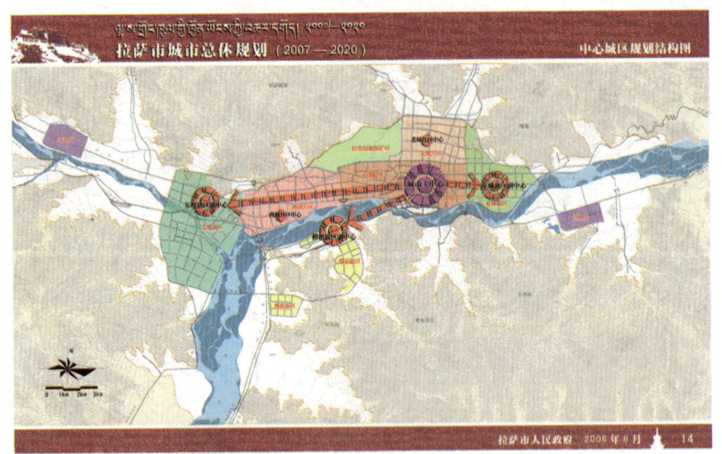

规划实施效果：

在总体规划的指导下，编制完成了各片区控制性详细规划、综合交通规划、管线综合规划、重点地段城市设计等一系列专业规划和下层次规划，极大地完善了拉萨的规划编制体系。

在总体规划的指导下，拉萨的生态环境、历史文化得到进一步有效保护，建筑高度控制、风貌保护得到切实加强，旧城区环境整治有序推进，城市特色得以保持和彰显，新区建设正稳步推进，民生设施渐趋完善。

在总体规划的指导下，拉萨正积极创建“中国最佳旅游城市”、“国家环保模范城市”、“国家卫生城市”、“国家生态园林城市”、“全国双拥模范城市”和“全国文明城市”，随着总体规划的实施，拉萨这颗雪域高原的明珠将更加璀璨。

（江苏省城市规划设计研究院　提供）

奥林匹克公园市政工程综合

规划背景及历程：

2008 年 8 月和 9 月北京成功举办了第 29 届夏季奥运会和第 13 届残奥会，奥运会使北京走向世界，让世界了解中国。自 2001 年北京获得第 29 届奥运会的举办权后，在科学发展观的指导下，北京市政府全面开启了奥运会筹办工作，力图将奥运会给城市发展带来的巨大动力惠及最为广大的人民。

在长达 7 年的筹办工作中，奥林匹克公园建设一直成为世界人民关注的热点。自 2002 年始，该院成为奥林匹克公园规划设计团队的一员，与另外 5 家设计单位一起负责奥林匹克公园工程建设规划设计的全面综合协调。在 5 年多的时间里，我院先后完成了奥林匹克公园市政工程规划方案综合、奥林匹克公园市政工程设计综合、奥林匹克公园道路定线、奥林匹克公园竖向整合、奥林匹克公园水源热泵系统选线、变电站选址、泵站选址、调压站选址及一系列工程建设问题的综合协调工作。各阶段成果分别取得了北京市政府、北京市规划委员会、北京市 2008 工程建设指挥办公室的批复。在规划设计过程中将“绿色奥运、科技奥运、人文奥运”三大理念落实到实际工程中，为奥林匹克公园各项建设的顺利实施奠定了基础。

规划特色：

（1）面对复杂的工程建设项目，充分发挥综合规划在统筹兼顾、综合协调方面的技术优势。奥利匹克公园市政工程综合是北京首次在面积大（1 159hm^2），涉及专业齐全（13个市政专业，长达415km的市政干线），且同期建设项目众多（20余个建设项目）的区域开展的规划设计综合工作，此次工作内容大大超出了市政综合工作的传统范畴，更多的是为所有在建和将建的地上、地下建筑物和构筑物争取最和谐的关系。

（2）综合规划从城市长远利益出发，贯彻可持续发展，兼顾近期需要，加强基础设施运行的安全可靠性。市政规划设计除满足各近期建设项目对市政接用条件的需求外，还充分考虑了奥运会赛时设施和远期发展项目的市政需求和接用条件。在技术上最大限度的保障供应安全，综合工作指导了各近期建设项目室外市政管线综合设计，协调内外部市政的衔接关系，高效安全的基础设施保障使各大场馆安全运行，圆满完成比赛任务。

（3）发挥城市规划的引导作用，增强综合工作的前瞻性和适应性。综合工作通过广纳意见，建立有效的沟通机制，把规划服务工作落实到实处，深入了解工程建设最新动态，随时把握规划设计中重要环节和关键工程，使得综合工作在历次变化中，均表现出了较强的适应性。

（4）创新工作思路和方法，促进规划理念与建设实践紧密结合。首先，市政基础设施规划设计在实现功能的基础上，更多地关注与外部环境的融合，与城市景观的协调。其次，积极落实“绿色奥运、科技奥运、人文奥运”三大奥运理念，通过规划促进新理念、新技术的应用，大力推进新能源及可再生能源的使用，将理念真正并充分落实到建设工程实践中。再次，规划设计与建设实践密切的互动机制使综合工作成为动态的规划过程，更富于实践意义。

奥林匹克公园市政工程综合对于国际、国内大型赛事和大区域整体开发的基础设施建设具有借鉴和指导意义，在综合工作中的创新和探索将促进相关规划设计工作模式的转变，推进规划工作的全面进步。如今，奥林匹克公园各项基础设施已经在安全高效保障奥运会之后，继续服务于周边居民，成为奥运会真正留给城市、惠及人民的宝贵财富，进一步提升了城市形象和基础设施服务水平。

（北京市城市规划设计研究院　提供）

中国城市规划行业信息网 2008 年度盘点

秉承“服务于决策、服务于生产、服务于科研、服务于公众”的宗旨，中国城市规划行业信息网（简称 China-up），在 2008 年度继续发挥行业权威咨询中心、专业数据中心及专业服务中心的作用，把 China-up 打造为一个与传统行业学术活动模式相结合、专业学术信息集成化日益提高的数字化平台。

中国城市规划行业信息网（www. china-up. com）是由中国城市规划设计研究院和中国城市规划协会联合主办、北京中伟思达科技有限公司承办的城市规划行业门户网站。自 2000 年创办以来，China-up 积极报道国内外最新规划信息，针对城市规划及相关行业的热点问题及重要会议进行专题报道，展示优秀城市规划研究设计成果，提供专业化信息服务，为业内管理和设计单位人才招聘、项目招投标等提供信息平台。网站现有新闻资讯、专题报道、设计成果、政策法规、视觉城市、个人专栏等十几个栏目；各类信息 10 余万条；图片 2 万余张；截至 2008 年已有近 160 万人次访问了本网站（表 1）。

2008 年度中国城市规划行业信息更新情况一览表 **表 1**

新闻资讯	10 942 余条
热点追击	2 225 条
特别专题	3 850 条
视频专区	2008 年共报道了 10 次大型会议，截至年终点击率达到 13 598 人次，专家共计 252 位，其中最高点击次数为 768 次
个人专栏	23 位专家的 753 篇文章
视觉城市	24 个
规划成果	81 条
政策法规	245 条
图片库	8 113 张图片
城市规划公众参与平台	总容量 1.21G

1. 热点追击

国计民生一直是 China-up 关注的焦点，在 2008 年我们选择 2008 两会、土地流转、住房保障、快速交通等主题，从政策导向、制度变更等角度来探求其原因、影响和变化。而文化遗产、主题公园、无障碍城市、无车日活动则是城市行为中的热点，对城市规划产生了直接抑或间接的关系和影响，China-up 进行了全方位、多角度的深层次报道。

2. 特别专题

继承上一年对专题内容广度拓展和深度挖掘的精神和态度，2008 年增加了保护文化遗产、城乡统筹与区域协调：新一轮综合改革试验、城市事件与城市竞争力、全球化语境下的城市复兴、构建和谐开发区、全球化时代的城市发展等主题，对信息资源进行全面整合，重点从专家解读、政策导向和数据分析入手。

3. 视频专区

China-up 利用自身的规划背景和技术优势，一直密切跟踪报道行业内大型的专业的学术交流活动，并长期存储在网站供社会共享。现场报道采用最先进的视频录制方式，给予观者真实的现场感受，并最大限度地从专业角度全面了解会议内容。同时，China-up 在此基础上提供相关案例、理念等信息，便于专业人员进行深度的知识挖掘和创新。2008 年度共计报道了 10 次大型会议，年终点击率达到 13 598 人次，收录专家共计 252 位，其中最高点击次数为 768 次。2008 年点击率最高的前 10 位会议如图 1 所示。

图 1

4. 视觉城市

该频道采取图文并茂的形式重点介绍优秀的国内外城市规划设计案例，推荐城市设计团队和建筑大师的作品，赏析值得借鉴的典型城市。2008 年该频道更新专题 24 个。

5. 个人专栏

作为业内有影响力的专家库，频道共计邀请了 134 位专家，上传 4 147 篇文章，上网学者的论文、出版著作（中英文）、规划项目、科研项目以及获得奖项情况清晰明了。2008 年该频道更新 23 位专家的 753 篇文章。

6. 图片库

该频道旨在借用城市规划师手中的相机，从规划师对城市问题的关注点出发，拍摄国内外城市中的建筑、环境、人……使图片库成为专业人员案例对比、研究城市的参照物。2008 年度上网图片共 8 113 张图片，包括荷兰、德国、日本、丹麦等国家中的 20 余个城市。

7. 规划成果

该频道收集包括中国城市规划设计研究院在内的全国规划设计单位的规划项目和科研成果，经过整合、归纳后与同行共享，形成相互交流、相互借鉴的平台。2008 年以中国城市规划设计院建院 50 周年成果展示为专题，定期上传该院的优秀设计成果和科研成果，共计 81 条。

8. 海外资源

通过系统整合国外学术网站的资源，提炼其中可借鉴的国外经验和案例研究，适当的加以翻译和解释，使海外资源频道成为总容量达 3.5G 的基础数据库，如“法国《大巴黎》拓展计划”、“芝加哥大都市区行动议程”、“芝加哥TOD 系统”、“北部湖滨 TOD 系统提案”、“芝加哥新社区项目”等。

9. 电子杂志

为记录中国城市规划设计研究院“5・12”灾后重建工作的展开情况，2008 年 6 月份 China-up 特意制作了名为“祈福汶川 重建家园——中国城市规划设计研究院灾后重建规划特刊”的电子杂志。杂志共计 75 页，整合了中规院灾区工作组、院讯、一线工作人员访谈等信息资源，成为灾后重建工作的历史存照和纪念（图 2）。

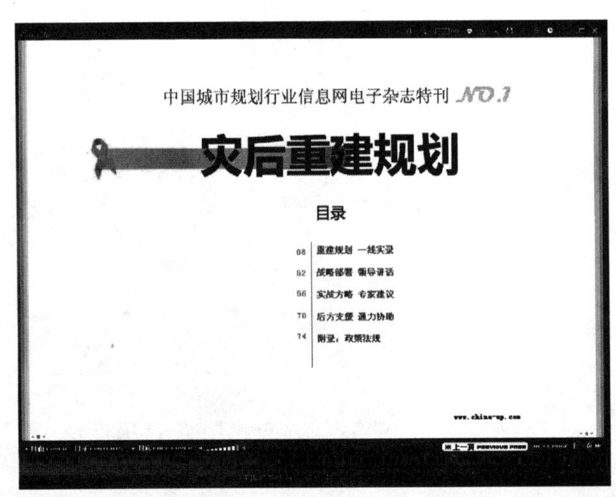

图 2

10. 北川频道

“北川频道”是由中国城市规划设计研究院和北川县人民政府联合主办、中国城市规划行业信息网（China-Up）承办的城市规划专业网站，旨在建立专业的、完整的记录“5·12”汶川地震灾后重建全过程的网络平台。频道不仅是展示中国城市规划设计研究院、各援建单位和北川县人民政府在北川重建规划工作成果的平台，也是宣传北川县重建工作全过程的展示窗口，更希望成为我国在灾后重建规划和建设领域的专业性网络频道。北川频道包括北川新闻、中央行动、北川规划、专家观点、国际借鉴、影像记载、知识库和公众参与等 8 个栏目，目前基础数据库总容量达 1G。该频道已于 2009 年 5 月 12 日正式开通（图 3）。

图 3

（撰稿人：胡文娜，中国城市规划设计研究院信息中心）

新一届国外城市规划学术委员会领导班子方案

主任委员：李晓江（中国城市规划设计研究院院长）；

副主任委员（按姓氏笔画为序）：沈磊（宁波市规划局副局长）、周岚（江苏省建设厅厅长）、赵民（同济大学建筑城规学院教授）、俞滨洋（哈尔滨市规划局局长）、黄鹭新（中国城市规划设计研究院国际合作发展部主任）、谭纵波（清华大学建筑学院规划系副主任、教授）；

秘书长：黄鹭新（兼）。

城市规划新技术应用学术委员会领导班子调整方案

由王东（广州市城市规划局局长）替换施红平（广州市城市规划协会会长）担任主任委员；

副主任委员调整为：施红平（广州市城市规划协会会长）、简逢敏（上海市城市规划管理局副局长）、尹海林（天津市规划和国土资源局局长）、罗成章（中国城市规划设计研究院研究员）、宋小冬（同济大学城市规划与建筑学院）、李时锦（广州市城市规划自动化中心主任）。

新一届历史文化名城规划学术委员会领导班子名单

主任委员：王景慧

副主任委员：阮仪三、汪志明、朱嘉广、周俭、张杰、赵中枢

秘书长：张兵

副秘书长：张广汉

第三届“求是理论论坛”征文获奖名单

《城乡规划法》之后的控制性详细规划（杭州市城市规划编制中心，颜丽杰）

基于实践精神的城市规划学理（西北大学城市与资源学系，段汉明）

泛论传统城市建设体系（东南大学建筑学院城市规划与设计专业，汤晔峥）

论城市规划中效率与公平的对立与统一（同济大学建筑与城市规划学院，赵守晾）

2008 年度“杰出学会工作者奖”名单

（按姓氏笔画为序）

丁俊清、马东辉、尹海林、叶贵勋、巩军昌、李时锦、李炜民、杨 涛、邹德慈、陈小卉、郑晓东、姚胜利、茹 葳、赵 敏、夏有才、徐海贤、袁壮兵、曹 燕、黄晓丽、彭远翔、曾正茂、游宏滔、蔡 莉

2008 年度“中国城市规划年会优秀组织奖”获奖名单

江苏省城市规划设计研究院、中国城市规划设计研究院、北京清华城市规划设计研究院、同济大学建筑与城市规划学院、大连市规划局、大连市城市规划设计研究院、西安市城市规划设计研究院、唐山市规划局、风景环境规划设计学术委员会、城市生态规划建设学术委员会

“中国美丽乡村绿色建筑设计大赛”获奖名单

最佳设计大奖：空缺

设计贡献奖：6 名（各奖励 30 000 元）（排名不分先后）

1. 燕赵乡韵（河北建筑设计研究院有限责任公司）

作者：薛东辉、李洪泉

2. 人地共生（浙江大学建筑系、安吉县规划与建设局、杭州凯芬斯建筑设计咨询有限公司）

作者：王竹、范理扬、张咏梅、贺勇、沈婷婷、孙佩文、何庆

3. 中国人家（河北北方绿野建筑设计有限公司）

作者：张楠

4. 中国美丽乡村 · 和谐安吉（浙江天和建筑设计有限公司、安吉建筑设计院有限公司）

作者：沈建华、冯琪琪、朱环、虞邱佳、蔡晓玲、陈程、余长洋、周云林、朱云飞、曾建文、胡立煜、黄希俊、费华杰、刘烨辉

5. 和谐·文明·宜居（哈尔滨城乡规划局、哈尔滨工业大学）

作者：俞滨洋、吴松涛、霍宏君、于泽明、李明、金虹、周春艳、张震、张微微、傅文裕、蔡滨、戴腾飞、石福良、于德梓、王斌、宋菲

6. 陕西户县庞光镇压化丰村规划及单体设计方案（中国建筑西北设计研究院有限公司）

作者：屈培青、魏婷、宋思蜀、阎飞

专项奖：5名（各奖励20 000元）（排名不分先后）

节能奖：1名

安吉的住宅（宁波市建筑设计研究院有限公司综合三所）

作者：邬志刚、赵严、丁成明

节材奖：1名

回归自然新民居（浙江大学城市学院城市规划与建筑设计研究所）

作者：郭佳、赖肖琼、张杭

指导老师：吴放

节水奖：1名

南方乡村节水型居民设计（西安交通大学建筑学）

作者：陈曦、夏山山 、史红星、王笑竹

指导老师：许楗

节地奖：1名

山地院落组团概念设计（浙江大学建筑系）

作者：秦洛峰、魏薇、孙凌、李笑言、程琼

可再生能源奖：1名

安吉生态农居（浙江大学城市学院绿色建筑研究所）

作者：杨云、谢衍

指导老师：龚敏、应小宇、张文宏

优秀奖：7名（各奖励5 000元）（排名不分先后）

1. 美丽乡村 绿色生活（西安交通大学人居学院建筑学系）

作者：杜钊、雷威、齐玉芳

指导老师：许楗

2. 绿色·家（西安交通大学人居学院建筑学系）

作者：马威、屈泊静、郗江月

指导老师：高源

3. 院说关中——传统关中民居的现代演绎（西安交通大学人居学院建筑学系）

作者：王风涛、李臻、徐子雁

指导老师：高源

4. 石头房子（邢台守敬建筑设计有限公司）

作者：胡振军、王斌、李盛兴、苗立哲、张爱民

5. 窑居人家（西安建筑科技大学建筑学院）

作者：马成俊、胡晓舟、李慧敏

指导老师：王军

6. 倚竹听风（哈尔滨工业大学建筑学院）

作者：王健、张欣宇、孟琪、董峻岩、赵巍、骆丽贤、邢晓娟

指导老师：金虹

7. 中国美丽乡村建筑设计研究报告（台湾贾孝远建筑师事务所）

作者：贾孝远、赵国瀛、王千千

本书编研机构简介

中国城市科学研究会简介

中国城市科学研究会于1984年正式成立（英文名称为 Chinese Society for Urban Studies，缩写为 CSUS）是由全国从事城市科学研究的专家、学者、实际工作者和城市社会、经济、文化、环境，城市规划、建设、管理有关部门及科研、教育、开发等单位自愿组成，依法登记成立的全国性、公益性、学术性法人社团，是发展我国城市科学研究科技事业的重要社会力量。

中国城市科学研究会的宗旨：为适应我国健康城镇化和城市科学发展的需要，组织并推动会员对城市发展的规律，对城市社会、经济、文化、环境和城市规划建设管理中的重大问题进行综合性研究，繁荣和发展城市科学理论，促进城市科学的普及和推广，促进城市科学研究科技人才的成长和提高，促进城市的经济、社会和环境的协调发展。

中国城市科学研究会挂靠住房和城乡建设部，接受业务主管单位中国科协和社团登记管理机关民政部的业务指导和监督管理。

中国城市科学研究会秘书处下设综合部、组织工作部、学术交流部、咨询宣教部、编辑部、县镇工作部。

目前中国城市科学研究会已设立了5个专业委员会，全国省（区、直辖市）、市设有100个地方城市科学研究会，个人会员16 000多名。

中国城市规划协会

中国城市规划协会是城市规划行业全国性社会团体，其英文名称为 China Association of City Planning，缩写为“CACP”。1994年在国家民政部登记注册成立，业务主管部门为中华人民共和国住房和城乡建设部。

中国城市规划协会是由单位会员和个人会员组成的社会团体。全国共有会员单位800多个，主要是城市规划管理、城市规划设计、城市勘测、地下管线行业的机构和地方城市规划协会。个人会员包括专家、社会知名人士或有关部门负责人。

历任会长为：周干峙、赵宝江，历任秘书长为：陈晓丽、邹时萌、王燕。协会下设：城市规划管理、城市规划设计、城市勘测、地下管线、女规划师、信息管理、城市规划展示等七个专业委员会，协会办事机构为秘书处，下设行业管理部、培训与咨询部。

中国城市规划协会的宗旨是遵守我国宪法、法律、法规和社会道德风尚，贯彻党和国家的方针政策，维护会员合法权益，反映会员愿望，密切行业横向联系，发挥政府与行业之间的纽带作用，促进城乡规划、建设事业的健康发展。

中国城市规划协会坚持为政府和会员单位服务的方针，依据章程广泛开展行业管理和交流。同时承担业务主管部门委托的行业管理职能，已分别承担了部级优秀城市规划设计项目评选、城市规划技术公告征集、城市规划设计单位体制改革政策研究、注册城市规划师和行政管理法规培训、年度城市规划发展报告等方面的具体组织与实施工作。

中国城市规划协会积极开展国际交流与合作，先后与法国、美国、加拿大等国的城市规划部门的有关机构建立了工作关系，进行了人员培训、业务交流与合作。

中国城市规划学会简介

中国城市规划学会成立于 1956 年，是依法登记的法人学术性社会团体和职业组织，规划领域唯一的国家一级学会，会员遍布全国，包括 9 名院士和一大批教授、研究员、高级规划师、注册城市规划师，汇集了城市规划行业的精英，代表了当今中国城市规划领域的最高学术水平。

中国城市规划学会是我国在国际城市与区域规划师学会的官方代表，也是世界银行注册的咨询机构，与主要国家的规划组织签署了双边合作备忘录，有着密切的业务联系，近期的业务合作单位包括联合国开发计划署、联合国人居署、世界银行等国际机构。

学会每年组织大量学术活动，为政府决策提供技术咨询，出版各种学术书刊。由学会主办的每年一次的中国城市规划年会是我国规划行业规模最大、水平最高的盛会。学会会刊《城市规划》是我国城市规划领域发行量最大、最权威的核心期刊；《China City Planning Review》是我国工程建设领域唯一正式出版的英文期刊，深受海外读者欢迎。学会曾经在城镇化、规划立法、规划管理体制、住宅建设、城市机动化、历史文化遗产保护、规划技术标准、规划决策民主化、城市安全防灾等诸多领域为国家有关部门决策提出重要政策建议和参考意见。学会还是国家认可的注册城市规划师继续教育机构，每年为注册规划师提供继续教育培训活动。

学会下设组织、青年、学术和编辑出版四个工作委员会，区域规划与城市经济、居住区规划、风景环境规划设计、历史文化名城规划、城市规划新技术应用、小城镇规划、国外城市规划、工程规划、城市生态规划建设、城市设计、城市安全与防灾11个专业学术委员会。学会办事机构为秘书处，下设编辑部、咨询部和联络部。学会现任理事长为原建设部副部长、两院院士周干峙，现任秘书长为石楠。

中国城市规划设计研究院

中国城市规划设计研究院（简称中规院）是中华人民共和国住房和城乡建设部直属科研机构，是全国城市规划研究、设计和学术信息中心。具有城市规划编制、工程设计、工程咨询、旅游规划设计、文物保护工程勘察设计、建设项目水资源论证、建筑工程设计和建筑智能化集成甲级资质；具有承包境外市政工程勘测、咨询、设计和监理项目资质，全国性事业单位组织派遣团组和人员出国（境）培训工作资格证书。对部服务、科研标准规范、规划设计和社会公益服务是中规院的四项主要职能。

中规院是国务院学位委员会批准的城市规划与设计硕士学位授予单位，国家人事部批准设置博士后科研工作站；是中国城市规划学会、全国城市规划科技情报网等学术团体的挂靠单位，中国城市规划学会区域规划与城市经济学术委员会、中国城市交通规划学术委员会等十余个二级专业学术委员会挂靠在中规院；是中国国际工程咨询公司的成员单位和国家外专局批准的城市规划境外培训单位；是住房和城乡建设部指定的全国城市规划标准规范技术归口单位、城市轨道交通标准技术归口单位；住房和城乡建设部城市交通工程技术中心、住房和城乡建设部地铁和轻轨研究中心、住房和城乡建设部城市水资源中心和住房和城乡建设部城市供水水质监测中心（包括水质监测国家实验室）均设在中规院。中规院已同20多个国家和地区的有关学术机构建立了联系，是国际住房与城市规划联盟的团体会员，是世界银行的注册咨询机构。

江苏省城市规划设计研究院

江苏省城市规划设计研究院是一所成熟而充满活力，拥有省级文明单位等多项殊荣的专业规划设计与研究机构。在该院 240 多名员工队伍中，拥有 20 多名国内与省内知名专家，多名南京大学兼职教授，20 多名教授级高级专家，80 多名注册专业技术人员以及 80 多位博、硕士专业人才。具有国家甲级城市规划设计、甲级建筑工程设计及市政、旅游、园林等各项资质，通过了 ISO 9001：2000 质量体系认证。业务领域涵盖区域规划、城市总体规划、详细规划、建筑设计、园林规划设计、市政交通设计、旅游规划、行政区划规划以及相关学术研究等，服务对象遍布国内，远及海外。

在历次全国全省的设计评奖中，该院凭借雄厚的实力名列前茅，先后获国家优秀工程设计银质奖 2 个，铜质奖 2 个、住房和城乡建设部优秀城市规划设计奖 38 个，江苏省优秀工程设计奖 130 项。其中不乏扛鼎之作：江苏省城镇体系规划和苏州古城控制性详细规划获国家优秀工程设计银质奖、住房和城乡建设部一等奖；江阴市城市总体规划和张家港市城市总体规划获国家优秀工程设计铜质奖、住房和城乡建设部一等奖；江苏省都市圈规划获建设部一等奖。

作为规划行业的领先者，该院以“顾客为本，高度责任”为价值，以“开明开放，合作共赢”为原则，以“专心务本，追求卓越”为理念，不断实践着“用我们的知识和智慧向社会提供最优服务，为人们拥有更加美好的人居环境作出贡献”的庄严使命。

深圳市城市规划设计研究院

◆ 服务范围：具有城市规划/工程咨询/市政道路设计甲级、建筑工程设计乙级资格，承接城市发展战略和管理政策研究、城市总体规划、分区规划、法定图则、详细蓝图、城市设计、控制性详细规划、修建性详细规划、各类专项规划、建筑工程设计、市政工程设计项目，参与各地城市发展的重大决策和技术咨询，积累了 1 000 余项目的实践经验，有能力为顾客提供满意的服务。

◆ 工作理念：以务实的工作态度、创新的思维方法，从城市实际出发、深入细致地调查研究，全面准确地解读城市，注重技术与行政的密切结合，向顾客提供研究上具科学性、管理上具操作性、建设上具实施性的规划、设计、研究、咨询成果。

◆ 质量体系：自2000年起在城市规划行业中率先通过ISO 9001质量管理体系认证，经过多年运行和持续改进，建立了适合行业运作、符合标准要求、系统完善、运行有效的质量体系，在管理实践中发挥了重要作用，有效地控制和规范了项目运作，为保证成果质量提供了可靠的管理制度。

◆ 智力资源：全院员工350人，其中正、副高级职称65人，中级职称72人，各类注册师68人，博士、硕士学位人员114人。与北京大学、南京大学、同济大学、哈工大、中山大学、中科院以及香港地区的咨询公司等著名高校和研究机构建立了合作伙伴关系，拥有由国内外100多位著名专家组成的专家库，使我院成为智力资源雄厚、综合实力强大的技术团队。

◆ 技术成就：建院10多年来，完成了1 000余个本市和全国各地规划、设计、研究项目，在全国性各类刊物上发表数百篇学术论文和专著，先后有百余项次的项目获国家、部、省、市优秀规划设计或科技进步奖，其中《深圳市城市总体规划》获国家首次设定的规划设计金奖，并同时荣获国际建协第20届世界建筑师大会城市规划专项奖，为中国乃至亚洲规划界赢得了荣誉。

◆ 庄重承诺：更深入贯彻ISO 9001：2000标准，持续改进质量体系，不断提高管理水平，用雄厚的技术资源，发挥团队集体的智慧，严格履行合同的规定，坚持质量第一、顾客至上、信守承诺的原则，保证所承接的任何服务成果体现全院综合水平，创造规划精品，回报顾客。

沈阳市规划设计研究院

◎ 沈阳市规划设计研究院始建于1960年5月11日，具有国家甲级规划设计、建筑设计、工程咨询及国家乙级市政工程设计、风景园林工程设计资质、土地规划甲级资质；是辽宁省规划设计协会理事长单位、辽宁省文明单位、全国规划行业应用新技术先进单位和全国CAD新技术应用示范企业单位；是率先在全国同行业中取得ISO 9001质量体系认证和国际质量标准认证证书单位。

◎ 全院现有职工190人，其中专业技术人员179人，有规划研究所、规划设计一所、规划设计二所、道路交通研究所、市政管网研究所、建筑设计事务所、景观规划与环境设计所、沈北新区规划设计中心、土地利用研究所等14个部门，能承担区域规划、土地利用规划、城市总体规划、分区规划、控制性详细规划、修建性详细规划、各专业专项规划、风景区规划、环境设计、建筑工程设计、道路工程设计、市政管网工程设计、科技咨询和可行性研究。

◎ 多年来，该院与清华大学、同济大学、哈尔滨工业大学、美国伊利诺伊大学、美国威尔考特建筑事务所、美国 RTKL 国际有限公司、美国 UID 建筑事务所、美国泛亚易道景观公司、美国 HCCP 建筑事务所、英国阿特金斯公司、日本芝蒲工业大学、日本庆应大学、日本安井建筑设计事务所、澳大利亚 LAB 建筑事务所、澳大利亚杰克逊设计公司、加拿大 INRO 公司、德国 B-Plan 规划建筑设计公司、德国柏林工业大学等建立了合作伙伴关系，掌握着世界最先进的设计理念和规划动态，院的科研设计工作已与国际接轨。

太原市城市规划设计研究院

太原市城市规划设计研究院的前身是太原市总体规划办公室，成立于 1979 年 9 月 1 日，于 1984 年 3 月 7 日更为现名，是具有甲级城市规划资质，并兼有甲级工程咨询、乙级建筑设计、乙级市政行业工程设计等资质的综合性规划设计研究院。该院从 1990 年开始连续获“太原市文明单位”和“太原市文明单位标兵”荣誉，并获得山西省模范单位、山西省知识分子工作先进单位、山西省建设系统先进单位、太原市优秀党组织等光荣称号。

该院技术力量雄厚，专业门类齐全，设备先进。现有在岗职工 85 人，专业技术人员 81 人，其中具有教授级高级技术职称者 6 人，副高级技术职称者 35 人，中级技术职称者 27 人。有国家注册建筑师 16 人，注册结构工程师 4 人，注册规划师 18 人，注册设备师 4 人，注册咨询工程师 10 人。设有包含城市规划、总体规划与交通、市政工程、建筑设计等五个综合设计所及办公室、总工办、经营处、图文信息中心、财务处、党办职能处室。专业涵盖城市规划、道路桥梁、建筑学、工民建、给水排水、暖通、电气、园林、环保、经济学等十几个领域。

该院业务范围包括了城镇体系规划、总体规划、控制性详细规划、修建性详细规划、道路交通规划、市政工程规划与设计、专业规划、城市设计、建筑工程设计、工程咨询与可行性研究及课题研究等。建院以来编制完成数千个规划设计项目中有 150 余项获国家、部、省、市级奖。

该院倡导并实践“团结、进取、求实、奉献”的企业精神，注重人才培养，全面运行 ISO 9000 质量管理体系，严格技术管理，稳步提升产品质量，贯彻执行“质量第一，服务为本，积极创新，为城乡建设提供科学的规划与设计精品”的质量方针，努力成为政府规划城市、建设城市、管理城市的好助手，以优质的设计和完善的服务城市规划事业的发展做出积极的贡献。

深圳市城市空间规划设计有限公司

深圳市城市空间规划设计有限公司于 2001 年 4 月在深圳正式成立，具有国家甲级规划设计资质。公司专业从事城市发展战略研究、城市发展规划、项目可行性研究、城市总体规划、详细规划、城市设计、建筑设计等咨询及设计服务。

经过六年多的发展，公司在资质水平、业务范围、技术力量、团队组织上不断壮大完善。现已拥有深圳、上海、北京、贵阳等四家分公司，公司业务布局趋于完善。公司在发展中，一贯秉承“务实和创新并举”的理念，注重多学科融汇和不断的自我超越。在人员配置方面，公司的设计人员涵盖城市规划、建筑学、旅游规划、给水排水、电力电信、园林景观等专业，已形成较为完善的人员结构和较强的设计研究力量。

在自我完善方面，公司设立网站加强与业界同行的相互学习和交流，出版内部刊物《城市空间》鼓励员工各抒己见，加强内部学术气氛。城市空间致力于城市发展的各项研究和为城市管理者、开发者献计献策，以专业的学识和规范的运作，构筑城市空间特有的企业文化。

西安市城市规划设计研究院

西安市城市规划设计研究院是 1990 年 2 月成立的甲级城市规划设计单位。现有职工 110 人，专业技术人员 85 人，其中高级工程师 16 人，工程师 41 人。院内设有党支部、办公室、总工办、计划经营室、规划一所、二所、三所、四所、五所等十几个部门。

该院技术力量雄厚，技术装备先进，规划设计经验丰富，资料齐全。院计算机中心配备有微机、扫描仪、打印机及各类软件；院内配有大型工程复印机、晒图机、摄录仪、投影仪等先进设备，已实现了全院普及计算机辅助规划设计联网，并藏有大量国内外图书资料和信息。建院以来，已完成了 6 000 余项城市规划设计，独立完成和参与了西安市多项重大城市建设项目，其中“西安环城工程规划”获得 1995 年度建设部优秀设计一等奖、国家第七届优秀工程设计铜奖；“西安市环南路城市公园及环境综合设计“获得 2001 年度建设部优秀设计二等奖；“西安市城市总体规划（1995—2010)”、“西安市北院门历史地段保护与更新规划”、“西安市钟鼓楼广场规划”、“西安市明德门小区安居工程修建性详细规划”、“北大街城市设计规划”、“西安市环城南路城市公园及环境综合设计”、“西安南院门——粉巷街景设计”、“敦煌市总体规划”、“长安郭杜镇总体规划”、“西安市近期建设规划”、“西安市城市雕塑体系规划”、“西安市空间发展研究”、“秦俑民俗文化旅游村”等项目获得省（部）级优秀设计奖，在国内外规划界有较高的声誉。通过不断努力，已初步具备了集设计、研究、信息管理为一体的综合规划设计能力。

该院十分重视国内外交流与合作，重视引进高层次的专业技术人才。近年来先后与日本、澳大利亚、德国、法国、挪威等国家的专家进行了多项合作，建立了业务联系，先后多批派出技术人员到国外进修、讲学、参观访问，进行学术交流和技术合作。

该院愿与各建设单位、国内外同仁进行广泛交流合作，本着“团结、求实、奋进”的精神，精益求精，精心设计，以过硬的技术质量和优良的服务态度，为西部大开发各项城市建设、为各建设单位提供高品质的规划设计成果。

北京大学城市规划设计中心

北京大学城市规划设计中心成立于1993年，并于当年取得了建设部授予的全国高校城市规划设计甲级资质，中国城市规划协会会员单位。现拥有专业人员45人，其中高级职称人员28人，国家注册城市规划师12人，多人拥有国外一流大学学术背景与国外一流规划设计单位的实务经验，并配有建筑学、结构工程、园林、市政工程等专业设计人员，是一个资源雄厚、人才密集、技术设备先进的规划设计研究机构。对外承担：城市与区域发展规划研究、城镇体系规划、城市总体规划、分区规划、控制性详细规划、修建性详细规划、城市设计、城市景观规划、环境设计、园林设计、旅游规划、风景区规划、世界遗产保护规划、社区空间规划、房地产开发策划等规划设计业务。

北京大学城市规划设计中心融北京大学文理工综合的学科优势，以北京大学城市与区域规划系的研究与规划设计力量为依托，自成立以来共完成各类主要规划设计项目250余项。近期完成编制的主要规划设计项目包括：长江三峡区域旅游发展规划、山东半岛城市群战略研究、山东半岛城市群总体规划、济南都市圈规划、济南市北跨及北部新城区发展战略研究、德州齐河融入济南都市区战略规划、北京市东城区南锣鼓巷保护与发展规划、安徽省泾县荷花塘地区修建性详细规划等，其中山东半岛城市群总体规划获山东省优秀规划设计一等奖、山东半岛城市群战略研究获山东省科技进步二等奖、河北大厂夏垫镇镇域总体规划获河北省建设厅优秀成果一等奖。

天津市城市规划设计研究院

天津市城市规划设计研究院成立于1989年，现有设计部门包括两个分院、三个研究中心、六个规划设计所、一个规划景观设计公司、两个专家工作室、一个建筑设计所及多媒体中心、信息中心等生产和服务部门。一个具有规划设计、建筑设计、工程咨询甲级资质的综合性研究院已初具规模。

十几年来，该院一直致力于建设一支高水平的人才队伍，以为长远的发展奠定坚实的基础。秉承以人为本的宗旨，努力营造一个具有广泛包容性的学术氛围，尽可能为每一个人的全面发展提供最大的空间。由此，吸引了来自全国各地、覆盖多个专业领域的技术人才，逐步形成了一支年龄结构、专业结构比较合理的技术团队。

十几年来，该院一直致力于技术领域和业务地域范围的拓展，以适应城市发展对规划不断提升的需求。现在，已由一个以规划设计为主，业务比较单一的设计机构，逐步发展到包括规划设计、建筑设计、道路及工程设计、环境景观设计等技术领域的综合性设计机构。而同样具有意义的是，在服务于天津城市建设和经济发展的同时，逐步参与到区域和全国规划设计市场的竞争中，业务遍及全国20多个省、市、自治区。

十几年来，该院一直致力于进行广泛的对外技术合作与交流，以求进一步提高技术水准。先后与美国规划师协会、泛亚易道、英国伟信、美国WRT、加拿大宝佳、西班牙里卡多博菲、日本川口卫等学术团体和设计公司在各个领域进行合作，并先后派出十几批、数十位专业人员到国外进行参观、考察和学术交流。

重庆市规划设计研究院

重庆市规划设计研究院成立于1984年，是原建设部首批认证的甲级规划设计研究院之一，具有甲级建筑设计、甲级工程咨询，乙级市政工程设计，乙级开发建设项目水土保持方案编制和一级社会公共安全行业从业资质，是以城市规划设计与研究为主，兼有建筑工程设计、市政工程设计、风景名胜区规划、城市设计、小城镇规划、城市消防规划和综合管网规划等众多规划设计的技术密集型的综合设计研究院。

全院现设有三个规划所、一个研究所、一个建筑所和一个设计工作室共6个专业设计所（室），并在成都、厦门和重庆设立了分院及公司。全院正式职工中有 93%为专业技术人员，其中教授级高工 7 人、高级工程师 24 人，工程师 38 人，博士、硕士生 20 多名，有相当一批技术人员已成为重庆和全国相关专业领域内的专家。

重庆市规划设计研究院经过 20 年的发展和积累，现已拥有老中青相结合，各种专业人才配备齐全，技术力量雄厚的专业队伍，具备承担各类大中型重要城市规划编制任务和国外规划设计公司进行国际合作的能力。20 年来，先后完成千余项各类城市规划的编制及建筑、市政设计。院的业务领域涉及城镇体系规划，城市总体规划、分区规划、详细规划、小城镇规划、交通规划、其中尤在山地城市的规划设计方面具有相当丰富的经验和一大批获奖成果。

成都市规划设计研究院

成都市规划设计研究院成立于 1983 年，是原建设部批准的第一批甲级城市规划设计单位，还具有工程咨询甲级资质和建筑设计乙级资质，主要承担各层次、各类型的规划设计、工程设计以及相关技术服务和技术咨询，同时还承担城市建设有关研究、策划、规范编制等工作，2005 年通过了 ISO 9000 质量管理体系认证。

该院注重队伍建设、质量建设，倡导科学发展、理性管理、积极向上、锐意进取的企业文化及团队精神。现有职工 145 人，其中专业技术人员 131 人，毕业于清华大学、同济大学、天津大学、东南大学、重庆大学等国家重点院校，现有硕士以上学历 30 人，高级职称 28 人（其中教授级高工 2 人），中级职称 46 人，初级职称 49 人，注册规划师 22 人，一级注册建筑师 2 人，一级注册结构师 2 人，高级咨询师 9 人，咨询师 5 人。

20 多年来，成都市规划设计研究院在为国家公共政策服务，为成都市政府服务，为城市建设服务，在业务拓展，技术进步，以及院深化改革和党建与精神文明建设方面都取得了可喜的成绩。保持了快速、持续、健康、协调发展，经过长期的实践积累，已形成了一套完整有效的质量管理体系和经营管理理念，特别是近几年在科技进步、专业开拓、人才培养和技术手段、技术装备方面不断进步，成长为中国城市规划设计领域中一支重要的生力军，先后完成了成都市及省内外的城镇体系规划、总体规划、分区规划、控制性详细规划、修建性详细规划、村镇规划、风景区规划以及各类专业规划、城市设计和建筑设计等 8 000 多项。近几年来共有 56 项设计成果荣获部、省级奖励，25 项设计成果荣获市级奖励。主编了《城市环境卫生设施规划规范》、参编了《历史文化名城规划规范》等国家标准。

济南市规划设计研究院

济南市规划设计研究院成立于1987年4月28日，是原建设部1993年批准的首批规划设计甲级资质单位。2002年10月顺利通过ISO 9001：2000国际质量管理体系认证，具有规划设计甲级、市政工程设计乙级、建筑设计乙级资质的综合性规划设计研究单位。

院设规划设计一所、规划设计二所、市政交通设计所、建筑环境设计所、创作室、办公室、政工科、计财科、总工办、信息中心等部门。现有在职职工118人，具有各类专业技术职称人员100人，其中工程技术研究员10人，高级工程师37人，注册城市规划师34人，一级注册建筑师2人，一级注册结构师2人。

建院20年以来，见证了泉城的巨变，目睹了城市的腾飞，经过几代人的不懈努力，绘就了一张张美好的蓝图，为省会济南的经济、社会发展和城市建设做出了突出贡献，在规划设计领域成绩斐然。先后承担了济南市的总体规划、分区规划、控制性详细规划、交通规划、居住区详细规划、市政工程各专项规划、并完成了各种市政工程施工设计和建筑工程设计任务。建院至今，完成各类重大设计项目1 000余项，获得奖项110余项，其中获得国家级奖项3项、部级奖4项、省级奖24项、市级奖44项。科研项目获奖6项，其中获得部级奖项1项、省级3项、市级2项，在山东省规划行业脱颖而出。

20年的发展和创业之路，深知新技术应用和开发的重要性。目前全院拥有精良的设备和高性能的网络系统，并具有自主开发规划设计软件及各类办公管理软件的能力，引进了国际领先的EMME3城市交通规划分析软件和市政、建筑、桥梁等专业软件；拥有山东省一级档案室，建立了“数据档案管理系统”和CCPD“中国城市规划知识库”。

面对新形势、新任务，济南市规划设计研究院将坚持“科技创新、严谨求实、精心规划、服务大局”的发展方针，坚持“诚信服务、持续改进”的服务态度，努力成为在国内城乡规划行业有影响的科研设计单位。

武汉市城市规划咨询服务中心

武汉市城市规划咨询服务中心成立于2001年，是武汉市规划局下属的处级事业单位，专业从事规划咨询论证、城市规划设计、规划政策咨询等规划公益服务，是湖北省内首批成立的城市规划咨询机构之一。中心具有雄厚的技术实力和丰富的实践经验，持有城市规划编制资质证书乙级、工程咨询资格证书乙级、城市规划报建咨询资格证书，并拥有百余名各领域专家组成的专家智囊团。

近年来，该中心承担了3 000余项城市建设项目的规划设计、咨询、研究工作，先后有90余项规划咨询成果获部、省、市优秀工程咨询和规划设计奖励，其中《汉正街都市工业园改造规划》、《中共五大会址周边历史地段综合规划》等成果获得国家建设部优秀规划设计奖，《武汉市旧城改造研究》获得全国优秀工程咨询二等奖。这些成果为武汉的城市规划管理、区级经济建设、土地资产经营、招商引资提供了重要的技术支撑和决策参谋，在规划管理与建设单位之间架起了沟通的桥梁，为武汉市的城乡规划建设发挥了重要作用。

同时，中心还十分重视精神文明建设，长期开展思想教育和政治理论学习，积极参与社区共建活动、爱国主义基地参观、援藏、扶贫、助学、志愿者等公益行动，组织参与、书画、演讲、摄影、乒乓球、健身操等各种丰富多彩的文娱活动，先后获得了市青年文明号、市“五四”红旗团支部、市“创新业绩、创高效益”竞赛创新示范岗、区级“最佳文明单位”、市“五一劳动奖状”等集体荣誉称号。

随着新的《城乡规划法》的颁布实施，咨询中心将与时俱进、积极探索，为维护城市规划原则、保障城市公共利益作出新的贡献。

山西省城乡规划设计研究院

山西省城乡规划设计研究院成立于1980年，现有职工186人，其中专业技术人员158人；具有高级技术职称的技术人员36人（教授级高级技术人员3人）；城市注册规划师32人，各类注册工程师35人。是具有国家城市规划编制甲级、建筑与市政工程设计甲级及工程咨询甲级资质的综合性规划设计单位。

山西省城乡规划设计研究院开展的城市规划业务有：国土区域规划、城镇体系规划、城市发展战略规划、城市总体规划、城市概念规划、城市分区规划、城市详细规划、城市环境景观规划与城市设计、城市专项规划、城市综合交通规划、历史文化名城保护规划、风景名胜区规划、旅游规划、开发区与工业园区规划、村镇规划、城市科学研究等。

开展的工程设计业务有：建筑工程设计、给水排水工程设计、道路桥梁工程设计、燃气热力工程设计、环境卫生工程设计、风景园林工程设计等。

开展的工程咨询及其他业务有：工程建设项目监理、城市建设技术咨询、房地产开发咨询、工程项目建议书与可行性研究报告编制、计算机图形与三维动画制作、招投标代理与造价咨询。

山西省城乡规划设计研究院建院25年来始终坚持技术进步和人才培养的发展战略，以“追求先进技术，恪守诚信服务，设计优秀成果，塑造技术品牌”为质量方针，不断开拓进取，先后完成各类规划、工程设计项目2 000余项，获国家级、省、地级优秀规划、设计奖项100余项。

2005年通过了GB/TI 9001－2000国际质量体系认证（注册号：06705010028ROM）。

上海市城市规划设计研究院

上海市城市规划设计研究院作为国内技术力量雄厚的甲级规划设计单位，为上海市城市建设和发展精心规划、潜心研究、创新设计，先后承担了各类总体规划、分区规划、城镇规划、详细规划、市政公用道路交通规划、风景区规划及市重大工程项目规划设计研究，成绩斐然，160多次获国家级、建设部和市级科技进步奖与优秀设计奖等，连续八届荣获上海市级文明单位光荣称号，并成为全国精神文明建设工作先进单位。

内蒙古城市规划市政设计研究院有限公司

内蒙古城市规划市政设计研究院有限公司建于1984年，原隶属于建设厅。现为城市规划、市政公用行业、建筑工程及工程咨询四大主类专业齐全的综合性甲级资质设计研究机构。主要从事城市规划、市政工程、建筑工程设计、技术咨询及项目可行性研究。

内蒙古城市规划市政设计研究院有限公司设有：院办公室、总工办、计划经营管理部、经济所、规划设计一所、二所、市政工程设计一所、二所、建筑工程设计一所、二所、园林设计所及工程咨询所等。全院现有职工140多人，其中专业技术人员占86%。

多年来该院在规划、市政、建筑设计、工程咨询等领域做了大量的工作，积累了丰富的工作经验，拥有一支由高素质人才组成的设计队伍，并拥有多位自治区知名专家，在设计领域具有独特的地位和影响力。在专业设备配置方面具有先进的计算机应用软件和设备，如规划、市政、建筑设计的专用工程软件，彩色喷墨绘图仪、打印机以及其他文印绘图出图设备，实现了计算机应用的网络化、信息化、自动化管理，建立了完整的内部管理机制和质量保证体系。

建院以来，内蒙古城市规划市政设计研究院有限公司承接并完成了自治区范围内的城市规划、村镇规划、给水排水工程、道桥工程、园林绿化工程、工业与民用建筑工程等几百项设计项目。且多项设计获国家、自治区优秀设计奖。

该院一贯以重信誉、保质量、高效率作为工作宗旨。这为该院在设计领域中保持技术领先提供了可靠的保证，赢得了客户的信任和较好的社会声誉，并占领了相当广泛的市场。在21世纪，内蒙古城市规划市政设计研究院有限公司将继续坚持“诚实守信，服务一流”的工作作风，竭诚为区内外建设单位提供一流的设计服务。

南京市城市规划编制研究中心

南京市城市规划编制研究中心成立于2003年9月，是隶属于南京市规划局的差额拨款事业单位，是以城市规划、信息集成、城市测绘等多专业融合的新型城市规划研究机构。主要业务涉及城市发展战略研究、地区开发、城市设计、重点项目的规划服务以及各类城市规划信息系统和城市测绘系统的建立及维护，测绘信息采集、管理、GIS建设及软件开发等有关技术性、服务性工作等方向。中心内设四所一室，即战略规划所、地区规划所、数据系统所、综合服务所、办公室。现有规划、建筑、交通、园林、测绘、GIS、计算机等各专业人才50余人，80%具有大学本科以上学历，并拥有注册规划师10余人，教授级高工、高级工程师10余人，另已培养出一批中青年学科带头人。

中心成立至今，始终紧跟城市的宏观战略和发展趋势，积极发挥规划研究平台和数据流转中心的功能，为“十一五”规划的顺利开展、南京城市发展、规划管理、数字南京建设等工作作出了巨大的贡献。五年来，中心先后完成或参与了规划设计和科研任务近200项，既建立起长期而系统地跟踪城市发展的基本模式，也为政府关于城市发展过程中和谐共生的问题提供了科学的决策依据。同时，作为南京市规划局的数据中心，本着“共享共建”的原则，以“南京市复合比例尺现状地理底图”和“南京市复合比例尺规划地理底图”为媒介，大力推动南京市基础地理信息的共享，目前已拥有各类电子数据达到12TB。此外，中心仍然注重借助测绘、信息等新技术手段在规划编制工作中的应用，坚持创新的理念，寻求优势的叠加，使中心在新技术应用领域始终保持全国领先水平。

中心的五年，硕果累累，先后荣获了11项集体奖（含部门奖或专项奖）和21个项目32项成果奖，并与南京大学、西北大学、澳大利亚西悉尼大学等国内外知名高校，中国城市规划协会、中国城市规划学会、中国地理信息系统协会、江苏省城市规划学会、江苏省测绘学会等行业组织以及新加坡雅斯柏、武大吉奥、微创等专业公司建立了良好的合作机制。经过不断地努力和实践，中心获得省市领导、相关政府部门一致好评和高度称赞的同时，也逐渐在行业舞台上崭露头角，逐步树立起良好的声誉。

安阳市规划设计院

安阳市规划设计院成立于1987年，拥有规划编制甲级，工程测绘、工程勘察、工程咨询乙级，工程设计丙级等多专业的省内规划强院。业务遍及省内外，现有高中级专业技术人员50余人，市级以上专家7人、硕士研究生17人，规划师、建筑师、结构师、设备师等各类国家注册执业人员43人的高素质专业人才队伍。

多年来，该院坚持“科技创新，认真负责，诚实守信、团结进取、服务奉献”的治院理念，紧紧围绕市委市政府关注的重大问题展开工作。强化技术质量管理和内部行政管理，创新规划理念，广泛开展技术交流，夯实基础，打造了一支适应社会经济发展的观念现代化、人才专业化、技术信息化、管理标准化的正规化队伍。

近年来，该院先后被评为安阳市文明单位、创省级园林城市先进单位、安林公路环境整治先进集体、殷墟申报世界文化遗产集体三等功、城市规划工作先进单位和2008年省级卫生先进单位等荣誉称号。40余项成果获部、省级科技进步奖、优秀勘察设计奖励。年产值逾千万元，综合实力明显加强，各项指标名列省同行前茅，连续七年被评为河南省勘察设计行业先进单位。

滨州市规划设计研究院情况

山东省滨州市规划设计研究院成立于1993年5月，现为正县级自收自支的科研事业单位，持有规划设计甲级、建筑设计乙级（正在升甲中）及市政设计丙级资质，同时还持有园林绿化、装饰装修、基础工程施工和工程咨询等多项资质证书。

主要从事各类规划设计、建筑设计、市政工程、环境艺术、园林绿化、测量测绘、广告设计、图文设计、装订及装饰装修、基础工程施工、工程技术咨询等业务。现有各类专业人员82人，其中中级以上规划师、工程师以上职称48人；各类国家注册师17人。

该院始终坚持“质量是生命，用户是上帝，创新是灵魂，时间是效益”的服务宗旨，坚持“质量立院、人才兴院、科技强院”的经营方针；立足全市，面向全省，走向全国。先后有多个项目、多人、多次受省、市表彰和奖励。经过十几年的发展壮大，已成为滨州市规划设计行业的龙头单位。

温州市城市规划设计研究院

浙江省温州市城市规划设计研究院成立于1984年，隶属温州市规划局。

该院经过20多年的发展，从建院初始的零资产，发展到现在拥有固定资产1 600多万元、办公场所3 500余平方米、职工人数90多人，现具有城市规划编制甲级资质、建筑工程设计甲级资质、市政工程设计丙级资质的综合性设计院，是浙中南地区唯一具有规划和建筑工程甲级设计资质的设计院。

全院现有专业技术人员83人，其中高级职称21人、中级职称29人；注册城市规划师10人、一级注册建筑师5人、一级注册结构工程师5人；有博士学位1人、硕士学位10人。设计业务范围覆盖区域规划、城市总体规划、分区规划、详细规划、城市设计、园林景观规划设计、村镇规划、建筑工程设计、市政给水排水工程设计、道路桥梁工程设计、城市道路交通规划设计和交通影响评估以及相关工程的可行性研究。

2004年初，该院通过ISO 9001质量标准认证。

创优秀设计品牌是该院的质量目标。历年来，该院不断提高完善设计理念，不仅在温州本地完成大量的设计业务，还通过实力和优质服务积极拓展省内外业务，已成功进入福建、江西、河北、新疆及浙北等地设计市场。

建院以来，该院共获部、省、市级优秀设计80多项，其中部级优秀设计5项，出版专著3部，在国家级刊物和学术研讨会上共发表学术论文80多篇；与美国、德国、澳大利亚等国的设计机构以及浙江大学、同济大学、南京大学、哈尔滨工业大学、中规院等单位进行过合作和交流，特别是与哈尔滨工业大学联合开发和研究的《平台式木框架房屋抗风性能》课题，将填补国内在这方面的空白。

邯郸市规划设计院

邯郸市规划设计院是集城市规划设计与研究、规划技术和工程咨询服务、市政工程设计、工程监理、建筑设计、园林景观设计、城市测绘为一体的综合性科研设计单位。具有城市规划和工程咨询“双甲级”、市政工程设计乙级、测绘乙级、市政工程监理乙级及建筑工程设计丙级等资质，技术力量雄厚，仪器设备精良，2008 年通过 ISO 9001：2000 国际质量体系认证。

20 多年来，邯郸规划院以“诚信、和谐、创新、奋进”为建院方针，在城市规划研究、规划设计和工程咨询过程中，积累了较为丰实的经验，锻炼了一支精干的专业技术队伍，先后编制了邯郸市第二期、第三期总体规划，与上海市城市规划设计研究院合作编制了邯郸市第四期总体规划。编制了邯郸市主城区分区规划、总体城市设计、绿地系统规划、公共交通、历史文化名城保护、风景旅游等各类专项规划；完成了邯郸市区道路、桥隧、给水排水、供热等市政工程设计；邯郸市 GPS 控制网和 1：1000、1：500 数字化地形图等基础测绘工程。有 60 多项规划设计成果获得省、部级优秀设计奖励。连续 5 年荣获邯郸市政府城乡建设工作先进单位，连续四年荣获邯郸市基层文明单位称号，多次被评为先进基层党组织，2008 年河北省建设厅授予“河北省支援四川灾后恢复重建规划工作先进单位”、中国城市规划协会授予“全国城市规划行业抗震救灾先进集体”荣誉称号。

邯郸市规划设计院树立求创新、促增长、建强院的理念，依靠科技进步、质量创优，创立自己的品牌规划、品牌设计，走出一条独具特色的发展之路，为邯郸市的城市建设和“城乡面貌三年大变样”做出积极贡献。

鄂州市城市规划勘测设计研究院

鄂州市城市规划勘测设计研究院，创建于 1983 年，系国有事业单位，拥有乙级城市规划资质、乙级市政工程设计资质及丙级建设工程设计资质。内设城市规划、城市景观规划、风景园林规划、市政工程规划、建筑工程设计 5 个专业设计室。

全院现有职工 59 人，各类高、中级专业技术人员 52 人，注册规划师、注册建筑师 12 人。主营城市总体规划、区域规划、城市景观规划、风景园林规划、名城保护规划、城镇与村庄规划、城市交通规划等各类规划编制与咨询。兼营风景园林工程、给水排水工程、道路桥隧工程、燃气工程、建筑工程、工程测量等各类工程勘察设计与咨询。专业门类齐全，设计实力雄厚，技术装备精良，设计、办公自动化。

建院 20 多年来，该院已发展成以城市规划编制与咨询为主业，集建设工程勘察设计与咨询，建筑工程专业承包为一体的跨行业综合实体。其业务范围已拓展到省内外，累计完成各类专业项目 1 000 余项，有 40 余项分别获部、省、市优秀设计奖，多项科研成果获科技进步奖，数十篇论文先后在国家或省部级学术刊物上发表，多次荣获省、市建设系统先进单位。2006 年、2008 年连续两年被授予湖北省第八届“守合同重信用”企业，2007 年被评为全市建设系统先进单位及先进基层党组织，并荣获 2007 年度湖北省建设系统先进集体光荣称号。

面对经济全球化挑战和机遇，该院将坚持科技兴院，质量强院，效益富院的方针；以人为本，创新创优，多元经营，诚信执业，竭诚为用户提供优质服务，争创一流规划设计单位。

北京市城市规划设计研究院

北京市城市规划设计研究院（简称北京市规划院）是北京市规划委员会所属负责编制城乡各项规划的事业单位，是住房和城乡建设部批准的甲级资质规划设计单位，其主要职能是为市政府对城市建设宏观决策及各项建设提供规划服务。主要工作任务是：负责组织编制全市城市总体规划、分区规划、控制性详细规划，以及城市交通、市政基础设施等系统规划，承担地下管网规划综合工作；参与全市社会经济发展战略和城市建设重大政策的研究，为政府有关部门和各区县政府等提供规划研究、规划编制、规划咨询等技术服务；承担规划方案技术论证和综合，参与规划方案技术审查，为规划管理提供技术服务与保障；组织编制北京市城市规划技术规程及相关规划定额指标。

北京市规划院自 1986 年成立以来，围绕市政府城市建设的中心任务和建设重点，开展和完成了多层次、多专业的规划编制和规划设计工作。主要规划成果包括：北京城市总体规划、中心城控制性详细规划、近期建设规划、北京历史文化名城保护规划、北京皇城保护规划、北京 2008 奥运规划、商务中心区规划、中关村科技园区规划、顺义和亦庄等新城规划、北京中轴线城市设计、地下空间规划、限建区规划等。同时，北京市规划院还主持或参与完成了一批重大项目的规划研究工作，如北京航空遥感综合调查应用、北京市城市交通综合体系规划研究、北京城市空间发展战略研究、北京市能源发展战略研究、北京市综合生态规划研究等。全院有近百项规划设计和研究成果获得国家、住房和城乡建设部、北京市科技进步奖和优秀规划设计奖。

北京市规划院建院以来，广泛开展了对外学术交流与技术合作，与韩国首尔市政开发研究院等机构建立了长期交流关系，与美国、加拿大、澳大利亚、新加坡等国规划设计事务所合作完成了多项规划设计项目。

北京市规划院现有工作人员 270 多人，专业技术人员占到 80%以上，其中有高级技术人员 80 余人，中级技术人员 80 余人，有政府突出贡献专家 4 人，18 人享受国家津贴，形成了专业齐全、结构合理、综合素质较高的规划队伍。

大同市规划设计院

大同市规划设计院前身为大同市城建局规划设计室，成立于1977年，1989年11月组建大同市规划设计院，是以城市规划为主体的具有城市规划资质乙级，市政公用行业资质乙级，建筑工程设计资质丙级的综合性设计院。

全院现有职工47人，其中具有高级职称的6人，中级职称的22人，国家注册规划师8人，国家一级注册建筑师1人，国家二级注册建筑师2人，国家一级注册结构师1人。该院技术力量雄厚，技术装备先进，主要承担：城市城镇体系规划、城市总体规划、分区规划、控制性、修建性详细规划、各类专业规划、项目可行性研究及市政工程设计、建筑工程设计、工程咨询等。

该院一贯坚持以“科学规划、精心设计、质量第一、优质服务”为宗旨，先后完成了数十项政府指令性的规划编制任务，主要有：大同城市总体规划，大同市旧城控制性详细规划，大同市古城保护规划，御河西岸修建性详细规划，火车站广场、红旗广场整顿规划，大同市御东分区规划，御河西岸控制性详细规划，居住区修建性详细规划，并配合规划完成了城市建设的道路拓宽工程设计，污水处理厂管网工程和百余项建筑工程设计任务。

江阴市规划局

江阴市规划局是市政府负责对全市城乡规划工作实施统一管理的职能部门，主要职能是认真贯彻《中华人民共和国城市规划法》，加强全市城乡规划的统一管理，实施规划建设项目全过程的规划监督，统筹安排城市各类用地、地下管网和空间资源，提高城乡规划设计和规划管理水平，加大规划执法力度，保证城乡规划的实施。

哈尔滨工业大学城市设计研究所

1. 研究所概况

哈尔滨工业大学城市设计研究所成立于1989年，是国内高校成立较早的城市设计研究的科研机构之一。城市设计研究所承担城市设计项目，开展城市设计教育，培养建筑学、城市规划专业领域从事城市设计科学研究的博士研究生和硕士研究生。

2. 建设目标

研究所建设的目标是：城市设计研究所创造良好的研究条件和学术环境，吸引、聚集优秀人才在城市设计的各个研究方向展开多学科交叉的、高水平的学术研究。努力建设成为全国高校较有影响力的城市设计人才培养和学术研究机构。

3. 学术研究

城市设计研究所与国内外许多科研院所和高等学校建立了长期稳定的学术联系，承担完成了多项国家、省部和市级的科研项目。城市设计研究所的主要研究方向有城市设计理论与实践、寒地城市人居环境、城市公共空间设计、城市美学、城市景观设计、城市旅游休闲规划设计和高校校园规划设计等。城市设计研究所多年来已发表了近百篇论文，完成了百余项科研课题，及大量的城市规划设计和建筑设计任务。

4. 人才培养

随着城市设计研究所不断发展壮大，近些年来，城市设计研究所取得了丰硕的研究成果。研究所成员发扬不断进取的精神，大胆探索，锐意创新，求真务实，学习国内外先进的理论知识；在研究工作中，努力培养自己的研究方向、研究特色和研究风格，从而逐步建立起自身富有特色的学术理论和方法。

乌鲁木齐市城市规划设计研究院

乌鲁木齐市城市规划设计研究院组建于1993年，目前隶属乌鲁木齐市城市规划管理局，其前身为市规划局规划设计室等机构。1998年11月，由乌鲁木齐人民政府批准成立“乌鲁木齐市城市规划设计研究院”列事业编制50名，领导职数2名，实行差额预算管理。2001年11月28日，经乌市直属机关工会工作委员会批准成立市规划院工会。2003年2月，经乌鲁木齐市城市规划管理局党组会议研究，该院对内部机构设置进行了局部调整。2004年经主管部门批准，该院实行自收自支。经行业主管部门核准。现具备甲级城市规划编制资质，并具有丙级市政、建筑工程设计资质。

全院现有职工48人，中共党员12人，已取得专业技术职称的有42人，其中高职10人，占专业技术人员总数的23.8%，中级职称25人，初级职称10人。全院下设9个所、科室，其中专业规划设计所4个，其他内部职能科室5个。

自建院以来，该院一直致力于乌鲁木齐及周边城市的城市规划设计事业，在全院职工的共同努力下，在规划设计领域取得了丰硕成果，其中“乌鲁木齐红山、雅山城市景观设计”，荣获建设部2001年度优秀城市规划设计三等奖，此外还先后多次获得自治区及乌鲁木齐市各类规划和设计奖项，为乌鲁木齐乃至全疆的城市规划建设事业贡献了自己的力量。